中等专业学校试用教材

村镇建筑施工

邓正英 主编

詹亚明

危道军 编

中国建筑工业出版社

前　　言

　　《村镇建筑施工》是根据建设部颁发的普通中等专业学校村镇建设专业毕业生培养规格、专业教学计划、课程教学大纲及现行建筑施工规范、施工操作规程、材料标准为基准而编写的。

　　全书共十一章，分为施工技术和施工组织两部分。在施工技术部分系统地介绍了主要工种工程的施工程序、施工方法、规范要求以及质量安全技术措施；施工组织部分，则是以单位工程施工组织设计为中心，介绍了施工准备、流水作业原理和网络计划的基本知识。全书在结构上体现了大纲的要求，在内容上着重对施工程序、技术要求、质量控制和流水施工的基本原理及单位工程施工组织设计作了较详尽的阐述，并配备有较为丰富的图表和实例。

　　本书由湖北省城市建设学校邓正英同志主编。绪论、第一、二、三、四章由邓正英同志编写，五、六、七章由詹亚明同志编写，八、九、十、十一章由危道军同志编写。武汉城市建设学院顾敏煜副教授任本书的主审。

　　由于编者水平有限，实践经验不足，加上时间仓促，书中难免有不妥之处，恳请读者批评指正。

目　录

绪　论

改革开放使我国广大农村的经济和社会生活发生迅速变化，乡镇企业的发展将为我国农村地区实现工业化开辟道路；多种经营的发展，使农民的生活都有不同程度的提高，文化体育卫生事业也相应发展。我国幅员辽阔，有5.8万个乡，改革10年来村镇建设突飞猛进，令人瞩目，农民新建住宅63.9亿m²，相当于前30年建房总量的两倍多，住宅质量也有所提高，1990年砖木结构和混合结构房屋已占当年新建住宅的92.8%，村镇公用设施和乡镇企业建设有了较快发展。村镇建设已由农民自发、分散的建设发展到有领导、有规划的建设。我国国民经济和社会发展十年规划和"八·五"计划中提出，90年代新建农村住宅面积达65亿平方米，20%左右的集镇要建设成为布局合理、设施配套、交通方便、文明卫生、各具特色的新集镇。农房设计要体现"经济、适用、安全、卫生"的原则，要建设一批标准不高水平高，造价不高质量高，面积不大功能全，占地不多环境美的新型村镇建筑。要实现这些目标，就必须尽快提高村镇建设队伍的素质，大力培养村镇建设人才。村镇建筑施工是村镇建设专业的一门专业技术课，由施工技术和施工组织两部分内容组成。本课程根据村镇建设的特点，着重研究村镇建筑的施工方法与组织。

一个建筑物的施工，是由许多工种工程（如土方工程、砖石工程、钢筋混凝土工程、结构安装工程以及装修工程等）组成的。每一个工种工程的施工都应该根据施工对象的特点和规模，地质水文和气候条件，以及施工单位具备的施工技术水平、机械设备和材料供应等，采用最合理的施工方案。从运用先进技术，提高经济效益出发，研究各工种工程的施工规律，这是建筑施工技术的研究对象。

此外，对一个建筑物的施工涉及人力、资金、材料、施工方法和施工机械五个施工要素，在时间和空间上的合理安排，构件生产方式，运输工具选择，临时设施的布置，开工前的准备工作等问题，根据工程性质、规模和客观条件，从施工全局出发进行综合考虑，做出科学的、合理的全面部署，编制出指导施工的施工组织设计，这是施工组织的研究对象。

根据上述研究对象，本课程的学习任务，就是使学生了解建筑施工领域内国内外的新技术，掌握工种工程和单个建筑物施工方案的选择和施工组织设计的编制，具有独立解决建筑施工技术和施工组织问题的初步能力，为今后的学习与工程打下基础。

本课程是一门实践性和综合性很强的课程，它与建筑材料、建筑工程测量、建筑力学、建筑结构、建筑工程定额与预算等课程有着密切的联系。学习本课程必须理论联系实际，除掌握课堂讲授的知识外，还要充分利用电化教学手段以及现场教学来加深理解，才能取得较好的学习效果。在今后的工作中，还必须十分重视实践经验的积累。

基本建设是一项综合性很强的工作，内外关系复杂，环节很多。因此，必须遵循基本建设程序，妥善处理各个环节之间的关系，才能保证工程的顺利进行，全面地保证工程质量。

基本建设程序，就是基本建设必须遵守的先后次序。一般要经过以下八个步骤：

1. 项目可行性研究

根据规划布置，委托有资格的咨询单位，对拟建项目进行实地勘察、调研，对该建设项目技术上是否可行，经济上是否合理，进行详尽的科学论证，并做方案比较，推荐最佳方案。

2. 编制设计任务书

根据经审查批准的可行性研究报告，编制设计任务书。它是建设项目决策性技术经济文件；是进行设计招标、编制方案设计的主要依据。

3. 编制设计文件

编制设计文件，一般委托有资格的设计单位进行。在投标之前，设计单位根据设计任务书要编制方案设计；在中标以后，一般分扩大初步设计和施工图设计两个阶段进行。扩大初步设计及其设计概算批准后，才能进行施工图设计。施工图设计主要由各专业进行计算分析，并绘制施工图，是以图为主的设计文件，是编制工程预算和进行施工的依据。

4. 列入年度计划

扩大初步设计及其设计概算批准后，就可申请列入国家年度固定资产投资计划。把年度投资、设备材料订货和施工进度，落实到可靠的基础上，编好年度计划，以达到合理缩短建设周期，降低工程造价和确保工程质量。

5. 施工准备

在初步设计经过批准以后，就可以进行设备材料订货和施工招标工作。大型设备和特殊材料要尽早安排，征地、拆迁工作也要同时进行。施工单位确定以后，施工组织设计的审批，现场三通一平，临时设施的建设，都要安排准备时间，为顺利施工创造条件。

6. 组织施工

由施工单位按照设计要求和施工图进行土建施工和设备安装。施工前要认真进行图纸会审，施工中要严格执行施工验收规范，确保工程质量，不合格的工程不得交工。

7. 生产准备

为了保证建设项目建成后能及时投产，建设单位要根据建设项目的特点，组织培训生产人员，落实原材料、水电、燃料等物资来源，购置生产用工具设备，组建管理机构。

8. 竣工验收、交付使用

通过工程验收和设备联动试生产，全面考核建设成果，是检查设计和施工质量的重要阶段。同时办理固定资产移交手续，交付用户使用。

村镇建筑施工程序就是按照建筑生产的客观规律，从接受任务到交工验收的施工全过程的多个环节，必须依据一定的顺序进行，这个顺序就是其施工程序。村镇建筑施工程序主要分为签订工程合同、施工准备、组织施工、交工验收等四个环节。

对于一个工程项目这四个环节必不可少，也不能颠倒，它的每一个环节既相互联系，又相互制约。每一个环节的具体内容如下：

1. 签订工程合同

工程合同是建设单位和施工单位为完成工程项目，明确各自的技术经济责任而订立的协议。合同一经鉴订，具有法律效力。不论是上级下达任务、自行招揽任务或通过投标而接受的工程任务，双方都必须鉴订工程合同，这样有利于双方责任明确，分工协作，避免扯皮，加快工程项目建设速度和提高经济效益。工程合同的内容主要包括：

（1）承包方式。目前国内采用的承包方式大致有：按预算造价包干，按施工图预算包工包料，按施工图预算包工不包料等。

（2）工程全部完成的工期及开工、竣工日期；

（3）工程价款结算方式；

（4）材料供应方式；

（5）施工质量要求和验收标准；

（6）奖罚标准和保修期限；

（7）其他。

2.施工准备

施工准备是保证顺利完成施工任务的重要环节。施工准备工作的基本任务是：按照工程项目的特点和进度要求，合理部署和使用施工力量，从技术、物资、人力和组织等方面为建筑施工创造一切必要的条件。施工准备的详细内容在第八章里讲述。

3.组织施工

组织施工是施工程序中的主要阶段，应按照批准的单位工程施工组织设计，精心组织施工。施工中要严格按照图纸施工，如需变更，应取得设计单位同意；地下工程和隐蔽工程，特别是基础和结构的关键部位，一定要经过验收合格后，才能进行下一道工序的施工。在施工中要认真执行施工验收规范，确保工程质量。当地质检站应对工程质量进行监督。

施工中应优先采用流水法组织施工，其原理和方法见第九章。

4.交工验收

一般民用房屋的验收，通常按以下步骤进行。

施工单位在完成合同规定的项目后，即可做好交工验收的准备工作，其内容包括：

（1）对工程进行预验收。预验收的一般标准是工程项目符合合同规定和图纸要求，质量达到国家规定的验收标准，能满足使用要求，达到窗明、地净、水通、灯亮的要求；建筑物四周2m以内场地整洁。预验收发现问题应及时完善修补。

（2）搜集和整理各项交工验收资料，做到技术档案资料齐全。技术档案资料的内容一般有：有关工程问题的会议记录和图纸会审记录；建设单位或设计单位的设计变更，材料代用通知单；质量检查部门的技术复核和隐蔽工程记录，分项工程质量评定记录，原材料检验资料，砂浆和混凝土强度试验报告，技术部门质量问题处理记录等。

（3）提出竣工报告或交工验收通知。建设单位接到施工单位的竣工报告或交工验收通知后，一般15d内必须组织有关单位进行验收。验收合格后，双方评定质量等级，签订交工验收证书。

办理工程决算。工程办理交工手续后，双方应根据设计变更和材料代用项目，以及施工过程中的经济签证单等资料进行施工图决算，确定工程的实际造价。依据双方确认的实际造价，再进行财务结算。

第一章 土 方 工 程

在工业与民用建筑施工中,土方工程是主要工种工程之一。它工程量大,劳动强度高,多为露天作业,受自然条件影响大。所以,要精心组织施工,才能保证工程质量,取得较好的经济效益。在中小型建筑工程中,土方施工应完成以下几项工作:场地平整、基槽〈坑〉开挖、地基局部处理以及土的填筑及运输等。

第一节 土的分类及工程性质

一、土的分类与土的现场鉴别方法

土根据开挖时的难易程度分为八类,见表1-1。

土 的 工 程 分 类 表 1-1

土的分类	土 的 名 称	可 松 性 系 数		开挖方法及工具
		K_p	K'_p	
一 类 土 (松软土)	砂;亚砂土;冲积砂土层	1.08~1.17	1.01~1.03	能用锹、锄头挖掘
	种植土;泥炭(淤泥)	1.20~1.30	1.03~1.04	
二 类 土 (普通土)	亚粘土;潮湿的黄土;夹有碎石、卵石的砂、种植土、填筑土及亚砂土	1.14~1.28	1.02~1.05	用锹、锄头,少许用镐翻松
三 类 土 (坚土)	软及中等密实粘土;重亚粘土;粗砾石;干黄土及含碎石、卵石的黄土、亚粘土;压实的填筑土	1.24~1.30	1.04~1.07	主要用镐,少许用锹、锄头挖掘,部分用撬棍
四 类 土 (砂砾坚土)	重粘土及含碎石、卵石的粘土;粗卵石;密实的黄土;天然级配砂石;	1.26~1.32	1.06~1.09	整个用镐、撬棍,然后用锹挖掘、部分用楔子及大锤
	泥石岩;蛋白石	1.33~1.37	1.11~1.15	
五 类 土 (软石)	硬石炭纪粘土;中等密实的页岩、泥灰岩、白垩土,胶结不紧的砾岩,软的石灰岩	1.30~1.45	1.10~1.20	用镐或撬棍、大锤挖掘部分使用爆破方法
六 类 土 (次坚石)	泥岩;砂岩;砾岩;坚实的页岩;泥灰岩;密实的石灰岩;风化花岗岩、片麻岩	1.30~1.45	1.10~1.20	用爆破方法开挖,部分用风镐
七 类 土 (坚石)	大理岩;辉绿岩;玢岩;粗、中粒花岗岩;坚实的白云岩、砂岩、砾岩、片麻岩、石灰岩;风化痕迹的安山岩、玄武岩	1.30~1.45	1.10~1.20	用爆破方法开挖
八 类 土 (特坚石)	安山岩;玄武岩;花岗片麻岩;坚实的细粒花岗岩、闪长岩、石英岩、辉长岩、辉绿岩、玢岩	1.45~1.50	1.20~1.30	用爆破方法开挖

注: K_p——最初可松性系数;
K'_p——最后可松性系数。

土的现场鉴别方法，见表1-2。

土 的 野 外 鉴 别 方 法

表 1-2

土的名称	湿润时用刀切	湿土用手捻摸时的感觉	土 的 状 态		湿土搓条情况
			干 土	湿 土	
粘 土	切面光滑、有粘刀阻力	有滑腻感，感觉不到有砂粒，水分较大时很粘手	土块坚硬，用锤才能打碎	易粘着物体，干燥后不易剥去	塑性大，能搓成直径小于0.5mm的长条（长度不短于手掌），手持一端不易断裂
粉质粘土	稍有光滑面，切面平整	稍有滑腻感，有粘滞感，感觉到有少量砂粒	土块用力可压碎	能粘着物体，干燥后较易剥去	有塑性，能搓成直径为0.5～2mm的土条
粉 土	无光滑面，切面稍粗糙	有轻微粘滞感或无粘滞感，感觉到砂粒较多、粗糙	土块用手棍或抛扔时易碎	不易粘着物体，干燥后一碰就掉	塑性小，能搓成直径为2～3mm的短条
砂 土	无光滑面，切面粗糙	无粘滞感，感觉到全是砂粒、粗糙	松 散	不能粘着物体	无塑性，不能搓成土条

二、土的基本性质

（一）土的组成

土是地表岩石长久风化作用而成，一般由土的颗粒（固相）、水（液相）、和空气（气相）三部分组成。这三个组成部分相互间的比例不同，决定着土的物理力学性质；而组成部分本身的性质以及它们之间的比例关系和相互作用又经常随周围条件的变化而变化。例如，当粘土的含水量减少，土就会变得干燥而密实，甚至土的表层会开裂。如图1-1是土的三相组成示意图。实际上土的三相物质是均匀分布的。

（二）土的工程性质

1.土的含水量

土的含水量用w表示，即土中水的质量与土颗粒质量之比，通常用百分数表示。

$$w = \frac{m_w}{m_s} \times 100\%$$ （1-1）

式中

m_w——土中水的质量（kg）；

m_s——土中固体颗粒的质量（kg）。

土的含水量对土方开挖的难易、施工的边坡和回填土的夯实等都有影响。在一定的含水量条件下，夯实机械所作的功相同时，使回填土达到最大密实的含水量称为最佳含水量。各类土的最佳含水量见表1-3。

一般说来，土的含水量在5%以内称为干土；在5～30%之间称为潮湿土；大于30%为湿土。

2.土的天然密度与干密度

土在天然状态下单位体积的质量，叫土的天然密度，简称密度。一般粘土的密度约为

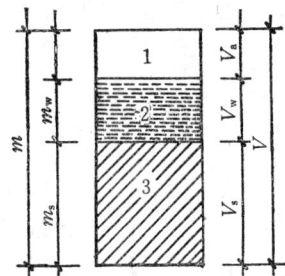

图 1-1 土的三相示意图
1—气相；2—液相；3—固相

项次	土的种类	变动范围		项次	土的种类	变动范围	
		最佳含水量%（重量比）	最大干密度（g/cm³）			最佳含水量%（重量比）	最大干密度（g/cm³）
1	砂 土	8～12	1.80～1.88	3	粉质粘土	12～15	1.85～1.95
2	粘 土	19～23	1.58～1.70	4	粉 土	16～22	1.61～1.80

注：1.表中土的最大密度应根据现场实际达到的数字为准。
　　2.一般性的回填可不作此项测定。

1800～2000kg/m³；砂土约为1600～2000kg/m³。土的密度按下式计算：

$$\rho = \frac{m}{V} \qquad (1-2)$$

式中

m——土的总质量（kg）；

V——土的体积（m³）。

干密度是土的固体颗粒质量与总体积的比值，用下式表示：

$$\rho_d = \frac{m_s}{V} \qquad (1-3)$$

3.土的孔隙比

孔隙比 e 是土的孔隙体积 V_v 与固体体积 V_s 的比值，用下式表示：

$$e = \frac{V_v}{V_s}$$

土的孔隙比表明土的密实程度，是评价建筑物地基的一个重要指标。一般认为，$e < 0.5$ 时，系密实土，为良好地基；粘性土的 $e > 1$ 及砂类土的 $e > 0.7 \sim 0.8$ 时，系松软土；在土方施工时，要注意地基的处理。

4.土的可松性和可松性系数

天然土经开挖后，其体积因松散而增加，虽经振动夯实，仍不能恢复其原体积的性质称为土的可松性。土的可松性可用最初可松性系数 K_p 和最后可松性系数 K'_p 表示，即：

$$K_p = \frac{V_2}{V_1} \qquad (1-4)$$

$$K'_p = \frac{V_3}{V_1} \qquad (1-5)$$

式中

K_p、K'_p——土的最初、最后可松性系数；

V_1——土在天然状态下的体积（m³）；

V_2——土挖出后在松散状态下的体积（m³）；

V_3——土经压（夯）实后的体积（m³）。

土的可松性系数对土方调配、土方回填及土方运输都有直接的影响。各类土的可松性系数见表1-1。

5.土的渗透系数

表示单位时间内水穿透土层的能力，以m/d表示。根据土的渗透系数的不同，分为透水性土（如砂土）和不透水性土（如粘土）。在透水性土中挖土时，由于地下水含量高，在挖土前应做好排水安排。一般土的渗透系数见表1-4。

土 的 渗 透 系 数 参 考 表　　　表 1-4

土 的 名 称	渗 透 系 数 （m/昼夜）	土 的 名 称	渗 透 系 数 （m/昼夜）
粘　　土	<0.005	中　　砂	5.00～20.00
亚 粘 土	0.005～0.10	均质中砂	35～50
轻亚粘土	0.10～0.50	粗　　砂	20～50
黄　　土	0.25～0.50	圆 砾 石	50～100
粉　　砂	0.50～1.00	卵　　石	100～500
细　　砂	1.00～5.00		

第二节　基槽（坑）的开挖

一、房屋定位放线

按照总平面图或给定的建筑物方位，在场地上定出建筑物的位置，叫房屋定位。在村镇建筑中房屋定位一般采用两种方法。

（一）"三、四、五"定位法

当房屋测设精度要求不高，又缺少精密测量仪器时，采用"三、四、五"定位法。此法是以原有邻近建筑物或道路为依据，通过拟建房屋与原有建筑物或道路中心线的距离以及方位关系，采用钢尺、木角尺、麻线等简单工具，利用勾股定理（即两直角边的平方和等于斜边的平方），确定直角的原理，定出拟建房屋的位置，图1-2所示。具体步骤如下：

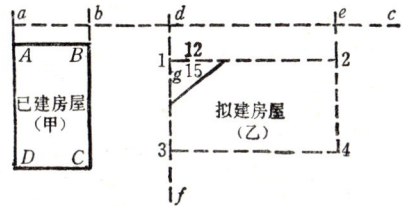

图 1-2　三、四、五定位法

1.在甲住宅A、B两点垂直墙面引等距离两点a、b，用麻线引出a、b的延长线至C点（长度应超过拟建房屋），各点均打入小木桩并用小钉标志（以后各点均这样做）。

2.自b点沿b—c方向量出d点(bd为两住宅的间距加上乙住宅的轴线与外墙面的距离)，再量出e点（de为乙住宅长度）。

3.在d点利用三、四、五定位原理找出a—b—c的垂线df。

4.从d点沿df量出1点（d到1点的距离是db与AB的垂直距离加上乙住宅外墙面与轴线的距离），根据1点再量出3点（1—3点的距离为乙住宅的宽度）。

5.以同样方法找出2、4两点。

6.根据图纸要求，进行定位复核。

（二）经纬仪定位法

当地面高低相差较大，或者所要求建造的房屋平面尺寸较大，且外形复杂，对定位的精度要求高时，需要用经纬仪进行房屋定位。用经纬仪进行房屋定位的具体方法在测量课中已介绍了，下面重点介绍利用龙门板和控制桩方法进行房屋定位。

1.龙门板控制法

（1）龙门板的作用

将建筑物的轴线引测到龙门板上，可作为进一步施工控制轴线的依据；龙门板上皮的高度定在±0.00，作为基础施工测定标高的依据；龙门板也可作为控制建筑物墙宽、基础宽度的依据。

（2）龙门板的设置步骤

1）在建筑物的各角点、分间墙两端，距基槽外边缘约1～1.5m处，钉立龙门桩，桩的外侧应与基槽平行（如图1-3）。

2）将建筑物室内或室外地坪设计标高，即±0.00标高线引测到龙门桩上，并沿此线钉龙门板。

3）用经纬仪或挂垂球等方法，将建筑物的轴线引测到龙门板上，钉上中心钉。

4）用钢尺按施工图的尺寸检查龙门板上中心钉的间距，合格后，将墙和基槽宽度标在龙门板上。

龙门板一般设置在建筑物墙体的转角或T型交接处。

2.轴线控制桩法

由于龙门板需要占用场地，费料较多，也不易保存，所以，对于平面较为复杂的房屋或工业厂房，常采用在基槽外各轴线的延长线上测设引桩，如图1-4，引桩应离槽边2～4m处，且必须钉牢保护好，防止碰动。

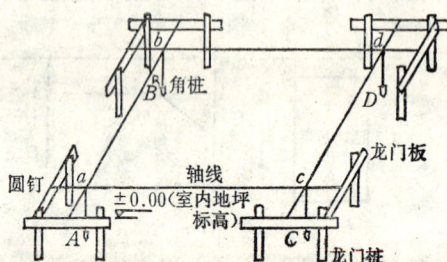

图1-3 龙门板的设置

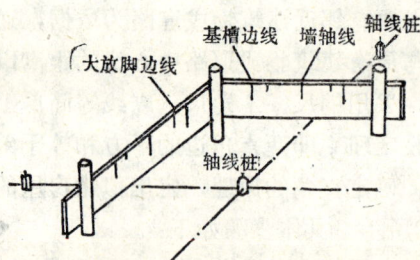

图1-4 轴线桩定位法

（三）基槽放线

根据建筑物的基础平面图、剖面图和定位桩，按1:1的比例用石灰粉将图画到地面上。以图1-5所示的某住宅为例，放灰线的顺序为：

1.找出建筑物①、⑤、Ⓐ、Ⓔ定位角桩，拉通长麻线，按图纸核对角桩、引桩。

2.用钢尺或木丈尺以先纵后横次序，分出①—⑤、Ⓐ—Ⓔ每道隔墙的轴线，打入临时桩。

3.根据每条基础的宽度、深度及土质情况决定边坡大小。边坡规定见表1-5。

4.离边坡2～4m打龙门桩，桩上测±0.00并钉龙门板，使板顶标高为±0.00。

5.在龙门板上校正①～①、Ⓐ～Ⓐ轴线，钉轴线圆钉，用钢尺把纵横间墙逐条分出，划记在龙门板顶上，用油漆画圈。

6.划分基础宽度线，钉上小钉，拉通线弹直，逐条撒石灰线。

土 的 类 别	边 坡 坡 度 （高:宽）		
	坡顶无荷载	坡顶有静载	坡顶有动载
中密的砂土	1:1.00	1:1.25	1:1.50
中密的碎石类土（充填物为砂土）	1:0.75	1:1.00	1:1.25
硬塑的粉土	1:0.67	1:0.75	1:1.00
中密的碎石类土（充填物为粘性土）	1:0.50	1:0.67	1:0.75
硬塑的粉质粘土、粘土	1:0.33	1:0.50	1:0.67
老 黄 土	1:0.10	1:0.25	1:0.33
软 土（经井点降水后）	1:1.00	—	—

注：1. 静载指堆土或材料等，动载指机械挖土或汽车运输作业等。静载或动载距挖方边缘的距离应保证边坡和直立壁的稳定，堆土或材料应距挖方边缘0.8m以外，高度不超过1.5m。

2. 当有成熟施工经验时，可不受本表限制。

二、基槽（坑）开挖

基槽（坑）开挖时，必须保证土壁稳定。土壁稳定，主要是由土体内摩擦阻力和内聚力来保持平衡的，一旦土体失去平衡，土壁就会发生塌方。

为了保证土壁稳定和施工安全，在基槽（坑）开挖深度超过一定限度时，土壁应做成一定斜率的斜坡，称为边坡；或加以临时支撑进行土壁加固处理。

（一）基槽（坑）的土壁处理

1.放坡

根据《土方和爆破工程施工验收规范》规定，当地质条件良好，土质均匀且地下水位低于基槽（坑）底时，挖方边坡可做成直立壁，不加支撑。但不宜超过下列规定：

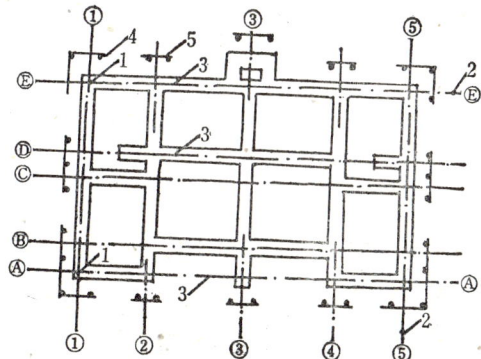

图1-5 某住宅基础平面图

1—角桩；2—引桩；3—麻线；4—龙门桩；5—龙门板

密实、中密的砂土和碎石类土（充填物为砂土）——1.0m；

硬塑、可塑的粉土及粉质粘土——1.25m；

硬塑、可塑的粘土和碎石类土（充填物为粘性土）——1.5m；

坚硬的粘土——2m。

挖深超过上述规定应考虑放坡或支挡土板。放坡时，坡度大小用坡度系数 m 表示，常用 $1:m$，如图1-6所示。

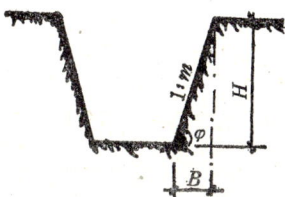

图1-6 土方边坡

$$\operatorname{tg}\varphi = \frac{H}{B} = H:B = : \frac{H}{H} : \frac{B}{H} = 1:\frac{B}{H} = 1:m$$

$$m = \frac{B}{H}$$

式中

m——坡度系数；

H——基槽（坑）开挖最大深度（m）；

9

B——基槽（坑）单面上口放出宽度（m）。

2.支挡土板

当基槽（坑）土质不好，开挖深度大或因场地受到限制以及邻近有建筑物不允许放坡的情况下，应随挖随支挡土板，防止塌方。根据土质及开挖深度不同，支挡土板可采用断续式或连续式两种。图1-7所示。

（二）基槽（坑）的土方开挖

土方量不大时，可由人工沿灰线开挖。为了控制开挖深度，必须进行基底抄平，其方法是当基槽快挖到设计标高时，利用水准仪在槽壁上测设一些水平的小木桩，桩的表面离槽底的设计标高应为一固定值，图1-8所示。

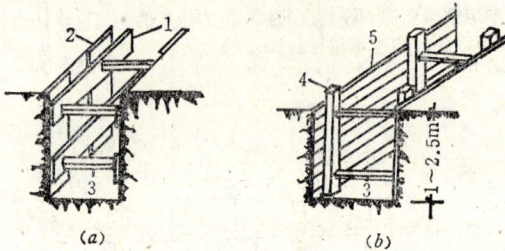

图 1-7　支挡土板
(a)断续式；(b)连续式
1—横木挡板；2—竖向衬板；3—横撑；4—立木；5—水平衬板

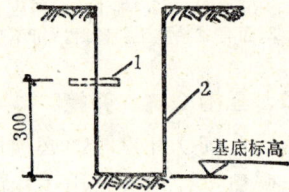

图 1-8　基槽埋设水平桩示意图
1—水平桩；2—基槽

挖槽时必须注意质量，保证基槽断面尺寸的准确性，不能过宽或过窄，以免造成浪费或影响垫层结构尺寸。基槽挖好后，应由施工单位邀请设计单位和建设单位进行验槽，除了检查基槽的几何尺寸、底面标高等符合设计要求外，还应检查基底土质是否符合设计要求。若有不符合设计要求，则应及时进行整修或处理。

三、基槽（坑）施工排水

基槽（坑）施工时，地下水或地面水进入坑内，若不及时排走，不但使施工条件受到影响，更主要的是土被水泡软后，容易引起边坡塌方和坑底承载力下降。在村镇建筑施工中，基坑排水一般采用明沟排水法，即在开挖过程中，于坑底设置集水井，沿坑底的周围挖排水沟，使水沿沟流入集水井，然后用水泵抽走，图1-9所示。

图 1-9　明沟排水法
1—边沟；2—集水井；3—水泵

集水井应设置在基础范围以外，每隔20～40m设置一个，其直径一般为0.6～0.8m，深度低于挖土面0.7～1.0m，井壁可用竹、木简易加固，以防塌方。当基坑挖至设计标高后，井底应低于坑底1～2m，并铺碎石滤水层，以免抽水时将泥砂抽出，并防止井底土被搅动。

四、土方的填筑和压实

回填土应满足填方的强度和稳定性的要求。施工时，应根据填方的用途，正确地选择土料及填筑压实的方法。

（一）对填土的要求

含有大量有机物，石膏或水溶性硫酸盐含量大于5%的土，冻结土或液化状态的泥炭，粘土或粉粘土等，一般不能作填土之用。但在场地平整工程中，除建造房屋和构筑物的地基填土外，其余各部份填方所用的土，则不受此限制。

填土应分层进行，并尽量采用同类土填筑。如采用不同土填筑时，应将透水性较大的土层置于透水性较小的土层之下，不能将各种土混杂使用，以免填方内形成水囊。

当填方位于倾斜的山坡之上时，应将斜坡挖成阶梯状（阶宽约1m，阶高约0.4～0.5m），以防填土横向移动。

（二）填土的压实方法

填土的压实方法一般有碾压、夯实、振动压实以及利用运输工具压实等。对于大面积填土工程可采用碾压和利用运输工具压实；对于基坑，以及小面积的填土工程则可采用夯实。夯实机械有夯锤、蛙式打夯机等。蛙式打夯机是一种体积小、重量轻、构造简单而操作方便的夯实机械，图1-10所示的蛙式打夯机在小型土方工程中应用很广。人工夯土用的工具有木夯、石夯、飞蛾等。

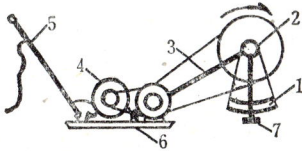

图 1-10　蛙式打夯机示意图
1—偏心块；2—前轴；3—夯头架；4—电动机；
5—手柄；6—拖盘；7—夯板

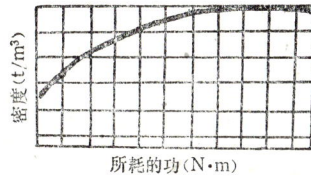

图 1-11　土的密度与压实功的关系

（三）影响填土压实的因素

影响填土压实的主要因素是：压实机械所作的功，土的含水量及填土时的铺土厚度这三个方面。

1. 压实机械功的影响

填土压实后的密度与压实机械在其上所作功的大小有一定关系，但两者并不成比例关系，图1-11所示。从图中可以看出，开始压实时，土的密度急剧增加，待到接近土的最大密度时，压实功虽增加了许多，而土的密度则几乎没有变化。所以，在实际施工中，对砂土只需碾压或夯实2～3遍；对亚粘土或粘土只需压实5～6遍；对亚砂土只需压实3～4遍。

2. 含水量的影响

在同一压实功的条件下，填土的含水量对压实质量有直接影响。较干燥的土，由于土的颗粒之间摩阻力较大，因而不易压实；当土具有一定含水量时，水起到了润滑作用，土颗粒间的摩阻力减小，从而使土容易压实。土在最佳含水量条件下，使用相同的压实功，可获得最大的密实度。各种土的最佳含水量见表1-3。

填方每层的铺土厚度和压实遍数　表 1-6

压实机具	每层铺土厚度（mm）	每层压实遍数
平　辗	200～300	6～8
羊足辗	200～350	8～16
蛙式打夯机	200～250	3～4
人工打夯	不大于200	3～4

注：人工打夯时，土块粒径不应大于50mm。

在现场施工时，常以"手握成团、落地开花"这一方法来检查判断土的最佳含水量。若土料含水量过大时，可采取晒干、风干、换土回填、掺入干土或其他吸水性材料等方法来降低其含水量；土料过干则可洒水进行湿润。

3.铺土厚度的影响

土在压实功的作用下，压应力随深度的增加而逐渐减少，其影响深度与压实机械、土的性质和含水量有关。铺土厚度应小于压实机械压土时的作用深度，铺得过厚，要压很多遍才能达到规定密实度；铺得过薄，则要增加机械总压实遍数。所以，铺土厚度应能使土壤压实，而机械和人工所耗费的功最少。铺土厚度一般通过实验最后确实。施工时，可参考表1-6。

第三节 地基加固与局部处理

在土方施工过程中，如发现软弱土层或地基局部异常现象，应视不同的情况，采用不同的方法进行人工加固或局部处理，以减少地基的不均匀沉降。

一、地基局部处理

1.松土坑

松土坑系指地基局部充填有松土、垃圾、淤泥等的土坑。坑中土质远较周围地基土松软，如果不妥善处理，会造成地基局部承载力不足，引起房屋的不均匀沉降而导致开裂。

松土坑的处理方法，一般根据坑中的松土深度及范围大小来确定，见图1-12。

（1）松土坑在基槽中，且范围不大时，可将坑中松土全部挖除（图1-12a），然后采用与坑周围的地基土压缩性相近的材料分层回填夯实。回填材料可见表1-7。

（2）坑在基槽横向范围较大，槽宽小于坑的横向宽度时（图1-12b），则应将坑范围内基槽适当加宽，加宽的宽度由采用的回填材料而定，表1-8是不同材料的加宽要求。

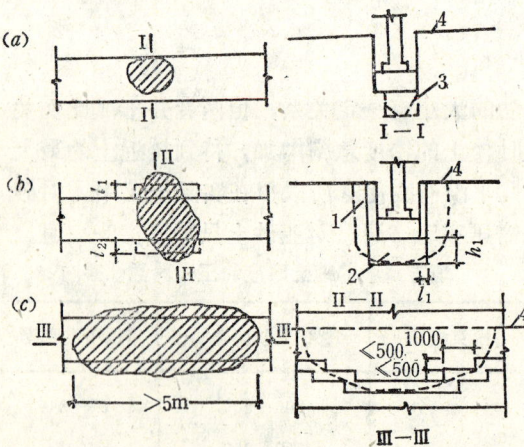

图 1-12 松土坑的处理
1-软弱土；2—2:8灰土；3-松土全部挖除后填以好土；4-天然地面

回填材料   表1-7

天然土类别	回填土材料
第四纪砂土	砂或级配砂石
较密实的粘性土	3:7灰土
中密可塑的粘性土及新近沉积粘性土	2:8或1:9灰土
坑内积水或地下水位较高	砂垫层、级配砂石或混凝土

基槽加宽要求   表 1-8

回填材料	加宽要求 $L:H$
砂土或砂石	1:1
1:9或2:8灰土	1:2
3:7灰土，且坑长≤2m	可不加宽

（3）坑在槽内所占范围较大，其长度L大于5m，且坑不太深时，若坑底土质与一般槽底天然土质相同，可将基础落深，做1:2踏步与两端相接，图1-12c所示。踏步多少由

坑深而定，但每步不高于500mm，宽度不小于1000mm。

（4）坑深大于槽宽或1.5m时，应按（1）、（2）的方法处理，处理完后，还应适当考虑是否需要采取加强上部结构的措施，如基础加设钢筋或增设地梁等，图1-13所示。

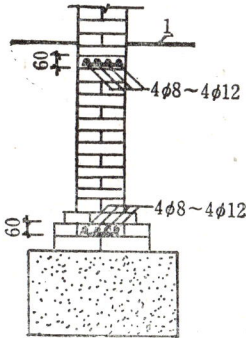

图 1-13　基础内配筋构造示意图
1—设计地面

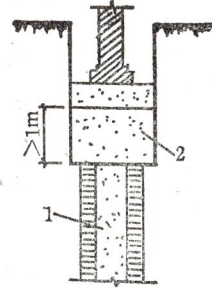

图 1-14　基槽下砖井处理方法
1—砖井；2—回填土

2.砖井或土井的处理

当砖井位于基槽中间，井内填土已较密实，则应将井的砖圈拆除至槽底下1m，在此拆除范围内用2:8或3:7灰土分层夯实至槽底（见图1-14）。如井的直径大于1.5m时，则应适当考虑加强上部结构的强度，在墙内配筋或做地基梁跨越砖井。

若井在基础转角处，除采用上述拆除回填方法处理外，应对基础加强处理。

（1）当井位于房屋转角处，而基础压在井上部分不多，并且在井上部分所损失的承压面积，可由其余基槽承担而不引起过多的沉降时，则可采用从基础中挑梁的办法来处理（图1-15）。

（2）当井位于墙的转角处，而基础压在井上面积较大且采用挑梁法较困难或不经济时，则可将基础沿墙长方向向外延长出去，使延长部分落在老土上。落在老土上的基础总面积，应等于井圈范围内原有基础的面积（即$F_1 + F_2 = F$），然后在基础墙内采用配筋或钢筋混凝土梁来加强（图1-16）。

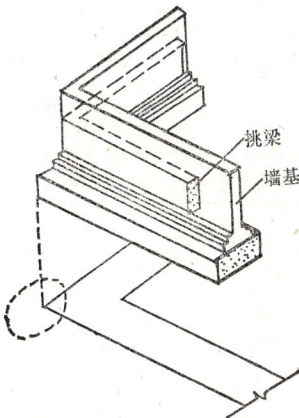

图 1-15　砖井位于转角的处理方法之一

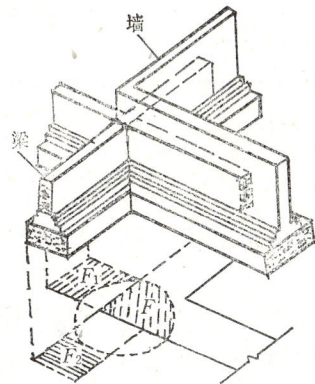

图 1-16　砖井位于转角的处理方法之二

如井已回填，但不密实，甚至还是软土时，可用大块石将下面软土挤密，再选用上述方法处理。若井内不能夯填密实时，则可在井的砖圈上加钢筋混凝土盖封口，上部再回填处理。

3.局部范围内硬土（或其他硬物）的处理

当基槽下有较其他部分过于坚硬的土质时，例如：旧墙基、老灰土、大树根或压实的路基等，均应尽可能挖除，以防止建筑物由于局部落在较硬物上造成不均匀沉降，而使上部建筑物开裂。

硬土（或硬物）挖除后，应视具体情况回填砂混合物或落深基础。

4.橡皮土的处理

当地基为粘性土，且含水量趋于饱和时，夯拍后会使地基土变成踩上去有一种颤动感觉的"橡皮土"。因此，对于橡皮土可采用晾槽或掺白灰末的方法降低土的含水量，也可铺填一层碎砖或碎石将土挤紧或将颤动部分的土挖除，填以砂土或级配砂石。

二、地基加固

软弱地基加固的方法有以下几种：

（一）灰土垫层地基

灰土垫层地基为村镇房屋施工中常用的一种地基加固方法。具有施工简便，取材容易，费用低的特点，故在一般地基加固中采用较多，也最经济。

灰土垫层地基是采用石灰和粘性土拌和均匀后，分层夯实而成。灰土的配合比一般为体积比，通常采用2∶8或3∶7（石灰∶土）。灰土中的土料可采用基坑中挖出的土，不得使用表层耕植土、冻土；土料使用前应过筛，其粒径不得大于15mm。石灰采用块灰，使用前24h浇水熟化，粉化后其粒径不大于5mm。拌好的灰土应颜色一致，以手握土料成团，两指轻捏能碎为宜，若水分过多或不足时，可晒干或洒水润湿。灰土施工时应注意以下事项：

1.施工前应将积水、淤泥清除干净，夯实两遍，待其干燥后方可铺灰土。

2.铺灰土应分层进行，每层铺土厚度可参照表1-9。

灰 土 铺 土 厚 度 表 1-9

夯实机具的种类		夯 重 (kg)	灰土虚铺厚度(mm)	说 明
人力夯	小木夯 石夯、木人夯	5～10 40～80	100～250 200～300	人力送夯，落高400～500，一夯压半夯
轻型夯实机械			200～250	蛙式打夯机，柴油打夯机
压路机		机重 6～10t	200～300	双 轮

3.每层灰土夯实遍数，应根据设计要求的干密度由现场试验确定，一般夯打不少于4遍。

4.灰土分段施工时，不得在墙角、柱墩及承重窗间墙下接缝。上下相邻两层灰土的接缝间距不得小于500mm，接缝处的灰土应充分夯实。当灰土垫层地基高度不同时，应作成阶梯形，每阶宽度不小于500mm。

5.入槽的灰土不得隔日夯打，夯实后的灰土3d内不得受水浸泡。

6.灰土垫层施工完后，应及时进行基础施工，并及时回填土，否则要做临时遮盖，防止日晒雨淋。冬季施工时，应采取有效的防冻措施。

（二）砂垫层和砂石垫层地基

当地基土比较软弱，常将基础下面一定厚度的软弱土层挖除，用砂或砂石垫层来代替。这种方法适用于有一定的透水性的粘土地基，但不宜用于湿陷性黄土和不透水的粘土地基。

砂和砂石垫层，宜用级配良好、质地坚硬的中砂、粗砂、卵石和碎石，不得含有草根、垃圾等杂物。在缺少中、粗砂和砾砂的地区，可采用细砂，但宜同时掺入一定数量的碎石或卵石，其掺入量应符合设计要求（含石量不大于50％）。兼起排水固结作用的垫层材料含泥量不宜超过3％。碎石或卵石的最大粒径不宜大于50mm。

垫层施工时，应注意以下事项：

1．砂或砂石垫层底面宜铺设在同一标高上，如深度不同时，基土面应挖成踏步或斜坡搭接。搭接处应注意捣实，并按先深后浅的顺序进行铺设。

2．分段施工时，接头应做成斜坡，每层错开500～1000mm，并应充分捣实。

3．砂和砂石层的捣实，应视不同条件采用表1-10中的方法，且每层的铺设厚度也不宜超过表中的规定值。在下层密度经检验合格后，方可进行上层施工。

砂垫层和砂石垫层施工方法　　　　表1-10

项次	捣实方法	每层铺设厚度（mm）	施工时的最佳含水量（％）	施工说明	备注
1	平振法	200～250	15～20	用平板式振捣器往复振捣	不宜使用于细砂或泥砂
2	插振法	振捣器插入深度	饱和	1．用插入式振捣器 2．插入间距可根据机械振幅大小决定 3．不应插至土层	
3	水撼法	250	饱和	1．注水高度超过铺设面层 2．用钢叉摇撼捣实插入点间距为100mm 3．钢叉分四齿。齿的间距80mm，长300mm，木柄长900mm，重4kg	
4	夯实法	150～200	8～12	1．用木夯或机械夯 2．木夯重40kg，落距500mm 3．一夯压半夯，全面夯实	
5	辗压法	150～200（压路机）	8～12	6～10t压路机往复辗压	1．适用于大面积的砂石垫层 2．不宜用于地下水位以下的砂垫层

注：在地下水位以下的垫层最下层的铺设厚度可比上表增加50mm。

（三）碎砖三合土垫层地基

碎砖三合土地基，具有施工简便，就地取材，造价低廉的优点。碎砖三合土的材料由石灰、砂和碎砖组成，常用的配合比（体积比）为：1：2：4或1：3：6（石灰：砂：碎砖）。碎砖粒径为20～60mm，不得含有杂质；砂或砂泥中不得含有草根、贝壳等有机物；石灰用生石灰块。施工时，按体积量好材料，倒在拌合板上浇水拌匀，然后用铁锹铲入基槽中。碎砖三合土垫层地基施工时，应注意以下事项：

1.基槽在铺设三合土前，必须进行验槽，排除积水和铲除泥浆。

2.三合土拌合均匀后，应分层铺设。铺设厚度，第一层220mm，其余各层均为200mm，每层应分别夯实至150mm。

3.三合土可采用人力夯实或机械夯实。夯打应密实，表面平整，如发现三合土太干，应补浇灰浆，并随浇随打夯。

4.碎砖三合土分层铺设至设计标高后，在最后一遍夯打时，宜浇浓灰浆。待表面灰浆略为晾干后，上铺一层薄砂土或炉渣再整平夯实，以利弹线工作。

第四节　质量检验与安全技术措施

一、土方工程质量检验标准及方法

1.柱基、基坑、基槽和管沟基底的土质必须符合设计要求，并严禁扰动。

检验方法：观察检查和检查验槽记录。

2.填方的基底处理必须符合设计要求和施工规范的规定。

检验方法：观察检查和检查处理记录。

3.填方和柱基、基坑、基槽、管沟的回填必须按规定分层夯密实。取样测定压实后的干密度，90％以上符合设计要求，其余10％的最低值与设计值的差不应大于0.08g/cm³且不应集中。

检验方法：观察和检查取样平面图及试验记录。

4.土方工程的外形尺寸允许偏差和检验方法应符合表1-11的规定。

土方工程外形尺寸的允许偏差和检验方法　　　　　　表 1-11

项次	项　目	允　许　偏　差 （mm）				检　验　方　法
		柱基、基坑、基槽、管沟	挖方、填方、场地平整		排水沟	地基(路)面层
			人工施工	机械施工			
1	标　高	+0 −50	±50	±100	+0 −50	+0 −50	用水准仪检查
2	长度、宽度 （由设计中心线向两边量）	−0	−0	−0	+100 −0	—	用经纬仪、拉线和尺量检查
3	边坡坡度	−0	−0	−0	−9	—	观察或用坡度尺检查
4	表面平整度	—	—	—	—	20	用2m靠尺和楔形塞尺检查

注：1.地(路)面基层的偏差只适用于直接在挖、填方上做地(路)面的基层。
　　2.本表项次3的偏差系指边坡坡度不应偏陡。

二、安全技术措施

1.土方施工前，必须对场地的地上、地下管道、电缆以及高压水管的情况调查清楚，在特别危险地区，应有专人负责控制和管理。

2.基坑开挖时，两人操作间距应大于2.5m；挖土时，应由上而下，逐层开挖，禁止逆坡挖土。

3.挖较深的沟槽时，应随时注意边坡情况，发现异常情况应立即加设支撑或放坡。人工吊运泥土时，应检查工具、绳索是否牢靠，吊钩下方不得站人，卸土堆应尽量离开坑边，以免坑壁塌方。其他材料、工具应距离槽边1m以外的地方。

4.用人力车运土，要先平整好道路，倾倒土时，不得放手让车自动翻车倒土，以免酿成事故。

5.沟、坑处应设置防护栏杆，跨过沟槽的通路应有过桥，过桥应牢固可靠并设有扶手栏杆。夜间必须有照明。

复 习 思 考 题

1.土按开挖难易程度分为哪几类？各类土的特征是什么？

2.试述土的含水量对土方施工的影响。

3.试述土的可松性及其对土方施工的影响。

4.在什么情况下基槽（坑）需放坡或加支撑。

5.对回填用的土料有何要求？

6.影响填土压实的主要因素是哪些？

7.如何处理松土坑？

8.枯井的处理方法有哪些？

9.如何处理橡皮土？

10.试述灰土垫层适用范围和施工的注意事项。

11.试述碎砖三合土垫层的施工方法。

12.现有一基坑，底长50m，底宽15m，基坑深5m，边坡系数为1:0.5，问土方工程量为多少？

13.某土方工程，其挖方量为2000m³，其中需填一体积为600m³的土坑，余土全部运走。若该土的 $K_P=1.25$，$K'_P=1.05$，每辆汽车可运走2.5m³的土，试问需要运走的车次是多少？

第二章 砖 石 工 程

砖石工程是指普通粘土砖、砌块和石块利用砌筑砂浆砌筑成所需砌体。由于它施工简单取材方便、成本低廉、目前在村镇建设中仍广泛采用，是建筑施工中主要的工种工程之一。砖石工程的施工过程主要包括：砂浆制备、搭设脚手架、材料运输和砖、石砌筑、勾缝等工艺工程。

第一节 脚手架施工

一、脚手架的作用和要求

在砌筑工程施工中，随着砌体的升高，当超过一定的砌筑高度，工人无法再继续操作，这就需要搭设脚手架。脚手架的作用主要是：工人可在脚手架上继续进行操作，材料则按规定数量堆放在架子上，有时还要在架子上进行短距离的水平运输。

为了保证安全，方便施工，脚手架的搭设应该满足下列要求：

1. 脚手架要有足够的坚固性和稳定性。不发生变形，倾斜或摇晃现象，确保施工人员安全。

2. 要有足够的工作面，满足工人操作、材料堆放以及车辆行驶的需要。

3. 脚手架力求构造简单，装拆方便，可以多次周转使用。

4. 因地制宜，就地取材，尽量节约架子用料。

二、脚手架的分类

脚手架按其搭设位置分为外脚手架和里脚手架两大类。凡搭在建筑物外围的架子称外脚手架；凡搭在建筑物内部的架子，称里脚手架。按所用材料可分为木脚手架，竹脚手架，钢管脚手架。按其架子的构造形式又可分为多立柱式脚手架，悬挂式脚手架，挑式脚手架和门式脚手架。下面介绍几种在村镇房屋施工中使用较广泛的脚手架。

（一）木脚手架

木制脚手架系由许多木杆用8#铅丝绑扎而成，木杆多采用剥皮杉木。主要由立杆、大横杆、小横杆、十字撑、抛撑等构成，见图2-1。立杆、大横杆、十字撑等杆件长度为4～

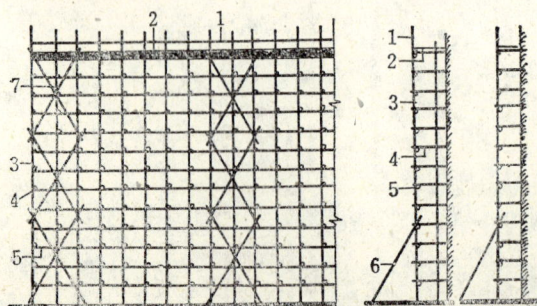

图 2-1 木脚手架

1—栏杆；2—脚手板；3—立杆； 4—小横杆；5—大横杆；6—抛撑；7—十字撑

10m，小横杆长为2～3m。

木脚手架的搭设形式有双排架和单排架之分。立杆为主要受力杆件，应有足够的断面。其有效部分的小头直径应不小于7cm，立杆纵向间距为1.5m左右。单排架时，立杆离墙面1.2～1.5m；双排架时，里排立杆离墙面50～60cm，外排立杆则离墙为1.5～1.2m。立杆埋深，一般不小于50cm，绑扎不少于3道。如遇混凝土或石块地面，立杆则直接立在上面，但应绑扎扫地杆。见图2-2。

大横杆是主要传力杆件，其有效部分小头直径不小于8cm。其上、下间距为1.2～1.3m，第一步可离地面1.7～1.8m，一般绑扎在立杆里边。大横杆接长应大小头搭接，其搭接长度不小于1.5m，并绑扎不少于3道。小头压在大头上面，相邻两大头，应位置错开设置，见图2-3。

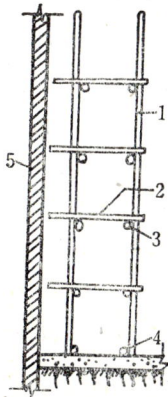

图 2-2　扫地杆设置

1—立杆；2—小横杆；3—大横杆；4—扫地杆；5—墙

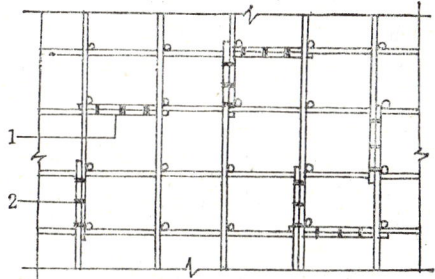

图 2-3　大横杆接头布置

1—大横杆接；2—立杆接头

小横杆小头直径应不小于8cm，间距随立杆位置定。单排架的小横杆搁入墙内应不小于24cm。门窗洞口处，小横杆不能搁在门窗樘上，应在洞口外侧另加立杆和横杆，以支撑小横杆。

十字撑是加强脚手架的整体性，使其更加稳固，应与立杆绑牢，杆与地面约成45°～60°角。

抛撑是防止架子外倾，架高在三步以上时必须设置。抛撑与地面夹角成60°，底脚埋入土中不小于30cm，见图2-4。

门洞通道外脚手架的搭设方法见图2-5。

图 2-4　抛撑的设置

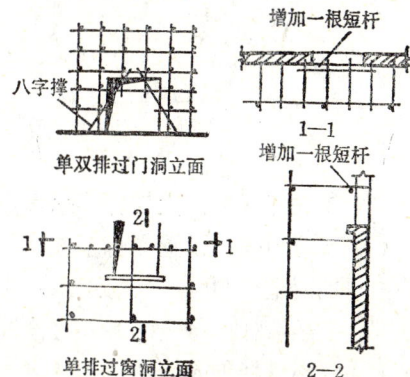

图 2-5　门窗洞口处脚手架搭设示意

（二）竹脚手架

竹脚手架是由竹杆用篾竹绑扎而成的。竹杆多采用生长3年以上的毛竹。构成与木脚手架基本相同，所不同的是在立杆旁加设顶撑上下顶住小横杆，如图2-6。以免纵向水平杆因受荷载过大时产生下滑。竹脚手架一般搭成双排架，绑扎时若无竹篾也可采用8#铅丝代用，竹杆的小头直径不应小于75mm，横向水平杆不应小于90mm。

（三）扣件式钢管脚手架

扣件式钢管脚手架具有装拆方便，能适应建筑物平面和立面的变化，搭设高度大，周转次数多，除搭设脚手架外，还可以搭设井架，上料平台等，因此在目前得到广泛应用。

1.扣件式钢管脚手架的构造

这种脚手架由钢管和扣件组成。钢管一般采用外径 ϕ 48，壁厚3.5mm的焊接钢管。扣件的形式有三种：直角扣件，用于两根垂直交叉钢管的连接；施转扣件，用于任意角度钢管的连接；对接扣件，用于两根钢管的对接。如图2-7所示。扣件可用锻铸铁铸造，也可用钢板压制，螺栓用A₃制成，并作防锈处理。

构成钢管脚手架的主要构件有立杆，大横杆、小横杆、斜杆和底座、脚手板等。扣件式钢管脚手架也有单排架和双排架两种基本构造形式。如图2-8，其构造要点如下：

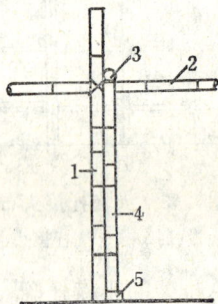

图 2-6 竹外脚手架顶撑的设置
1—立杆；2—大横杆；3—小横杆；4—顶撑；5—砖块

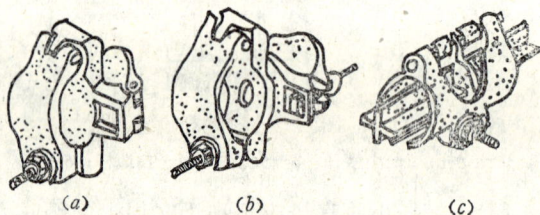

图 2-7 扣件形式
a)直角扣件；b)回转扣件；c)对接扣件

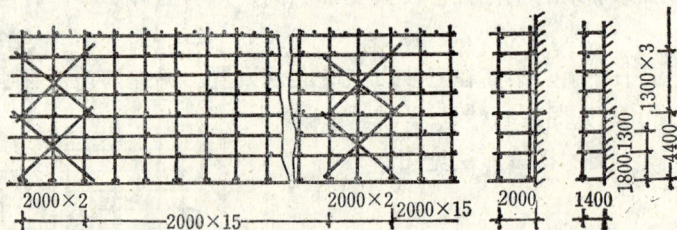

图 2-8 钢管外脚手架

（1）立杆间距：大横杆步距和小横杆间距可按表2-1选用。

（2）剪刀撑：设置在脚手架两端的双跨内和中间每隔30m净距的双跨内，并仅在架子外侧与地面呈45°角布置。见图2-8。

（3）连墙杆：每隔三步五跨设置一根，其作用是防止架子外倾，其作法有三种：

1）将小横杆伸入墙内，用两只扣件夹住。图2-9a所示。

2）在窗洞处用两根短管夹住两旁墙体，再用扣件与小横杆连牢。图2-9b所示。

用途	构造形式	里立杆离墙面的距离（m）	立杆间距		操作层小横杆间距（m）	大横杆步距（m）	小横杆挑向墙面的悬臂（m）
			横向（m）	纵向（m）			
砌筑	单排		1.2～1.5	2	0.67	1.2～1.4	
	双排	0.5	1.5	2	1	1.2～1.4	0.45
装饰	单排		1.2～1.5	2.2	1.1	1.6～1.8	
	双排	0.5	1.5	2.2	1.1	1.6～1.8	0.45

注：单排脚手架立杆横向间距，指立杆离墙面间的距离。

　3）在墙体内预埋钢筋环，拉住架子立杆，同时将小横杆顶住墙面。图2-9c所示。

（4）底座：有两种做法，一种是用8mm厚，边长150mm的钢板作底板，外径60mm，壁厚3.5mm，长150mm的钢管作套筒焊接而成。另一种，也可用锻铸铁铸成。如图2-10所示。

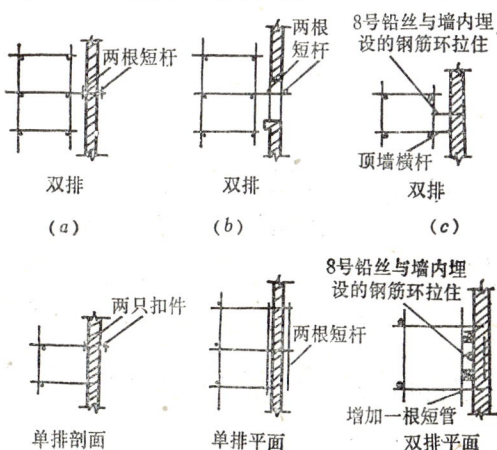

图 2-9　连墙杆的做法

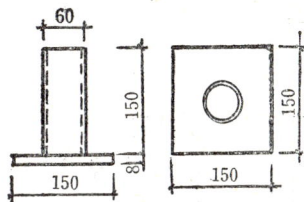

图 2-10　底座

2.扣件式钢管脚手架的搭设

（1）地基的处理和底座安装：

　脚手架搭设范围内的地基要夯实抄平，作好排水处理。当土质不好时，底座下应垫以木板或垫块。

　（2）杆件的搭设方法

　脚手架各杆件的间距和布置应按构造方案的规定进行。立杆垂直度的偏差不大于架高的1/200；相邻两根立杆的接头应错开50cm，并力求不在同一步内；大横杆在每一面脚手架范围内的纵向水平高低差，不宜超过一皮砖厚，接头也应相互错开；脚手架各杆件相交伸出的端头，均应大于10cm；随砌墙，随即设置连墙杆与墙锚拉；安装扣件时，螺栓拧紧扭矩不应小于40N·m，不大于70N·m；脚手架过门窗洞口处理参照木脚手架的做法。

　3.扣件式钢管脚手架的拆除

　脚手架的拆除按由上而下，逐层向下的顺序进行。严禁上下同时作业，所有连墙杆件应随脚手架逐层拆除。严禁先将连墙杆整层或数层拆除后再拆脚手架。分段拆除高差不应大于两步，如大于两步应按开口脚手架进行加固，拆至最后一节立柱时，应先架临时抛撑加固，后拆连墙杆。卸下材料应集中，严禁抛扔。

（四）里脚手架

里脚手架用于在楼层上砌墙、内装饰和砌筑围墙等。常用的里脚手架有：

1．角钢（钢筋、钢管）折叠式里脚手架，如图2-11a所示。其架间距：砌墙时宜为1.0～2.0m，粉刷时宜为2.2～2.5m。

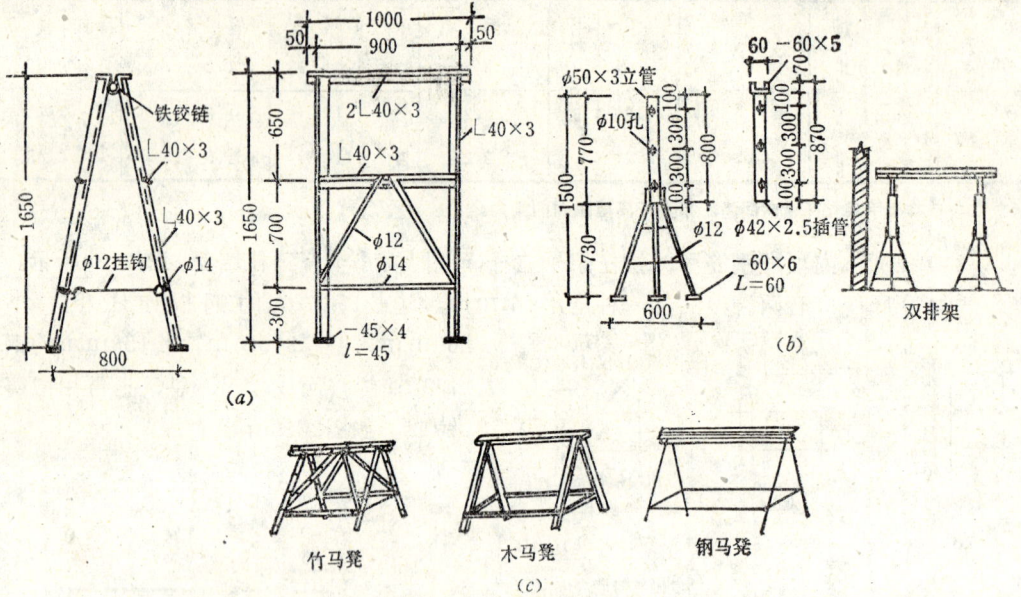

（a）

（b）

双排架

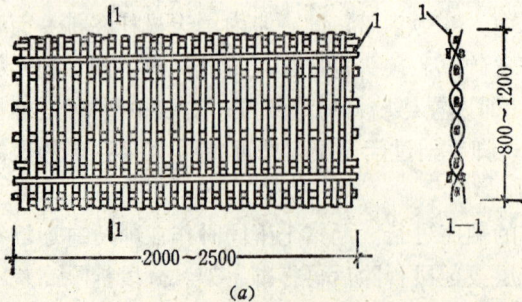

竹马凳　　　　木马凳　　　　钢马凳

（c）

图 2-11　里脚手架

2．支柱式里脚手架

如图2-11b所示，由若干支柱和横杆组成，上铺脚手板。搭设间距：砌墙时宜为2.0m，粉刷时不超过2.5m。

3．木、竹、钢制马凳式里脚手架

如图2-11c所示。马凳间距不大于1.5m，上铺脚手板。

三、脚手板

脚手板铺在脚手架的小横杆上，作为工人施工活动和堆放材料等用。要有足够的刚度和板面平整度。

按其所用材料不同，目前使用较多的有竹脚手板、钢木脚手板和钢脚手板。

（一）竹脚手板

竹脚手板形式较多，常用的竹笆板和竹片并列脚手板。竹笆板如图2-12a所示。竹片并列脚手板如图2-12b所示。

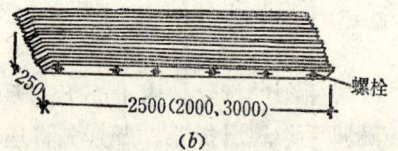

（a）

（b）

图 2-12a　竹笆脚手板

1—用铅丝绑扎紧

图 2-12b　竹片并列脚手板

（二）钢木脚手板

钢木脚手板是用角钢做边框，钢筋做纵档及横档，中间密拼板条。或用槽钢作边框，塞进短木板作面板，并加封头，如图2-13所示。

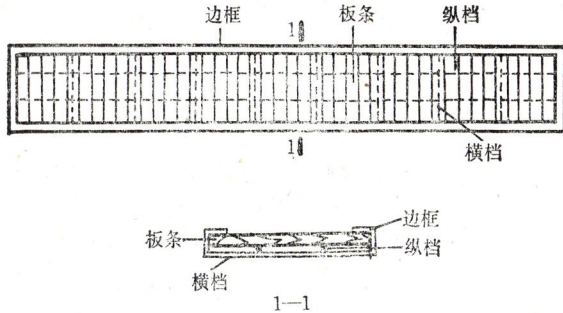

图 2-13 钢木脚手板

（三）钢脚手板

钢脚手板是用厚度2mm的钢板冲压而成的。脚手板的一端压有连接卡口，以便在铺设时扣住另一块的端肋，首尾相接。为了防滑，板面冲有梅花形布置的$\phi 25$凸包或圆孔。常用规格有2m、3m、4m几种。如图2-14所示。

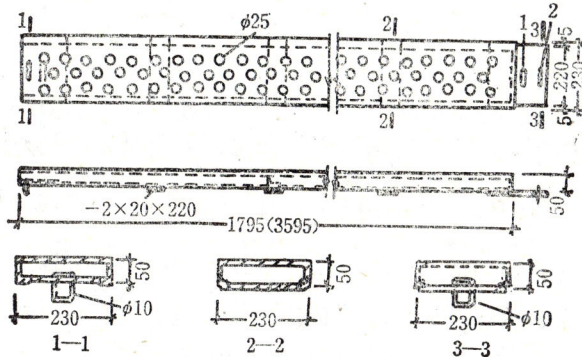

图 2-14 钢脚手板
1—孔；2—环

脚手板在对头铺时，每块板端下要有小横杆，小横杆离板端不大于15cm，如图2-15。两块搭接铺时，两块板端头的搭接长度不小于20cm。如有不平之处要用木板垫起，垫在大横杆与小横相交处。如图2-16所示。

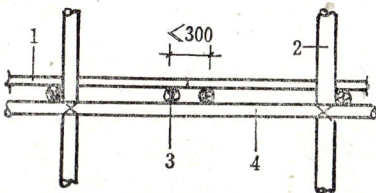

图 2-15 对头铺脚手板
1—脚手板；2—立杆；3—小横杆；4—大横杆

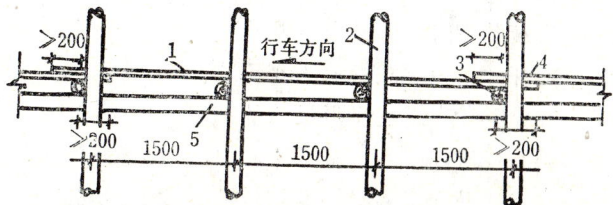

图 2-16 搭接铺脚手板
1—脚手板；2—立杆；3—小横杆；4—脚手板接头；5—大横杆

每砌完一步架子要翻脚手板时，应先将板面碎石块和砂浆硬杂物等扫净，按每档由里向外翻，铺好后再移动小横杆，通道上的脚手板要保留，以防高空坠物伤人。

四、安全网

安全网一般是用麻绳、棕绳或尼龙绳编织而成的。规格为宽3m、长6m、网眼5cm左

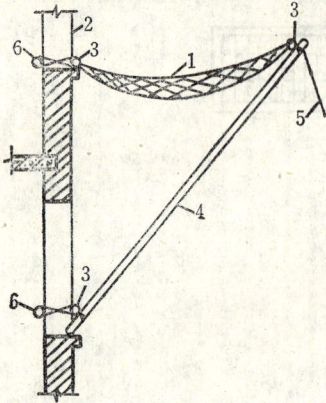

图 2-17 安全网的架设

1—安全网；2—窗口；3—外横杆；
4—斜杆；5—拉绳；6—内横杆

右，每块支好的安全网应承受不小于1.6kN 的冲击荷载。

当采用里脚手架砌外墙或高层、多层建筑采用外脚手架施工时，都需要挂设安全网。安全网挂设时，里外口的大绳要与内外横杆绑牢，外口比里口高50cm，伸出墙面宽度不小于2m，支设安全网的斜杆距离不大于5m，网与网之间应扎接牢固。如图2-17所示。

施工时要经常对安全网进行检查和维修，必须严禁向安全网内仍进木料和其他杂物。高层或多层建筑的安全网应随层施工进度逐层上升，每升一次为一个楼层高度。高层建筑除这道随砌体增高而上升的安全网外，还应在下面间隔3~4层的部位增设一道安全网。

第二节 垂直运输机械

在砌筑工程中，砖和砂浆的垂直运输一般采用井架、龙门架和塔式起重机。

垂直运输机械的选择，应考虑建筑物的特点，平面尺寸，流水段的划分，以及脚手架的布置等主要因素。

一、井架

井架是施工中最常用的垂直运输机械。它稳定性好，运输量较大，可以搭设较大的高度。常用的有木井架、钢管井架和型钢井架。井架的搭设多为单孔井架，也可以构成两孔或多孔井架。井架内设置吊盘，也可在井架两侧增设一个或两个外吊盘，分别用两台或三台卷扬机提升，同时运行，增加运输量。井架上还可设置拔杆，其起重量可达0.5~2t，回转半径达10m以上，可用它来起吊长度较大的构件，如圆孔板等。为保证井架的稳定性，必须设置缆风绳附墙拉结。井架缆风绳每道不少于4根，与地面成45°角，缆风绳宜用φ7~9mm的钢丝绳。当井架高度在12~15m以下设一道缆风绳，15m以上每增高5~10m增设一道缆风绳，顶部设一道缆风绳。安装时要同时收紧对角的两根，使井架受力平衡，保持稳定。

安装井架时应注意以下几点：

1.杆件搭设要求做到方正平直。

2.导轨垂直度及间距尺寸的偏差，不得超过10mm。

3.立杆应埋入土中不小于50cm，最底层的剪刀撑应落地。

4.立杆垂直度偏差不得超过总高度的1/400。

5.进料口和出料口的净空高度不小于1.7m。井架横杆间距为1.2~1.4m，故出料口处的小横杆可拆下移到与出料平台的横杆一致。

井架其构造见图2-18。

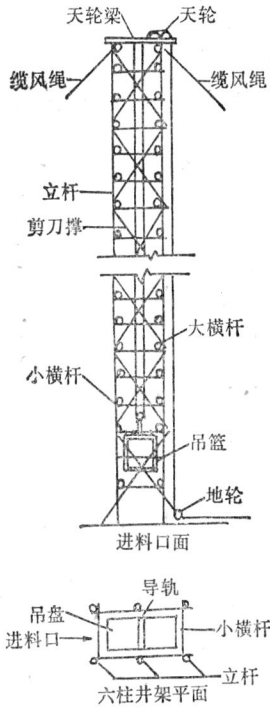

图 2-18 井架构造形式

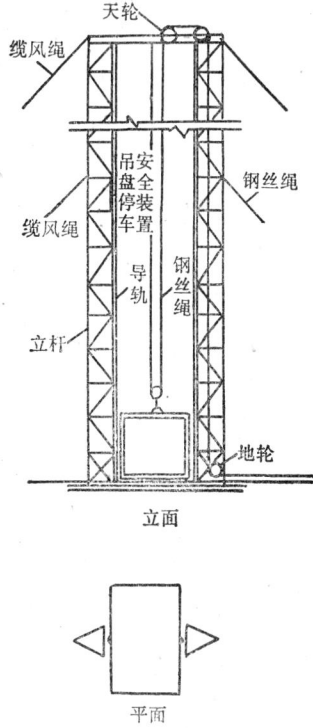

图 2-19 龙门架的基本构造形式

二、龙门架

龙门架是由二根立杆及天轮梁（横梁）构成的门式架。在龙门架上装设滑轮（天轮及地轮）、导轨、吊盘（上料平台）、安全装置以及起重索、缆风绳等，构成一个完整的运输体系，如图2-19所示。

龙门架构造简单，制作容易，用料少，装拆方便，起重高度15～30m，适用于中小型工程。

龙门架的稳定性主要靠拉缆风绳来解决，龙门架高度在12m以下者设缆风绳一道；12m以上者每递增5～6m增设一道缆风绳，每道不少于6根，与地面成45°角。缆风绳一般可用直径不小于8mm的Ⅰ级钢筋或钢丝绳。与龙门架相接的脚手架可以加设必要的剪刀撑予以加固，也可采用每层用杉杆和8#铅丝与建筑物连结牢固。

龙门架竖立后必须进行校正，导轨垂直度及间距尺寸偏差不得大于±10mm。

井架、龙门架在雷雨季节使用应设置避雷装置。井架、龙门架自地面5m以上的四周（出料口除外）设置安全网。吊盘必须有安全装置，也必须采用限位自停措施以防上升时"冒顶"，卷扬机棚的位置应符合要求。应随时检查井架杆件是否发生变形和连结松动，缆风绳是否受力，锚固是否松动等，确保垂直运输机械正常工作。

第三节　砖石基础施工

一、基础弹线

垫层施工完毕，就可以进行墙基的弹线工作，弹线按以下顺序进行：

1. 在基槽四角相对龙门板的轴线标钉处拉麻线，见图2-20。
2. 沿麻线挂线锤，找出麻线在垫层上的投影点。
3. 用墨斗弹出这些投影点间的连线，即墙基外墙轴线。
4. 按基础图所示尺寸，用钢尺或木尺量出各内墙的轴线位置，并弹出内墙轴线。
5. 用钢尺量出各墙基大放脚外沿线，弹出墙基边线。
6. 最后按设计要求进行复核。

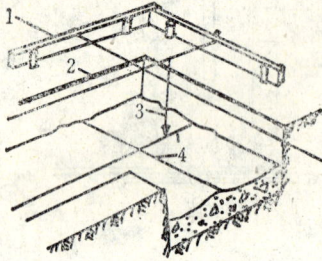

图 2-20 基础弹线
1—龙门板；2—麻线；3—线锤；4—轴线

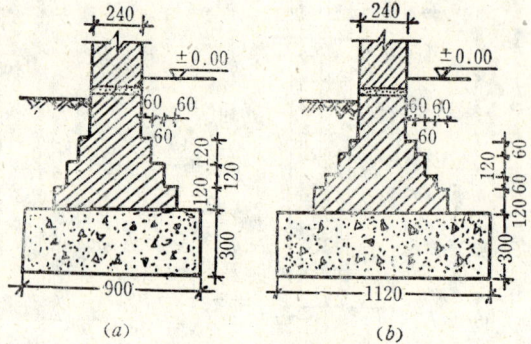

图 2-21 砖基础
(a)等高式；(b)间隔式

二、砖基础施工

砖基础有带形基础和独立基础。基础多砌成台阶形状称为"大放脚"。大放脚有等高式和间隔式两种。如图2-21所示。等高式大放脚是两皮砖一收，两边各收1/4砖长；间隔式大放脚是两皮一收与一皮一收相间隔，两边各收进1/4砖长。大放脚一般采用一皮顺砖和一皮顶砖砌法。竖缝要错开，大放脚的最下一皮和每个台阶的上面一皮应以丁砖为主。这样传力较好。要注意十字及丁字接头处砖的搭接。见图2-22，图2-23。

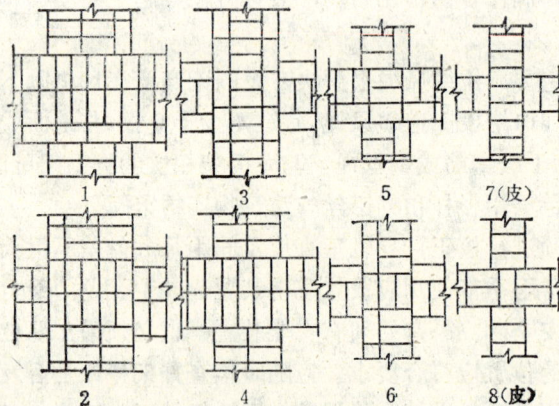

图 2-22 砖基础大放脚十字交接处砌法

砖基础的砌筑高度，用小皮数杆控制，确保砖基础砌至防潮层处呈同一水平。图2-24所示。

基础防潮层一般设在室内地坪以下一皮砖处，防潮层的作法通常有以下几种：抹2cm厚水泥防水砂浆；连续用防水砂浆砌三皮砖；干铺油毡一层等数种。图2-25所示。在抗震

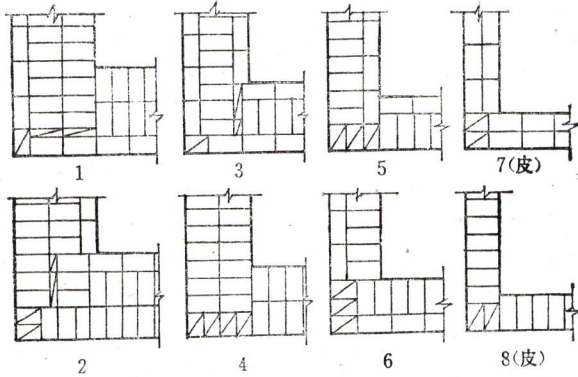

图 2-23 砖基础大放脚转角处砌法

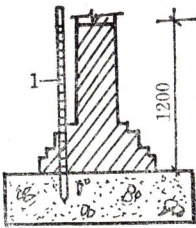

图 2-24 大放脚小皮数杆

1—小皮数杆

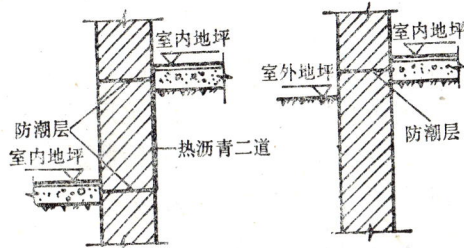

图 2-25 基础防潮层

设防区的建筑物，不能用油毡作基础的水平防潮层。

三、毛石基础施工

毛石基础的断面形式有梯形和阶梯形两种。用毛石和砂浆砌筑而成，砂浆采用水泥砂浆或水泥混合砂浆，一般采用铺浆法砌筑，当在土质基槽上直接砌筑时，应采用先铺第一皮毛石再往空隙处灌浆，再用小石块填空，最后用手锤打紧。灰缝厚度宜为20～30mm。

毛石基础砌筑前要检验基槽尺寸及标高，清除杂物，砌筑时，根据基础标线先砌墙角石块，以此固定准线作为砌石标线。毛石基础第一皮及转角处应选用较大的平毛石砌筑。基础顶面宽度比墙厚大200mm，即每边宽出100mm。每阶高度一般为300～400mm，并至少砌二皮毛石。上级阶梯的石块应至少压砌下级阶梯1/2。上下阶梯的毛石应错缝搭砌，搭接长度不少于80mm，以增加砌体强度。如图2-26a。毛石基础不允许有填心砌法（牛槽填心）和通缝如图2-26b。

当基础砌到最上一层时，要求外皮石块伸入墙内的长度不小于墙厚的一半以免连结不好影响质量。如图2-27所示。

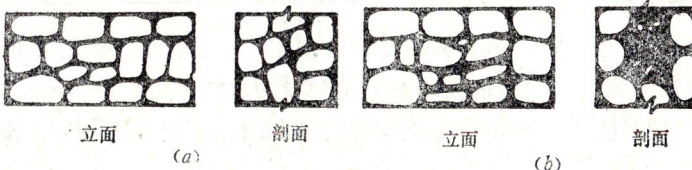

图 2-26 块石基础砌法

(a)正确砌法；(b)不正确砌法
1—通缝；2—牛槽填心

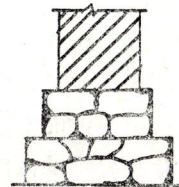

图 2-27 块石最上一层砌法

第四节 砖墙的施工

一、施工准备

（一）砖的准备

砖的品种、强度等级必须符合设计要求，并应规格一致。用于清水墙、柱表面的砖，还应边角整齐，色泽均匀。并应检查出厂合格证明书，无出厂证明的砖要送试验室鉴定。在常温情况下，粘土砖应提前浇水浸湿，以水浸入深度达1cm为宜。含水率宜为10%～15%。干砖上墙会因干砖吸收砂浆中大量的水份，使砂浆流动性降低，砌筑困难，并影响砂浆中水泥的水化，而降低砂浆强度和粘结力。过湿的砖上墙又会产生堕灰和砖块滑动，影响墙面洁净，同样也会影响砂浆强度和粘结力。

（二）砂浆准备

水泥应按品种、标号、出厂日期分别堆放，并保持干燥。如遇水泥标号不明或出厂日期超过3个月等情况，应经试验鉴定后，方可使用。不同品种的水泥，不得混合使用。

砂浆用砂宜采用中砂，并应过筛，不得含有草根等杂物。水泥砂浆和M5以上的水泥混合砂浆砂的含泥量不应超过5%，M5以下含泥量不超过10%。

混合砂浆中所用的石灰膏，应充分熟化，并用网过滤，熟化时间不得少于7d。沉淀池中贮存的石灰膏，应防止干燥、冻结和污染。严禁使用脱水硬化的石灰膏。

砂浆的配合比应采用重量比。配料精确度应符合规范要求；水泥、有机塑化剂和冬季施工中掺用的氯盐等配料精确度应控制在±2%以内；砂、石灰膏、粘土膏、电石膏、粉煤灰和磨细生石灰粉等的配料精确度应控制在±5%以内。

砂浆应采用机械拌合，拌合时间，自投料完算起，不得少于1.5min。砂浆应随拌随用，水泥砂浆和水泥混合砂浆必须分别在拌成后3～4h内使用完毕，如施工期间最高气温超过30℃，必须在2～3h内使用完毕。如砂浆出现泌水现象，应在砌筑前再次拌合，砂浆的稠度应符合表2-2要求。

砖砌体的砂浆稠度   表 2-2

项　　次	砖砌体的种类	砂浆稠度（cm）
1	实心砖墙、柱	7～10
2	实心砖平拱式过梁	5～7
3	空心砖墙、柱	6～8
4	空斗墙、筒拱	6～7

水泥砂浆和水泥石灰砂浆掺用微沫剂时，掺量要通过试验确定，一般为水泥用量的0.5～0.1/10000（微沫剂按100%纯度计）。微沫剂宜用不低于70℃的水稀释至5%～10%的浓度。稀释后的微沫剂溶液，存放时间不宜超过7d。必须采用机械拌合。拌合时间，自投料完算起为3～5min。

（三）其他准备

砌筑前，必须按施工组织设计确定垂直和水平运输方案，组织机械进场和架设。搭好搅拌棚，安好搅拌机，准备好必要的工具。如皮数杆，托线板等。

皮数杆是用来控制砌体竖向尺寸。用5～7cm方木做成，上面画有砖的皮数、灰缝厚度、门窗、楼板、过梁、圈梁、屋架等位置、竖立于墙的转角处，楼梯间以及长10～15m内外墙交接处，如图2-28。同一楼层的皮数杆，必须以同一水平标高为标准。一般以±0.00和楼层标高为准。皮数杆的设立，必须保证其牢固和垂直。

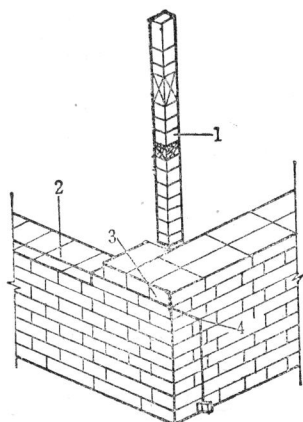

图 2-28　皮数杆

1—皮数杆；2—准线；3—竹片；4—圆钉

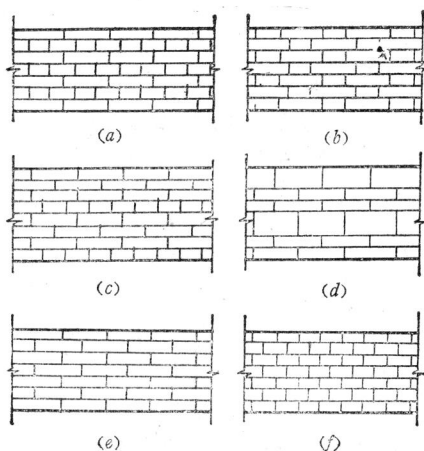

图 2-29　砖墙组砌方法

(a)一顺一丁；(b)沙包式；(c)三顺一丁；
(d)二平一侧；(e)全顺；(f)全丁

二、砖墙的砌筑

（一）砖墙的组砌形式

用普通粘土砖砌墙，依其墙面组砌形式不同有以下几种基本的组砌形式，如图2-29所示。

1．一顺一丁

一顺一丁砌法，是一皮中全部顺砖与一皮中全部丁砖相互间隔砌成，上下皮间的竖缝都相互错开1/4砖长，如图2-29a。这种砌法效率较高，但当砖的规格不一致时，竖缝难以整齐。

2．梅花丁

梅花丁又称十字式，沙包式。梅花丁砌法是每皮中丁砖与顺砖相隔，上皮丁砖坐中于下皮顺砖，上下皮间竖缝相互错开1/4砖长，如图2-29b所示。这种砌法内外竖缝每皮都能错开，故整体性较好，灰缝整齐，比较美观，宜用来砌筑清水墙，但效率较低，当砖规格不一致时，采用这种砌法较好。

3．三顺一丁

三顺一丁砌法是三皮砖中全部顺砖与一皮全部丁砖间隔砌成，上下皮顺砖间竖缝错开1/2砖长；上下皮顺砖与丁砖间竖缝错开1/4砖长，如图2-29c所示。这种砌筑方法由于顺砖较多，砌筑效率较高，适用于砌筑墙厚为一砖和一砖以上的墙。

4．二平一侧

是用两皮砖平砌与一皮侧砖的顺砌相隔而成。当墙厚为18cm时，平砌层均为顺砖，上下皮竖缝相立错开1/2砖长，平砌与侧砌层之间的竖缝也错开1/2砖长，如图2-29d。这种砌法比较费工，但节约用砖量，多用于砌18墙。

5.全顺

全顺形式即全部用顺砖砌筑，上下皮间竖缝相互错开1/2砖长，这种砌法仅用于砌半砖墙、隔墙，如图2-29e。

6.全丁

全部用丁砖砌成，上下皮间竖缝相互错开1/4砖长，这种砌法仅用砌圆弧形砌体，如图2-29f所示。

上述各种砌法中，每层墙最下一皮和最上一皮，在梁或梁垫下面，均需用丁砖砌成。

（二）砖墙转角和接头的砌筑方法

1.砖墙的转角处为了各皮间竖缝相互错开，必须在转角处砌七分头砖（3/4砖）。

一顺一丁一砖墙的转角砌法如图2-30所示。

一顺一丁一砖半墙的转角砌法（如图2-31）所示。

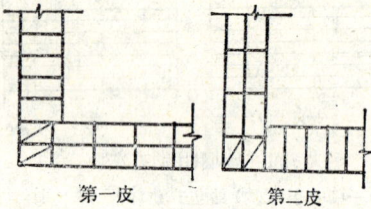

图 2-30 一砖墙转角砌法（一顺一丁）

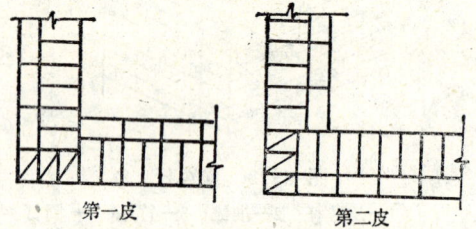

图 2-31 一砖半墙转角砌法（一顺一丁）

梅花丁一砖墙的转角砌法（如图2-32）

二侧一平18墙的转角砌法（如图2-33）

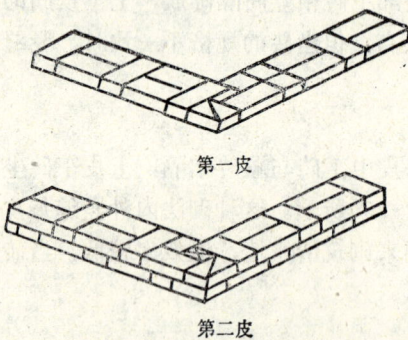

图 2-32 一砖墙转角砌法

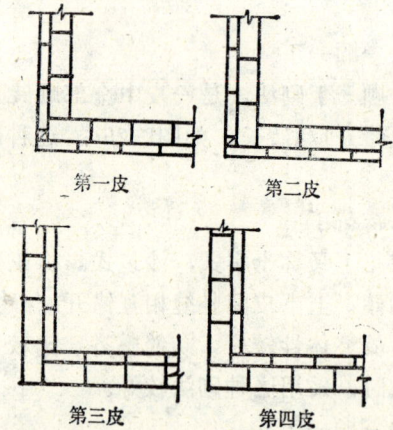

图 2-33 18墙转角砌法

2.砖墙的丁字接头

其方法随墙厚度不同而不同。一砖墙丁字接头砌法如图2-34；一砖半墙丁字接头如图2-35；18墙丁字接头如图2-36；18墙与一砖墙丁字接头处砌法如图2-37。

3.砖墙的十字接头，如图2-38和2-39所示。

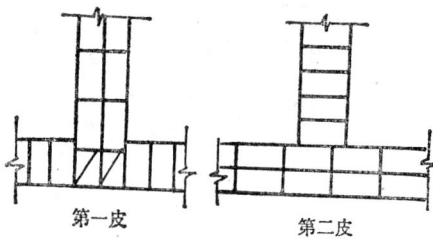

图 2-34　一砖墙丁字交接处砌法

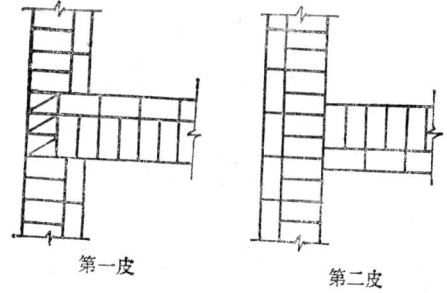

图 2-35　一砖半墙丁字接头

第一皮　第二皮

第一皮　第二皮

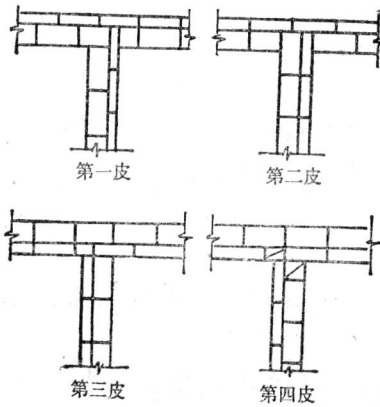

第一皮　第二皮

第三皮　第四皮

图 2-36　18墙丁字接头处砌法

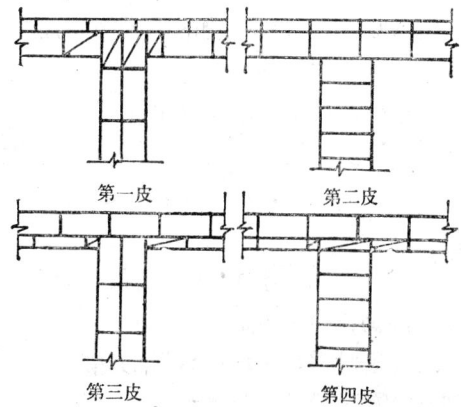

第一皮　第二皮

第三皮　第四皮

图 2-37　18墙与一砖丁字墙交接处砌法

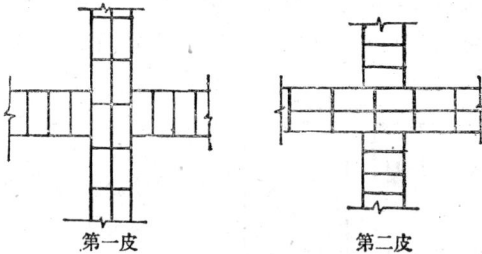

第一皮　第二皮

图 2-38　一砖墙十字交接处砌法

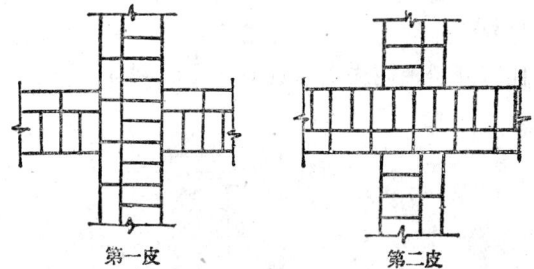

第一皮　第二皮

图 2-39　一砖半墙十字交接处砌法

（三）砖墙砌筑的技术要求

1.砖墙的水平缝厚度和竖缝宽度一般为10mm，但不小于8mm，也不大于12mm。水平灰缝的砂浆饱满度应不低于80％，砂浆饱满度用百格网检查。竖向灰缝宜用挤浆或加浆方法，使其砂浆饱满，严禁用水冲浆灌缝。

2.砖墙转角处和交接处应同时砌筑，对不能同时砌筑而**必须**留置的临时间断处，应砌成斜槎，斜槎长度不应小于高度的2/3（如图2-40）。如临时间断处留斜槎砌有困难，除转角外，也可以留直槎，但必须做成阳槎，并加设拉结筋。拉结筋数量为每120mm墙厚设置一根ϕ6的钢筋（如图2-41）。间距沿墙高不得超过500mm；埋入长度从墙的留槎算起，

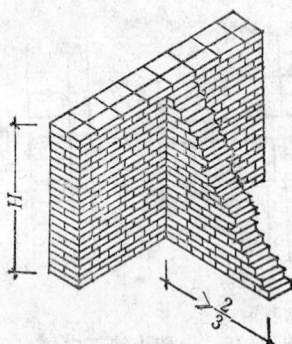

図 2-40 斜槎砌筑

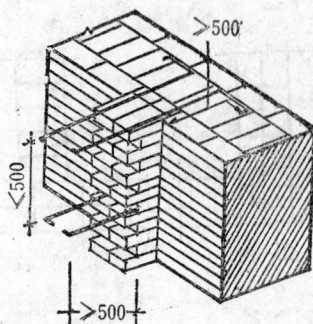

図 2-41 直槎砌筑和拉结筋

每边不应小于500mm；末端应有90°弯钩。

抗震设防地区建筑物的临时间断处不得留直槎。

隔墙与墙或柱如不同时砌筑而又不留成斜槎时，可于墙或柱中引出阳槎，并于墙或柱的灰缝中预埋拉结筋，方法同上述，但每道不少于2根。

抗震设防区建筑物的隔墙，除应留阳槎外，并应设置拉结筋。

砖砌体接槎时，必须将接槎处的表面清理干净，浇水湿润，并应填实砂浆，保持灰缝平直。

3.砖柱和宽度小于1m的窗间墙,应先选用整砖砌筑。半砖和破损的砖应分散使用在受力较少的砌体中和墙心。

4.施工时需在砖墙中留置的临时洞口，其侧边离交接处的墙面不应小于50cm；洞口顶部宜设置过梁。有抗震要求的建筑物，洞口的留设要会同设计单位研究决定。

5.设有钢筋混凝土构造柱的抗震多层砖房，应先绑扎钢筋，而后砌砖墙，最后浇筑混凝土。墙与柱应沿高度方向每500mm设 2 ϕ 6钢筋,每边伸入墙内不应少于1m,构造柱应与圈梁连结；砖墙应砌成马牙槎，每一皮牙槎沿高度方向的尺寸不超过30cm,牙槎从每层柱脚开始，应先退后进（如图2-42）。

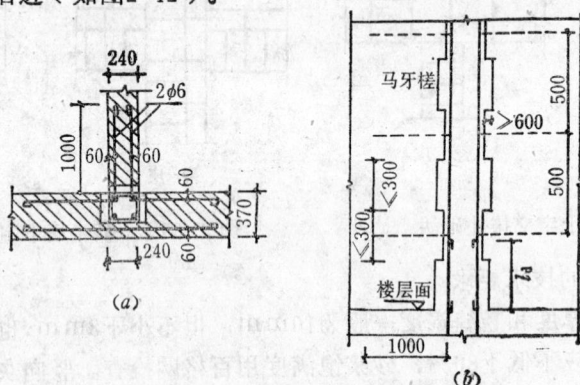

図 2-42 拉接钢筋布置及马牙槎示意图
(a)平面图；(b)立面图

6.不得在下列部位留脚手眼

（1）空斗墙、半砖墙和砖柱；

（2）砖过梁上与过梁成60°角的三角形范围内；

（3）宽度小于1m的窗间墙；

（4）梁或梁垫下其左右各500mm的范围内；

（5）砖砌体的门窗洞口两侧180mm和转角处430mm范围内。

7.砖墙每天砌筑高度不超过1.8m为宜，雨天施工，每天砌筑高度不宜超过1.2m。

8.砖砌体相邻工作段高差，不得超过一个楼层高度，也不宜大于4m。砌体临时间断处的高度差不得超过一步脚手架的高度。

9.砌好的墙体，尚不能安装楼板或屋面板时，要采取必要的支撑，保证其稳定性，以防大风刮倒。

（四）空斗墙的砌筑

空斗墙是由平砌砖和侧砌砖相互交错砌合而成。平砌砖称为"眠砖"，侧砌砖有"斗砖"（平行于墙面）和丁砖（垂直于墙面）两种，斗砖与丁砖形成的空洞称为"空斗"。空斗墙是一种轻型墙体，与同厚的普通实心墙相比，可节约砖、砂浆和劳动力。墙身减轻30～40%，保温隔热性也好，使用广泛。但抗震和稳定性较差。一般用于3层以下的民用建筑中，不宜用在地震烈度为7度或7度以上地区。

空斗墙的砌筑方法，依其立面形式，分有一斗一眠、三斗一眠和无眠空斗墙等。如图2-43所示。

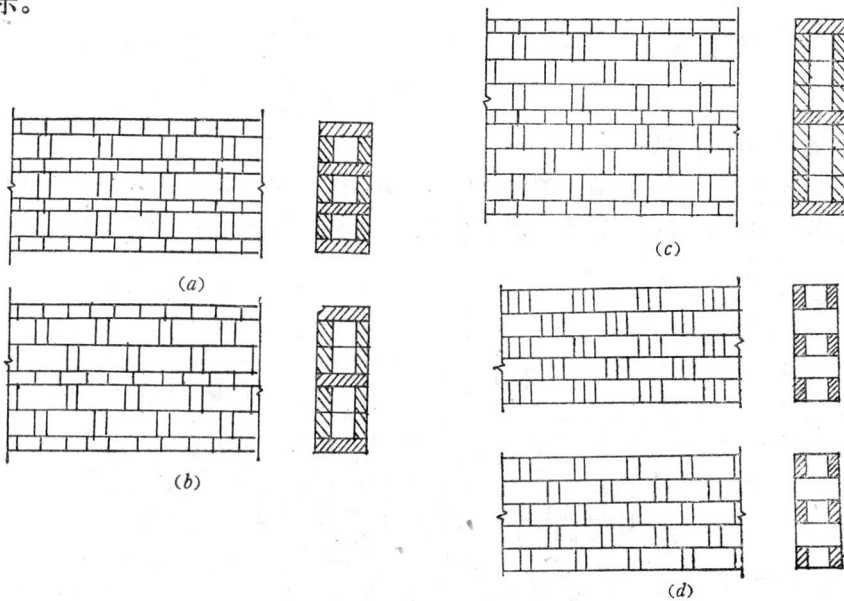

图 2-43　各种形式的空斗墙

（a）一斗一眠；（b）二斗一眠；（c）三斗一眠；（d）无眠空斗

空斗墙砌筑时，斗砖层间相互坐中，斗砖层与眠砖层之间竖缝必须错开，墙面上没有竖向通缝。空斗墙仅适用于一砖墙。严禁在空斗墙上开凿孔洞，若需要孔洞，应在砌墙时预留。若需要在空斗墙内填矿渣或土时，则应随砌随填，填时不要碰动面砖。

空斗墙在下列部位处应砌成实砌体：

1.室内地面以上3皮砖及其以下部分。

2.楼板、圈梁和檩条等支承处2～4皮砖部分。

3.楼板面上 3 皮砖。

4.门窗洞口的两侧一砖范围内。

5.楼梯间的墙、防水墙、烟道和管道较多的墙。

砌筑空斗墙的脚手架，应采用双排脚手架，不准采用单排脚手架。

三、砖柱、砖垛的砌筑方法

（一）砖柱的组砌方法。如图2-44所示。砖柱组砌应使柱面上下皮砖的竖缝至少错开1/4砖长。不得采用先砌四周，后填心的包心砌法。在柱心无通天缝，少砍砖，并尽量利用三分头砖，砖柱施工时，应勤检查垂直度，防止发生砖柱扭曲或砖皮一头高一头低的情况发生。砖柱上不得留脚手眼。砖柱每日砌筑高度不宜超过1.8m。

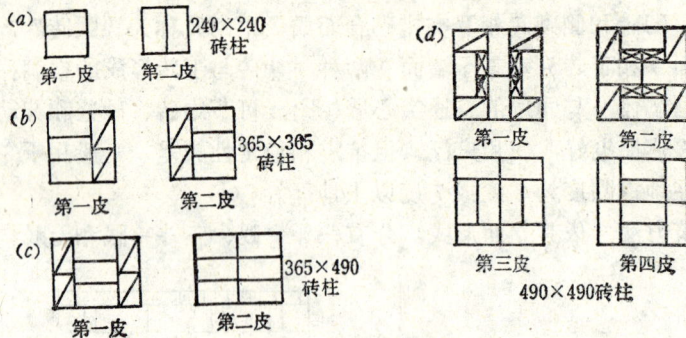

图 2-44 矩形柱砌法

（二）砖垛的砌筑方法

砖垛的砌筑方法，要根据墙厚不同及垛的大小而定，无论哪种砌法，都应使垛与墙身逐皮搭接，切不可分离砌筑，搭接长度不少于1/2砖长。根据错缝需要，可加砌3/4砖或半砖。如图2-45所示。

砖垛与砖墙应同时砌筑。

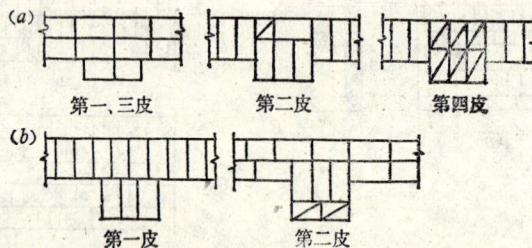

图 2-45 砖垛砌法

（a）一砖墙附365×365砖垛；（b）一砖墙附365×490砖垛

四、砖拱砌筑方法

（一）砖平拱过梁

平拱式过梁又称平拱、平碹。采用普通粘土砖侧砌，拱的厚度一般等于墙厚，高度为一砖或一砖半。多用于跨度不大于 1 m 的门窗洞口，如图2-46所示。当墙砌到门窗洞顶口时，就要依照拱的两边倾斜度，将与拱两端接触的墙砌成斜面，斜度约为1/4～1/6，并退进2～3cm。如图2-47所示。

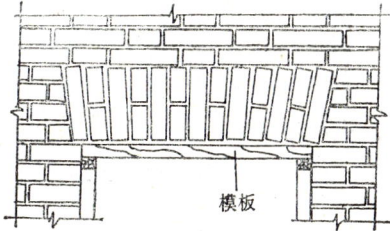

图 2-46 平拱式过梁

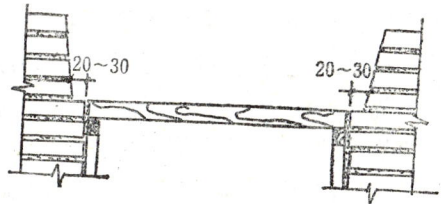

图 2-47 平拱两旁砖墙砌法

砌筑平拱前，应先支好底模，在底模侧面划出砖的块数及灰缝宽度。砖块数一定要成单数，并两边对称。由两边向中间砌，正中一块挤紧。用普通砖砌，其灰缝成楔形，下部灰缝宽不宜小于 5mm，上部灰缝宽随拱厚不同 而 异，拱厚24cm时，为15mm；拱厚37cm时，为20mm。砂浆应采用M5水泥砂浆。

（二）弧拱式过梁

弧拱式过梁又称弧拱，弧碳。其构造与平碳相似，只是外形呈圆弧形，砌筑方式也与平拱相同，灰缝砌成放射状，下部灰缝不宜小于 5mm，上部灰缝不宜大于25mm，如图2-48所示。

平拱和弧形拱式过梁，为了防止受荷载作用产生下垂，压弯门、窗檐，需先将过梁中部起拱，

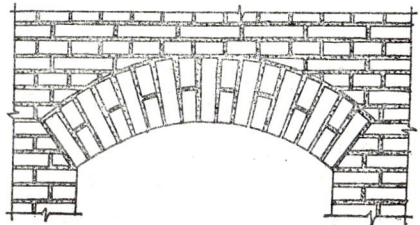

图 2-48 弧拱式过梁

起拱高度为过梁跨度的 1%，方法可在底模中部铺砂子，其厚度等于起拱高度。

（三）筒拱砌筑

筒拱可作为楼盖、屋盖、走道楼梯及烟道顶盖等结构。跨度可达 4m，厚度多为1/2砖厚拱的矢高为跨度的1/10～1/4，支承于砖墙或钢筋混凝土梁上。砌筑砂浆 用强度等级为M5的水泥砂浆，砖的强度等级应不低于MU7.5。要求尺寸一致，棱角整齐，无断裂现象，使用前浇水湿润。

砖拱结构对地基不均匀下沉敏感性高，施工时，要处理好地基。砌筑时应使拱波方向在整个建筑物中高度一致。两端拱座应有足够的强度和稳定性，以便承受和传递拱脚水平推力。拱座应采用挑砖法作成与拱轴线垂直的坡度(如图2-49a)。避免拱脚插入墙内(如图

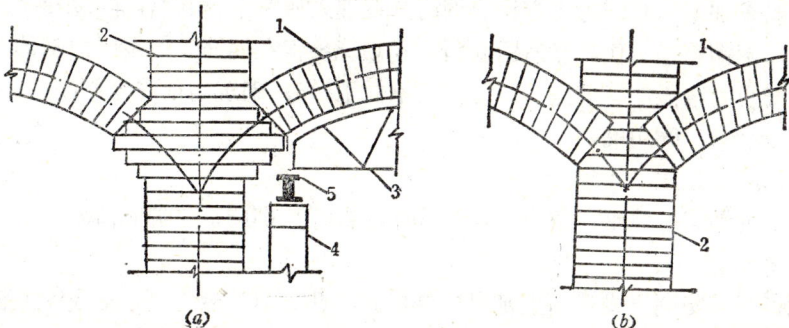

图 2-49 拱座砌法
a)拱座挑砖法；b)错误的砌法
1—砖拱；2—砖墙；3—活动拱模；4—支柱；5—轨道

2-49b）而削弱砖墙的有效受剪面积，同时垂直拱跨方向，砖拱两端也不应砌入墙内，应与墙离开1～2cm，缝内用砂浆填塞。

砌拱前，应先按设计拱曲率制作外形正确坚固、装拆方便的模架（如图2-49a）。长3m左右的应在模型下设小轮，便于在木摆上拖移至下段周转使用。支模时，模板中部应预留一定拱度，防止拱体砌筑后下沉。拱顶位置沿跨度方向的水平偏差不应超过矢高的1/200，任何点的竖向偏差不应超过该点拱高的1/200。

拱脚砂浆强度达到50%的设计强度后可开始砌拱。筒拱砌合应由一端向另一端退着砌，拱体的砌合应错缝。自两侧拱脚同时向拱冠砌筑且中间1块砖必须塞紧。拱体灰缝应全部用砂浆填满，拱底灰缝宽度宜为5～8mm。筒拱砌完后应进行养护，养护期内应防止冲刷、冲击和振动，在整个施工过程中，拱体应对称受荷。

筒拱的模板，应在保证横向推力不产生有害影响的条件下，方可拆移。

当筒拱的砂浆强度达到设计强度的70%以上时，方可在已拆除模板的拱筒上铺设楼面或屋面材料。

四、钢筋砖过梁施工

钢筋砖过梁也叫平砌配筋砖过梁。砌法及构造见图2-50。一般用于跨度不大于2m的门窗口上。它属于压弯构件的一种。过梁一般上部受压，下部受拉，由于砌体的抗拉强度较低，所以将钢筋设置于门窗洞口顶部砖砌体的水平灰缝中，以提高它的抗拉强度。

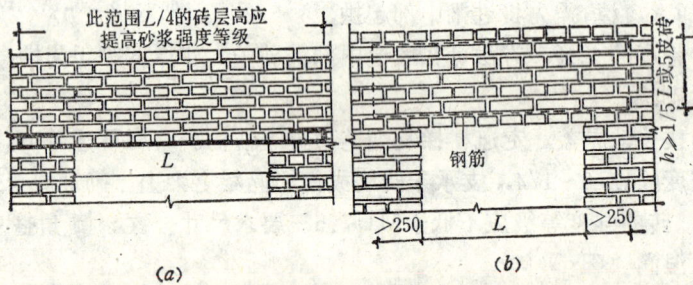

图 2-50 钢筋砖过梁

钢筋砖过梁的做法是：在墙砌到窗口上平时，应支搭过梁模板，支模时模板中间应起拱，拱高是过梁跨度的1/400。支好模后，应将模板浇水湿润，再抹3cm厚的1∶3水泥砂浆，把按图纸要求加工的两端弯成方钩的钢筋分别埋入砂浆中，两端各伸入墙37cm，并将砖砌在方钩内，把钢筋锚固住，然后同墙面一起砌筑，但在钢筋长度范围内砌体的砂浆强度等级要比砌墙用砂浆强度等级提高一级，且不低于M5，砌筑高度应为跨度的1/4，如跨度为1.6m时，就要砌40cm高。

五、砖墙的施工过程

砖墙的施工过程有：抄平、放线、摆砖、立皮数杆、砌砖、勾缝和清理。

（一）抄平

砌墙前应在基础防潮层或楼面上定出各层标高，并用M7.5水泥砂浆或C10细石混凝土找平，使各段砖墙底部标高符合设计要求。

（二）放线

根据龙门板上给定的轴线及图纸上标准的墙体尺寸，在基础顶面上用墨线弹出墙的轴线和墙的宽度线，并分出门洞位置线。二层以上各层墙身的轴线，即可用经纬仪或线锤将此轴线引测到楼层上去，并弹出各墙的宽度线，划出门洞口位置线。

（三）摆砖

摆砖是指在放线的基面上按选定的组砌方式用干砖试摆。一般采用丁砖试摆，砖缝留10mm的缝隙。最后校对所放出的墨线在门窗洞口、墙垛等处是否符合砖的模数，以尽可能减少砍砖，并使砌体灰缝均匀，组砌得当。

（四）立皮数杆（同砖墙施工准备中所述）

（五）砌砖

墙角是确定墙角两面横平竖直的主要依据，所以一般先根据皮数杆砌墙角，然后拉线砌墙身。每次盘角不超过6皮砖。砌筑过程中应每3皮一吊，5皮一靠，把砌筑误差尽量减少，以保证墙面垂直平整。砌一砖半厚以上的砖墙必须挂双面线。

砖砌体的砌筑方法一般采用"三一"砌砖法，"挤浆法"最多。

"三一"砌砖法，即一块砖、一铲灰、一揉压并随手将挤出的砂浆刮去。这种方法的优点是：灰缝容易饱满，粘结力好，墙面整洁。所以砌筑实心墙多采用此法。

"挤浆法"又叫铺灰挤砌法，用大铲、铺灰器在墙顶上铺一段砂浆，然后用双手拿砖或单手拿砖挤入砂浆中一定厚度之后把砖放平，达到横平竖直的要求。此法的优点是：每次摊铺砂浆较长，可以连续挤砌若干砖块；可以分工协作，提高效率，采用平推平挤，可以使灰缝饱满，保证砌筑质量。

（六）勾缝和清理

对于清水墙面必须进行勾缝，砖墙勾缝有加浆勾缝和原浆勾缝。

加浆勾缝是用1:1水泥砂浆勾缝。原浆勾缝是随砌墙随勾缝。勾缝的砂浆与砌筑用砂浆相同。勾缝的顺序是由上而下先勾水平缝后勾立缝。砖墙勾缝分平缝、凹缝、斜缝和凸缝。如图2-51所示。

勾缝必须横平竖直，深浅一致，不得有瞎缝、丢缝、裂纹和粘结不牢等现象。勾缝完毕后应进行墙面和落地灰清理。

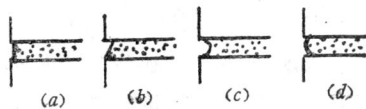

图 2-51 勾缝形式

（a）平缝；（b）斜缝；（c）凹缝；（d）凸缝

六、砖砌体工程常见的质量通病及预防

（一）砂浆强度不稳定

在砌筑工程中，砂浆强度低于设计标准强度。另外，砂浆强度波动性较大，匀质性差。

产生的主要原因是：材料计量不准确，大多数工地砂浆配合比仍采用体积比，以手推小车为计量单位；石灰膏掺量超过规定；搅拌砂浆时，加料顺序颠倒，使石灰膏等塑化材料未散开，水泥分布不均匀。

预防措施：要建立严格的称量制度，经常校验、维修计量工具；石灰膏等塑化材料称量应准确，在采用机械搅拌时，应采用两次投料，先加入部分砂子、水和全部塑化材料，将塑化材料打开后，再加入全部砂子和全部水泥；不得用增加微沫剂掺量的方法来改善砂浆和易性。

（二）砖砌体组砌混乱

混水墙面组砌方法混乱，出现直缝和"二层皮"，砖柱采用包心砌法，形成周圈通缝降低了砌体强度和整体性。

产生原因：操作人员忽视了组砌形式；在砌砖柱时需要大量七分砖来满足内外砖层错缝要求，操作人员认为影响砌筑效率，采用包心砌法。

预防措施：应使操作者了解砖砌体的组砌形式，不仅是为了美观，同时也是为了传递荷载的需要。因此，墙体中砖缝搭接不得小于1/4砖长，不得采用包心砌法；正确选用组砌形式，同一幢号工程中，应尽量使用同一砖厂的砖。

（三）砖缝砂浆不饱满

砖层水平灰缝砂浆饱满度低于80%；竖缝内无砂浆；砌筑清水墙采取大缩口铺灰，缩口缝深度大于2cm以上，影响砂浆饱满度。

产生原因：M2.5或M2.5以下水泥砂浆和易性差，挤浆困难，操作者使用瓦刀刮灰后，使底层产生空穴，砂浆不饱满；采用铺灰法砌筑。摊铺过长，砌筑跟不上，砂浆中的水份被底层砖吸收，使砌上的砖层失去粘结；用干砖砌墙，使砂浆早期脱水而减弱了砖与砂浆层的粘结。

预防措施：改善砂浆和易性；改进砌筑方法，推广"三一"砌砖法；严禁干砖上墙。

（四）"罗丝"墙

砌完一个层高的墙体时，同一砖层的标高差一皮砖的厚度，不能交圈。

产生原因：砌砖时没有按皮数杆控制砖的层数。每当砌到基础顶面和在预制混凝土楼板上接砌砖墙时，由于标高偏差大，皮数杆往往不能与砖层吻合；如同砌同一层砖时，误将负偏差标高当作正偏差，砌砖时反而压薄灰缝，在砌至层高赶上皮数杆时，与相邻位置的砖墙正好差一皮砖，形成"罗丝"墙。

预防措施：砌墙前应先测定所砌部位基面标高误差，通过调整灰缝厚度，调整墙体标高，砌筑时要注意灰缝均匀，标高误差要分配在一步架的各砖缝中，逐步调整；挂线时两端要注意相互呼应，注意同一条平线所砌砖的层数是否与皮数杆上砖层号相符；墙体标高可在室内弹出水平线控制，每砌完一步架前，应进行抄平弹半米线，用半米线向上引尺检查标高误差。

（五）墙体留置阴槎，接槎不平

砌筑时随意留槎，且多留置阴槎，槎口部位用砖渣填砌，使墙面遭受严重削弱，阴槎部位接槎不严，灰缝不顺。

产生原因：操作人员对留槎缺乏认识，习惯留直槎，不按规定留斜槎。组织不当，造成留槎过多；留直槎时，漏放拉结筋，或拉结筋长度，间距未按规定执行；留斜槎方法不统一，灰缝平直度难以控制，使接槎部位不顺直；施工洞口随意留设，运料小车将灰浆、混凝土撒落在洞口留槎部位，影响接槎质量。

预防措施：在安排施工组织计划时，对施工留槎应作统一考虑。按规范规定留斜槎或直槎；留直槎时，必须按规定设拉结筋；内外墙交接处所留直槎应为阳槎；对施工洞口留槎部位，应加以遮盖。

七、砖砌体的质量检查

1. 砖砌体总的质量要求是：横平竖直，灰浆饱满，组砌确当，接槎可靠。
2. 砖砌体结构的允许偏差和检验方法，如表2-3。

砖砌体的尺寸和位置的允许偏差　　　　表 2-3

项次	项　　目		允许偏差（mm）			检　验　方　法
			基　础	墙	柱	
1	轴线位移		10	10	10	用经纬仪复查或检查施工测量记录
2	基础顶面和楼面标高		±15	±15	±15	用水平仪复查或检查施工测量记录
3	墙面垂直度	每　层	—	5	5	用2m托线板检查
		全高 小于或等于10m	—	10	10	用经纬仪或吊线和尺检查
		大于10m	—	20	20	
4	表面平整度	清水墙、柱	—	5	5	用2m直尺和楔形塞尺检查
		混水墙、柱	—	8		
5	水平灰缝平直度	清水墙	—	7	—	用10m线和尺检查
		混水墙	—	10		
6	水平灰缝厚度（10皮砖累计数）		—	±8		与皮数杆比较，用尺检查
7	清水墙游丁走缝		—	20		吊线和尺检查，以每层第一皮砖为准
8	外墙上下窗口偏差		—	20		用经纬仪或吊线检查以底层窗口为准
9	门窗洞口宽度（后塞口）		—	±5		用尺检查

第五节　毛石墙的施工

毛石墙是在村镇建设中使用广泛的一种墙体，一般可用于二层及二层以下的居住房屋，围护结构、挡土墙等。

毛石砌体所用石材应质地坚硬，无风化剥落和裂缝。用于清水墙、柱表面的石材，尚应色泽均匀。石材表面的泥垢、水锈等杂质，砌筑前应清除干净。毛石应成块状，其中部厚度不宜小于15cm。

毛石砌筑前要进行选石、做面、放线、立皮数杆、拉准线等。选石是从石料中选取在应砌的位置上大小适宜的石块，并有一个面作为墙面，原则是"有面取面，无面取凸"。把凸部或不需要的部分用铁锤打掉，做成一个面后砌入墙中。放线、立皮数杆和拉准线在方法上与砌砖相同。针对毛石的特点有以下的技术要求：

1. 石砌体应采用铺浆法砌筑，砂浆稠度为3～5cm。灰缝厚度宜为20～30mm，砂浆应饱满。
2. 石墙的转角处和交接处应同时砌筑，对不能同时砌筑而又必须留置的临时间断处，应砌成斜槎。
3. 石墙转角和丁字接头转角应选用角边是直角的块石，安放在转角处，将直角边放在墙一面，并根据长短形状，纵横搭接砌入墙体内，如图2-52所示。

丁字接头应选取较为平整的长方形石块，长短纵横砌入墙体内，使其在纵横墙中，上下皮能相互咬住槎，如图2-53。

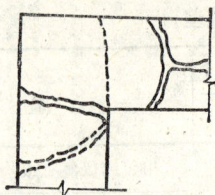

图 2-52　墙转角

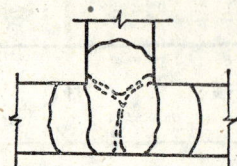

图 2-53　丁字搭接

4.墙体宜分皮卧砌，并应上下错缝，内外搭接，不得采用外侧立石块，中间填心的砌筑方法。墙中也不得放铲口石和全部对合石，如图2-54。

5.毛石墙必须设置拉结石。拉结石应均匀分布，相互错开，一般每0.7m²墙面至少设置一块，且同皮内的中距不应大于2m。拉结石长度，如墙厚等于或小于40cm，应等于墙厚；墙厚大于40cm,可用两块拉结石内外搭接，搭接长度不应小于15cm,且其中一块长度不应小于墙厚的2/3。

6.毛石墙每日砌筑高度不应超过1.2m。

7.在毛石和实心砖的组合墙中，毛石砌体与砖砌体应同时砌筑，并每隔4~6皮砖用2~3皮丁砖与毛石砌体拉结砌合，两砌体间的空隙应用砂浆填满，如图2-55。

8.石墙的勾缝形式一般多采用平缝或凸缝。勾缝用1:1水泥砂浆，但应掺入麻刀，勾缝线条均匀一致，深浅相同。勾缝前要先剔缝，将灰缝刮深20~30mm，墙面用水湿润，不整齐的要加以修整。

9.毛石砌体的质量检查。

石砌体的允许偏差和检验方法，见表2-4。

石砌体的允许偏差和检验方法　　　　　　表 2-4

项次	项　　　目		允　许　偏　差　(mm)				检　验　方　法
			毛石、毛料石		粗 料 石		
			基　础	墙	基　础	墙	
1	轴线位移		±20	±15	±15	±10	用经纬仪、水平仪复查或检查施工测量记录
2	基础和楼面标高		±25	±15	±15	±15	
3	砌体厚度		+30 −0	+20 −10	+15 −0	+10 −0	用尺量检查
4	墙面垂直度	每　层	—	20	—	10	用经纬仪或吊线和尺量检查
		全　高		30		20	
5	表面平整度	混水墙、柱	—	20	—	15	用两直尺垂直于灰缝，拉2m线和尺量检查
		清水墙、柱	—	20	—	10	
6	水平灰缝平直度(清水墙)			10			拉10m线和尺量检查

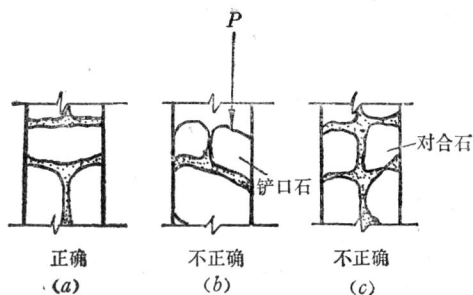

图 2-54　毛石墙砌筑

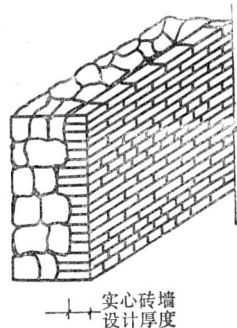

图 2-55　毛石和实心砖组合墙

第六节　小型砌块施工

中小型砌块在我国已得到广泛使用，按材料可分为粉煤灰硅酸盐砌块、普通混凝土空心砌块、煤矸石硅酸盐空心砌块等。由于规格不一又分为中型和小型砌块。本节介绍从混凝土空心小型砌块（390mm×190mm×190mm）为主要墙体材料的一般民用建筑的墙体施工。

一、施工准备

1.砌块应符合表2-5和2-6规定。进场时必须有出厂合格证。

尺寸容许偏差：长度：±3mm；宽度：±3mm；高度：±3～4mm；壁肋厚度：±2～3mm。

2.砌块运到现场后，应按不同规格和强度等级分别整齐堆放。场地必须平整，并应做好排水。砌块堆放高度不宜超过1.6m。

承重小型砌块的规格尺寸(mm)　　　　　表 2-5

名　　称	外　形　尺　寸			最小壁、肋厚度
	长	宽	高	
主规格砌块	390	190	190	30
辅助规格砌块	290	190	190	30
	190	190	190	30
	90	190	190	30

注：1.对于非抗震设防地区，小型砌块的壁、肋厚度可允许采用27mm；

2.非承重砌块的宽度可为90～190mm，最小壁肋厚度可减小为20mm；

3.小型砌块的空心率、孔洞形状、是否封底或半封底以及有无端槽等，可视各地区具体情况而定。

3.在基础施工前，应校核房屋的放线尺寸，当房屋长度和宽度的尺寸小于50m时，其偏差不应超过1cm；当尺寸为50～100m时，不应超过1.5cm；当尺寸超过100m时，不应超过2cm。

小型砌块的强度等级与抗压强度的关系   表 2-6

砌块类别	强度等级	抗压强度（MPa）	
		5块平均值不小于	单块最小值不小于
承重砌块	MU10	10	8.0
	MU7.5	7.5	6.0
	MU5	5.0	4.0
	MU3.5	3.5	2.8
非承重砌块	MU3	3.0	2.5

注：当5块平均值或单块最小值中，有一项达不到表内要求时，降低强度等级使用。

4. 基础砌完后应及时进行土方回填。

5. 砌筑前，必须根据砌块尺寸和灰缝厚度计算皮数和排数，以保证砌体尺寸符合设计要求。

6. 砌块一般不宜浇水，但在气温特别干燥炎热的情况下，可在砌筑前稍加喷水湿润。

二、小型砌体施工技术要求

1. 尽量采用主规格砌块。应从转角或定位处开始砌筑。内外墙应同时砌筑，纵横墙交错搭接。

2. 应对孔错缝搭砌，个别情况下无法对孔砌筑时，允许错孔砌筑，但其搭接长度不应小于9cm，如不能保证，应在灰缝中设拉结筋。

3. 砌块应底面朝上砌筑。承重墙不得采用砌块与粘土砖等混合砌筑。

4. 墙体的临时间断处应砌成斜槎，斜槎长度不小于高度2/3。如留斜槎确有困难时，除转角外，也可砌成直槎，但必须采用拉结网片，以保证连结牢靠。

5. 砌体的灰缝应做到横平竖直。水平灰缝饱满程度，不得低于90%；竖直灰缝的砂浆饱满程度，不得低于60%，严禁用水冲浆浇灌灰缝。灰缝宽度 8～12mm。

6. 墙内应尽量不设脚手眼，如必须设置时，可用190×190×190mm砌块侧砌，利用孔洞作脚手眼，砌体完工后，应用C15混凝土将脚手眼填实。

在墙体的下列部位不得设脚手眼：

（1）过梁上部与过梁成60°角的三角形范围内。

（2）宽度小于80cm的窗间墙。

（3）梁或梁垫下及其左右各50cm的范围内。

（4）门窗洞口两侧20cm和墙体交接处40cm的范围内。

（5）设计规定不允许设脚手眼的部位。

7. 砌筑高度每天不宜大于1.8m。

三、小型砌块砌体的质量要求

1. 龄期为28d，标准养护的同强度等级砂浆或混凝土试块的平均抗压强度，不低于设计强度等级；其中任意一组试件强度的最低值，砂浆不得低于设计强度等级的75%，混凝土不得低于设计强度等级的85%。

2. 砌体的允许偏差见表2-7。

序号	项　　　　目			允许偏差(mm)	检　查　方　法
1	轴线位移			10	用经纬仪，水平仪复查或检查施工记录
2	基础或楼面标高			±15	
3	垂直度	每　　层		5	用吊线法检查
		全　　高	10m以下	10	用经纬仪或吊线尺检查
			10m以上	20	
4	表面平整	清水墙、柱		5	用2m靠尺检查
		混水墙、柱		8	
5	水平灰缝平直度	清水墙10m以内		7	用拉线和尺量检查
		混水墙10m以内		10	
6	水平灰缝厚度（连续5皮砌块累计数）			±10	用尺量检查
7	垂直灰缝宽度（连续5皮砌块累计数，包括凹面深度）			±15	
8	门窗洞口宽度（后塞框）			±5	

第七节　砌筑工程的安全技术

砌筑操作前必须检查操作环境是否符合安全要求，道路是否畅通，机具是否完好、牢固，安全设施和防护用品是否齐全，经检查符合要求后方可施工。

砌基础时，应检查和注意基坑土质的变化情况。堆放砖石材料应离槽（坑）边1m以上。

砌墙时，超过一定高度（离地坪1.2m左右）就应搭设脚手架。脚手架必须牢固稳实，架上堆放材料不得过多，砖的堆放高度不得超过3皮侧砖，同一脚手板上的操作人员不得超过两人。

不准站在墙顶上做划线、刮缝及清扫墙面或检查大角垂直等工作，不准用不稳定的工具或物体在脚手板上垫高操作。

砍砖时应面向内，注意掉砖伤人，垂直传递砖块时，必须认真仔细、小心砸人。

已砌好的山墙，应临时用联系杆（如檩条等）放置在各跨山墙上，使其联系稳定，或采取其它有效的措施加固。

如遇雨天或每日下班时，应做好防雨水冲走砂浆，致使砌体倒塌。

砌毛石墙时不准在墙顶或脚手架上修石材，以免震动墙体影响质量或石片掉下伤人。不准徒手移动墙上的石块、以免压破或擦伤手指。

不准勉强在超过胸部以上的墙上进行砌筑，以免将墙体碰倒塌或上石时失手掉下来造成安全事故。石块不得往下掷，运石上下时，脚手板要钉装牢固，并钉防滑条和扶手栏杆。

刚砌好的砌体，禁止在上面走动，以防发生危险和质量事故。

复习思考题

1. 脚手架的作用、要求、类型和适用范围。
2. 单排外脚手架和双排外脚手架在构造上有何区别？各适用于何种情况？
3. 为什么要设置斜撑、抛撑、剪刀撑？如何设置？
4. 试述砖墙留脚眼的规定？
5. 安全网的搭设应遵守哪些原则？应注意什么问题？
6. 井架和龙门架搭设时，应注意什么问题？
7. 什么叫皮数杆？如何制备、布置皮数杆？
8. 试述毛石基础施工的要点和常见的通病。
9. 砖墙在转角处和交接处留临时间断处时有什么构造要求？
10. 为什么干砖不能砌上墙？
11. 砖拱、钢筋砖过梁如何施工？
12. 砖砌体的组砌方法有哪些？适用范围如何？
13. 如何才能保证砌体的砌筑质量？
14. 砖砌体总的质量要求是什么？如何检查砌体质量？
15. 砖砌体有哪些常见的质量通病？如何预防？
16. 小型砌块施工有哪些技术要求？

第三章 钢筋混凝土工程

钢筋混凝土结构及构件在村镇建筑中应用越来越广泛，改善了农村房屋的结构型式，提高了房屋的耐久性。钢筋混凝土工程是建筑施工的主要工种工程之一，其施工技术近年来在村镇建筑施工中得到了很大的发展。

钢筋混凝土结构施工有预制装配式和现场浇筑两种方法。前者系工厂化生产，现场装配，可以提高建筑工业化水平，加快建设速度，改善工人的劳动条件，但要求机械化程度高。现场浇筑钢筋混凝土结构，劳动条件较差，工人劳动强度大，但结构的整体性好，抗震能力强，耗钢量少，所以应用很广泛。

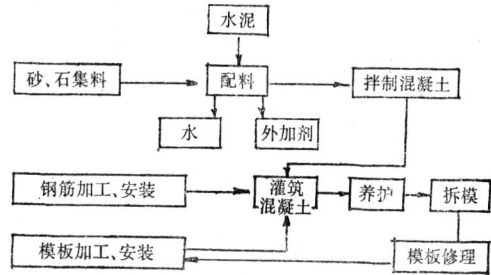

图 3-1 钢筋混凝土工程施工程序

钢筋混凝土工程由模板、钢筋、混凝土等工种工程组成，其施工工艺过程见图3-1。施工中，只有三个工种之间紧密配合，加强管理，统筹安排，合理组织，才能保证工程质量，加快施工进度和降低造价。

第一节 模 板 工 程

一、模板的作用、要求和种类

（一）模板的作用和要求

模板系统包括模板、支架和紧固件三个部分，它的作用主要是保证混凝土在浇筑和硬化过程中能保持构件位置、形状和尺寸的正确，并能承受施工中所产生的荷载。为此要求模板和支架必须符合下列规定：

1. 保证工程结构和构件各部分形状尺寸和相互位置的正确；

2. 具有足够的强度、刚度和稳定性，能可靠地承受新浇筑混凝土的重力和侧压力，以及在施工过程中所产生的荷载；

3. 构造简单、装拆方便，便于周转使用，降低成本，并便于钢筋的绑扎与安装和混凝土的浇筑及养护等工艺要求；

4. 模板接缝应严密，不得漏浆。

（二）模板的种类

模板按其所用的材料不同可分为：木模板、钢模板、钢木模板、土模、砖模等数种；按其模板构造类型可分为：拼合式模板、工具式模板等。

在现浇结构中广泛采用木模板和定型组合式钢模板。本节仅就村镇建筑施工中常用的模板进行介绍。

二、现浇钢筋混凝土结构木模的构造及安装

现浇钢筋混凝土结构用的木模包括模板和支架系统。模板一般在加工厂或工地加工棚里先制成元件，再在现场进行拼装。图3-2是模板的基本元件之一——木拼板。拼板的长短、宽窄可根据钢筋混凝土各构件的尺寸，设计出几种标准拼板，以便组合使用。

拼板的板条厚度一般为25～50mm，宽度不宜大于200mm，以保证干缩时缝隙均匀，吸水后易于密缝，受潮后不易翘曲，但梁底板如需整块板则不受此限。拼板的拼条截面尺寸为25×35～50×50mm；间距由所浇筑混凝土侧压力的大小及板条的厚度决定，一般为400～700mm。拼板在拼制时，可根据工程要求，分别采用平缝、高低缝；每块拼板的重量最多以两人能搬动为宜，如图3-3。混凝土表面如需做饰面层时，模板一般不刨光。

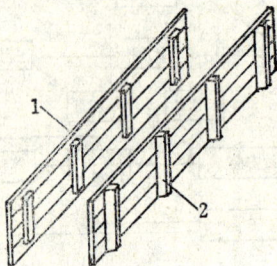

图 3-2 拼板的构造

1—板条；2—拼条

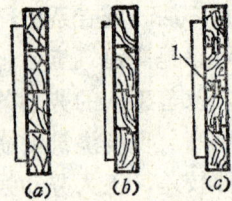

图 3-3 拼板的拼缝

a)平缝；b)高低缝；c)企口缝

1—企口穿条

配制模板前要熟悉图纸，结构形体简单的构件，可根据结构施工图直接按尺寸列出模板规格进行配制；形体复杂的结构（如屋架、楼梯、圆形结构）模板，要采用放大样的方法配板。放大样即在平整的地面上，按结构图用1:1尺寸画出构件实样，就可以量出各部分模板的准确尺寸，同时可确定模板及其安装的节点构造，然后进行模板的制作。

（一）基础模板

基础的特点是高度不高而体积较大。如土质良好，可以采用原槽浇灌或基础最下一级原槽浇灌。图3-4、3-5分别为带形基础模板和阶形独立柱基础模板。

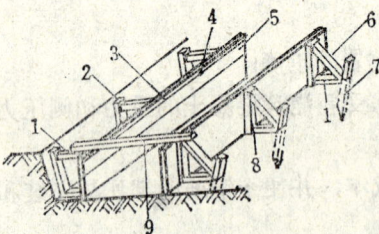

图 3-4 带形基础模板

1—平撑；2—垫木；3—准线；4—钉子；5—侧板；6—斜撑；7—木桩；8—拼条；9—搭头木

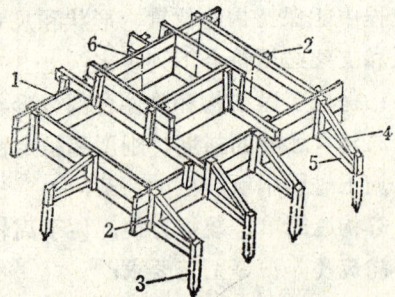

图 3-5 阶形独立柱基模板

1—侧板；2—拼条；3—木桩；4—斜撑；5—平撑；6—中线

安装前，应将基础的中心线及基础的标高进行核对。独立柱基础呈台阶形状，则模板分阶设置，每一阶由四块侧拼板拼钉而成。安装前在侧模内侧划出中心线，在基坑底弹出基础中心线，安装时先将下阶模板放在基坑底，将其中心对准，并用水平尺校正找平，并

46

用斜撑和水平撑支牢钉紧，放入钢筋网。上阶模板搁在下阶模板上，校正中线和标高，加支撑钉牢。

条形基础模板安装时，先在基槽底弹出基础边线，再把侧模板对准边线支立起来，经校正标高后，用斜撑和水平撑钉牢。

（二）柱模板

柱子的断面尺寸不大但比较高。因此柱模板主要解决垂直度及抵抗新浇混凝土的侧压力等问题；同时，也要考虑便于浇筑混凝土，钢筋绑扎的配合、垃圾的清理等。

柱模板一般由两块内拼板夹在两外拼板之间组成，见图3-6。也可用短横板代替外拼板钉在内拼板上，见图3-7。

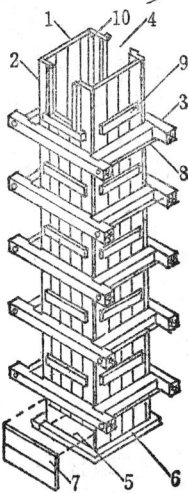

图 3-6 柱模板

1—内拼板；2—外拼板；3—柱箍；4—梁缺口；5—清理孔；6—木框；7—盖板；8—拉紧螺栓；9—拼条；10—三角木条

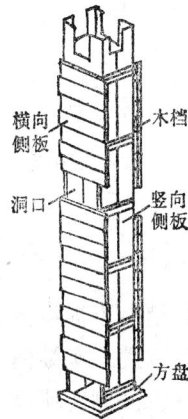

图 3-7 矩形柱模板

为保证模板在混凝土侧压力作用下不变形，应在柱模板外面设木制或钢木柱箍箍紧，柱箍的间距应由混凝土侧压力的大小及拼板的厚度来确定。一般愈靠近柱脚，侧压力愈大，柱箍则愈密。当柱模板用20mm厚的拼板时，其间距宜为400～500mm。柱模顶部应根据需要，开出与梁连接的缺口；其底部应开有清理模板内杂物的清除口。沿柱子高度每隔2m设置浇筑孔。

柱模板安装前，应按设计要求绑好钢筋，测出标高在钢筋骨架上，同时在基础面（或楼面）弹出中心线或周边线，按照周边线将柱底部分定好位置，再将模板竖起来，并用临时支撑固定，然后用锤球校正，使其垂直，检查无误后，即用斜撑钉牢固定。在同一条直线上的柱应先校正两头的柱模，再在柱模上口中心线拉上铁丝来校正中间的柱模，柱模之间还要用水平撑及剪刀撑相互撑牢，以保证柱子的设计位置准确。

（三）梁模板

梁的跨度较大而宽度不大。梁的下面一般是架空的，因此，混凝土对梁模板既有水平侧压力，又有垂直压力。梁模板及其支架要能承受这些荷载而不致发生超过规范允许的变形，保证模板的正常工作。

梁模板主要由底模、侧模、夹木及其支架系统组成。侧模板一般用厚25mm的长板条加木档拼制而成，底模板用30～50mm厚的长板条加木档拼成或采用整块板。为了承受垂直荷载，在梁底模板下每隔一定间距（一般为800~1200mm）用顶撑（琵琶撑）顶住，如图3-8。支撑可用圆木、方木制成，木顶撑的立柱用断面80×80mm或100×100mm方木，斜撑用断面为50×70mm的方木。在顶撑底要加一对木楔，用以调整标高。为使顶撑传下来的集中荷载均匀地传给地面或楼面，在顶撑底加铺垫板。多层建筑物施工时，应使上，下层的顶撑在同一条竖直线上。侧模板承受混凝土侧压力，基底部用夹木固定，并加斜撑和在上口用水平拉条固定。

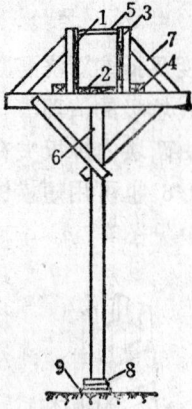

图 3-8　单梁模板

1—侧模板；2—底模板；3—侧模拼条
4—固定夹板；5—固定横木；6—顶撑
（立柱）；7—斜撑；8—木楔；9—垫板

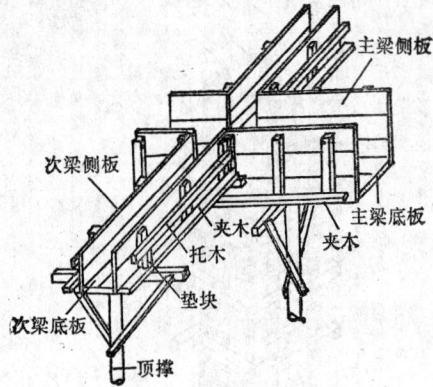

图 3-9　主次梁模板

单梁的侧模由于拆除较早，一般应包在底模的外面。有主次梁的模板，构造上还应注意模板的连接方式。次梁模板应根据楼板的标高，在两侧模外面钉上托木；在主梁与次梁交接处，应在主梁侧留缺口，并钉上衬口档，次梁的侧模和底板就钉在衬口档上，如图3-9。

当梁的跨度等于或大于4m时，应使梁模板中部起拱。如设计无规定时，起拱高度宜为全跨长度的1/1000~3/1000（木模板为1.5/1000~3/1000，钢模板为1/1000~2/1000）。

梁模板的安装顺序是：沿梁模板下方地面铺垫板，在柱模缺口处钉衬口木档，把底板搁置在衬口木档上，接着立起靠近柱或墙的顶撑，再将梁长度等分，立中间部分顶撑，顶撑底下打入木楔，接着把侧模板放上，两头钉于衬口档上，在侧模底外侧铺钉夹木，再钉上斜撑、水平拉条。有主次梁模板时，要待主梁模板安装校正后才能进行次梁模板的安装。

梁模板安装后再拉中心线检查，复核各梁模板中心线位置是否正确。用打紧顶撑下木楔的办法达到起拱要求，检查并调整标高。

（四）楼板模板

楼板的特点是面积大而厚度比较薄，侧向压力小。楼板模板及其支架系统，主要承担混凝土的垂直荷载和施工荷载，应保证楼板不变形下垂。

楼板的底模一般用木板拼成，铺设在楞木上，楞木搁置在梁侧模板外的托木上。楞木断面一般为50×100mm或60×90mm的方木，间距为400~500mm。当楞木的跨度较大时，中间应加设支撑（立柱），支撑上方钉通长杠木。底模板应垂直于楞木方向铺钉，见图3-10。

有主次梁的楼板安装时，先安装主次梁模板，在次梁模板两侧板外侧弹出水平线，水

48

平线的标高应为楼板底标高减去楼板底模厚度及楞木高度，然后在水平线下钉托木，使托木上皮与水平线齐。再把靠主梁模板的楞木先摆上，楞木间距按楼板模板图分中定位。最后在楞木上铺钉楼板底模板。

（五）圈梁模板

圈梁的断面小但很长。一般除窗口及其他个别地方是架空外，均搁置在墙上。故圈梁模板主要由侧板和相应的卡具所组成。底模仅在架空部分

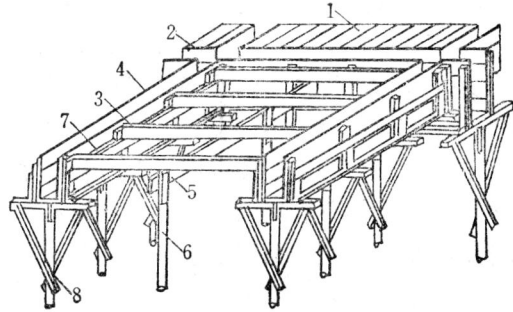

图 3-10 楼板模板

1—平板底模；2—主梁侧模；3—楞木；4—次梁侧模；5—牵杠；6—支撑；7—托木；8—顶撑(琵琶撑)

使用，可直接搁在两洞口壁上，如架空跨度较大，也可用顶撑撑住底模。

圈梁支模，应先在墙面标出统一标高线，然后依此线决定圈梁的高度。支模的卡具形式很多，图3-11a、b 是常用的几种形式。如施工现场没有卡具，也可在圈梁底下二皮砖处，沿圈梁每隔1.5m左右穿放木楞，在其上安放侧模，外钉夹板和斜撑，见图3-11c。

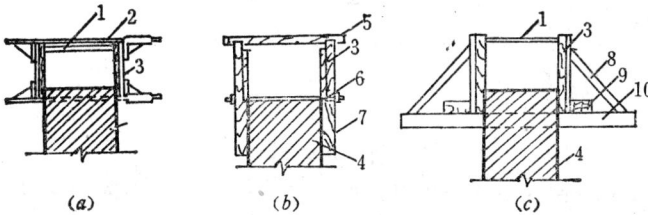

图 3-11 圈梁模板

1—小木条；2—钢管卡具；3—模板；4—墙；5—木卡子；6—螺栓；7—模板支架；8—斜撑；9—夹板；10—木楞

（六）雨篷模板

雨篷包括雨篷梁和雨篷板两部分，其模板构造与安装，同梁及楼板相似，如图3-12。

雨篷的支模方法是：先在雨篷梁下竖立琵琶撑，两端各一根，中间部分为1m左右，并在雨篷外沿下，也立起支柱，上面钉上杠木。支雨篷板模板的楞木，一头搁在杠木上，另一头搁在梁外侧的托木上，最后在楞木上铺钉平板及侧板，其他部分安装方法同梁及楼板的模板。

（七）楼梯模板

楼梯模板的构造与楼板模板相似，不同的是，要倾斜支设，做成踏步，图3-13所示。安装时，先在楼梯间墙上按设计标高画出楼梯段、楼梯踏步及平台板、平台梁的位置。在平台梁下立起顶撑，下垫木楔及垫板；在顶撑上钉平台梁的底模板，立侧模，钉夹木和托木。同时，在贴墙处立支撑，支撑上钉横楞，搁楞木，铺钉平台底模板。然后在楼梯

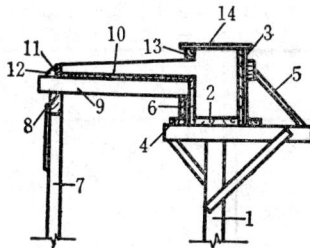

图 3-12 雨篷模板

1—琵琶撑；2—过梁底板；3—过梁侧板；4—夹板；5—斜撑；6—托木；7—牵杠撑；8—牵杠；9—木楞；10—雨篷底板；11—雨篷侧板；12—三角木；13—木条；14—搭头木

基础侧板上钉托木,将楼梯斜楞钉在基础与平台梁两侧板的托木上。在斜楞上面铺钉楼梯底模板,下面立斜向支撑,其间距1.2m,支撑间用拉杆拉结。再沿楼梯边立外帮板,并由外帮板上的横档木(拼条)将外帮板钉固在斜木楞上。再在靠墙的一面把反三角板立起,反三角板的两端可钉固于平台梁和楼梯基础的侧板上。在反三角与外帮板之间逐块钉上踏步侧板,踏步侧板一头钉在外帮板的木档上,另一头钉在反三角木块的侧面上;如若梯段较宽,应在梯段中间加设反三角木板,以免发生踏步侧板凸肚现象。为了确保梯板符合要求的厚度,在踏步侧板下面可以垫以若干小木块,这些小木块在浇捣混凝土时随手取出。

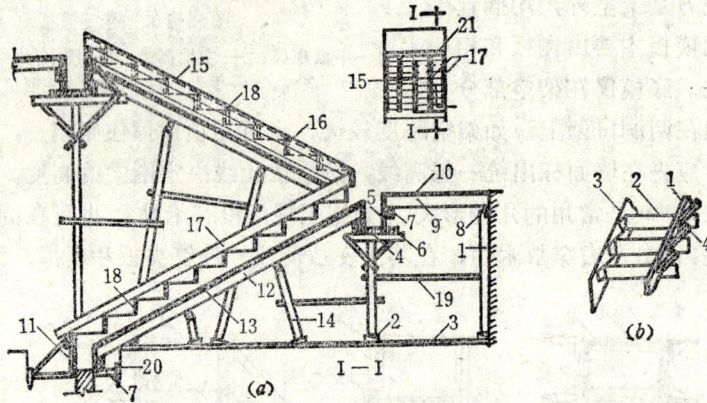

图 3-13 楼梯模板

(a)1—支柱;2—木楔;3—垫板;4—平台梁底板;5—侧板;6—夹木;7—托板;8—牵杠;9—木楞;10—平台底板;11—梯基侧板;12—斜木楞;13—楼梯底板;14—斜向支撑;15—外帮板;16—横档木;17—反三角;18—踏步侧板;19—拉杆;20—木桩;21—平台梁模

(b)1—长木条;2—踏步侧板;3—边模板;4—小木条

第二个楼梯段楼梯模板的安装程序与第一梯段模板基本相同。

在梯段模板放线时,特别注意每层楼梯的第一踏步与最后一个踏步的高度。常因疏忽了楼梯面层厚度而造成高低不同的现象,影响用户的使用。

现浇混凝土结构模板的允许偏差和检验方法见表3-1。

整体式结构模板安装允许偏差　　　　　　表 3-1

项　　次	项　　　　目	允许偏差(mm)	检　验　方　法
1	轴线位置	5	用尺量检查
2	底板上表面标高	±5	
3	截面内部尺寸		
	(1)基　　础	±10	
	(2)柱、墙、梁	+4	用尺量检查
4	层高垂度	−5	用经纬仪或吊锤和尺量检查
	(1)全高≤5m	6	
	(2)全高>5m	8	
5	相邻两板表面高低差	2	
6	表面平整度(用2m直尺检查)	5	

50

三、定型组合钢模板

定型组合钢模板是目前广泛采用的一种工具式模板。它坚固耐久，表面光滑，接缝严密，使用时间长，安装工效比木模高，但一次投资费用大。

定型组合钢模板是用薄钢板压制而成，不同平面尺寸的小块模板通过连接件和支承件的连接，可以组成施工所需要的模板。定型组合钢模板由定型模板及配件组成。配件包括模板的连接件（U型卡和L型插销）、各种定型卡具（如梁卡具、连杆等）、支承件（如支柱、桁架、托具等），如图3-14、3-15、3-16所示。

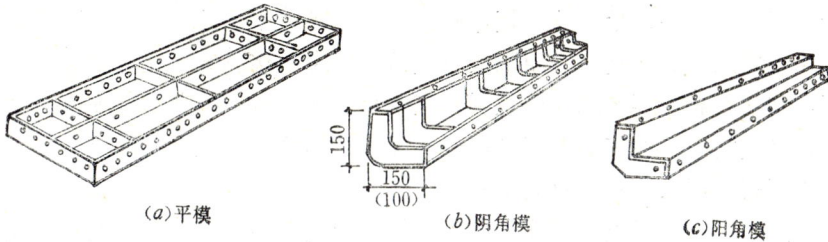

(a)平模　　　　　　　(b)阴角模　　　　　　(c)阳角模

图 3-14　组合钢模

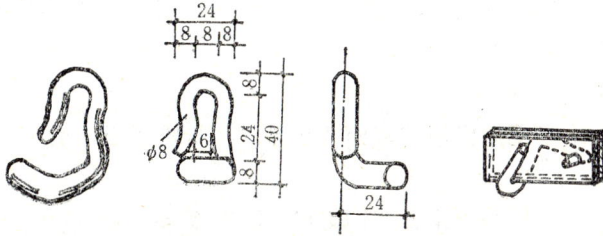

图 3-15　钢模板连接件及应用

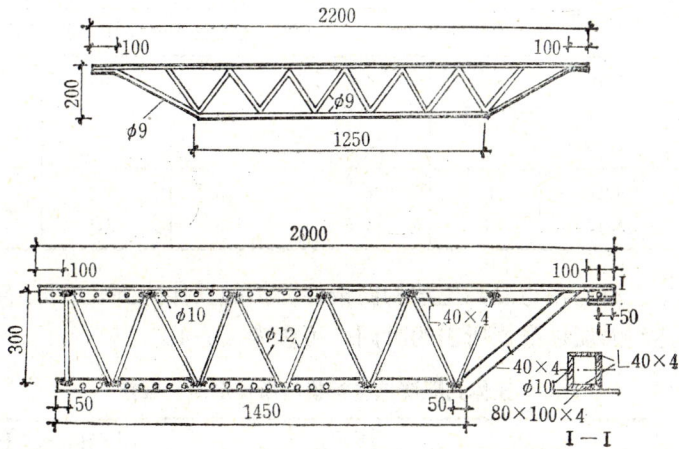

图 3-16　钢桁架示意图

采用组合钢模时，同一构件模板展开面可用不同规格的钢模作多种方式的组合排列，因而形成不同的配板方案。配板方案是否合理对支模效率，工程质量和经济效益都有一定影响。合理的配板方案应满足：钢模规格和块数少，木模嵌补量少，并能使支承件布置简单，受力合理。

钢组合模板配板时，应遵循下列原则：

1.优先采用通用规格和大规格的模板。这样，模板整体性好，又可减少装拆工作。

2.合理排列，模板宜以其长边沿梁、板、墙的长度方向或柱的高度方向排列，以利使用长度规格大的钢模，并扩大钢模的支承跨度。如结构的宽度恰好是钢模长度的整数倍时，也可将钢模的长边沿结构的短边排列。模板端头接缝宜错开布置，以提高模板的整体性，使模板在长度方向易保持平直。

3.要合理使用角模，对无要求的阳角，可不用阳角模，而用联接角模代替。阴角模宜用于长度大的阴角。柱头、梁口及其短边转角处，可用方木嵌补。

4.便于模板支承件的布置，对面积较方整的钢模端头接缝集中在一条线上，直接支承钢模的钢楞，其间距布置要考虑接缝位置，应使每块钢模板有两道钢楞支承。对端头错缝连接的模板，其直接支承钢模的钢楞或桁架的间距可不受接缝位置的限制。

四、现浇钢筋混凝土结构模板的拆除

模板的拆除取决于混凝土的强度、各种模板的用途、结构的性质，混凝土硬化时的气温。及时拆模，可提高模板的周转效率，也可为其他工作创造条件。但过早拆模，混凝土会因强度不足而不能承担本身重量，或受到外力作用而变形，甚至断裂，造成重大的质量事故。

（一）侧模板拆除

侧模板应在混凝土强度能保证其表面及棱角不因拆除模板而受损坏时，方可拆除，见表3-2。

拆除侧模时间参考表　　　　　　　　表 3-2

水泥品种	混凝土强度等级	混凝土的平均硬化温度（℃）					
		5°	10°	15°	20°	25°	30°
		混凝土强度达到2.5MPa所需天数					
普通水泥	C10	5	4	3	2	1.5	1
	C15	4.5	3	2.5	2	1.5	1
	≥C20	3	2.5	2	1.5	1.0	1
矿渣及火山灰质水泥	C10	8	6	4.5	3.5	2.5	2
	C15	6	4.5	3.5	2.5	2	1.5

（二）承重模板应在与混凝土结构同条件养护的试件达到表3-3强度标准值时，方可拆除。混凝土达到强度标准值所需的时间，可参考表3-4。

整体式现浇结构拆模时所需混凝土强度　　　　表 3-3

项　次	结构类型	结构跨度（m）	按达到设计混凝土强度标准值的百分率计（％）
1	板和拱	≤2	55
		>2，≤8	75
2	梁	≤8	75
3	承重结构	>8	100
4	悬臂梁	≤2	75
	悬臂板	>2	100

水泥的标号及品种	混凝土达到设计强度 (%)	硬 化 时 昼 夜 平 均 温 度					
		5℃	10℃	15℃	20℃	25℃	30℃
325号普通水泥	50%	12	8	6	4	3	2
	70%	26	18	14	9	7	6
	100%	55	45	35	28	21	18
425号普通水泥	50%	10	7	6	5	4	3
	70%	20	14	11	8	7	6
	100%	50	40	30	28	20	18
325号矿渣或火山灰质水泥	50%	18	12	10	8	7	6
	70%	32	25	17	14	12	10
	100%	60	50	40	28	24	20
425号矿渣或火山灰质水泥	50%	16	11	9	8	7	6
	70%	30	20	15	13	12	10
	100%	60	50	40	28	24	20

（三）拆除顺序

拆除模板应按一定的顺序进行。一般是谁安装的谁拆除。先支后拆，后支的先拆，先拆除非承重部分，后拆除承重部分。肋形楼板的拆模顺序，首先是柱模板，然后楼板底模板，梁侧模板，最后是梁底模板。

多层楼板模板支架的拆除，应按下列要求进行，上层楼板正在浇筑混凝土时，下一层楼板的模板支架不得拆除，再下一层楼板模板的支架，仅可拆除一部分，跨度4m及4m以上的梁下均应保留支架，其支架的间距不得大于3m。

拆模时，应尽量避免混凝土表面或模板受到损坏，注意整块下落伤人。拆下的模板，有钉子的，要使钉尖朝下，以免扎脚。拆完后，应及时加以清理、修理，按种类及尺寸规格分别堆放，以便下次使用。

五、预制构件模板简介

预制构件的模板用料与现浇结构相同，在地坪上制作或重叠生产时，应选用适当的隔离剂，以免粘结。

预制构件的模板依其构件特点和制作要求不同分为胎模、重叠支模、翻模、拉模等。

（一）胎模

胎模是指用土、砖、混凝土等材料筑成构件外型的一种模座，一般多采用木模作边模，常用于生产梁、柱、大型屋面板等构件，见图3-17a、b所示。

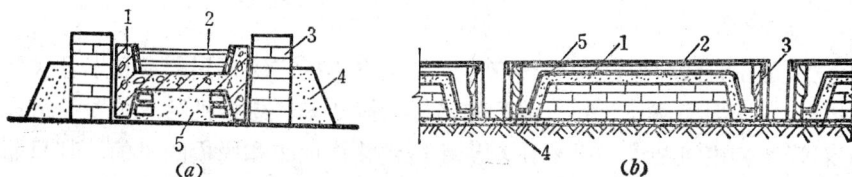

图 3-17 胎膜
(a)1—混凝土构件；2—木芯模；3—砖侧模；4—培土夯实；5—土底模
(b)1—C10混凝土；2—工具式夹箍；3—侧模板；4—木楔；5—水泥砂浆抹面

（二）翻模

翻模一般用于一面平的中小型构件，如空心板、槽形板、小平板等。

翻模（翻转模板）构造如图3-18。翻转架的制作应尽量做到坚固、轻巧，高度以50～70cm为宜，一般采用两个以上轱辘，每个轱辘受力均匀，制作翻转架的材料可用木材、钢材，或钢木混合制作。翻转架上的模板，底模一般固定在翻转架上，侧模是活动的，装模时用木楔将其与侧模挡卡紧；脱模时松去木楔，侧模即可拆除。为了便于脱模，底模与侧模在浇混凝土前要加垫衬布，以防模板与混凝土粘结。

翻模生产场地应用中砂铺垫，厚度8～12cm，表面用直尺刮平，并经常保持湿润。每次生产前应筛去砂中上次浇灌混凝土落下的石子。翻转模架时用力要均匀，脱模要平稳，防止构件扭曲、裂缝和碰掉棱角。

（三）重叠支模

施工时为了充分利用场地，经常将构件平卧叠浇，其支模方法如图3-19。

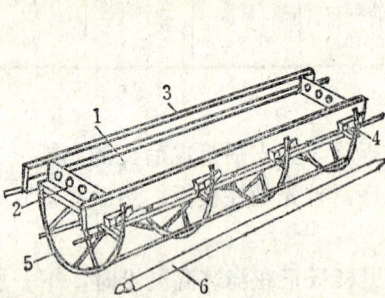

图 3-18　翻转模板
1—底模；2—端模；3—侧模；4—木楔；5—翻转架；6—芯管

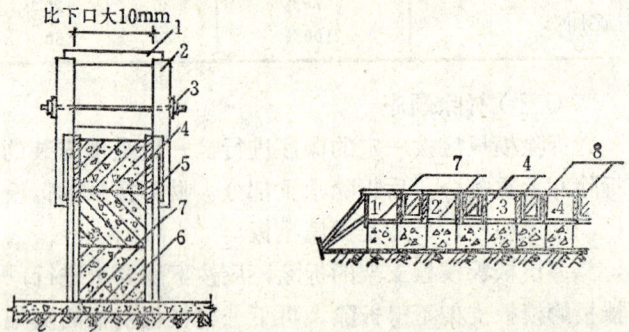

图 3-19　重叠支模法
(a)短夹木重叠支模；(b)间隔重叠支模
1—临时撑头；2—短夹木；3—φ12螺栓；4—侧模；5—支脚；6—已浇构件；7—隔离剂或隔离层；8—卡具

在重叠支模时常采用长夹木法、短夹木法和撑搭结合法。

重叠支模应注意以下几点：

1.底层第一榀构件的底模要控制在同一水平面；夹木支模的螺栓不能拧得太紧，以免混凝土浇捣完毕时，侧模因撑头去掉后向内倾斜，导致断面缩小。

2.叠浇的总高度应在1m以下为宜，过高会造成支模操作困难，混凝土浇捣不便。上层构件的模板安装和浇筑混凝土，应待下层构件混凝土强度达到5MPa后，方可进行。

3.在下层构件表面应涂隔离剂，以免上下层构件粘结。

（四）水平拉模

水平拉模是在长线台座法生产预应力混凝土空心板广泛采用的一种工具式模板。拉模由钢外框架、内框架侧模与芯管、前后梳筋板、振动器、卷扬机抽芯装置等组成。拉模的特点是把芯管和侧模组装成一个整体，从而达到整体抽芯和脱模的目的，且只需一套拉模便能连续作业，定型构件不论长短都可适用，只要调整一下控制销位置即可。用拉模生产预制构件可以缩短振动时间，降低劳动强度，提高构件质量。拉模生产工艺流程见图3-20，拉模构造见图3-21。

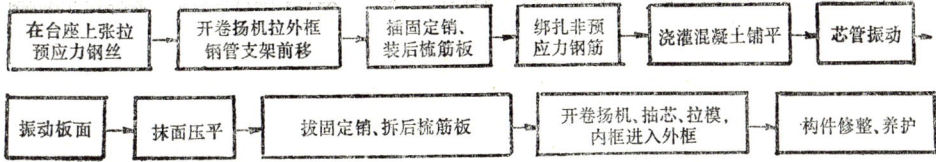

图 3-20 拉模法生产多孔板工艺流程

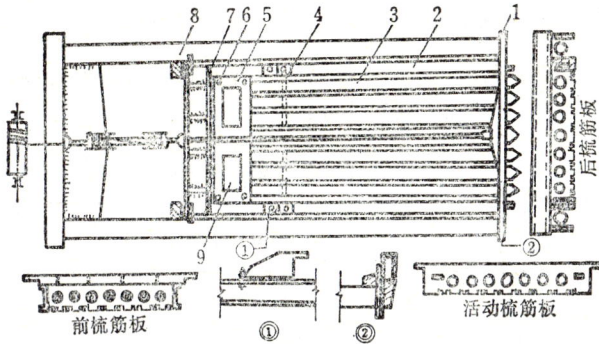

图 3-21 预应力混凝土多孔板拉模构造示意图

1—后梳筋板；2—侧模；3—芯管；4—活动梳筋板；5—振动器夹板；6—振动器螺栓；7—前梳筋板；
8—外框钢管支架；9—振动器

第二节 钢 筋 工 程

钢筋混凝土结构中所用的钢筋，按其生产工艺分为：热轧钢筋、冷拉钢筋、冷拔钢丝、热处理钢筋、碳素钢丝、刻痕钢丝和钢绞线等；按钢筋直径大小分为钢丝（直径3～5mm）、细钢筋（直径6～10mm）、中粗钢筋（直径12～20mm）和粗钢筋（直径大于20mm）；按其力学性能分为四级，Ⅰ级钢筋（235/370级，即屈服点为235MPa，抗拉强度为370MPa）、Ⅱ级钢筋（335/510级）、Ⅲ级钢筋（370/570级）和Ⅳ级钢筋（540/835级）；按轧制外形分为光圆钢筋和变形钢筋（螺旋形、人字形等）。

钢筋混凝土结构中使用的钢筋应有出厂证明书或试验报告单。运至工地后，应按规定抽取试样作力学性能试验，合格后方可使用。钢筋在加工过程中发现脆断，焊接性能不良或力学性能显著不正常等现象，应进行化学成分检验或其他专项的检验。

一、钢筋的加工

（一）钢筋的冷拉

钢筋冷拉是在常温下对钢筋进行强力拉伸，使拉应力超过屈服强度，钢筋产生塑性变形，以达到提高强度，节约钢材的目的。在冷拉过程中也能达到调直和除锈的目的。冷拉Ⅰ级钢筋适用于钢筋混凝土结构中的受拉钢筋，冷拉Ⅱ、Ⅲ级钢筋可用作预应力混凝土结构的预应力筋。冷拉钢筋的强度、硬度和脆性会随冷拉后钢筋放置时间的延长而增长，这种现象称为时效，如将冷拉钢筋放置一段时间后再进行拉伸，屈服点明显提高。一般在常温下15～20d才能自行完成时效过程，称为自然时效；若采用蒸汽或电热处理可加速时效过程，称人工时效。

钢筋经过冷拉后，屈服点可提高，但伸长率降低、变脆，容易产生断裂。

1.冷拉控制方法

钢筋冷拉控制可用控制应力或控制冷拉率两种方法。

（1）控制应力法

采用这种方法时，其冷拉控制应力按表3-5采用。冷拉时应检查冷拉率，如超过表中规定，则应按表3-6进行力学试验，合格后，方可按正常情况使用。

例如冷拉一根直径为25mm，长30m的Ⅱ级钢筋，根据表3-5查得控制应力为450MPa，最大冷拉率为5.5%，则拉长值不应大于$30 \times 5.5\% = 1.65m$，所需的冷拉力 $N_{con}^t = 450 \times 3.14 \times 25^2 = 220kN$。若拉力达到220kN时，而拉长值大于1.65m，则这根钢筋应按表3-6作力学性能检验。

冷拉控制应力及最大冷拉率　　　　　　　　　　表 3-5

项　次	钢　筋　级　别		冷拉控制应力（MPa）	最大冷拉率（%）
1	Ⅰ级 $d \leqslant 12$		280	10
2	Ⅱ级	$d \leqslant 25$	450	5.5
		$d = 28 \sim 40$	430	
3	Ⅲ级 $d = 8 \sim 24$		500	5
4	Ⅳ级 $d = 10 \sim 28$		700	4

冷 拉 钢 筋 机 械 性 能　　　　　　　　　　表 3-6

项　次	钢筋级别	直　径（mm）	屈服点（MPa）	抗拉强度（MPa）	伸长率$\delta 10$（%）	冷　弯	
			不　　　　小　　　　于			弯曲角度	弯曲直径
1	冷拉Ⅰ级	$6 \sim 12$	280	370	11	180°	$3d_0$
2	冷拉Ⅱ级	$8 \sim 25$	450	510	10	90°	$3d_0$
		$28 \sim 40$	430	490	10	90°	$4d_0$
3	冷拉Ⅲ级	$8 \sim 40$	500	580	8	90°	$5d_0$
4	冷拉Ⅳ级	$10 \sim 28$	700	835	6	90°	$5d_0$

（2）控制冷拉率方法

采用这种方法时，其冷拉率应由试验确定，测定时，对同炉批钢筋测定的试件不宜少于4个，每个试件都按表3-7规定的冷拉应力值测定相应的冷拉率，取平均值作为该炉批钢筋的实际冷拉率（若试件的冷拉率大于表3-7的规定值，则该试件应剔除）。如钢筋强度偏高，平均冷拉率低于1%时，则仍按1%进行冷拉。当用控制冷拉率方法进行冷拉时，实际冷拉率按钢筋总长计算。例如，冷拉同炉批某种直径钢筋，已测得其冷拉率为4%，冷拉一根24m长的钢筋时，其钢筋的冷拉伸长值为：$4\% \times 24 = 0.96m$，冷拉时便按这一长度控制。当同炉批钢筋冷拉率分散性较大时，应逐根取样试验，分组对焊，冷拉率相差值不大于0.5%对焊在一起冷拉，从而得出该组的控制冷拉率。

不同炉批的钢筋，其冷拉率各不相同，故不能分清炉批的钢筋，不应采用控制冷拉率的方法进行冷拉多根连接的钢筋；用控制应力方法进行冷拉时，其控制应力和每根的冷拉率均应符合表3-5规定；当用控制冷拉率方法进行冷拉时，实际冷拉率按总长计算，每根钢筋的冷拉率不得超过表3-7的规定。

2．冷拉钢筋的质量检查

（1）应分批进行验收，每批由不大于20t的同级别、同直径的冷拉钢筋组成。

（2）钢筋表面不得有裂纹和局部缩颈。作预应力筋时，应逐根检查。

（3）从每批冷拉钢筋中抽取两根钢筋，每根取两个试样分别进行拉力和冷弯试验，如有一项试验结果不符合表3-6规定，应另取双倍数量的试样重作各项试验，如仍有一个试样不合格，则该批冷拉钢筋为不合格。

3．冷拉设备的选择及冷拉计算

钢筋冷拉设备一般由拉力设备、承力结构、测量设备和钢筋夹具等组成。目前采用较多的有卷扬机冷拉工艺，如图3-22。它是由卷扬机、滑轮组、钢丝绳、张拉小车、测力装置、控制标尺等组成。

测定冷拉率时钢筋的冷拉应力　表 3-7

项次	钢　筋　级　别		冷拉应力（MPa）
1	Ⅰ级 $d \leqslant 12$		320
2	Ⅱ级	$d \leqslant 25$	480
		$d = 28 \sim 40$	460
3	Ⅲ级 $d = 8 \sim 40$		530
4	Ⅳ级 $d = 10 \sim 28$		730

注：如钢筋强度偏高，平均冷拉率低于1%时，仍应按1%进行冷拉。

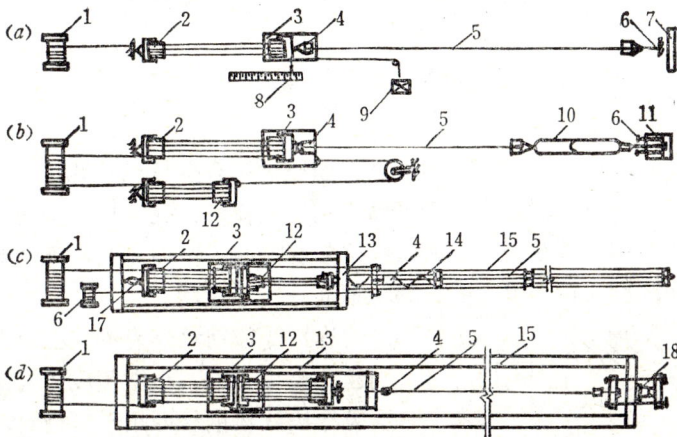

图 3-22　用卷扬机冷拉钢筋设备布置方案

1—卷扬机；2—滑轮组；3—冷拉小车；4—钢筋夹具；5—钢筋；6—地锚；7—防护壁；8—标尺；9—回程荷重架；10—连接杆；11—弹簧测力器；12—回程滑轮组；13—传力架；14—钢压柱；15—槽式台座；16—回程卷扬机；17—电子秤；18—液压千斤顶

图3-22中a、b方案设备简单，两端采用地锚承力，宜用于冷拉细钢筋和中粗钢筋。d、c方案，宜用于构件厂冷拉粗钢筋，采用槽式台座。

钢筋冷拉时，冷拉力（N_{con}^t）应等于冷拉前截面积（A_s）乘以冷拉时控制应力（σ_{con}^t）即：

$$N_{con}^t = A_s \cdot \sigma_{con}^t \qquad (3-1)$$

根据计算得到的冷拉力和采用的滑轮组省力系数按下式选择卷扬机设备能力：

$$Q = \frac{T}{K'} - F > N'_{con} \qquad (3-2)$$

式中　T——卷扬机牵引力（kN）；

　　　K'——滑轮组省力系数，见表3-8；

　　　F——设备阻力（kN）（冷拉小车与地面的摩擦力及回程装置阻力，实测确定，一般可取5~10kN）。

滑 轮 组 省 力 系 数 K'　　　　　　　　表 3-8

滑轮门数		3		4		5		6		7		8	
工作线数 n	6	7	8	9	10	11	12	13	14	15	16	17	
省力系数 K'	0.184	0.160	0.142	0.129	0.119	0.110	0.103	0.096	0.091	0.087	0.082	0.080	

钢筋冷拉时的拉长值（ΔL）应等于冷拉钢筋的长度（L）与钢筋的冷拉率（δ）的乘积，即：

$$\Delta L = L \cdot \delta \qquad (3-3)$$

冷拉率控制冷拉时，则在标尺上直接判读冷拉的拉长值来控制冷拉。用千斤顶应力控制冷拉时，应力控制用油压表读数（P）来判读，油压表读数为冷拉力除以千斤顶活塞面积（F）即：

$$P = \frac{N'_{con}}{F} \qquad (3-4)$$

（二）钢筋的冷拔

钢筋的冷拔一般选用$\phi 6 \sim \phi 8$的Ⅰ级钢筋通过钨合金拔丝模孔进行多次强力拉拔，即可拔成强度高、规格小的钢丝。由于钢筋通过拔丝模时，受到拉伸与压缩兼有作用，使钢筋内部晶格位移而产生塑性变形，因而抗拉强度提高，塑性降低，硬度提高。这种光圆钢筋经冷拔后，称冷拔低碳钢丝。图3-33为钢筋冷拔示意图。

冷拔低碳钢丝分为甲、乙两级，甲级冷拔低碳钢丝主要用于中、小型预应力构件中的预应力筋；乙级冷拔低碳钢丝可用于焊接网，焊接骨架，架立筋，箍筋和构造钢筋。

1. 冷拔工艺过程

钢筋冷拔的工艺过程是：轧头→剥皮→通过润滑剂→进入拔丝模→拉拔。

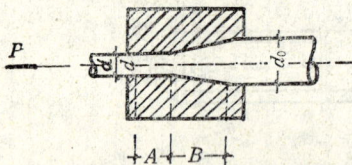

图 3-23　钢筋冷拔示意图
A——工作区段；B——定径区段

钢筋表面常有一硬渣层，易损坏拔丝模，并使钢筋表面产生沟纹，因而冷拔前要进行剥皮处理，其方法是使钢筋通过3~6个上下排列的辊子以剥除渣壳。润滑剂常用石灰、动植物油、肥皂、白蜡和水按一定配比制成。

冷拔总压缩率β是影响冷拔质量的主要因素之一。

总压缩率：

$$\beta = \frac{d_0^2 - d^2}{d^2} \times 100\% \qquad (3-5)$$

d_0——原材料钢筋直径；

d——成品钢丝直径。

总压缩率越大，则抗拉强度提高越多，但塑性降低也越多，因此必须控制总压缩率，常用钢丝冷拔次数参考表3-9。

钢丝冷拔次数参考表　　　　　　　　表 3-9

项　次	钢丝直径	盘条直径	冷拔总压缩率 (%)	冷　拔　次　数					
				第1次	第2次	第3次	第4次	第5次	第6次
1	ϕ^b5	$\phi 8$	61	6.5 7.0	6.7 6.3	5.0 5.7	5.0		
2	ϕ^b4	$\phi 6.5$	62.2	5.5 5.7	4.3 5.0	4.0 4.5	4.0		
3	ϕ^b3	$\phi 6.5$	78.7	5.5 5.7	4.6 5.0	4.0 4.5	3.5 4.0	3.0 3.5	3.0

注：总压缩率 $= \dfrac{d_0^2 - d^2}{d_0^2} \times 100\%$

式中　d_0——盘条直径，d——冷拔丝直径

冷拔次数也不宜过多，一是影响生产，二是钢丝要发脆，对伸长率有影响；次数过少，也易发生断丝和设备安全事故。可参考表3-9。

2. 冷拔设备

冷拔设备由拔丝机、拔丝模、剥皮装置、轧头机等组成。常用的拔丝机有立式和卧式两种，如图3-24。

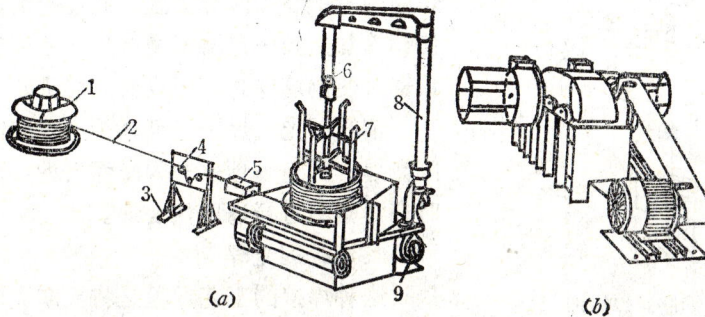

图 3-24　冷拔设备

（a）立式单卷筒拔丝机；（b）卧式双卷筒拔丝机

1—盘圆架；2—钢筋；3—剥壳装置；4—槽轮；5—拔丝模；6—滑轮；7—绕丝筒；8—支架；9—电机

3. 冷拔钢丝质量检验

（1）冷拔低碳钢丝表面不得有裂纹、锈蚀、机械损伤和油污等。

（2）甲级钢丝的机械性能应逐盘检验。以每盘钢丝上任一端截取两个试样，分别做拉力和反复弯曲试验，并按其抗拉强度确定该盘钢丝的级别。

（3）乙级钢丝的机械性能可分批抽样检验，每5t为一批，从中选三盘，每盘各截取两个试件，分别作拉力和反复弯曲试验，如有一个试样不合格，应在未取过试样的钢丝盘

中，另取双倍数量的试样，再做各项试验；如仍有一个试样不合格，则该批钢丝应逐盘试验，合格者方可使用。冷拔低碳钢丝的机械性能，见表3-10。

冷拔低碳钢丝的机械性能   表 3-10

项 次	钢丝级别	直 径 (mm)	抗拉强度（MPa）		伸 长 率（标距100mm）（%）	反复弯曲（180°）次 数
			Ⅰ 组	Ⅱ 组		
			不	小	于	
1	甲 级	5	650	600	3	4
		4	700	650	2.5	
2	乙 级	3～5	55		2	4

二、钢筋的焊接

采用焊接钢筋的方法代替钢筋绑扎，可以节约钢材，改善结构受力性质，提高工效。钢筋的焊接方法，常用的有闪光对焊、电弧焊、点焊和电渣压力焊。

钢筋的焊接质量与钢材的可焊性，焊接工艺有关。可焊性与含碳、合金元素的含量有关，碳、锰含量增加，则可焊性差；而含适量的钛，可改善可焊性。采用适宜的焊接工艺，即使可焊性较差的钢材，也可获得良好的焊接质量。

（一）闪光对焊

闪光对焊广泛用于钢筋的接长及预应力钢筋与螺丝端杆的焊接。热轧钢筋的焊接宜优先采用闪光对焊。

闪光对焊的原理，如图3-25，利用对焊机使施焊的两段钢筋的两端接触，通过低电压、强电流，使钢筋加热到一定温度变软后，随即施加轴向压力顶锻，使钢筋焊合，形成对焊接头。

钢筋闪光对焊工艺可分为：连续闪光焊、预热闪光焊、闪光一预热一闪光焊三种。对Ⅳ级钢筋有时在焊接后进行通电热处理。

1.连续闪光焊

这种焊接的工艺过程是将钢筋夹紧在电极钳口上，接通电源，使两钢筋端面轻微接触。由于钢筋端部不平，开始只有一点或数点接触，接触点很快熔化并产生金属蒸气飞溅，形成闪光现象，闪光一开始就徐徐移动钢筋，形成连续闪光过程。同时钢筋的端部也被加热，待端部烧平，闪去杂质和氧化膜、白热熔化时，随即施加轴向压力迅速进行顶锻，使两根钢筋焊牢。

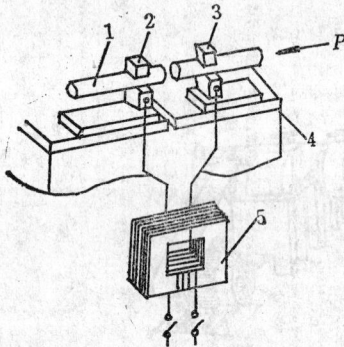

图 3-25 钢筋对焊原理
1—钢筋；2—固定电极；3—可动电极
4—机座；5—焊接变压器

连续闪光焊宜于焊接直径在22mm以内的Ⅰ～Ⅲ级钢筋和16mm以内的Ⅳ级钢筋。

2.预热闪光焊

预热闪光焊是在连续闪光焊之前增加一次预热过程，以扩大焊接热影响区。焊接时，闭合电源，使两钢筋头作周期性的接触与断开，因而产生断续闪光，形成预热过程；当钢筋达到预热温度后，进入闪光阶段，随后顶锻而成。预热闪光焊，宜用于焊接直径大于

25mm，且端面比较平整的钢筋。

3．闪光—预热—闪光焊

此工艺是在预热闪光焊前加一次闪光工艺过程，目的使不整齐端面烧化平整。它适用于直径大于25mm，且端部不平整的钢筋接长。

4．闪光对焊接头质量要求

对焊接头应无裂纹和烧伤，其弯折不大于4°，轴线偏移不大于钢筋直径的1/10，也不大于2mm。拉伸试验和冷弯试验应符合规范规定。试件抗拉强度不得低于该级别钢筋的规定抗拉强度值，且三个试件中至少有二个断于焊缝之外，并呈塑性断裂；弯曲试验时，接头外侧不得出现宽度大于0.15mm的横向裂纹。

（二）电弧焊

电弧焊是利用弧焊机使焊条与焊件之间产生高温电弧，使焊条和电弧燃烧范围内的焊件和焊条熔化，待其凝固便形成焊缝或接头。

电弧焊广泛用于钢筋接头，钢筋骨架焊接，装配式结构接头焊接，钢筋与钢板以及各种钢结构焊接。

电弧焊的钢筋接头型式有：搭接接头（单面焊缝和双面焊缝），如图3-26；帮条接头（单面焊缝和双面焊缝），如图3-27；剖口（坡口）焊（平焊或立焊），如图3-28。

图 3-26　搭接接头

（a）双面焊缝；（b）单面焊缝

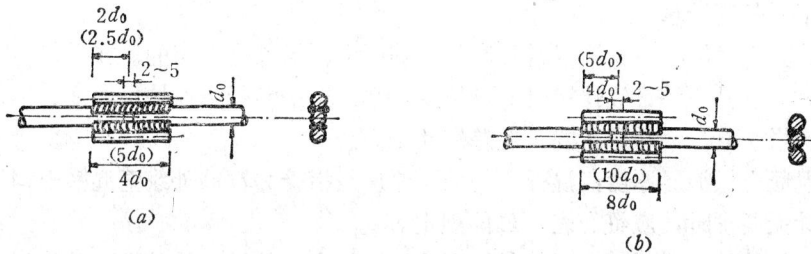

图 3-27　帮条接头

（a）双面焊缝；（b）单面焊缝（图中括号内数值用于Ⅱ、Ⅲ级钢筋）

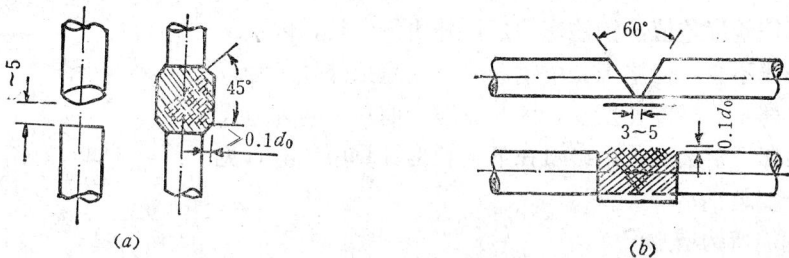

图 3-28　坡口接头

（a）立焊；（b）平焊

弧焊机有直流与交流之分，常用的为交流弧焊机。钢筋焊接时，**必须根据钢材级别和焊接接头型式选择焊条。焊缝的长度和高度，帮条的长度以及搭接接头长度都应符合规范规定。焊接接头的质量，除进行外观检查外，还需抽样做拉力试验。**如对焊接头质量有怀疑或发现异常情况，还可进行非破损方式（x射线、γ射线、超声波探伤）检验。

（三）电阻点焊

电阻点焊主要用于钢筋交叉连接，如用来焊接钢筋网片、钢筋骨架。它生产效率高，节约材料，应用广泛。

点焊过程是将已除锈污的钢筋交叉点放在点焊机的两极间，使钢筋通电发热至一定温度后，加压使焊点金属焊合，如图3-29。

常用点焊机有单头点焊机、多头点焊机（一次焊数点），现场还可采用手提式点焊机。

为了保证点焊质量，必须合理选择电流强度，通电时间，电极压力等几个主要参数。

焊点除进行外观检查外，还应进行强度试验。热轧钢筋的焊点应进行抗剪试验。冷处理钢筋的焊点除进行抗剪试验外，还应进行拉伸试验。

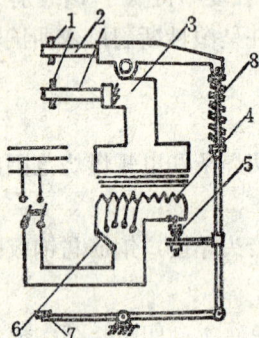

图 3-29 点焊机工作示意图

1—电极；2—电极臂；3—变压器的次级线圈；4—变压器初级线圈；5—断路器6—变压器调节级数开关；7—踏板；8—压紧机构

三、钢筋的制备与安装

（一）钢筋配料

钢筋配料是根据构件配筋图，先绘出各种形状和规格的单根钢筋简图并加以编号，然后分别计算钢筋下料长度和根数，填写配料单，申请加工。

1. 钢筋下料长度计算

在钢筋混凝土构件中，钢筋下料长度与钢筋图中的尺寸是不同的。在配料中不能直接根据图纸中尺寸下料。要正确计算出下料长度，必须了解混凝土保护层厚度、钢筋外包尺寸、钢筋弯钩增加值、钢筋弯折的量度差等几个概念。

（1）混凝土保护层厚度：混凝土保护层厚度是指受力钢筋外缘至混凝土构件表面的距离。如设计无要求时，应符合表3-11的规定。

（2）钢筋外包尺寸：施工图中所标注的钢筋长度，是指钢筋外缘至外缘的长度，即钢筋的外包尺寸。它是根据构件尺寸，钢筋形状及保护层厚度进行计算的。

（3）钢筋量度差值：钢筋弯曲后，外边缘伸长，内边缘缩短，而中心线不变，但施工图中钢筋的长度是指外包尺寸，并非中心线长度（即平直长度），因此钢筋弯曲后，其外包尺寸与中心线存在一个量度差，必须在下料长度计算中扣除，见图3-30。

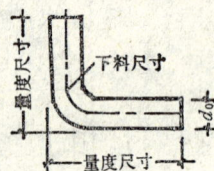

图 3-30 钢筋弯曲时的量度方法

（4）钢筋弯钩增加值

Ⅰ级钢筋是光面钢筋，为了增加其与混凝土的锚固，一般在其两端应做成180°弯钩；其圆弧弯曲直径（D）不应小于钢筋直径（d_0）的2.5倍，平直部分长度不宜小于钢筋直

环境条件	构件类别	混凝土强度等级		
		≤C20	C25及C30	≥C35
室内正常环境	板、墙、壳	15		
	梁和柱	25		
露天或室内高湿度	板、墙、壳	35	25	15
环境	梁和柱	45	35	25

注：1.处于室内正常环境由工厂生产的预制构件，当混凝土强度等级不低于C20时，其保护层厚度可按表中规定减少5mm，但预制构件中的预应力钢筋（包括冷拔低碳钢丝）的保护层厚度不应小于15mm；处于露天或室内高湿度环境的预制构件，当表面另作水泥砂浆抹面层且有质量保证措施时，保护层厚度可按表中室内正常环境中构件的数值采用；

2.预制钢筋混凝土受弯构件，钢筋端头的保护层厚度宜为10mm；预制的肋形板，其主肋的保护层厚度可按梁考虑；

3.处于露天或室内高湿度环境中的结构，其混凝土强度等级不宜低于C25，当非主要承重构件的混凝土强度等级采用C20时，其保护层厚度可按表中C25的规定值取用；

4.板、墙、壳中分布钢筋的保护层厚度不应小于10mm；梁、柱中箍筋和构造钢筋的保护层厚度不应小于15mm；

5.要求使用年限较长的重要建筑物和受沿海环境侵蚀的建筑物的承重结构，当处于露天或室内高湿度环境时，其保护层厚度应适当增加；

6.有防火要求的建筑物，其保护层厚度尚应符合国家现行有关防火规范的规定。

径的 3 倍；用于轻集料混凝土结构时，其弯曲直径不应小于钢筋的3.5倍。见图3-31a、b。

Ⅰ级钢筋末端弯钩增加值见表3-12。箍筋末端也应作弯钩，其平直长度应满足：非抗震要求时$5d_0$，有抗震要求时$10d_0$；箍筋末端可作180°、135°、90°的弯钩，其相应的增加值见表3-12。

Ⅱ级、Ⅲ级钢筋因是变形钢筋，其与混凝土粘结性较好，一般不需作180°弯钩。但由于锚固长度原因，钢筋末端需作成90°或135°弯折；其Ⅱ级钢筋的弯曲直径不宜小于钢筋直径的4倍；Ⅲ级钢筋不宜小于钢筋直径的5倍；平直部分按设计要求确定，其相应的增加值见表3-12。

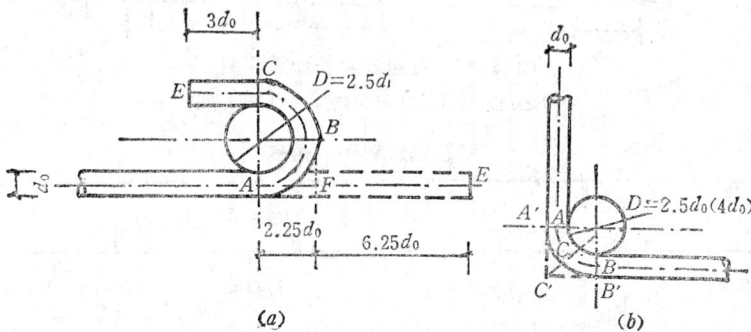

图 3-31　钢筋末端增加值尺寸图

（a）钢筋作180°弯钩增加值尺寸图；　（b）钢筋末端作90°弯折增加值尺寸图

钢筋类别	条　　件	角　　　度		
		180°	135°	90°
I 级钢筋	普通混凝土中	$6.25d_0$		
	轻骨料混凝土中	$7.25d_0$		
箍　　筋	无抗震要求	$8.25d_0$	$6.87d_0$	$5.5d_0$
	有抗震要求	$13.25d_0$	$11.87d_0$	$10.5d_0$
II 级钢筋	弯曲直径 $D \geqslant 4d_0$		$3d_0 +$ 平直长度	$1d_0 +$ 平直长度
III 级钢筋	弯曲直径 $D \geqslant 5d_0$		$3.5d_0 +$ 平直长度	$1d_0 +$ 平直长度

（5）钢筋弯折量度差

钢筋中间部位弯折的角度一般有45°、60°、90°、135°几种情况，其弯曲直径（D）不应小于钢筋直径（d_0）的 5 倍，则其各种弯折角度的量度差见表3-13。在下料长度计算时，应扣除量度差值。

为了箍筋计算方便，一般将钢箍弯钩和弯折量度差两项合并成一项箍筋调整值，即钢箍的下料长度应等于外包尺寸加调整值，如表3-14。

弯起钢筋中间部位每个弯折的量度差值　　表 3-13

弯折角度	30°	45°	60°	90°	135°
量度差值	$0.3d_0$	$0.5d_0$	$1d_0$	$2d_0$	$3d_0$

箍　筋　调　整　值　　表 3-14

结构特点	箍筋直径　（mm）			
	4～5	6	8	10～12
有抗震要求	70～80	110～120	140～160	180～200
无抗震要求	40	50	60	70

（6）弯起钢筋斜长计算

弯起钢筋斜长计算如图3-32，斜长系数见表3-15。

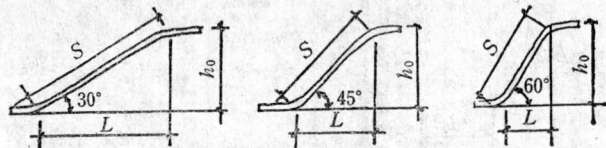

图 3-32　弯起筋斜长计算简图
(a)弯起角30°；(b)弯起角45°；(c)弯起角60°

弯起钢筋斜长系数表　　表 3-15

弯 起 角 度	$\alpha = 30°$	$\alpha = 45°$	$\alpha = 60°$
斜边长度 S	$2h_0$	$1.41h_0$	$1.15h_0$
底边长度 L	$1.732h_0$	h_0	$0.575h_0$
增加长度 $S-L$	$0.268h_0$	$0.41h_0$	$0.575h_0$

注：h_0 为弯起高度。

（7）钢筋下料长度计算

各种形状钢筋下料长度计算如下：

直钢筋下料长度＝构件长度－保护层厚度＋弯钩增加值。

弯起钢筋下料长度＝直段长度＋斜段长度－弯折量度差＋弯钩增加值。

箍筋下料长度＝箍筋外包周长＋箍筋调整值。

2．配料计算的注意事项

（1）在设计图纸中，钢筋配置的细节问题没有注明时，一般可按构造处理。

（2）配料计算时，要考虑钢筋的形状和尺寸，在满足设计要求的前提下，要有利于加工和安装。

（3）配料时，还要考虑施工需要的附加钢筋。

3．钢筋配料计算实例

某建筑物第一层有2根L₁梁，如图3-33所示，计算钢筋下料长度，并做出钢筋配料表。

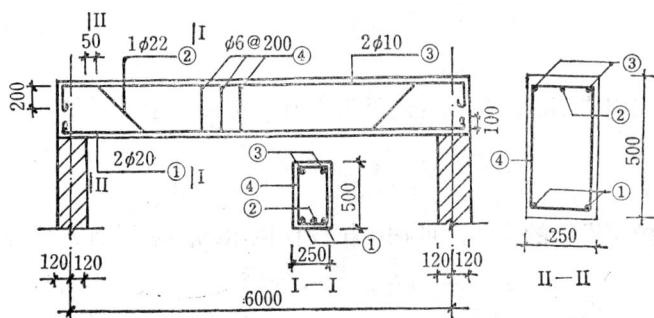

图 3-33　L₁梁配筋图

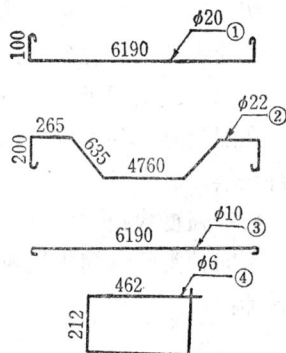

图 3-34　钢筋简图

【解】

由图3-33、3-34得：

①号钢筋下料长度为：

$$6190 + 2 \times 6.25 \times 20 + 2 \times 100 - 2 \times 2 \times 20 = 6560（mm）$$

②号钢筋下料长度为：

$$(200 + 265 + 635) \times 2 + 4760 + 2 \times 6.25 \times 22 - 2 \times 2 \times 22 - 4 \times 0.5 \times 22$$
$$= 7103 \approx 7100（mm）$$

③号钢筋下料长度为：

$$6190 + 2 \times 6.25 \times 10 = 6320（mm）$$

④号钢筋的下料长度为：

$$(462 + 212) \times 2 + 50 = 1398（mm），取1400mm。$$

根据以上计算，编制成配料表3-16。

4．钢筋料牌

钢筋配料单编制完成后，每种钢筋应填写料牌交给钢筋剪切下料的工人师傅，作为钢筋加工的依据，料牌可以采用5×10cm的木板、白布、塑料纸等制成，在料牌中应注明×××工程、×××构件、钢筋形状和尺寸、钢筋直径和钢种、下料长度、根数等。待钢

表 3-16

构件编号	钢筋编号	简 图	级别	直 径	下料长度	单位根数	合计根数	重 量
L11 梁 （共2根）	①	100 ⌐ 6190 ⌐	I	φ20	6560	2	4	64.71kg
	②	265 / 635 \ 200 4760	I	φ22	7100	1	2	42.37kg
	③	⌐ 6190 ⌐	I	φ10	6320	2	4	15.60kg
	④	462 212	I	φ6	1400	32	64	19.93kg

筋剪切完成后，把料牌绑扎在钢筋上，按钢筋加工顺序传递，直至加工成半成品后，最后料牌作为绑扎钢筋骨架的依据。

（二）钢筋代换

在配料时，如果现场钢筋品种和规格不能满足设计图纸要求时，可按下述原则和方法进行代换。

1. 等强度代换

不同种类的钢筋代换或按强度控制设计的构件，可按抗拉设计值相等的原则进行代换。即：

$$A_{s1} \cdot f_{y1} \leqslant A_{s2} \cdot f_{y2} \qquad (3-6)$$

$$n_1 \cdot \frac{\pi d_1^2}{4} f_{y1} \leqslant n_2 \frac{\pi d_2^2}{4} f_{y2} \qquad (3-7)$$

$$n_2 \geqslant \frac{n_1 d_1^2 f_{y1}}{d_2^2 f_{y2}} \qquad (3-8)$$

式中　　f_{y1}——设计图中钢筋设计强度；

A_{s1}——设计图中钢筋面积；

f_{y2}——代换后钢筋设计强度；

A_{s2}——代换后钢筋面积；

n_2——代换后钢筋根数；

n_1——原设计钢筋根数；

d_2——代换后的钢筋直径；

d_1——原设计钢筋直径。

对于按抗裂要求设计的构件，应在等强代换后，再行抗裂验算代换。

【例】　某梁原设计受力钢筋为3φ18，因工地无此种钢筋，拟用Ⅱ级钢筋代换，确定代换钢筋面积及规格。

【解】

3φ18截面积为：$3 \times 25.47 = 763 (\text{mm}^2)$

查表得：$\qquad\qquad f_{y1} = 210\text{N/mm}^2$

$$f_{y2} = 310N/mm^2$$

由公式（3-6）得：
$$A_{s2} = \frac{A_{s1} \cdot f_{y1}}{f_{y2}} = \frac{763 \times 210}{310} = 517(mm^2)$$

选用2Φ20($A_{s2} = 628mm^2 > 517mm^2$)或选用3Φ16($A_{s2} = 602mm^2 > 517mm^2$)或选用2Φ16+1Φ14($A_{s2} = 556mm^2 > 517mm^2$)进行代换。

2.等面积代换

相同种类和级别的钢筋代换或按最小配筋率配筋的构件，可按等面积的原则进行代换。即：

$$A_{s1} \leqslant A_{s2} \tag{3-9}$$

$$n_2 \geqslant n_1 \cdot \frac{d_1^2}{d_2^2} \tag{3-10}$$

式中符号同前。

【例】 某预制板按设计配筋为6根ϕ12，现拟用ϕ10钢筋代换，计算需用代换根数。

【解】

由公式3-10得：$n_2 \geqslant n_1 \frac{d_1^2}{d_2^2} = 6 \times \frac{12^2}{10^2} = 8.64$(根)，取$\phi$10的9根钢筋代换。

3.钢筋代换注意事项

（1）钢筋代换时，要了解设计意图，对重要构件的代换，必须征得设计者的同意。

（2）应满足最小配筋率和配筋构造（如最小钢筋直径、间距、根数、锚固长度等）规定。钢筋根数尽可能与原设计根数相当。当有单排布筋改成双排布筋时，等强代换后应进行承载力验算。

（3）对抗裂要求高的构件（如吊车梁、桁架下弦等），不宜用Ⅰ级钢筋代换Ⅱ级钢筋。且等强代换后，应进行抗裂验算。

（4）梁的纵向受力钢筋与弯起钢筋应分别代换，以保证正截面与斜截面强度。偏心受压构件或偏心受拉构件作钢筋代换时，不取整个截面配筋量计算，应按受力面（受拉或受压）分别代换。

（5）钢筋代换后，其强度（或截面）不宜大于原设计的5%，也不低于原设计的2%。

（三）钢筋加工

钢筋的加工一般包括调直、除锈、切断、弯曲等工序。

1.钢筋的调直

钢筋调直方法有人工调直和机械调直两种。人工调直冷拔低碳钢丝时，可采用如图3-35的蛇形管调直架，其蛇管可由普通钢管弯成；直径12mm以下的盘圆钢筋，一般用绞磨或卷扬机拉直；粗钢筋可用卡盘和扳头矫直。机械调直采用调直机，能调直4～14mm的钢筋，操作方便，工效高，如图3-36。

采用冷拉调直时，应注意控制冷拉率：对于Ⅰ级钢筋不得超过3%；Ⅱ～Ⅲ级钢筋不得超过1%；在不允许使用冷拉钢筋的结构中，其冷拉率均不得大于1%。

2.钢筋除锈

钢筋的表面应洁净。油污、浮皮、铁锈在使用前应清除干净。一般可利用钢筋冷拉或

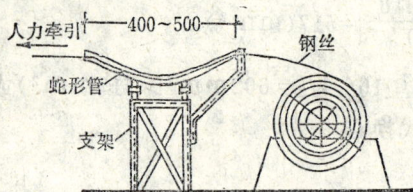

图 3-35 蛇形管调直架

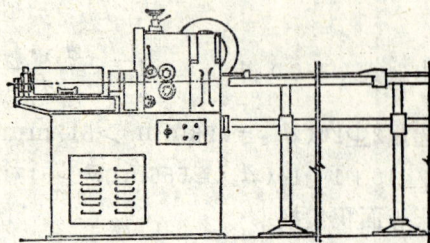

图 3-36 GJ6-4/8型钢筋调直机

调直中完成除锈，亦可用手工除锈（如钢丝刷、砂盘），喷砂除锈等，有条件者宜采用电动除锈机除锈，以节约劳力、降低劳动强度。

3.钢筋切断

有人工和机械切断两种方法。人工切断钢丝一般采用高压钳，切断直径小于16mm的钢筋采用手动液压切断器。机械切断可采用钢筋切断机。

切断时要求长度准确，在切断时如发现切口有劈裂、缩头或严重的弯头现象，必须切除。

4.钢筋弯曲成型

钢筋弯曲成型方法亦分为手工和机械两种。手工弯曲成型是在木或钢工作台上进行。弯曲直径6~10mm的钢筋成型可采用手摇扳子，如图3-37，每次可弯4~8根**钢筋**。成型直径12~32mm粗钢筋弯曲可使用卡盘和扳手，如图3-38。

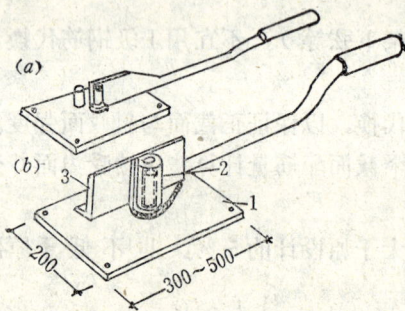

图 3-37 弯曲钢筋的扳手

(a)弯单筋的手摇扳手；(b)弯多筋手摇扳手
1—底盘；2—扳柱；3—挡板

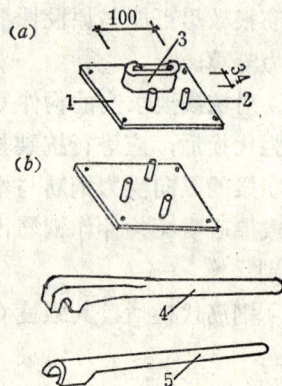

图 3-38 卡盘和扳手

(a)卡盘1；(b)卡盘2；(c)扳手
1—底盘；2—扳柱；3—钢套；4—横口扳手；5—顺口扳手

大量的钢筋弯曲成型，宜采用机械加工方法，以减轻劳动强度，提高效率。

钢筋弯曲成型其形状要求正确，平面上没有翘曲不平现象，弯曲点不得有裂缝。对Ⅲ级以上的钢筋应一次完成，不得回弯。

（四）钢筋的绑扎与安装

1.钢筋的绑扎

钢筋在绑扎和安装之前应先熟悉施工图，核对钢筋配料单和料牌，研究钢筋安装和有关工种配合顺序。绑扎常用的工具主要是绑扎钢筋的钩子、带扳口的撬杠和绑扎架等，如

图3-39。铅丝钩一般用直径12～16mm，长160～220mm圆钢筋制成。

绑扎钢筋的铅丝规格是20～22号镀锌铅丝。

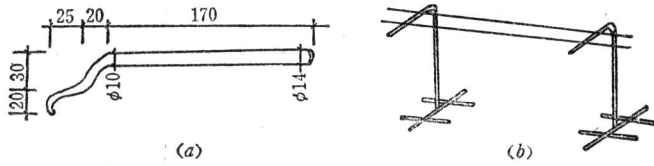

图 3-39

(a)铅丝钩；(b)轻型骨架绑扎架

钢筋的绑扎应符合下列规定：

（1）钢筋的交叉点应采用铁丝绑扎牢固。

（2）板和墙的钢筋网，除靠近外围两行钢筋的相交点全部扎牢外，中间部分的相交点可相隔交错扎牢，但必须保证受力钢筋不位移。双向受力的钢筋，须全部扎牢。

（3）梁和柱的箍筋，除设计有特殊要求外，应与受力钢筋垂直设置。箍筋弯钩叠合处，应沿受力钢筋方向错开设置。

（4）柱中的竖向钢筋搭接时，角部钢筋的弯钩应与模板成45°（多边形柱为模板内角的平分角，圆形柱应与模板切线垂直）；中间钢筋的弯钩应与模板成90°。如采用插入式振动器浇筑小型截面柱时，弯钩与模板的角度最小不得小于15°。

（5）相互交叉的现浇构件，次梁的主筋必须放在主梁的主筋上，主梁的钢筋应放在圈梁或垫梁上，主筋两端的搁置长度应保持均匀一致，如图3-40。

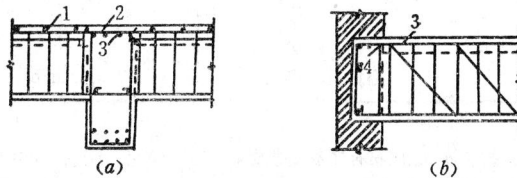

图 3-40　交叉处钢筋布设

(a)板、次梁与主梁交叉处钢筋；(b)主梁与垫梁交叉处钢筋

（6）配有双排钢筋的构件，两排钢筋之间应垫以钢筋头或绑扎撑钩，以保持双排钢筋间距正确。在钢筋交叉点的下面应垫以混凝土或砂浆垫块，间距0.8m左右，以保证其保护层厚度符合设计规定。

2.钢筋的接头

钢筋的接头有焊接接头和绑扎接头两种形式。钢筋的绑扎与安装对这两种接头已作了具体规定。

（1）焊接接头

受力钢筋应优先采用焊接接头。轴心受拉和小偏心受拉杆件中的钢筋接头，均应焊接。普通混凝土中直径大于25mm的钢筋和轻集料混凝土中直径大于20mm的Ⅰ级钢筋及直径大于25mm的Ⅱ、Ⅲ级钢筋均应采用焊接接头。

钢筋采用焊接接头时，设置在同一构件内的焊接接头应相互错开。在受力钢筋直径30

69

倍的区段范围内（不小于500mm），一根钢筋不得有二个接头。

有接头的钢筋截面面积占钢筋总截面面积的百分率，应符合下列规定：非预应力筋，受拉区段不超过50％；受压区段和装配式结构节点不限制。预应力筋受拉区不宜超过25％；当采用闪光对焊且有保证焊接质量的可靠措施时，可放宽至50％；受压区和后张法的螺丝端杆——不限制。

（2）钢筋绑扎接头的规定

钢筋搭接长度的末端与钢筋弯曲处的距离不得小于钢筋直径的10倍。接头也不宜在最大弯矩处；绑扎接头的搭接长度应符合表3-17要求。钢筋搭接处，应在中心和两端用铁丝扎牢。

受拉区域内，Ⅰ级钢筋绑扎接头的末端应做弯钩，Ⅱ、Ⅲ级钢筋可不做弯钩。

受力钢筋的绑扎接头位置应相互错开。在受力钢筋直径30倍区段范围内（不小于500mm），有绑扎接头的受力钢筋截面面积占受力钢筋总截面面积的百分率应符合下列规定：受拉区不得超过25％；受压区不得超过50％。

钢筋绑扎接头的最小搭接长度　　　　　　　　　　　　表 3-17

项 次	混凝土类别	钢 筋 级 别	受 拉 区	受 压 区
1	普通混凝土	Ⅰ 级	$30d_0$	$20d_0$
		Ⅱ 级	$35d_0$	$25d_0$
		Ⅲ 级	$40d_0$	$30d_0$
		冷拔低碳钢丝	250mm	200mm
2	轻骨料混凝土	Ⅰ 级	$35d_0$	$25d_0$
		Ⅱ 级	$40d_0$	$30d_0$
		Ⅲ 级	$45d_0$	$35d_0$
		冷拔低碳钢丝	300mm	250mm

注：1.d_0为钢筋直径；
　　2.钢筋绑扎接头的搭接长度，除应符合本表要求外，在受拉区不得小于250mm，在受压区不得小于200mm，轻集料混凝土均应分别增加50mm；
　　3.当混凝土强度等级为C15时，除冷拔低碳钢丝外，最小搭接长度应按表中数值增加5d_0。

（五）钢筋的质量检验

钢筋工程属隐蔽工程，因此钢筋绑扎安装完毕后，由施工单位邀请设计人员和建设单位进行验收，并填写隐蔽工程验收单。检查和验收应从以下几方面进行。

1.根据施工图纸，检查钢筋的钢号、直径、根数、间距是否正确，特别是负筋的位置是否符合规定。

2.检查钢筋接头的位置及搭接长度是否符合规定。

3.检查混凝土保护层是否符合要求。

4.检查钢筋绑扎是否牢固，有无松动变形现象。

5.钢筋表面不允许有油渍、颗粒状（片状）铁锈。

6.钢筋工程中，钢筋安装位置的允许偏差见表3-18。

（六）钢筋保管与堆放

1.钢筋进场后，必须严格按批分不同等级、牌号、直径、长度分别挂牌堆放，并注明

项　次	项　　　　目		允许偏差(mm)
1	受力钢筋的排距		±5
2	钢筋弯起点位移		20
3	箍筋、横向钢筋间距	绑扎骨架	±20
		焊接骨架	±10
4	焊接预埋件	中心线位移	5
		水平高差	+3
5	受力钢筋的保护层	基　础	±10
		柱、梁	±5
		板、墙	±3

数量，不得混淆。

2.钢筋应尽量堆入仓库或料棚，在条件不具备时，应选择地势较高、土质坚实、较为平坦的露天场地堆放。场地周围应挖排水沟，以利泄水。堆放时钢筋下面要填以垫木，离地不少于200mm。

3.钢筋成品要按工程名称和构件名称，按号码顺序堆放。要按号挂牌，并注明构件名称、部位、钢筋型式、尺寸、钢号、直径、根数。不能将几项工程的钢筋叠放在一起。

4.钢筋堆放应防止与酸、盐、油等类物品存放在一起，同时堆放地点不要和产生有害气体的车间靠近，以免污染和腐蚀钢筋。

第三节　混凝土工程

混凝土工程的施工过程包括配料、搅拌、运输、浇筑振捣和养护等过程。整个施工过程连续性要求很高，各个施工过程对混凝土质量都有很大影响。为了保证混凝土的质量要求，除应满足各施工过程的要求外，各过程还应相互配合，并针对各影响工程质量的因素，采取相应的措施

一、混凝土的配料

混凝土配料时，应采用符合质量要求的原材料，以确保结构设计所规定的混凝土的强度等级，并满足施工和易性的要求。混凝土在配料之前，要确定出混凝土的施工配合比。

混凝土的配合比是在实验室根据混凝土的配制强度经过试配和调整而确定的，称为实验室配合比。实验室配合比所用砂、石都是不含水分的。而施工现场的砂、石都有一定的含水率，且含水率的大小又会因气温等条件变化而变化。如果仍按实验室配合比施工，就将会因没有考虑现场砂、石含水率的变化，而导致混凝土的水灰比过大，将直接影响质量。因此，在混凝土配料前必须将混凝土实验室配合比换算成施工配合比。

设实验室配合比为：

水泥:砂:石子 $= 1 : S : G$，水灰比为 W/C；

现场实测砂、石含水率分别为：$\overline{W}_s$、$\overline{W}_g$，则施工配合比为。

水泥：1

砂：$S(1 + \overline{W}_s)$

石子：$G(1 + \overline{W}_g)$

水：$W/C - S \cdot \overline{W}_s - G\overline{W}_g$

【例】 某工程混凝土实验室配合比为：水泥：砂：石$= 1:2.3:4.27$，水灰比$W/C = 0.6$；现场实测砂、石含水率分别为3％及1％，求施工配合比。如果每盘混凝土的水泥用量为100kg，求每盘混凝土中砂、石、水的需用量。

【解】 混凝土的施工配合比为：

水泥：1

砂子：$S(1 + \overline{W}_s) = 2.3(1 + 0.03) = 2.37$

石子：$G(1 + \overline{W}_g) = 4.27(1 + 0.01) = 4.31$

水：$W/C - S\overline{W}_s - G\overline{W}_g = 0.6 - 2.3 \times 0.03 - 4.27 \times 0.01 = 0.488$

则施工配合比为：水泥：砂：石$= 1:2.37:4.31$，用水量为0.488kg。

当每盘混凝土的水泥用量日为100kg时，则砂、石、水的投入量为：

水泥：100kg

石子：$4.31 \times 100 = 431$kg

砂：$2.37 \times 100 = 237$kg

水：$100 \times 0.488 = 48.8$kg

在施工时，要严格控制配合比，应于搅拌机旁挂牌公布。原材料的称量偏差不得超过下列规定：水泥和干燥状态的外掺合料按重量允许偏差为±2％；粗、细集料为±3％；水、外加溶剂为±2％。各称衡器应定期校验，经常保持准确。集料含水率应经常测定，注意其变化，雨天施工时，应增加测定次数。

二、混凝土的搅拌

混凝土的搅拌目的是将各组成材料拌制成质地均匀、颜色一致，具备一定流动性的混凝土拌和物。因此，除保证组成材料称量准确外，还必须选择正确的搅拌方法和合理的搅拌制度。

（一）混凝土的搅拌方法

混凝土搅拌方法有人工搅拌和机械搅拌两种。

1.人工搅拌

当混凝土用量小或无机械设备时，一般采用人工搅拌。方法是，先将水泥和砂干拌两遍，再加入石子翻拌一遍；此后边缓慢加水，边反复湿拌三遍，称为"三干三湿法"。人工搅拌宜在铁板上进行。

人工搅拌劳动强度大，生产效率低。

2.机械搅拌

混凝土搅拌机按其搅拌原理分为自落式搅拌和强制式搅拌两种。

自落式搅拌机，亦称转筒式搅拌机，如图3-41所示。它的搅拌原理是：在搅拌筒内壁焊有弧形搅拌叶片，当搅拌筒绕水平轴旋转时，叶片不断将混合料提高，然后靠其自重落下，利用混合料的自由降落，达到均匀拌合的目的。在搅拌机筒内壁上有一组斜向叶片，可使拌合物移到卸料口。自落式搅拌机宜用于搅拌集料粗、流动性较大的塑性混凝土。目前施工现场使用的自落式搅拌机有鼓筒式、锥形反转出料式和锥形倾翻出料三种。

强制式搅拌机，搅拌筒固定不转，依靠安在筒体内部转轴上的拌和叶 强 制 搅拌混合料，达到拌合均匀的目的。强制式搅拌机由于叶片容易磨损，故适用于搅拌集料细的轻集料混凝土和干硬性混凝土，如图3-42。强制式搅拌机一般用于预制厂（场）。

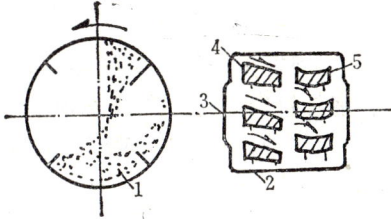

图 3-41 自落式搅拌机工作原理示意图　　图 3-42 强制式搅拌机工作原理示意图
1—混凝土；2—搅拌筒；3—进料口；4—斜向拌叶；5—弧形拌叶

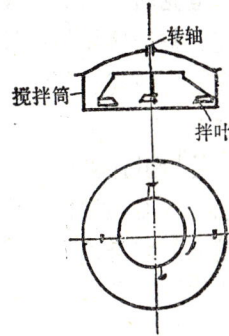

（二）混凝土搅拌制度

混凝土的搅拌制度包括搅拌时间，进料容量及投料顺序等。

1.搅拌时间

混凝土搅拌时间是指以全部搅拌材料装入搅拌筒中算起，至拌合物由筒中开始卸出为止的时间。混凝土搅拌时间是影响混凝土质量及搅拌机生产效率的重要因素之一。搅拌时间过短，混凝土搅拌不易均匀，强度及和易性都将降低；时间过长，不仅影响生产效率，同样会因集料破碎，和易性受到影响而质量得不到保证。混凝土搅拌最短时间按表3-19采用。

混凝土搅拌的最短时间（s）　　　　　表 3-19

混凝土的坍落度（cm）	搅拌机机型	搅拌机容积（L）		
		小于250	250～500	大于500
小于及等于3	自落式	90	120	150
	强制式	60	90	120
大于3	自落式	90	90	120
	强制式	60	60	90

注：1.掺有外加剂时，搅拌时间应适当延长。
　　2.全轻混凝土宜采用强制式搅拌机搅拌，砂轻混凝土可用自落式搅拌机搅拌，但搅拌时间均应延长 60～90s。
　　3.轻集料宜在搅拌前预湿，采用强制式搅拌机搅拌的加料顺序是：先加粗细集料和水泥搅拌1min，再加水继续搅拌；采用自落式搅拌机的加料顺序是：先加1/2的用水量，然后加粗细集料和水泥，均匀搅拌1min，再加剩余用水量继续搅拌。

2.投料顺序

投料顺序是指向搅拌机内装入原材料的次序。投料顺序应考虑提高搅拌质量、减少叶片磨损、减少砂浆与搅拌筒粘结、改善工作条件等因素。目前在施工中，投料顺序采用一次投料和二次投料的方法。

一次投料是在上料时，先装石子，再加水泥和砂，然后一次投入搅拌机内。水泥夹在砂、石之间，既不飞扬，又不粘于料斗内，且水泥和砂先进入搅拌筒内形成水泥砂浆，可缩短包裹石子的时间。对于自落式搅拌机，投料前先向搅拌筒内加一部分水，以减少水泥粘结。一次投料法是目前普遍采用的一种方法。

二次投料是先向搅拌机内投入水、砂和水泥，待其搅拌1min以后再投入石子继续搅拌到规定时间。与一次投料相比，二次投料水泥颗粒分散性好，水泥浆包裹石子，泌水性好，可提高混凝土强度和节约水泥。目前这种投料法主要在强制式搅拌机中使用。

3.进料容量

进料容量是指搅拌机可装入各种材料体积之和。出料容量一般为进料容量的0.6～0.7倍。如果任意超载（超过10%以上），就会使材料在搅拌机筒中无法充分拌合，影响混凝土的均匀性；反之，装料过少，又不能发挥机械效率。施工时，一般根据搅拌机出料容量和混凝土的配合比计算各种材料的需用量。

三、混凝土的运输

（一）运输要求

混凝土自搅拌机中卸出后，应及时运至浇筑地点，为了保证混凝土的质量，对混凝土运输的要求是：

1.混凝土在运输过程中要做到不分层离析、不漏浆，保持良好的均匀性。

2.混凝土运至浇筑地点后仍具有设计配合比所规定的流动性。

3.保证混凝土在初凝前能浇捣完毕。

4.保证混凝浇筑能连续进行。

（二）混凝土运输工具

混凝土的运输分为地面运输、楼面运输（也称为下水平运输和上水平运输）、垂直运输三种。

地面运输的工具主要有单轮手推车、双轮手推车、机动翻斗车、自卸汽车等。

楼面运输的工具主要有双轮手推车，也可采用塔式起重机、混凝土运输泵等。

垂直运输机具，多采用井架、混凝土运输泵、塔式起重机加料斗等。

（三）运输时间

混凝土应以最少的转载次数、最短的时间从搅拌地点送至浇筑地点，并在初凝前浇捣完毕。混凝土从搅拌机中卸出后至浇筑完毕的延续时间，不宜超过表3-20的规定。

混凝土在运输过程中，应防止曝晒和雨淋，运送容器应不漏浆，不吸水。运输道路应平坦，运输机械振动小。在楼面运输时，要在楼面上铺跳板，有钢筋时，要用马凳垫起。

混凝土从搅拌机中卸出后到浇筑完毕的延续时间（min）　表3-20

混凝土强度等级	气 温 （℃）	
	低于 25	高于 25
低于及等于C30	120	90
高于C30	90	60

注：1.掺用外加剂或采用快硬水泥拌制混凝土时，应按试验确定；
　　2.轻集料混凝土的运输，浇筑延续时间应适当缩短。

四、混凝土的浇捣

混凝土的浇筑和捣实是使混凝土获得良好的密实性和整体性的关键工序。如浇捣方法不符合规范规定，将使构件产生蜂窝、麻面及露筋等缺陷，影响构件的强度和耐久性。

（一）浇筑前的准备

混凝土浇筑前应进行下述内容的检查：

1.模板检查：主要检查模板位置、标高、截面尺寸、垂直度等是否正确，接缝是否严密，预埋件位置和数量是否符合图纸要求，支撑是否牢固。木模板在混凝土浇筑前应浇水湿润。

2.钢筋检查：主要检查钢筋的数量、位置、接头是否正确。

3.材料、机具、道路检查。

4.做好施工组织工作和安全、技术交底。

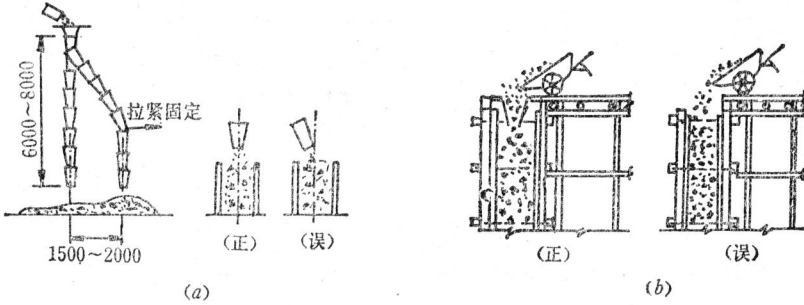

图 3-43 自高处倾落混凝土的方法

(a)串桶浇灌混凝土方法；(b)浇灌狭深墙壁的正误情形

（二）混凝土浇筑的一般规定

1.为了保证混凝土不发生离析现象，混凝土自高处倾落时，其自由倾落高度不应超过 2 m。

2.在竖向结构中浇筑混凝土时，不得发生离析现象，如浇筑高度超过 3 m 时，应采用串筒、斜槽、溜管等，如图3-43(a)、(b)所示。浇筑竖向结构混凝土前，底部应先填50~100mm厚的与混凝土组分相同的水泥砂浆作为结合层。混凝土的水灰比 和 坍落度，应随浇筑高度的上升，酌予递减。

3.混凝土必须分层浇筑，每层浇筑厚度应符合表3-21的规定。

混凝土浇筑层的厚度 表 3-21

项 次	捣 实 混 凝 土 的 方 法		浇筑层的厚度 (mm)
1	插入式振捣		振捣器作用部分长度的1.25倍
2	表面振动		200
3	人工捣固：		
	(1)在基础、无筋混凝土或配筋稀疏的结构中		250
	(2)在梁、墙板、柱结构中		200
	(3)在配筋密列的结构中		150
4	轻集料混凝土	插入式振捣	300
		表面振动(振动时需加荷)	200

4.混凝土的浇筑应连续进行，如必须间歇，其间歇时间应尽量缩短，并要在前层混凝土凝结之前，将次层混凝土浇筑完成。间歇最长时间应按所用水泥品种及混凝土凝结条件

时间（min）　　　表 3-22

混凝土强度等级	气　温　（℃）	
	低 于 25	高 于 25
低于及等于C30	210	180
高于C30	180	150

注：本表数值包括混凝土的运输和浇筑时间。

确定。混凝土浇筑中的最大间歇时间不宜超过表3-22的规定。

（三）施工缝的留设与处理

在施工过程中，由于技术上或组织上的原因，混凝土不能连续浇筑完毕，中间停歇时间又超过了表3-22规定的混凝土的凝结时间所形成的新浇混凝土与已凝固混凝土的结合面，称为混凝土的施工缝。施工缝处，新旧混凝土的结合力差，是结构中的薄弱环节；如果施工缝的留设位置不当或处理不正确，就会引起质量事故。

1.施工缝留设位置

施工缝的位置宜留在结构受剪力较小且便于施工的部位。施工缝所形成的结合面应与结构所产生的轴向压力相垂直，以发挥混凝土传递压力好的特性。故柱与梁的施工缝表面应垂直于构件的轴线，板与墙的施工缝应与其表面垂直。在浇筑与柱和墙连成整体的梁和板时，应在柱和墙浇筑完毕后停歇1～1.5h，使其获得初步沉实，再继续浇筑。

柱子的施工缝应留在基础顶面、梁或吊车梁牛腿的下面、吊车梁的上面、无梁楼板柱帽的下面，如图3-44。在框架结构中，如果梁的负筋向下弯入柱内，施工缝也可留置在这些钢筋的下端，以便绑扎。

和板连成整体的大断面梁（高度大于1m），则施工缝留在板底面以下20～30mm处。当板下有梁托时，留在板梁托下面。

单向板，留在平行于板的短边的任何位置。

双向受力楼板、厚大结构、蓄水池、拱、多层刚架，施工缝按设计要求留设。

有主次梁的楼板，宜顺着次梁方向浇筑,施工缝应留置在次梁跨度的中间1/3范围内，如图3-45所示。

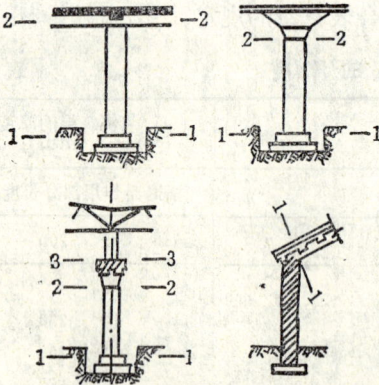

图 3-44　柱子施工缝位置
1-1、2-2、3-3为施工缝位置

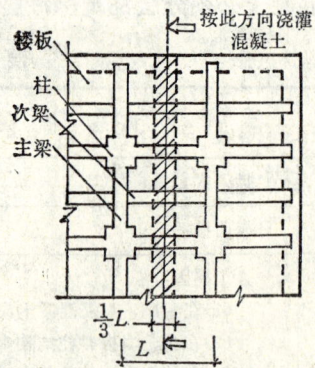

图 3-45　主次梁楼板施工缝

2.施工缝的处理

在施工缝处继续浇筑混凝土时，应待已浇筑的混凝土，其抗压强度不小于1.2MPa才能进行；在已硬化的混凝土表面上，应清除水泥薄膜和松动石子或软弱混凝土层，并加以

76

充分湿润和冲洗干净，不得积水；在浇筑前，施工缝处宜先铺水泥浆或与混凝土成分相同的水泥砂浆一层，厚度为10~15mm。施工缝处的混凝土应仔细捣实，使新旧混凝土紧密结合。

（四）混凝土的振捣

混凝土的振捣方法分人工振捣和机械振捣两种。人工振捣是依靠人力的冲击力（用钢钎插入或锤捣），使混凝土密实成型；一般只有在工程量不大或缺少机械时采用；人工振捣时要注意插匀、插全。机械振捣速度快、质量好，是目前最普遍采用的振捣方法。机械捣实的原理是利用混凝土振动机械所产生的振动力，使混凝土发生受迫振动，这时，水泥浆的粘结力和集料间的摩阻力显著减小，流动性增加，集料在重力作用下下沉，水泥浆则均匀分布并填充在集料间的空隙，气泡被排出，孔隙减少，游离水挤压上升，使混凝土充满模型，达到提高混凝土密实的目的。

现场常用混凝土振捣机械有以下几种：

1.内部振动器

内部振动器又称插入式振动器。这是建筑工地使用较广泛的一种振动器，梁、柱、墙、基础均可采用。图3-46所示的是常用的带软轴的插入式振动器。电动机1通过加齿轮箱2转动软轴3内的钢丝轴，再使振动棒4内的偏心块5转动，从而使整个振动棒发生振动。

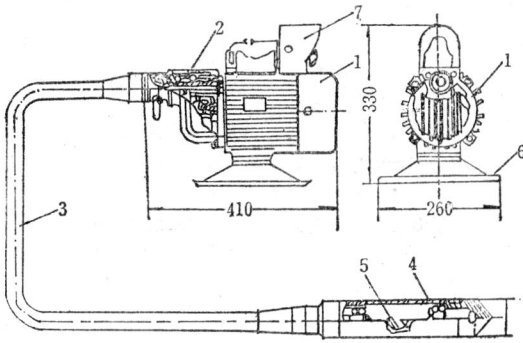

图 3-46　插入式振动器
1—电动机；2—加速齿轮箱；3—传动软轴；4—振动棒外套；5—偏心块；6—底板；7—手柄及开关

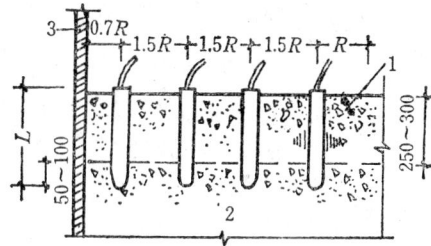

图 3-47　插入式振动器的插入深度
1—新浇混凝土；2—下层已振捣但尚未初凝的混凝土；3—模板；R—有效作用半径；L—振捣棒长度

使用插入式振动器可采用垂直插入和斜向插入两种方法，并要求做到快插慢拔，以减少混凝土因振动棒插入所产生的离析和填满拔出所产生的孔洞。为了保证混凝土上下层结合紧密，要求将振动棒插入下层未初凝的混凝土中约50~100mm，并上下回来抽动，以保证每一层上下振动均匀，如图3-47。

振动棒插点间距要求均匀，插点方式有行列式、交错式，如图3-48；插点间距不超过1.5倍振动棒有效作用半径；每个插点宜振动20~30s，以混凝土不再显著下沉、不再出现气泡、表面呈现水泥浆层并基本平坦为止。

振动时，不能触及钢筋及模板。

现场工人总结出一套使用插入式振动器的操作要点口诀："直上和直下，快插和慢拔；插点要均匀，切忽漏点插；上下要插动，层层要扣搭；时间掌握好，密实质量佳；操作要细心，软管莫卷曲；不得碰模板，不得碰钢筋；用200h后，要加润滑油；振动0.5h，

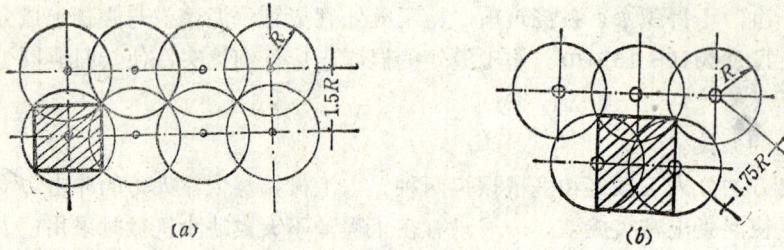

图 3-48 振捣点的布置

(a)行列式；(b)交错式；R—振动棒作用半径

停歇5min"。

2.表面振动器

表面振动器又称平板式振动器，其外观如图3-49，它是将电动机轴上装有左右两个偏心块的振动器固定在一块平板上而成。其振动作用可直接传递于混凝土面层上。这种振动器适用于振捣楼板、空心板、地面和薄壳等结构的施工。在无筋或单层钢筋的结构中，每次振捣的厚度不大于25cm；在双层的钢筋结构中，每次的振捣厚度不大于12cm，振捣层相互搭接应为3~5cm。最好进行两遍振实，第一遍与第二遍振捣方向要互相垂直。第一遍主要使混凝土密实；第二遍则是使混凝土表面平整。

图 3-49 表面振动器及其移动方式

1—底板；2—振动器

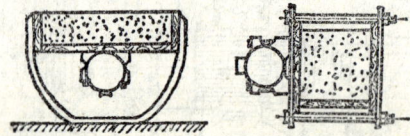

图 3-50 附着式振捣器的安装方法

3.外部振动器

又称附着式振动器，构造如图3-50所示。外部振动器是直接安在模板上进行振捣的，它利用带偏心块的电动机产生振动力，通过模板传递给混凝土，达到振实的目的。这种振动器体积小，结构简单，操作方便，还可改装成平板振动器，适用于振捣断面小或钢筋较密的柱子、梁、板等构件。它既可以直接固定在模板上，也可利用夹固架固定在模板上进行振捣，但对模板的强度和整体刚度提出了更高的要求。

（五）几种主要混凝土结构的浇捣

1.现浇混凝土框架

框架结构中梁、板、柱等构件沿垂直方向重复出现，故应按结构层分层施工。每层先浇捣柱，当混凝土达到规定强度后再浇捣梁和板；当柱、梁为整体浇筑时，待柱初步沉实后，方可进行。一般情况下，梁板应同时浇捣，只有当梁高大于1m时，才可先浇浇捣梁，后浇浇捣板，但要注意留施工缝的位置。

一个施工段内的每排柱子应从两端同时向中间推进，不可以从一端向另一端推进，预防柱子向一边倾斜。柱子高度在3m以下时，混凝土可直接在柱模顶部浇入；若柱高超过3m，断面在40×40cm以上且无交叉箍筋时，应在柱模中部设浇筑口，装溜槽分段浇筑，如能设置串筒也可从顶部通过串筒下料浇筑。

梁与柱的整体连接浇筑时，梁应从一端开始，快到另一端时，反过来浇筑另一端，然后两段在中间汇合。

2.钢筋混凝土楼梯

楼梯现浇应以人工捣固为主，用插入式振动器配合。楼梯自下而上一次浇捣完毕。若有钢筋混凝土拦板时，应随同踏步一起浇捣。楼梯浇捣完毕后，用铁抹子自上而下抹平。养护期内应防止混凝土未达到一定强度就受到振动。

3.钢筋混凝土圈梁

圈梁窄而长，易漏浆，因此可用人工捣固。在浇捣前应将缝隙堵严，掌握好混凝土的坍落度。砖墙吸水量大，在浇捣混凝土以前需用水湿透。

五、混凝土的养护

混凝土的逐渐凝结与硬化，主要是由水泥的水化作用来实现的。而水化作用必须在适当的温度和湿度条件下才能进行。如遇天气炎热，混凝土中水分蒸发过快，出现脱水现象，混凝土表面就可能出现干裂或成粉状、片状剥落，从而影响混凝土的强度和耐久性，故必须对混凝土进行养护。

混凝土的养护方法在现浇结构中，主要采用自然养护。所谓自然养护，即在平均气温高于＋5℃的条件下，于一定时间内使混凝土保持湿润状态。其方法又以浇水养护为主，并用湿草帘进行覆盖。

混凝土浇筑完毕后，应在12h以内加以覆盖和浇水；混凝土的浇水养护日期，硅酸盐水泥、普通硅酸盐水泥和矿渣硅酸盐水泥拌制的混凝土，不得少于7昼夜；掺用缓凝型外加剂或有抗渗要求的混凝土，不得少于14昼夜；浇水次数应能保持混凝土具有足够的湿润状态；养护用与拌制用水相同。在已浇筑的混凝土强度达到1.2MPa以后，始准在其上走人和安装模板及支架。

不易浇水养护的高耸构筑物，可采用喷晒塑料薄膜溶液的方法来养护。

六、混凝土的缺陷处理

在混凝土施工中，往往由于对施工过程的质量控制不严或违反操作规程，造成混凝土结构构件产生各种缺陷，如不及时处理，将对结构的质量有很大的影响。混凝土结构构件的缺陷主要有麻面、露筋、蜂窝、孔洞、裂缝以及强度不足等。

（一）混凝土缺陷产生的原因

1.麻面

麻面是结构构件表面呈现无数的小凹坑麻点。其产生的原因是：模板表面不光滑，模板湿润不充分，拼缝不严密；捣固不足，气泡未排出；没有及时养护及养护不良等。

2.露筋

露筋是钢筋局部裸露在结构构件的表面。其原因是：浇筑时，钢筋保护层垫块位移，以致钢筋紧贴模板；保护层处混凝土漏振或振捣不密实；模板吸水过快，以致保护层养护不足而掉角。

3.蜂窝

蜂窝是构件中出现蜂窝状的窟窿。其产生原因是：混凝土未分层下料捣固；材料配合比不准确（浆少、石子多）；模板拼缝不严，水泥浆流失严重；钢筋较密，混凝土坍落度过小；混凝土下料未设串筒、石子、砂浆分离。

4.孔洞

孔洞是指结构内存在尺寸较大的空隙，钢筋局部或全部裸露。产生原因是：在钢筋较密部位，混凝土被卡住，未振捣就浇捣上层混凝土；泥块杂物等掺入混凝土中，都可能形成孔洞。

5.裂缝

裂缝是构件上存在有连通或不连通的细小裂纹。有温度裂缝、外力引起的裂缝和干缩裂缝。其产生原因有：拆模时受到剧烈振动；地基沉陷，模板变形；温差过大，养护不好，水分蒸发过快等。

6.强度不足

混凝土强度未达到设计图纸的要求即其强度不足。其原因主要是混凝土配合比不准确，搅拌不均匀，振捣不密实，养护不良以及原材料质量达不到规范的规定等。

（二）混凝土缺陷的处理

混凝土构件出现缺陷以后，必须认真进行修补。其缺陷的处理主要采用以下方法。

1.表面抹砂浆修补

对于数量不多的麻面、小蜂窝、露筋等缺陷可用1:2～1:2.5水泥砂浆抹面修补。抹砂浆前，须用钢丝刷或高压水清洗湿润，砂浆初凝后要加强养护工作。当表面裂缝较细，数量不多时，可用水泥浆抹补。如若裂缝宽度在0.1mm以上可用环氧树脂灌浆修补。

2.细石混凝土填补

当蜂窝比较严重或露筋较深时，应去掉附近不密实的混凝土和突出的集料颗粒，用清水洗刷干净并充分润湿后，再用比原强度等级高一级的细石混凝土填补并仔细捣实。对孔洞处的补强，可在孔洞内清洗干净并保持湿润72h后，捣以比原强度等级高一级的细石混凝土；为了减少新旧混凝土之间的缝隙，水灰比应控制在0.5以内，并掺1/10000水泥用量的铝粉，分层浇筑和捣实。

七、混凝土工程的质量检验

混凝土的检查与验收主要包括拌制和浇捣过程的检查、强度检查、外观检查三个方面。

（一）拌制和浇捣过程中的检查

为了保证混凝土的拌制和浇捣质量，在混凝土拌制和浇捣过程中，应检查混凝土组成材料的质量和用量、混凝土在拌制地点和浇筑地点的坍落度。每一工作班至少检查二次，如在一个工作班内配合比有变动时，应及时检查。此外，还应严格控制搅拌时间。

（二）强度检查

混凝土强度检查主要是检查混凝土的抗压强度。当有特殊要求时，还需做抗冻、抗渗试验。

混凝土的抗压强度，应以边长为15cm的立方体试块，在温度为20±3℃和相对湿度为90%以上的潮湿环境或水中的标准条件下，经28d养护后试压确定，其结果作为判断结构构件的混凝土是否能够达到设计强度的依据。作为评定结构构件混凝土强度质量的试块，应随浇筑地点制作，不得挑选或增加水泥用量。试块组数应由下列条件决定。

每拌制100盘且不超过100m³的同配合比的混凝土，其取样不得少于一组；每工作班拌制的同配合比的混凝土不足100盘时，其取样不得少于一组；现浇楼层，每层取样不得少于一组。预拌混凝土应在预拌混凝土厂内按上述规定取样，混凝土运到施工现场后，尚应按上述规定留置试样。

每组试块（三块）应在同盘混凝土中取样制作。其强度代表值按下述规定确定：

1. 取三个试块试验结果的平均值，作为该组试块强度代表值。

2. 当三个试块中过大或过小的强度值，与中间值相比超过15％时，以中间值代表该组混凝土试块的强度。

3. 当三个试块中的最大和最小的强度值，与中间值相比均超过中间值的15％，其试验结果不应作为评定的依据。

混凝土强度检验评定，应符合下列要求：混凝土强度应分批进行验收。同一验收批的混凝土应由强度等级相同、龄期相同及生产工艺和配合比基本相同的混凝土组成。同一验收批的混凝土强度，应以同批内全部标准试件的强度代表值来评定。评定的方法有二类：

合格判定系数 表 3-23

试件组数	10～14	15～24	≥25
λ_1	1.70	1.65	1.60
λ_2	0.90	0.85	

1. 用统计方法评定混凝土强度时，其强度应同时符合下列两式的要求：

$$m_{f_{cu}} - \lambda_1 S_{f_{cu}} \geqslant 0.9 f_{cu,k} \qquad (3-11)$$

$$f_{cu,min} \geqslant \lambda_2 f_{cu,k} \qquad (3-12)$$

2. 用非统计方法评定混凝土强度时，其强度应同时符合下列两式的要求：

$$m_{f_{cu}} \geqslant 1.15 f_{cu,k} \qquad (3-13)$$

$$f_{cu,min} \geqslant 0.95 f_{cu,k} \qquad (3-14)$$

公式（3-11～3-14）中

$m_{f_{cu}}$——同一验收批混凝土立方体抗压强度的平均值（N/mm²）；

$f_{cu,k}$——混凝土立方体抗压强度标准值（N/mm²）；

$f_{cu,min}$——同一验收批混凝土立方体抗压强度的最小值（N/mm²）；

λ_1、λ_2——合格判定系数，按表3-23取用；

$S_{f_{cu}}$——同一验收批混凝土强度的标准差（N/mm²）；当 $S_{f_{cu}}$ 的计算值小于 0.06 $f_{cu,k}$ 时，取 $S_{f_{cu}} = 0.06 f_{cu,k}$。混凝土强度标准差 $S_{f_{cu}}$ 按下式计算：

$$S_{f_{uc}} = \sqrt{\frac{\sum_{i=1}^{n} f_{cu,i}^2 - n \cdot m_{f_{cu}}^2}{n-1}} \qquad (3-15)$$

式中 $f_{cu,i}$——第 i 组试块的抗压强度值（N/mm²）；

n——一个验收批试块组数。

混凝土质量水平标准如表3-24所示。

（三）外观检查

混凝土结构拆模后，应从外观上检查其表面有无缺陷，如有应及时处理，同时还应用卷尺、直尺测量其外形尺寸，其外形尺寸的允许偏差不得超过表3-25的规定。

八、混凝土的冬期施工

当室外平均气温连续5d稳定低于5℃时，混凝土及钢筋混凝土工程就进入冬期施工，在施工时必须按照冬期施工要求执行。

混凝土生产质量水平

表 3-24

评定指标		优良		一般		差	
		低于C20	≥C20	低于C20	≥C20	低于C20	≥C20
混凝土强度标准差 $S_{f_{cu}}$(N/mm²)	预拌混凝土和预制构件厂	≤3.0	≤3.5	≤4.0	≤5.0	>4.0	>5.0
	集中搅拌混凝土的施工现场	≤3.5	≤4.0	≤4.5	≤5.5	>4.5	>5.5
强度等于或高于要求强度等级的百分率(%)	预拌混凝土厂,预制混凝土构件厂及集中搅拌混凝土的施工现场	≥95		>85		≤85	

整体式钢筋混凝土结构的允许偏差

表 3-25

项次	项目	允许偏差(mm)
1	轴线位移 (1)基础 (2)独立基础 (3)墙、柱、梁 (4)大型墙板	15 10 8 5

2	垂直度
	(1)层间
	  5m及5m以下
	  5m以上
	(2)全高
		8
		10
		$H/1000$但不大于30

3	标高 (1)层高 (2)全高	±10 ±30
4	截面尺寸	+8 -5
5	表面平整(用2m直尺检查)	8
6	预埋设施中心线位移 (1)预埋件 (2)预埋螺栓 (3)预埋孔	10 5 5
7	预留洞中心线位移	15

注：H——结构全高。

(一)混凝土冬期施工原理

混凝土所以能逐渐凝结、硬化、以至获得最终强度，是因为混凝土的原材料经拌合后，由于水泥水化作用使水泥浆由稀变稠，逐渐失去了流动性而硬化，最后变成坚硬的凝固物。在混凝土凝固过程中，其强度的增长速度及其最终强度，主要取决于其周围环境温度的高低；一般情况下是温度愈高，硬化速度就愈快，温度降低，硬化速度就减慢；当温度接近于0℃时，混凝土硬化就更慢，特别是当温度降至0℃以下时，水泥的水化作用就基本停止，强度几乎停止增长，这时，混凝土孔隙间的游离水即结成冰而体积膨胀9%，混凝土也逐渐冻结或冻裂。

混凝土受冻后，对混凝土最终强度的影响程度，与混凝土受冻前所具备的强度有关。试验证明，混凝土如果在凝结之前遭受冻结，则强度至少降低50%以上，而且难以恢复，严重时使混凝土结构构件完全破坏；而当混凝土具有的强度愈高受冻，则其最终强度损失愈小。混凝土允许受冻而不致使其各项性能遭受到损害时，混凝土所具有的强度称为临界强度，具有临界强度的混凝土受冻，其最终强度不会有较大的损失。所以规范规定：冬期施工浇筑的混凝土抗压强度，在受冻前，硅酸盐水泥或普通硅酸盐水泥配制的混凝土不得低于其设计强度标准值的30%；矿渣硅酸盐水泥配制的混凝土不得低于其设计强度标准值的40%，C10及C10以下的混凝土不得低于5.0MPa；掺防冻剂的混凝土，温度降低到防冻剂规定温度以下时，混凝土不得低于3.5MPa。

（二）混凝土冬期施工的一般规定

1.配制冬期施工的混凝土，应优先用水化热高的硅酸盐水泥或普通硅酸盐水泥，水泥标号不应低于325号，最少水泥用量不宜少于300kg/m²。水灰比不应大于0.6。

2.水泥不能直接加热，使用前宜事先运入暖室内存放。水和砂、石集料可以加热，加热温度应根据热工计算确定，但最高温度不能超过表3-26的规定，且应优先加热水。

3.拌制混凝土时，集料中不得带有冰雪及冻块，拌合时间应比原混凝土最短搅拌时间增加50%。

4.钢筋冷拉可在负温下进行，其温度不宜低于-20℃。如果采用控制应力方法时，冷拉控制应力应较常温提高30MPa；采用冷拉率方法时，冷拉率与常温相同。

拌合水及集料最高温度　　表 3-26

项次	项　　　目	拌合水(℃)	集料(℃)
1	标号小于525*的普通硅酸盐水泥、矿渣硅酸盐水泥	80	60
2	标号等于及大于525*的硅酸盐水泥、普通硅酸盐水泥	60	40

注：当集料不加热时，水可加热到100℃，但水泥不应与80℃以上的水直接接触。投料顺序，应先投入集料和已加热的水，然后再投入水泥。

5.混凝土在浇筑前，应清除模板和钢筋上的冰雪和污垢。在运输过程中应加以适当保温措施，运距尽量减少。浇筑前入模温度一般不低于5℃。采用加热养护时，混凝土养护前的温度不得低于2℃。

6.冬期不得在强冻胀性地基土上浇筑混凝土。这种土冻胀变形大，受冻后，必然引起混凝土变形。在弱冻胀性地基上浇筑时，基土应进行保温，以免遭冻。

（三）混凝土冬期施工的方法

1.蓄热法　蓄热法是利用加热原材料所预加的热量及水泥水化热，再加适当的保温材料覆盖，防止热量过快散失，从而保证混凝土能够在一定温度下达到临界强度。

蓄热法中，对原材料加热应优先加热水，因为水的比热较砂石大5倍，且水加热设备简单；只有当水加热至极限温度而热量还不够时，才再加热砂、石。蓄热法所需的保温材料，宜采用干燥的草帘、草袋、锯末、炉渣等。

蓄热法一般适用于不太寒冷的地区。当室外最低温度不低于-15℃时，地面以下工程或表面系数不大于5的结构应优先采用蓄热法养护。由于蓄热法施工简单、费用低、质量容易保证，所以它是混凝土冬期施工的基本方法。

（1）蓄热法热工计算公式

蓄热法热工计算的原理，是根据一立方米混凝土从浇筑结束时的温度降至 0 ℃时的过程中所放出的热量，应等于混凝土所含热量及水泥水化热之和的热平衡方程中，求得混凝土冷却至 0 ℃时的时间。其计算公式：

$$C_0 t + CH = 3.6 TM(t_p - t_{oc}) \frac{a}{R}$$

$$T = \frac{C_0 t + CH}{3.6 M(t_p - t_{oc})} \cdot \frac{R}{a} \tag{3-16}$$

式中　T——混凝土冷却至 0 ℃时延续时间（h）；

　　　C_0——混凝土的体积热容（kJ/m³·K）；

　　　t——混凝土浇筑完毕时的温度（℃）；

　　　C——1 m³混凝土所用的水泥量（kg/m³）；

　　　H——1 kg水泥的水泥热（kJ/kg），

　　　M——结构的表面系数（m⁻¹）；

　　　t_p——混凝土养护期间的平均温度（℃）；

　　　t_{oc}——混凝土养护期间的室外平均温度（℃）；

　　　R——模板及保温材料的总热阻（m²·K/W）；

　　　a——保温材料的透风系数（表3-27）。

透 风 系 数 a 参 考 数   表 3-27

项　次	保　温　层　组　成	透风系数	
		a_1	a_2
1	单层模板	2.0	3.0
2	不盖模板的表面，用芦苇板、稻草、锯末、炉渣覆盖	2.6	3.0
3	密实模板或不盖模板的表面用毛毡、棉毛毡或矿物棉覆盖	1.3	1.5
4	外层用第2项材料，内层用第3项材料做双层覆盖	2.0	2.3
5	外层用第3项材料，内层用第2项材料做双层覆盖	1.6	1.9
6	内外层均用第3项材料，中间夹间用第2项材料做3层覆盖	1.3	1.5

注：1. a_1为风速小于 4 m/s（相当于 3 级及以下），结构物高出地面不大于25m情况下的系数；

　　2. a_2为风速和高度大于注1情况的系数。

（2）蓄热法热工计算公式中有关参数计算

1）混凝土浇筑完毕时的温度 t

该温度由搅拌后混凝土的出机温度 t_1，减去因运输、浇筑时损失的热量及混凝土入模后被模板及钢筋吸去的一部分热量。

a. 混凝土自搅拌机中倾出时的温度 t_1（℃）：

$$t_1 = t_0 - 0.16(t_0 - t_d) \tag{3-17}$$

式中　t_d——搅拌棚内的温度（℃）；

　　　t_0——混凝土拌合物的理论温度（℃）。

b. 混凝土拌合物的理论温度 t_0（℃）：

$$t_0 = \frac{0.84(Ct_c + St_s + Gt_g) + 4.19 t_w(W - p_s S - p_g G)}{4.19 W + 0.84(C + S + G)}$$

$$+ \frac{b(p_s \cdot S t_s + p_g G t_g) - B(p_s S + p_g G)}{4.19W + 0.84(C + S + G)} \qquad (3\text{-}18)$$

式中　W、C、S、G——水、水泥、砂、石的用量（kg）；

$\quad\quad t_w$、t_c、t_s、t_g——水、水泥、砂、石的温度（℃）；

$\quad\quad p_s$、p_g——砂、石的含水率（%）；

$\quad\quad b$、B——水的比热（kJ/kg·K）及溶解热（kJ/kg）：

$\quad\quad\quad\quad$当集料温度 > 0 ℃时，$b = 4.19$，$B = 0$；

$\quad\quad\quad\quad\quad\quad\quad\quad \leqslant 0$ ℃时，$b = 2.10$，$B = 330$。

　　c.混凝土经过运输至成型后的温度 t_2（℃）：

$$t_2 = t_1 - (\beta T_1 - 0.032n)(t_1 - t_a) \qquad (3\text{-}19)$$

式中　t_a——室外气温（℃）；

$\quad\quad T_1$——混凝土自运输至成型的时间（h）；

$\quad\quad n$——混凝土倒运次数；

$\quad\quad \beta$——温度损失系数（h^{-1}）：

$\quad\quad$当用滚动式搅拌车　$\quad \beta = 0.25$

$\quad\quad$开敞式自卸汽车　$\quad \beta = 0.20$

$\quad\quad$封闭式自卸汽车　$\quad \beta = 0.10$

$\quad\quad$人力手推车　$\quad\quad\quad \beta = 0.50$

　　d.混凝土浇筑入模后，由于模板和钢筋吸收热量而引起的混凝土温度的降低按下式计算：

$$t_3 = \frac{G_n \cdot C_n \cdot t_2 + G_m \cdot C_m \cdot t_a}{G_n \cdot C_n + G_m \cdot C_m} \qquad (3\text{-}20)$$

式中　t_3——混凝土在钢模板和钢筋吸收热量后的温度（℃）；

$\quad\quad G_n$——1 m³混凝土的重量（kg）；

$\quad\quad G_m$——与 1 m³混凝土相接触的钢模板和钢筋的总重量（kg）；

$\quad\quad C_n$——混凝土比热，取 1 kJ/kg·K；

$\quad\quad C_m$——钢材比热，取 0.48 kJ/kg·K；

$\quad\quad t_a$——钢模板、钢筋的温度，即当时大气温度（℃）。

　　对照公式3-16，混凝土浇筑完毕时的温度 t 就是混凝土在浇筑成型后被模板和钢筋吸走热量时的剩余温度 t_3。

　　2）结构表面系数 M

$$M = \frac{F}{V} \qquad (3\text{-}21)$$

式中　F——结构的冷却表面积（m²）；

$\quad\quad V$——结构的体积（m³）。

　　3）养护期间的平均温度 t_p，查表3-28

　　4）养护期间的室外平均温度 t_c

　　根据当地历年气象资料和当年气象预报来确定。应采用养护期间外界的平均温度，并非最低温度。

混凝土养护期间平均温度 t_p 表 3-28

表面系数 M	3	4~8	9~12	>12
平均温度 t_p	$(t+5)/2$	$t/2$	$t/3$	$t/4$

5）模板及保温材料的总热阻 R

$$R = 0.05 + \frac{h_1}{\lambda_1} + \frac{h_2}{\lambda_2} + \cdots\cdots\frac{h_n}{\lambda_n}$$ （3-22）

式中 λ——模板或保温材料的导热系数（W/m·K）；由表3-29查得。

h——模板或保温材料厚度（m）。

常用建筑材料热物理性能计算参数 表 3-29

序　号	材料名称	表观密度 γ_0 [kg/m³]	计算参数	
			导热系数 λ [W/m·K]	比热容 C [kJ/kg·K]
1	钢筋混凝土	2500	1.74	1.00
2	砖砌体	1800	0.81	1.05
3	木材（模板）	700	0.233	2.75
4	钢模板	7500	58.2	0.63
5	聚苯乙烯板	30	0.038	1.47
6	岩棉毡	100	0.04	0.75
7	稻草板	300	0.105	1.68
8	木屑板	200	0.065	2.10
9	锯末	200~250	0.093	2.51
10	干炉渣	900	0.291	0.76
11	毛毡	150	0.058	0.189
12	草袋	150	0.11	—
13	麻袋	180	0.07	—
14	稻草及草帘	1200	0.047	1.47

6）水泥的水化热 H，按表3-30取用。

水泥水化热量值 表 3-30

水泥品种	水泥标号	每kg水泥的水化热（kJ）		
		3d	7d	28d
普通硅酸盐水泥	525	314	354	375
	425	250	271	334
	325	208	229	292
矿渣硅酸盐水泥	325	146	208	271
火山灰硅酸盐水泥	325	125	169	250

注：本表数值是按平均硬化温度15℃时编制的，当平均温度为7~10℃时，表中数值按60~70%采用。

7）混凝土的体积热容一般可取 2500kJ/m³·K；

通过上述的热工计算可解决两类问题：

1）根据假定的混凝土浇筑完毕时的温度以及推算的混凝土冷却至 0℃ 的时间，求出总热阻以选择保温材料的种类及厚度。

2）验算选定的保温材料和混凝土浇筑完毕时的温度，能否保证混凝土冷却至 0℃ 时已达到临界强度。

2.掺外加剂法

在混凝土中加入适量的抗冻剂、早强剂、减少剂，可使混凝土在负温下进行水化作用，强度能继续增长。因此与蓄热法相比，施工工艺简单，节约能源，降低了冬期施工的费用。

（1）常用外加剂及选择

1）早强剂

早强剂可以提高混凝土的早期强度，促进水泥的硬化，所以对加快模板的周转，加快施工进度，节约冬期施工费用有明显效果。早强剂的常用配方、适用范围以及使用效果参考表 3-31。

早强剂配方选择参考表　　　　　　　　　表 3-31

项　次	早 强 剂 名 称	使用掺量 （占水泥重量的 %）	适用范围	使 用 效 果
1	氯化钙（$CaCl_2$）	1	低温或常温硬化	7d 强度与不掺者对比约可提高 20～40%
2	硫 酸 钠	1～2	低温硬化	7d 强度可提高 28～34%
3	硫 酸 钾	0.5～2	低温硬化	7d 强度可提高 20～40%
4	三乙醇胺[$N(C_2H_4OH)_3$]	0.05	常温硬化	3～5d 可达到设计强度的 70%
5	硫酸钠（Na_2SO_4） 亚硝酸钠（$NaNO_2$）	3 4	低温硬化	在 -5℃ 条件下，28d 可达设计强度的 70%
6	三乙醇胺 硫 酸 钠 亚硝酸钠	0.03 3 6	低温硬化	在 -10℃ 条件下，1～2 月可达到设计强度的 70%

2）抗冻剂

抗冻剂是能够降低混凝土中水的冰点的一种外掺剂。其作用是能防止冰冻的破坏作用并提供水泥硬化所必需的水分，使混凝土在负温中能缓慢硬化，强度不断增长。为了充分发挥各种抗冻剂的性能，在施工中往往将抗冻剂配制成复合剂形式。常用抗冻剂的掺量见表 3-32。

3）减水剂

减水剂是一种表面活性材料，加入混凝土中能对水泥颗粒起扩散作用，能把水泥凝聚体中所包含的游离水释放出来，从而能保证混凝土的工作性不变而显著减少拌合水用量，从而降低混凝土中的含水量，提高混凝土的密实度和强度。常用减水剂种类、掺量及技术经济效果见表 3-33。

混凝土的应用温度(℃)	$NaNO_2$	$CaCl_2 + NaCl$	$Ca(NO_3)_2 + Ca(NO_2)_2 + CaCl_2$	$Ca(NO_3)_2 + Ca(NO_2)_2 + CaCl_2 + HN_2OH$
$0 \sim -5$	$4 \sim 6$	$0+3 \sim 2+3$	$3 \sim 5$	$2+1 \sim 4+1$
$-6 \sim -10$	$6 \sim 8$	$3.5+3.5 \sim 2.5+4$	$6 \sim 9$	$4+1 \sim 7+3$
$-11 \sim -15$	$8 \sim 10$	$4.5+2 \sim 5+3.5$	$7 \sim 10$	$6+2 \sim 8+3$

常用减水剂的种类及掺量参考表   表 3-33

种 类	掺 量(占水泥重量的%)	减水率(%)	提高强度(%)	增加坍落度(cm)	节约水泥(%)	适用范围
木质素磺酸钠	$0.2 \sim 0.3$	$10 \sim 15$	$10 \sim 20$	$10 \sim 20$	$10 \sim 15$	大体积混凝土 普通混凝土
MF减水剂	$0.3 \sim 0.7$	$10 \sim 30$	$10 \sim 30$	$2 \sim 3$倍	$10 \sim 25$	早强、高强、耐碱混凝土
NNO减水剂	$0.5 \sim 0.8$	$10 \sim 25$	$20 \sim 25$	$2 \sim 3$倍	$10 \sim 20$	增强、缓凝、引气
FDN减水剂	$0.5 \sim 0.75$	$16 \sim 25$	$20 \sim 50$	—	20	早强、高强、大流动性混凝土
HM减水剂	0.2	$5 \sim 10$	$\geqslant 10$	—	$5 \sim 8$	
SM减水剂	$0.2 \sim 0.5$	$10 \sim 27$	$30 \sim 50$	—	—	高强混凝土

（ 2 ）施工要点

1 ）掺外加剂混凝土应优先选用425号或425号以上的普通硅酸盐水泥，以利于强度增长。

2 ）砂石材料内不得含有冰雪和冻块，也不得含有蛋白石等活性集料和能冻裂的矿物质。

3 ）外掺剂应先溶解于水，配制成溶液，然后投入搅拌。配制硫酸钠溶液的水温应保持30～50℃，浓度不宜大于20%。如温度降低而发生结晶沉淀时，应再加热溶解后方可使用。

4 ）外掺剂如以干粉状态直接投入搅拌时，应事先与较多量的载体（如粉煤灰）混拌均匀，方可使用。

5 ）混凝土的搅拌时间应比普通混凝土延长50%。

6 ）混凝土的坍落度，应严格控制在1～3cm之间。

7 ）混凝土的出机温度不宜低于10℃，浇筑成型后的温度不宜低于5℃。有条件时，应尽量提高混凝土的温度，并尽量延长混凝土在成型后的正温养护时间。

8 ）混凝土浇筑后应立即覆盖保护，必要时采取防寒措施，使混凝土的本身温度符合外掺剂所规定的使用温度。

9 ）当大气温度下降使混凝土本身的温度低于外掺剂所规定的温度时，此时混凝土的抗压强度不得低于3.5MPa。

（3）注意事项

1）冬期浇筑的混凝土，宜使用引气型减水剂，含气量应为3％～5％，以提高混凝土的抗冻性能。

2）氯盐对混凝土中钢筋有锈蚀作用，在下列情况下，不得在钢筋混凝土结构中掺用氯盐：

a. 在高湿度空气环境中使用的结构（排出大量蒸汽的车间、澡堂、洗衣房和经常处于空气相对湿度大于80％的房间以及有顶盖的钢筋混凝土蓄水池等）；

b. 处于水位升降部位的结构；

c. 露天结构或经常受水淋的结构；

d. 有镀锌钢材或铝铁相接触部位的结构，以及有外露钢筋、预埋件而无防护措施的结构；

e. 与含有酸、碱和硫酸盐等侵蚀性介质相接触的结构；

f. 使用过程中经常处于环境温度为60℃以上的结构；

g. 使用冷拉钢筋或冷拔低碳钢丝的结构；

h. 薄壁结构、中或重级工作制吊车梁、屋架、落锤或锻锤基础等结构；

i. 电解车间和直接靠近电源的结构；

j. 直接靠近高压（发电站、变电站）的结构；

k. 预应力混凝土结构。

3）氯化钙与引气或引气减水剂的复合配方，搅拌投料时应先加入氯化钙溶液，出机前加入引气剂和减水剂；钙盐与硫酸钠的复合配方，搅拌投料时，应先加入钙盐溶液，搅拌一定时间后，再投入硫酸盐溶液，并延长搅拌时间。

4）采用外加剂的混凝土养护，应特别注意初期养护，严禁早期受冻。混凝土在负温条件下养护，不允许浇水，表面必须覆盖。

第四节　钢筋混凝土工程的安全技术

在现场安装模板时，所有工具应放在工具包内，当上下交叉作业时，应戴安全帽。垂直运输模板或其他材料时，应有统一指挥，统一讯号。拆模时有专人负责安全监护，或设立警戒标志。高空作业人员经过体格检查，不合格者不得进行高空作业。高空作业应穿防滑鞋，系好安全带。模板在支撑系统未钉牢固稳定之前，不得上人；未安装好的梁底板或平台模板上禁止放重物和行走，已安好的模板不准放过多材料或设备等。阳台与挑檐等模板的安装与拆除必须有可靠的技术措施，确保安全。非拆模人员不准在拆模范围内通行。拆除后的模板应将朝天钉向下，并及时运至指定堆放地点，然后拔除钉子，分类堆放整齐。

在高空绑扎和安装钢筋，须注意不要将钢筋集中堆放在模板或脚手架的某一部位，以保安全，特别是悬臂构件，更应检查支撑是否牢固。在脚手架上不要随便放置工具、箍筋或短钢筋，避免放置不稳滑下伤人。焊接或绑扎竖向钢筋骨架时，不得站在已绑扎或已焊接好的箍筋上操作。搬运钢筋的工人须带帆布垫备围裙及手套，除锈工人应戴口罩及风镜；电焊工应戴防护镜及工作服。30～50cm的短钢筋禁止用机器切割。吊装高处的钢筋骨架时，在高空作业的工人应挂安全带并穿防滑鞋。在有电线通过的地方安装钢筋时，必须特别小心谨慎，切勿使钢筋碰撞电线。

    在进行混凝土施工前应仔细检查脚手架是否绑扎牢固，如有空头板应及时调整搭设好，脚手架上应设保护栏杆。用于运输的脚手架的宽度，当采用单行道时，应比手推车的宽度大于40cm以上；当采用双行道时，应比两车宽度大70cm以上。搅拌机，卷扬机、振动器等接电要安全可靠，绝缘接地装置良好，并进行试运转。搅拌台上操作人员应戴口罩，搬运水泥工人应戴口罩和手套。搅拌机应由专人负责操作，中途发生故障，应立即切断电源进行修理；试运时，不得将铁锹伸入搅拌筒内卸料，其外露装置应加保护罩。在井架，龙门架或拔杆上运输时，应设专人指挥；井架上卸料人员不能将头或脚伸入井架内；起吊时禁止在拔杆下站人。操纵振动器人员必须穿胶鞋，振动器必须设专门防护性接地导线，避免火线漏电发生危险，如发生故障应立即切断电源修理。夜间施工应设足够的照明灯，深坑和潮湿环境的施工，应使用低压安全照明灯。

复习思考题

1. 试述模板的作用和要求。
2. 试述现浇柱、梁、楼板及雨篷的模板构造及施工要点。
3. 施工规范对承重模板的拆除时间有何规定？
4. 定型组合钢模板由哪几部分组成？
5. 什么叫钢筋的冷拉？试述钢筋冷拉参数及控制方法。
6. 钢筋的对焊有哪几种工艺？各适用于什么范围的钢筋焊接？
7. 试述钢筋配料单的编制方法和步骤。
8. 如何进行钢筋的代换？
9. 施工规范对钢筋的绑扎接头和焊接接头有何要求？
10. 钢筋工程质量检查应包括哪些内容？
11. 混凝土搅拌制度包括哪些内容？
12. 在混凝土运输和浇筑中，如何避免产生分层离析？
13. 混凝土的成型方法有哪几种？如何才能使混凝土振捣密实？
14. 混凝土振捣器有哪几种？各适用于什么范围？在施工时如何判断混凝土已密实？
15. 试述留设施工缝的原则和处理方法。
16. 混凝土常见的表面缺陷有哪些？产生的原因和处理的方法是怎样的？
17. 试说明混凝土冬期施工的临界强度。
18. 试述原材料加热的限制条件及遵守的原则。
19. 何谓蓄热法及其应用范围。
20. 说明蓄热法热工计算的原理及其方法。
21. 混凝土冬期施工中，有哪几类外加剂？各有何特点？使用范围如何？
22. 混凝土工程质量检查的内容有哪些？
23. 钢筋混凝土工程安全技术措施包括哪些内容？

第四章 预应力混凝土工程

第一节 概 述

普通钢筋混凝土结构，虽然其应用十分广泛，但它本身仍存在着一些缺陷。首先，由于混凝土的抗拉性能很差，为了提高构件的抗裂度和控制裂缝宽度在规范的允许值以内，就必须大幅度增加钢筋的用量，这对于大跨度的受拉和受弯构件来说，将导致构件相当笨重，不经济，甚至在技术上是不可行的。其次，普通钢筋混凝土构件的抗拉极限应变值只有 $0.1 \sim 0.15 \text{mm}$；如果要使混凝土构件不开裂，则受拉钢筋只达到 $20 \sim 30 \text{MPa}$；允许裂缝出现的构件，由于受裂缝宽度的限制，钢筋应力也只能达到 $150 \sim 250 \text{MPa}$，因此，普通混凝土构件不能充分发挥和利用高强度钢材的作用。

预应力混凝土就是为了克服普通钢筋混凝土的以上缺陷，满足结构上的需要，从本世纪30年代以来发展起来的一项新技术。它从本质上改善了钢筋混凝土结构的受力特性，在建筑工程中得到了广泛的应用。预应力混凝土的使用范围和数量也是衡量一个国家建筑技术水平的重要标志之一。

所谓预应力，就是在构件安装和使用之前，在它受外力后可能产生拉应力的区域事先施加压力，产生预压应力，以抵消外力作用时的拉应力。这个预先施加的压力所产生的压应力，即混凝土的"预应力"。由于构件中预应力的作用，推迟了构件裂缝的出现时间和限制了裂缝的开展，提高了构件的抗裂度和刚度。在同样条件下，它比普通钢筋混凝土构件截面减小，重量轻；具有较好的抗渗性和耐久性；但制作预应力混凝土构件时，需要专门的张拉机具，才能实现张拉工艺。预应力混凝土的施工工艺，有先张法和后张法两种。

预应力混凝土结构的混凝土强度等级不宜低于 C30，当采用高强度的碳素钢丝、钢绞线、热处理钢筋作预应力筋时，混凝土的强度等级不宜低于 C40。

预应力混凝土结构的钢筋有非预应力钢筋和预应力钢筋两种。非预应力钢筋可采用 Ⅰ级、Ⅱ级、Ⅲ级热轧钢筋和乙级冷拔低碳钢丝；预应力钢筋有冷拉Ⅱ级、Ⅲ级、Ⅳ级钢筋及甲级冷拔低碳钢丝、碳素钢丝、钢绞线、热处理钢筋。

预应力钢筋在张拉时需用夹具、锚具加以锚固。锚固在构件的端部，与构件连成一体，共同受力，不再取下来的通常称为锚具，用于后张法中。在张拉时，夹持预应力钢筋，待混凝土达到一定强度后，取下来可重复使用的称夹具，主要用先张法和钢筋冷拉施工中。

预应力混凝土构件生产中所使用的夹具、锚具、机具设备种类较多，将在后面的内容中作具体介绍。

第二节 先 张 法

先张法是在浇灌混凝土之前，在台座上或模板上将钢筋先行张拉并用夹具临时固定，然后浇灌混凝土，待混凝土达到规定强度（一般不低于混凝土设计强度标准值的75％）、保证预应力筋与混凝土间有足够的粘结力时，放张预应力筋，借助于混凝土与钢筋间的粘结而预应力筋弹性回缩时，混凝土便产生了预应力，如图4-1所示。

后张法生产多采用台座法进行。采用台座法时，是将构件固定在台座上生产，如预应力筋的张拉、锚固、混凝土的灌筑养护、放松钢筋都在台座上进行，因此台座在先张法生产中起着重要的作用。先张法多采用生产中小型构件，如空心板、屋面板、吊车梁等。先张法的施工工艺流程见图4-2所示。

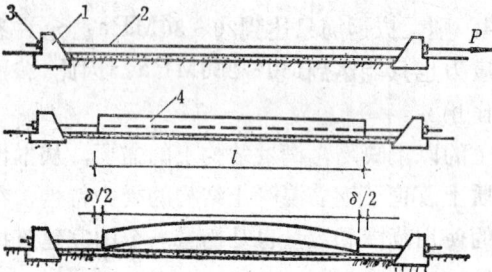

图 4-1　预应力混凝土台座先张法生产示意图

1—台座；2—预应力筋；3—夹具；4—混凝土构件

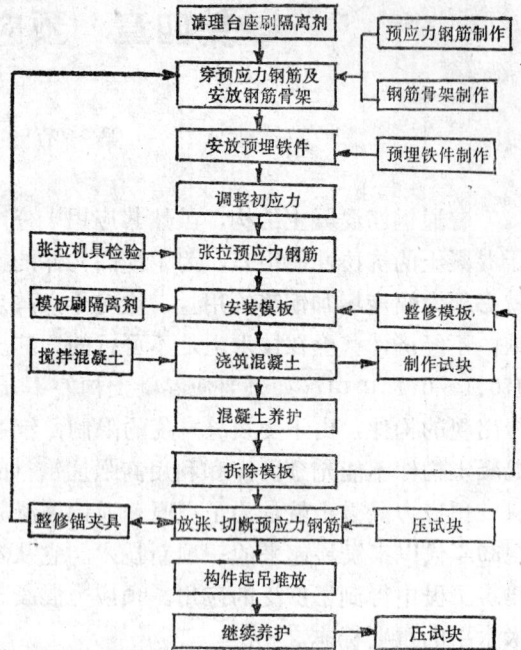

图 4-2　先张法施工工艺流程图

一、台座

台座是先张法生产的主要设备之一。由于在生产预应力构件时，预应力筋锚固在台座的横梁上，台座承受全部预应筋的拉力，所以台座应具有足够的强度、刚度和稳定性。

台座按构造型式不同，有墩式台座、槽式台座。台座一般由台面、横梁和承力结构组成。

（一）墩式台座

墩式台座的长度和宽度由场地大小、构件类型和生产能力而定，长线台座一般长以100m为宜，宽应根据生产能力而定，两牛腿间距不大于2m。台座表面要求光滑，无起灰、起砂、裂缝、起壳等现象，台座平整度用2m直尺检查最大不大于2mm。当温差较大时，台面应设置伸缩缝，一般每隔10～20m设置一道，最好按几种主要产品的长度组合模数考虑，缝宽3～5cm。整个台面应设置3～5‰的泄水坡度。

生产平面布筋的小型冷拔钢丝等钢弦混凝土构件（如空心板、平板），可采用简易台座进行生产，如图4-3。

生产中型构件应采用墩式台座，如图4-4。墩式台座由于台座与台面共同工作，且局部加厚台面，以承担部分张拉力，大大减少了台墩自重和埋置深度。

台座稳定性验算

墩式台座设计时，应进行台座抗倾覆和抗滑移稳定性验算。

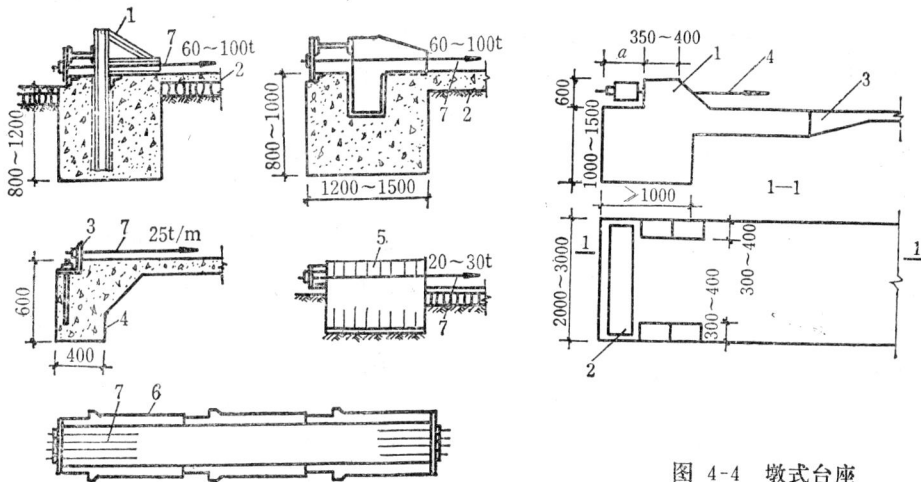

图 4-3 简易台座

图 4-4 墩式台座

1—混凝土墩；2—横梁；3—台面局部加厚
4—预应力筋

抗倾覆验算的计算简图如图4-5a。计算时，倾覆力矩点取在O点。

$$K_0 = \frac{M'}{M} \geqslant 1.5 \tag{4-1}$$

式中　K_0——台座抗倾覆安全系数，取$K_0 \geqslant 1.5$；

M——由张拉力T产生的倾覆力矩，$M = T \cdot e$；

M'——抗倾覆力矩，如忽略压力，仅考虑自重G_1、G_2，则$M' = G_1 L_1 + G_2 L_2$。

台座抗滑移稳定性按下式验算，计算简图见4-5b

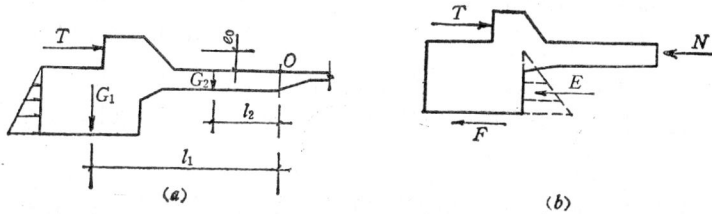

图 4-5　墩式台座计算图

(a)抗倾覆计算图；(b)抗滑移计算图

$$K_c = \frac{N + E + F}{T} \geqslant 1.3 \tag{4-2}$$

式中　K_c——抗滑移安全系数，$K_c \geqslant 1.3$；

N——混凝土台面抵抗力。N值的计算目前尚未取得统一计算数据，可由下列条件取：

　　当台面采用C10～C15混凝土，厚60mm时，台面每米宽抵抗能力取150～200kN；

　　当台面采用C10～C15混凝土，厚80mm时，台面每米宽抵抗能力取200～25kN；

　　当台面采用C10～C15混凝土，厚100mm时，台面每米宽抵抗能力可取300kN。

E——土压力合力；

F——混凝土墩与基底的摩擦力，

$$F = (G_1 + G_2) \cdot \mu;$$

μ ——混凝土的内摩擦系数，一般取 $\mu = 0.3$；

当埋深不大和台座的重量较小时，E、F 可忽略不计。

（二）槽式台座

生产中小型吊车梁、屋架等构件时，由于张拉力和倾覆力矩都很大，一般采用槽式台座，如图4-6所示。

槽式台座由通长的钢筋混凝土压杆、上下横梁及台面组成。压杆上加砌砖墙。既可张拉预应力筋，加盖后可进行蒸汽养护。为了方便施工，槽式台座应低于地面。

图 4-6 槽式台座

1—钢筋混凝土压杆；2—砖墙；3—下横梁；4—上横梁

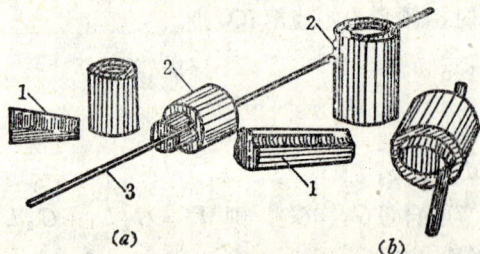

图 4-7 圆锥形槽式及齿板式夹具

1—销子；2—套筒；3—钢丝

二、张拉机具和设备

（一）夹具

先张法中采用的夹具，按用途不同分锚固夹具及张拉夹具。

1.锚固夹具

锚固夹具是将预应力钢筋临时锚固在台座横梁上的夹具，常用的有以下几种：

（1）钢丝锚固夹具

如图4-7是常用的圆锥齿板式和圆锥槽式单根钢丝夹具。适用于锚固直径3～5mm的冷拔低碳钢丝和直径为5mm的碳素钢丝。它是由套筒和销子组成；套筒为圆柱形，中间开圆锥形孔；销子有两种形式：其一是在圆锥形销子上留有1～3个凹槽，槽内刻有细齿，即圆锥槽式夹具；另一种是在圆锥形销子上切去一块，在切削面上刻有细齿，即圆锥齿板式夹具。

如图4-8是锚固钢丝的楔形夹具，由锚板和楔块组成。锚板用5号钢制作，楔块用工具钢制作，经热处理而成。楔块两侧刻有倒齿。每个楔块可锚1～2根钢丝，适用于锚固直径3～5mm的冷拔低碳钢丝及碳素钢丝。

（2）镦头夹具

冷拔低碳钢丝可采用热镦或冷镦形成粗头，粗头固定端可利用边角余料加工成槽口或孔眼，穿丝（筋）后卡住镦头，如图4-9。镦头夹具用于预应力钢丝固定端的锚固。具有拆装方便、省工省料、成本低的优点。

（3）钢筋夹具

锚固钢筋于台座上或模板上的夹具，常用的有穿心式和镦粗头两种。

圆锥形二片式夹具，是钢筋张拉穿心式锚固夹具，它由圆形套筒与圆锥形夹片组成，图4-10。圆锥套筒内壁呈圆锥形，与夹片锥度相吻合；圆锥形夹片为二个半圆片，半圆片圆心部分开成半圆凹槽，并刻有细齿，钢筋夹于夹片的凹槽中。此种夹具适用于锚固直径12～16mm的冷拉Ⅱ、Ⅲ、Ⅳ级钢筋。

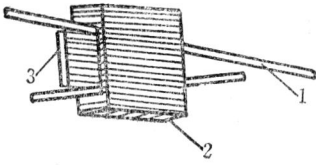

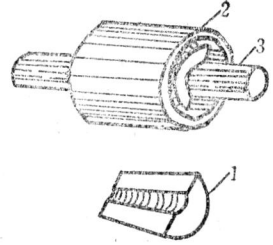

图 4-8　楔形夹具

1—钢丝；2—锚板；3—楔块

图 4-9　固定端镦头夹具

1—垫片；2—镦头钢丝；3—承力板

图 4-10　圆锥形二片式夹具

1—夹片；2—套筒；3—预应力筋

（4）钢筋镦头夹具同钢丝镦头夹具

2.张拉夹具

用来夹持预应力筋进行张拉的夹具称张拉夹具。常用的张拉夹具有钳式夹具、月牙形夹具、压销式夹具及单根镦粗头钢筋螺杆夹具和单根镦头钢筋夹具，如图4-11、4-12、4-13、4-14。

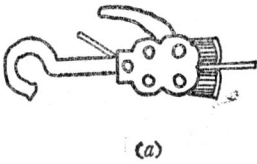
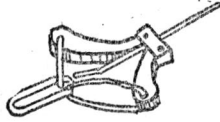
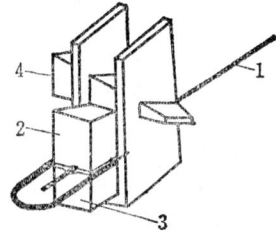

（a）　　　　　　　（b）

图 4-11　张拉夹具

（a）钳式夹具；（b）月牙形夹具

图 4-12　压销式张拉夹具

1—钢筋；2—销片；3—销片；4—压销（楔形）

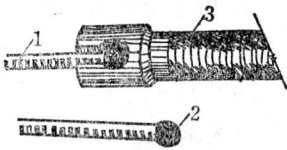
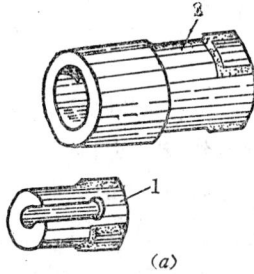
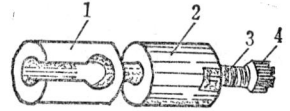

（a）　　　　　　　（b）

图 4-13　单根镦粗头钢筋螺杆夹具

1—钢筋；2—镦粗头；3—张拉螺杆

图 4-14　单根镦粗头钢筋夹具

（a）　1—镦头夹具；2—张拉套筒

（b）　1—镦头夹具；2—拉头；3—张拉螺杆；4—螺母

（二）张拉设备

在先张法中，常采用油压千斤顶、卷扬机、电动或手动螺杆等张拉设备来张拉钢筋。油压千斤顶成组张拉钢筋的布置图，如图4-15所示。

长线台座法生产构件，多为单根张拉，一般采用电动卷扬机或电动螺杆张拉机等。电动卷扬机张拉钢筋，如图4-16所示；当台座长度较大，而一般千斤顶行程不能满足钢筋的伸长要求时，用此设备张拉较有效。

电动螺杆张拉机是现场应用较多的一种张拉机械。它自重较小、移动方便、操作灵活、张拉力控制准确。构造如图4-17所示。

95

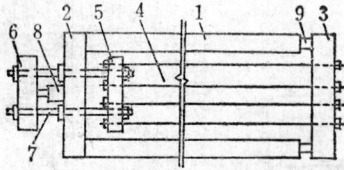

图 4-15 油压千斤顶成组张拉

1—台座；2、3—前后横梁；4—钢筋；5、6—拉力架横梁；7—大螺丝杆；8—油压千斤顶；9—放松装置

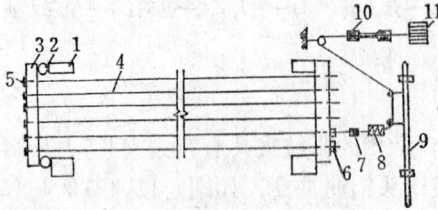

图 4-16 卷扬机张拉布置

1—台座；2—放松装置；3—横梁；4—钢筋；5—镦头锚具；6—穿心夹具；7—张拉夹具；8—弹簧测力计；9—固定梁；10—滑轮组；11—卷扬机

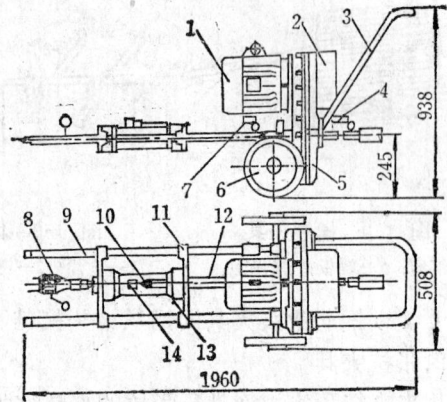

图 4-17 电动螺杆张拉机

1—电动机；2—配电箱；3—手柄；4—前限位开关；5—减速箱；6—轮子；7—后限位开关；8—夹钳；9—支撑杆；10—弹簧测力计；11—滑动架；12—螺杆；13—标尺；14—微动开关

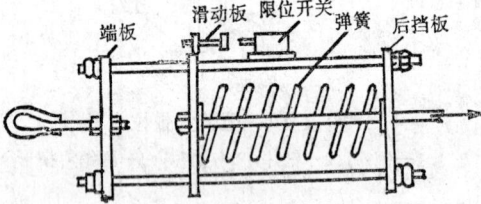

图 4-18 弹簧测力计

上述三种张拉设备，用油压千斤顶张拉时，可从油表读数直接求得张拉应力值；而另外两种张拉机具，一般都用弹簧测力计或杠杆测力计来控制张拉应力值。弹簧测力计是一种很实用的测力器具，如图4-18所示。弹簧测力计一般选用火车上的弹簧，制成图4-18的测力计，然后在压力机上加压，得到刚性系数；施工时由弹簧的压缩变形值直接求得钢丝的张拉力或张拉应力。例如：实测压力100kg时弹簧压缩$\Delta L=1.0$cm；200kg时$\Delta L=1.5$cm；300kg时，$\Delta L=2.0$cm；400kg时，$\Delta L=2.5$cm；500kg时，$\Delta L=3.0$cm；600kg时，$\Delta L=3.5$cm；700kg时，$\Delta L=4$cm。在张拉甲级冷拔低碳钢丝$\phi_4^\prime$时，$f_{puk}=700$kg/cm^2，$A_y=0.126$cm^2；$\sigma_{con}=0.7f_{puk}$，用0→103%σ_{con}张拉工艺时，则每根钢丝的张拉力$N_{con}=(1.03\times0.7\times7000)\times0.126=636$kg；则弹簧测力变形$\Delta L=3.5+\dfrac{36}{100}\times$

$\times1=3.86$cm，取3.9cm；故张拉时，拉到弹簧测力计指针在刻度尺上3.9cm处，即达到N_{con}，便可停止张拉而锚固预应力筋。

（三）张拉设备的选用

施工时，应根据所用预应力筋的种类及其张拉锚固工艺情况，选用张拉设备。原则是：预应力筋的张拉力不应大于设备的额定张拉力；预应力筋一次张拉伸长值不应超过设备的最大张拉行程。当一次张拉不满足时，可采用重复张拉的方法，但所用的锚具应适应重复张拉的要求。

1.张拉设备吨位的选择

为了保证张拉工作的可靠性，一般张拉设备的吨位应不小于预应力筋张拉力的1.5

倍，可用下式计算：

$$Q = 1.5 \frac{T_2}{1000} \qquad (4-3)$$

$$T_2 = \sigma_{con} \cdot A_y \cdot n \qquad (4-4)$$

式中　Q——张拉设备的吨位（kN）；

　　　T_2——预应力筋的张拉力（N）；

　　　σ_{con}——钢筋张拉控制应力（MPa）；

　　　A_y——钢筋的断面面积（mm²）；

　　　n——同一次张拉钢筋的根数；

2.压力表的选择

压力表的读数，理论上是油压活塞工作面上单位面积所承受的压力，即：

$$P_u = \frac{T_2}{A_u} \qquad (4-5)$$

式中　P_u——油压表读数（MPa）；

　　　A_u——千斤顶油压工作面积（mm²）。

为保证油压表工作的安全，表上的读数应为实际读数的1.2～2倍。

3.张拉设备的行程选择

张拉设备的行程应满足钢筋一次张拉伸长值的1.1～1.3倍，如不能满足，可重复张拉。其伸长值按下式计算：

$$\Delta L = \frac{\sigma_{con}}{E_s} \cdot L \qquad (4-6)$$

式中　ΔL——预应力筋的伸长值（mm）；

　　　σ_{con}——张拉控制应力（MPa）；

　　　E_s——预应力筋的弹性模量（MPa）；

　　　L——预应力筋拉伸前的长度（mm）

三、先张法施工工艺

（一）预应力筋的铺设

长线法生产预制构件，为了便于脱模，在铺丝、张拉前，对台面及模板应先刷隔离剂；隔离剂应具有良好的隔离效果，又不损害混凝土及钢丝的粘结力。目前使用的隔离剂有皂脚液（皂脚∶水∶滑石粉＝1∶1.5∶适量）、石灰膏等。

隔离剂干后，即可铺丝。如钢丝需要接长，可采用如图4-19的钢丝拼接器，用20～22号铁丝绑扎。绑扎长度，对冷拔低碳钢丝不小于40倍的钢丝直径；对于高强刻痕钢丝不得小于80倍的钢丝直径。

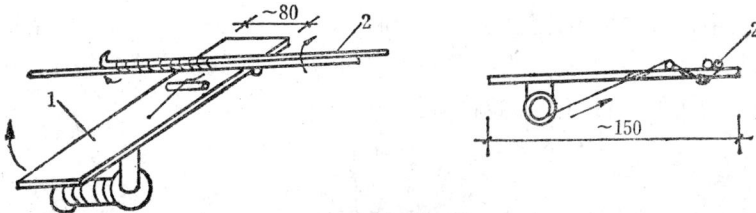

图 4-19　钢丝拼接器

1—拼接器；2—钢丝

（二）预应力筋的张拉

预应力筋可单根张拉，亦可成组张拉。应根据设计要求进行。钢筋成组张拉时，应先调整各预应力筋的初应力，使其长度、松紧一致，以保证张拉后各预应力筋应力一致。

1.张拉控制应力

张拉控制应力应按规范采用，如表4-1所示。控制应力直接影响预应力的效果，控制应力越高，建立的预应值越大，构件抗裂性能提高。但控制应力过高，预应力筋经常处于高应力状态，构件出现裂缝时的荷载与破坏荷载接近，破坏前无明显的预兆，此种情况是不允许的。此外，在施工中由于钢筋的松弛以及锚具变形等会引起预应力损失，为了弥补这些施工中的应力损失值，往往要采用超张拉。如果原定的控制应力较高，再加上超张拉，可能使钢筋超过屈服点，产生塑性变形，因此先张法中钢筋的最大超张拉力，对冷拉 II～IV 级钢筋不得大于屈服点的95％；钢丝、钢绞线和热处理钢筋不得大于标准强度的80％。

先张法张拉控制应力和超张拉最大应力　　　　　　　　　　　　　表 4-1

钢　　　　　种	张拉控制应力	超张拉最大应力
碳素钢丝、刻痕钢丝、钢绞线	$0.75f_{puk}$	$0.8f_{puk}$
冷拔低碳钢丝、热处理钢筋	$0.7f_{puk}$	$0.75f_{puk}$
冷拉热轧钢筋	$0.9f_{pyk}$	$0.95f_{pyk}$

注：表中 f_{puk}、f_{pyk} 分别为预应力钢丝及预应力钢筋的标准强度值。

2.张拉程序

按规范规定，张拉程序分为超张拉程序和一次张拉程序。

超张拉程序为：$O \longrightarrow 105\%\sigma_{con} \xrightarrow{\text{持荷2min}} \sigma_{con}$

超张拉程序中，超张拉5％，并持荷2min，其目的是加速钢筋松弛早期发展，以减少预应力松弛引起的预应力损失。按此程序张拉可减少50％以上的松弛损失。

一次张拉程序为：$O \longrightarrow 103\%\sigma_{con}$。

一次张拉程序由于施工方便，一次拉完后即行锚固，目前工地上广泛采用。程序中多拉3％σ_{con}，主要是考虑预应力构件设计中一般采用超张拉工艺所选用的钢筋松弛应力损失值较小，而施工时采用一次张拉程序的钢筋松弛损失值又较大，如冷拔低碳钢丝采用一次张拉程序时两者损失值相差在2％σ_{con}左右。故施工时，为了保证原设计意图及构件预应力值，需多拉3％σ_{con}，用以弥补设计与施工相差的钢筋松弛应力损失值。

3.预应力值的检验

在先张法中，可用测力计测定各根钢筋张拉后的应力是否一致。测量原理如图4-20，若在钢筋为L段的A、B两支点的中点加一横向力P，则钢筋将产生挠度f，当钢筋的拉力为N时，则根据力的平行四边形定律有：

$$N = \frac{PL}{4f} \tag{4-7}$$

令L为一定值，取f为一常数，则得拉力N与P力成正比。我国自制的双表测力计如图4-20，使用时，先将挂钩钩住钢筋，并旋转螺丝9使测头3与钢筋相接触，此时，挠度百分表 4 和测力百分表 5 读数为零。继续旋转螺丝 9，使挠度百分表 4 的读数达到一常数（实验确定），从测力百分表 5 的读数便可知钢筋拉力 N。此外也可根据敲击钢筋发出的声音来判断钢筋的拉力是否一致。

预应力筋张拉完毕，预应力筋对设计位置的偏差不得大于 5 mm，也不得大于构件截面最短边长的 4%。

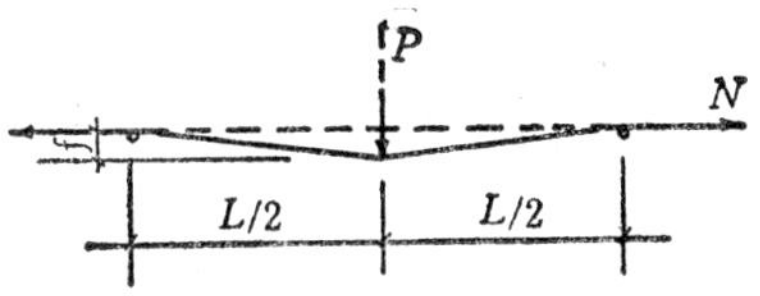

图 4-20　钢丝测力计原理

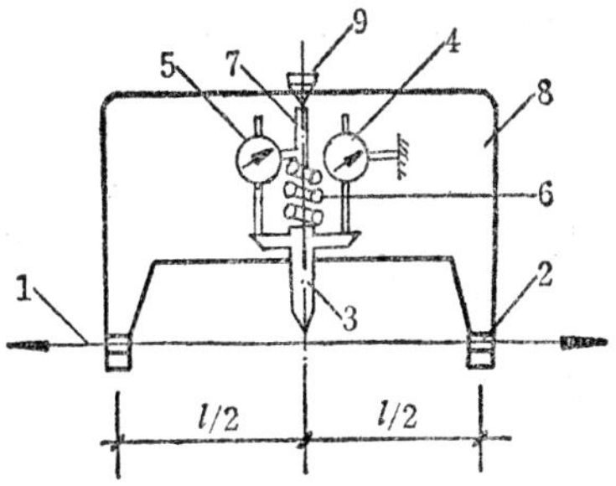

图 4-21　双控钢丝测力计

1—钢丝；2—挂钩；3—测头；4—挠度百分表；5—测力百分表；6—弹簧；7—推杆；8—表架；9—螺丝

多根钢丝同时张拉时，断裂和滑脱的钢丝数量，不得超过结构同一截面钢材总根数的 5%，且严禁相邻两根预应力钢丝断裂和滑脱。构件在浇筑混凝土前发生断裂或滑脱的预应力钢丝必须予以更换。

（三）混凝土的浇筑和养护

台座内每条生产线上的构件，其混凝土必须一次连续浇筑完毕。振捣时，应避免碰击预应力筋。当叠层法生产时，应待下层构件的混凝土达到一定强度后，方可浇筑上层构件。混凝土没有达到一定强度前，也不能碰撞和踏踩钢丝。

先张法生产预应力构件可采用自然养护，也可用湿热养护。自然养护同普通混凝土。但须注意湿热养护，温度升高后，钢丝（筋）因对温度敏感而膨胀伸长，而台座对温度敏感性差，长度变化小，因而钢丝应力减少，称温差应力损失。如果在这种情况下，混凝土逐渐硬化，则在混凝土硬化前，钢丝（筋）引起的应力损失，将永远不能恢复。这就形成了温差引起的应力损失。为了减少温差应力损失值，应使混凝土达到一定强度（粗钢筋 7.5MPa，钢丝、钢绞线 10MPa）以前，温差要限制在一定范围内（一般不超过 20℃）。

（四）预应力筋放张

放张预应力筋时，混凝土必须符合设计要求的强度。如设计中未加说明时，不得低于设计混凝土强度等级的 75%。

1.预应力筋的放张顺序

（1）轴心受压构件（如压杆、桩），所有预应力筋应同时放张。

（2）偏心受压构件（如梁），应先同时放张预应力较小区域的预应力筋，再同时放预应力较大区域的预应力筋。

（3）如不能满足（1）、（2）要求时，应分阶段对称、相互交错进行放张，以防止在放张过程中构件发生翘曲、裂纹及预应力筋断裂现象。

几种常用构件放松钢筋顺序，如图 4-22。

长线台座生产的钢筋构件，剪断钢丝宜从台座中部开始；叠层生产的预应力构件，宜从中间开始，由上而下顺序进行。

2.预应力筋放松方法

配筋不多的中小型预应力构件，钢丝可以用剪切、锯割等方法放松；配筋多的预应力混凝土构件，钢丝应同时放张。如逐根放张，最后几根钢丝将由于受过大的拉力而突然断裂，容易使构件端部开裂。

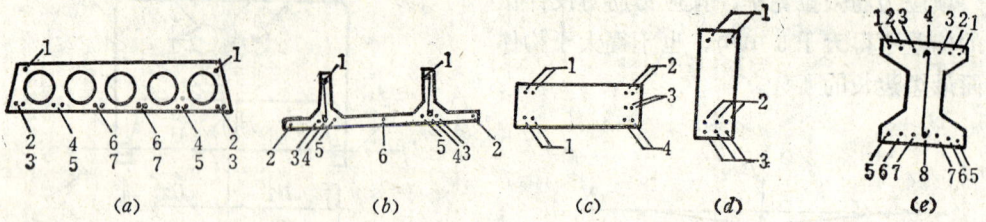

图 4-22　构件放松钢丝顺序图

预应力筋为钢筋时，当数量较少，可以逐根加热熔断，但热处理钢筋和冷拉Ⅳ级钢筋宜用锯或切断机切断，数量较多时，应同时放张，可采用千斤顶放松，如图4-23所示。在钢筋放张前将千斤顶（最好螺旋千斤顶）活塞打出一定长度设置在台座与横梁之间，放松分几次完成，每次两个千斤顶间同时等距离回程。

砂箱放松，如图4-24，在台座与横梁间预先设置砂箱。砂箱由铁制套箱和活塞等组成，内装石英砂或铁砂。当张拉钢筋时，箱内砂被压实，承担着横梁的反力。放松钢筋时，将砂口打开，使砂慢慢挤出，因而钢筋便逐渐放松。

采用楔块放松钢筋，如图4-25所示。在台座与横梁间预先设置楔块装置，放松时转动手轮8，螺杆6通过承力板7向上移动，而使楔块5退出，便可放松钢筋。

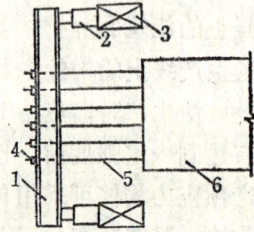

图 4-23　千斤顶放松拉力布置

1—横梁；2—千斤顶；3—承力支架；4—夹具；5—钢丝；6—构件

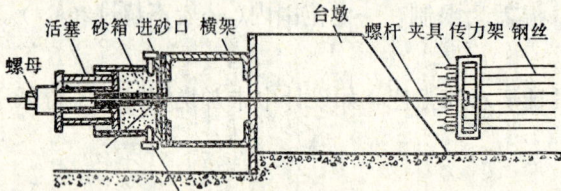

图 4-24　穿心式砂箱放松装置示意图

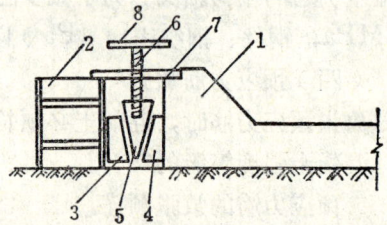

图 4-25　楔块放松钢筋示意图

1—台座；2—横梁；3、4—钢块；5—楔块；6—螺杆；7—承力板；8—手轮

第三节　后　张　法

后张法构件生产，如图4-26所示。它是先制作构件，并在构件中按预应力筋的位置留出相应的孔道，待混凝土达到相应的强度以后，在孔道内穿入预应力筋，用张拉机具进行张拉并加以锚固，最后进行孔道灌浆。借助构件两端的锚具将钢筋的张拉力传给混凝土，使混凝土产生预压应力。其工艺流程如图4-27所示。

后张法生产预应力构件的优点在于：不需要专门的台座，现场生产可以避免构件的长途搬运，所以适宜于现场大型构件，如屋架、吊车梁的生产。后张法又可作为一种预制构件的拼装手段，可以在预制厂制作小型块体，运到现场后，穿入钢筋，通过施加预应力拼装成整体。但后张法需要在构件两端设置专门的锚具，这些锚具永远留在构件上，耗费钢材较多，加工要求精细，费用较高。下面就后张法中锚具，预应力筋制作，张拉机具以及张拉工艺过程等主要问题进行介绍。

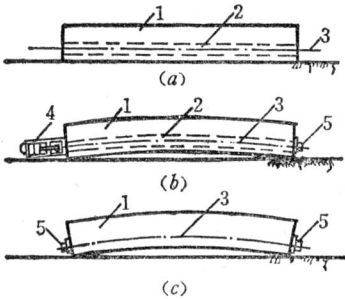

图 4-26　预应力混凝土后张法生产示意图
（a）制作混凝土构件；（b）张拉钢筋；
（c）锚固和孔道灌浆；
1—混凝土构件；2—预留孔道；3—预应力筋；
4—千斤顶；5—锚具

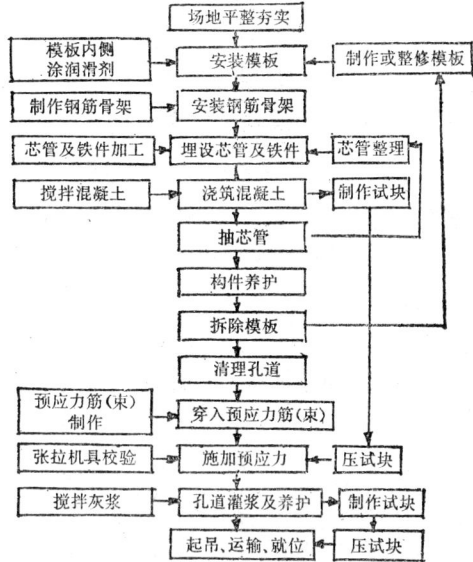

图 4-27　后张法生产工艺流程示意图

一、锚具、预应力筋制作及张拉机具

在后张法中，预应力筋的锚具和张拉机具是配套的，预应力筋的种类和数量不同，采用不同的锚具和张拉机具。目前在后张法中常用的预应力筋有三类：单根粗钢筋、钢筋束（或钢绞线束）和钢丝束。它们由冷拉Ⅱ、Ⅲ、Ⅳ级钢筋、碳素钢丝和钢绞线制作而成。锚具是结构构件的重要组成部分，它是保证预应力筋和结构安全的关键，故要求锚具应尺寸准确、有足够的强度和刚度，受力后变形小，锚固可靠，滑移不超过规定值；能满足分级张拉，补张拉以及放松预应力筋的要求；还能保证灌浆畅通。锚具应有出厂证明书，进场时应进行外观检查、硬度检查及锚固性能检验。在预应力锚具组装件达到实际破坏拉力时，全部零部件不得出现裂缝和损坏。

（一）单根粗钢筋预应力筋

1.锚具

单根粗钢筋的预应力筋常用的锚具有两种，如采用一端张拉，一般在张拉端用螺丝端杆锚具，固定端用帮条锚具；如两端张拉，则均采用螺丝端杆锚具。

（1）螺丝端杆锚具　如图4-28，它由螺丝端杆螺母及垫板组成。螺丝端杆与预应力筋对焊。端杆可用冷拉同类钢筋、冷拉45号钢制成。先冷拉后切削加工，冷拉后的机械性能不低于对焊的预应力钢筋冷拉后的性能。用螺丝端杆锚具进行张拉时，是用张拉设备张拉螺丝端杆，然后用螺母锚固，如图4-29所示。这种锚具适用于直径18～36mm的冷拉Ⅱ、Ⅲ级钢筋。

（2）帮条锚具　如图4-30。它是由一块方形或圆形衬板与三根帮条焊接而成。帮条应采用与预应力筋同级别的钢筋制作。衬板可用低碳钢制作。帮条的焊接，可在预应力筋

图 4-28 螺丝端杆锚具

1—螺丝端杆；2—螺母，3—垫板

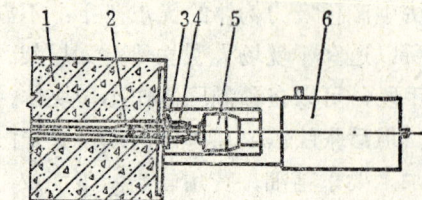

图 4-29 螺丝端杆锚具与拉杆式千斤顶的安装使用示意图

1—构件；2—螺丝端杆；3—垫板；4—螺母；5—连接头或张拉头；6—千斤顶

图 4-30 帮条锚具

1—衬板；2—帮条；3—主筋

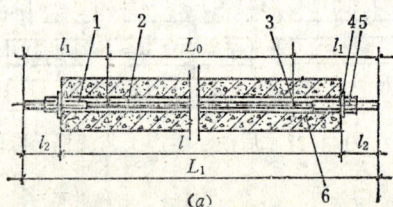

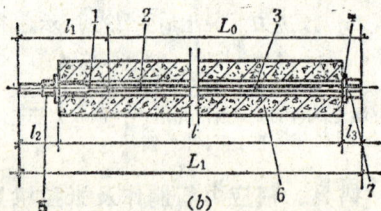

冷拉前进行。三根帮条互成120°角，三根帮条与衬板相接触的截面应在一个垂直平面上，以免受力时产生扭曲。

2.预应力筋的制作

单根粗钢筋预应力筋的制作包括：配料、对焊、冷拉等工序。预应力筋的下料长度应由计算确定。计算时要考虑锚具的种类、型号、对焊接头（或镦粗头）的压缩量，钢筋的张拉伸长值，冷拉的冷拉率和弹性回缩率及构件的长度等。

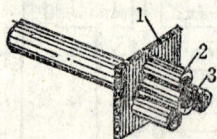

图 4-31 钢筋下料长度计算图式

1—螺丝端杆；2—预应力钢筋；3—对焊接头；4—垫板；5—螺母；6—构件；7—帮条锚具

两端均为螺丝端杆锚具时，其预应力钢筋的下料长度计算如下，见图4-31a。

（1）预应力筋的全长L_1（即预应力筋和螺丝端杆对焊并经冷拉后的全长）：

$$L_1 = l + 2l_2 \qquad (4-8)$$

（2）预应力筋中钢筋（不包括螺丝端杆）在冷拉后的需要长度L_0：

$$L_0 = L_1 - 2l_1 \qquad (4-9)$$

（3）预应力筋中钢筋在冷拉前的下料长度L：

$$L = \frac{L_0}{1 + \gamma - \delta} + n\Delta \qquad (4-10)$$

当一端用螺丝端杆，另一端用帮条锚具（或镦头锚具）时，下料长度L按图4-31b计算：

$$L_1 = L + l_2 + l_3 \qquad (4-11)$$

$$L_0 = L_1 - l_1 \qquad (4-12)$$

$$L = \frac{L_0}{1 + \gamma - \delta} + n\Delta$$

式中　L_1——预应力筋全长；

　　　L_0——预应力筋中钢筋部分冷拉后的长度；

　　　L——构件孔道长度；

l_1——螺丝端杆长度（取320~370mm）；

l_2——螺丝端杆伸出构件外露的长度，

张拉端：$l_2 = 2H + h + 5\text{mm}$；

锚固端：$l_2 = H + h + 10\text{mm}$；

一般取120~150mm。

l_3——帮条锚具的长度和垫板h之和（取70~80mm）；

Δ——每个对焊接头的压缩长度（可取一倍钢筋直径，或取20~30mm）；

n——对焊接头数量；

γ——预应力筋的冷拉率；

δ——预应力筋的冷拉弹性回缩率；

H——螺母高度；

h——垫板厚度；

【例】 某30m跨预应力混凝土屋架，配筋为4⌀$^{18}_{28}$预应力筋，其下弦孔道$L = 29.80\text{m}$；两端为螺丝端杆锚具，长$l_1 = 370\text{mm}$，外露长度$l_2 = 150\text{mm}$；实测钢筋冷拉率为$\gamma = 4\%$；弹性回缩率$\delta = 0.4\%$；预应力筋由三段钢筋对焊而成，$n = 4$；试计算钢筋下料长度。

【解】

预应力筋的全长$L_1 = L + 2l_2 = 29800 + 2 \times 150 = 30100\text{mm}$

预应力筋中钢筋部分冷拉后的长度：

$$L_0 = L_1 - 2l_1 = 30100 - 2 \times 370 = 39360\text{mm}$$

预应力筋中钢筋部分下料长度（冷拉前）：

$$L = \frac{L_0}{1 + \gamma - \delta} + n\Delta$$

$$= \frac{29360}{1 + 4\% - 0.4\%} + 4 \times 28 = 28340 + 112 = 28452\text{mm}$$

根据计算用三根总长为28452mm钢筋对焊成28340mm的预应力筋（其中$4 \times 28 = 112\text{mm}$在对焊中损失了），加上两端螺丝端杆，则未冷拉前预应力筋全长为：$28340 + 2 \times 370 = 29080\text{mm}$，在此基础上进行冷拉，则拉长值$\Delta l = 29080 \times 4\% = 1163.0\text{mm}$，弹性回缩值$\Delta l' = (29080 + 1163) \times 0.4\% = 121.0\text{mm}$，那末冷拉完成后预应力筋的全长为：$29080 + 1163.2 - 121 = 30122.0\text{mm} \approx 30100\text{mm}$。用冷拉率控制冷拉时，则按拉长1163mm控制。

3.张拉设备

张拉设备主要由拉杆式千斤顶、高压油泵两部分组成。

（1）拉杆式千斤顶 与螺丝端杆锚具配套的张拉设备主要是拉杆式千斤顶，如图4-32。拉杆式千斤顶由主缸1、主缸活塞2、副缸4、副缸活塞5，连结器7，传力架8，拉杆9等组成。张拉时，先使连接器7与螺丝端杆14连接，使传力架8支承在构件端部的预埋铁板13上。用油泵供油，当高压油从主缸进油

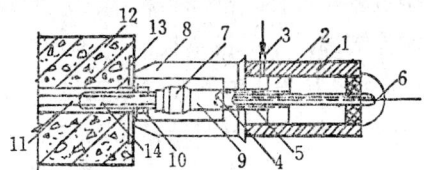

图 4-32 拉杆式千斤顶张拉单根钢筋
1—主缸；2—主缸活塞；3—主缸进油孔；4—副缸；5—副缸活塞；6—副缸进油孔；7—连接器；8—传力架；9—拉杆；10—螺母；11—预应力筋；12—混凝土构件；13—预埋铁件；14—螺丝端杆

孔 3 进入主缸 1 时，推动主缸活塞 2，主缸活塞向右移动时，带动拉杆 9 和螺丝端杆14，预应力筋11即被拉伸。拉力大小由油泵处的压力表控制。当达到规定的张拉力后立即拧紧螺母10，将预应力筋锚固在构件端部。锚固后，改由副缸进油孔 6 进油，推动副缸 4 使主缸活塞 2 和拉杆 9 向左移动，推回到开始张拉的位置，与此同时，主缸 1 的高压油也回到油泵中。卸下连接器，张拉结束。

（2）高压油泵

高压油泵与液压千斤顶配套使用，是千斤顶的动力和操纵部分，一般采用电动高压油泵，它由泵体、控制阀和车体、管道组成，并配有油压表专供控制张拉应力用。

（二）预应力钢筋束和钢绞线束

预应力钢筋束和钢绞线束常用的锚具有JM型和XM型两种。

（1）JM型锚具，其构造如图4-33所示。它由锚环和夹片组成。夹片呈扇形，用两侧的圆槽锚固预应力钢筋。为增加夹片和预应力筋的摩擦，在半圆槽内刻有截面为梯形的齿痕，夹片背面的坡度与锚环一致。

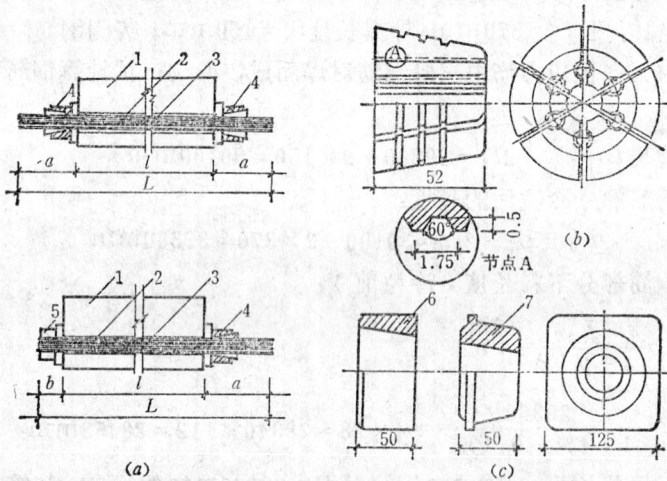

图 4-33　JM-12型锚具

（a）预应力筋与锚具连接；（b）JM12-6型夹片；（c）JM-12型锚环

1—混凝土构件；2—孔道；3—钢筋束；4—JM-12型锚具；5—镦头锚具；6—甲型锚环；7—乙型锚环

锚环分甲型和乙型两种。甲型锚环为具有锥形内孔的圆锥体，外形比较简单，使用时直接放置在构件端部的垫板上。乙型锚环在圆柱体外部增加正方形肋板，使用时直接预埋在构件端部，不另设垫板。

JM锚具用于锚固3～6根直径为12mm的钢筋束，也可锚固5～6根直径为12mm的钢绞线束。图4-33的JM型锚具是常用的一种。

（2）XM型锚具　主要用于张拉锚固钢绞线和钢丝束。张拉力为100～2400kN。它以三个夹片为一组，放在锚环的圆锥孔内，每组夹片夹持一根钢绞线（或一钢丝束）形成一个锚固单位。由一个锚固单元构成的锚具称为单孔锚具，由二个或二个以上的锚固单元组成的锚具称多孔锚具。由于每根预应力筋分别锚固，各锚固单元独立工作，相互影响甚小，所以因夹片发生故障而导致整束预应力筋失效的可能性大大减少。这种锚具可满足不同吨位预应力筋锚固要求。XM锚具既可用作工作锚，又可用作工具锚。它安全可靠，省

104

力省料，施工方便，是一种很有前途的新型锚具。构造如图4-34所示。

固定用镦头锚具如图4-35所示。由锚固板和带镦头的预应力筋组成。当钢筋束从一端张拉时，在固定端采用这种锚具可节约JM型锚具用量，降低成本。

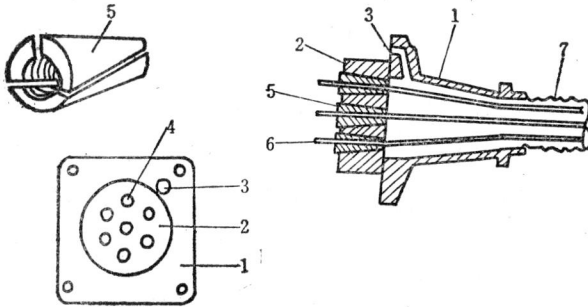

图 4-34　7根XM型锚具

1—喇叭管；2—锚环；3—灌浆孔；4—圆锥孔；5—夹片；6—钢绞线；7—波纹管

1.预应力筋制作

预应力钢筋束的钢筋一般成圆盘供应，因此它的制作包括：开盘冷拉，下料切断和编束。预应力筋的下料长度计算按下式：

$$L = l + a + b \qquad （一端固定，一端张拉） \tag{4-13}$$

$$L = l + 2a \qquad （两端张拉） \tag{4-14}$$

式中　L——预应力筋（经冷拉后）下料长度；

l——构件孔道长度；

a——张拉端留量；

b——固定端留量，一般为80mm。

张拉端留量a与锚具和张拉千斤顶尺寸有关。例如用YC-60千斤顶张拉JM型锚固预应力钢筋束和钢丝束时，a值不小于600mm，如图4-36所示。

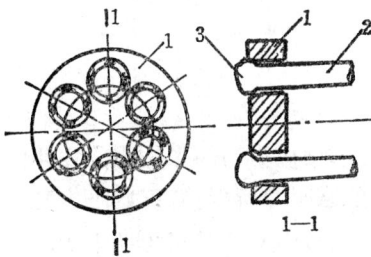

图 4-35　固定端用镦头锚具

1—锚固板；2—预应力筋；3—镦头

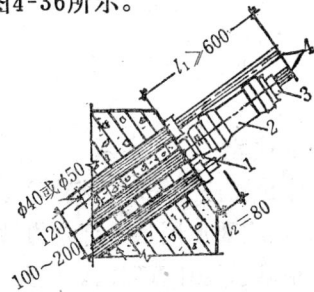

图 4-36　JM-12型锚具和YC-60型千斤顶的安装示意图

1—JM-12型锚具；2—YC-60型千斤顶；3—工作锚；4—预应力筋束

预应力钢筋束或钢绞线束的编束，主要是为了保证穿筋和张拉时不发生扭结，编束工作一般把钢筋或钢绞线理顺后，用18-22号铁丝每隔1m左右绑扎一道形成束状。在穿筋时，要注意防止钢筋束扭结。

2.张拉设备

张拉钢筋束、钢绞线束的张拉设备主要采用穿心式千斤顶。

穿心式千斤顶的特点是千斤顶中心有穿通的孔道，以便预应力筋或拉杆穿过后用工具锚临时固定在千斤顶的尾部进行张拉。下面介绍YC-60型千斤顶。

YC-60型穿心式千斤顶用于张拉JM12型锚具的预应力筋束。如加装支撑、张拉杆，也可张拉单根粗钢筋。YC-60型穿心式千斤顶构造及安装见图4-37所示。

张拉前，先把装好JM-12型锚具的预应力筋穿入千斤顶的中心孔道中，并在张拉油缸1的端部用工具锚6加以锚固。张拉时，高压油由张拉活塞2顶在构件9上，因而张拉油缸1逐渐向左移动而张拉预应力筋，直至规定的张拉力。在张拉过程中，由于张拉油缸1向左移动而使张拉回程油室15之容积逐渐减小。所以需将顶压油缸油嘴17开启以便回油。张拉完毕应立即进行顶压锚固。顶压锚固时，高压油由顶压油缸17经油孔18进入顶压工作油室14，由于顶压油缸2顶在构件上，且张拉工作室中的高压油，尚未回油，因此顶压活塞3向右移动顶压JM-12型锚具的夹片，按规定的顶压力将夹片压入锚环8内，将预应力筋锚固。张拉和顶压完成后，开启油嘴16，同时油嘴17继续进油，由于顶压活塞3仍顶住夹片，油室14的容积不变，进入的高压油全部进入油室15，因而张拉油缸1逐渐向右移动进行回复原位。然后，油泵停止工作，开启油嘴17，利用弹簧4使顶压活塞3复位，并使油室14、15回油卸荷。

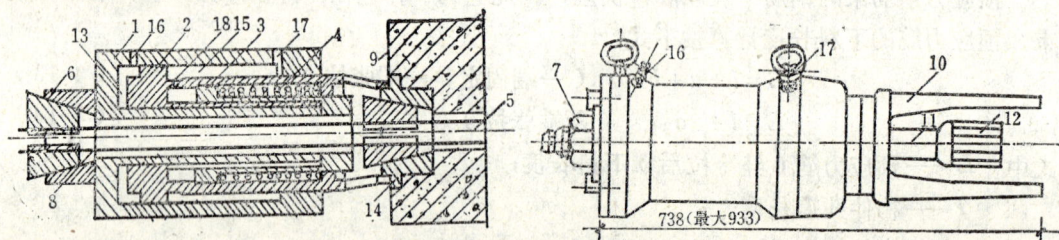

图 4-37　穿心式千斤顶构造及工作原理

(a)构造与工作原理图；(b)加撑后的YC-60千斤顶

1—张拉油缸；2—顶压油缸；3—顶压活塞；4—弹簧；5—预应力筋；6—工具式锚具；7—螺帽；8—锚具；9—混凝土构件；10—撑脚；11—张拉杆；12—连接器；13—张拉工作油室；14—顶压工作油室；15—张拉回程油室；16—张拉缸油嘴；17—顶压缸油嘴；18—油孔

3.千斤顶的校验

用千斤顶张拉预应力筋时，根据油压表上的读数来计算预应力筋的张拉力，往往比实际的张拉力大。其主要原因是一部分力被活塞与油缸之间的摩阻力所抵消，而摩阻力又与许多因素有关，很难通过计算确定。因此，施工时每使用一段时间（一般宜为半年），或使用中出现张拉设备的反常现象，或在千斤顶经过检修后，应进行校验，以确保预应力的大小。千斤顶校验时，其千斤顶、油泵、油压表必须配套进行。千斤顶配套校验的方法有：标准测力计校验法和用试验机校验法等，而以试验机的方法用得最普遍。

千斤顶张拉预应力筋时，由于是带摩阻力进行工作的，所以校验千斤顶时，千斤顶的活塞运行方向应与实际工作状态一致（因活塞的运行方向不同时，其摩阻力大小也不相等）。故当用试验机校验千斤顶时，应使千斤顶顶试验机来校验压力表读数，即以此种工作状态下的试验机度盘表上的压力读数，来作为实际张拉时的张拉力值，将其换算成压力表读数后，即可供实际张拉时使用，从而求得实际的张拉力。用标准测力计（电子秤、测力环、弹簧拉力计等）校验时，由测力计上的读数N_i与千斤顶油压表的读数P_i找出$P-N$关系线，施工时根据总拉力N，从$P-N$关系线上查出相应的油压表读数P即可控制张拉力N。

（三）钢丝束预应力筋

1.锚具

钢丝束一般由几根到几十根直径$3\sim5$mm的平行碳素钢丝组成。其锚具常用的有：钢质锥形锚具、钢丝束镦头锚具、锥形螺杆锚具等。

（1）钢质锥形锚具　由锚环和锚塞组成，如图4-38所示。用于普通双作用千斤顶张拉的钢丝束，锚环内孔的锥度应与锚塞一致。锚塞上刻有细齿槽，以卡紧钢丝，防止滑动。

锥形锚具的主要缺点是当钢丝直径误差较大时，**易产生单根滑丝现象**，滑丝后难以解救。

（2）钢丝束镦头锚具　用于锚固$12\sim54$根$\phi5$碳素钢丝的钢丝束。分DM_{5A}型和DM_{5B}型两种锚具。前者用于张拉端，后者用于固定端。DM_{5A}型由锚杯和螺母组成；DM_{5B}型仅有一块锚板。如图4-39所示。

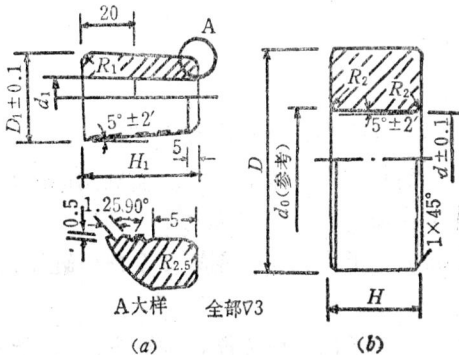

图 4-38　钢质锥形锚具
（a)锚塞；(b)锚环

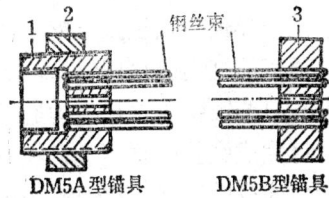

图 4-39　钢丝束镦头锚具
1—锚杯；2—螺母；3—锚板

锚杯和锚板用45号钢制作，先经调质热处理后再进行机械加工。螺母用30号钢制作。锚杯的内外壁有丝扣，内丝扣用于连接张拉螺丝杆，外丝扣用于拧紧螺母锚固钢丝束。锚杯底和锚板四周钻孔，以固定镦头的钢丝，孔数和间距由钢丝根数而定。钢丝用液压冷镦器进行镦头。钢丝束一端可在制束时将头镦好，另一端则待穿过孔道后镦头，故构件孔道端部要设置喇叭孔。

张拉时，张拉螺杆一端与锚杯内丝扣连接，另一端与拉杆式千斤顶的拉头连接。当张拉到控制应力时，锚杯被拉出，则拧紧锚杯外丝扣上的螺母加以锚固。

2.钢丝束的制作

钢丝束的制作随锚具型式不同而有差异，一般需经调直、下料、编束和安装锚具等工序。

用锥形锚具锚固的钢丝束，其制作和下料长度计算基本上同钢筋束。

镦头锚具钢丝束的下料长度力求精确。下料长度的相对误差应控制在$L/5000$以内，且不得大于5mm。因此要求钢丝在应力状态下切断下料，即把钢丝拉至300MPa状态下划定长度下料。也可采用钢管限位法下料，即将钢丝通过直径（内径）8mm左右的钢管，在平直的工作台上等长切断。

钢丝下料后，为了防止在张拉时产生扭结和便于穿入孔道，应进行编束。在平整场地上先把钢丝理顺平放，然后在其全长每隔1 m左右用22号铅线编成帘状（见图4-40），每隔1 m放一个按锚塞直径制成的螺丝衬圈，并将编好的钢丝绕衬圈围成圆束绑扎牢固。

钢丝束镦头锚固体系，若采用二端张拉时，钢丝的下料长度计算如下式：

$$L = l + 2B + H_1 - \Delta l + 2\delta \qquad (4-15)$$

若采用一端张拉时，其下料长度：

$$L = l + 2B + 0.5H_1 - 0.5H - \Delta l + 2\delta \qquad (4-16)$$

式4-15、4-16中

L——下料长度；

l——孔道长度；

B——锚板厚度；

H——锚杯高度；

H_1——螺母高度；

图 4-40　钢丝束编束示意图

1—钢丝；2—铅丝；3—衬圈

Δl——按孔道长度计算的钢丝伸长值；

δ——钢丝镦头的预留长度（取钢丝直径的2倍）。

3.张拉设备

钢丝束的张拉设备根据锚具的种类，主要选用锥锚式千斤顶和拉杆式千斤顶。

锥锚式千斤顶宜用于张拉钢质锥形锚具为张拉锚具的钢丝束。其张拉油缸用以张拉预应力筋，顶压油缸用以顶压锚塞，故又称双作用千斤顶。

如图4-41为锥锚式千斤顶构造示意图。有主缸1（张拉缸）、副缸2（顶压缸）及退楔缸3，可完成张拉、顶压和退楔三项作用。

千斤顶的退楔油缸3与副缸2相连，当主缸1进油张拉预应力筋，副缸进油顶压锚塞后将油从主缸中放出，并继续向退楔缸进油。此时，退楔油缸中的压力将使主缸带回锥形卡环6向右移动，楔块4碰到楔翼片7后，逐步退到位置5松开预应力筋。

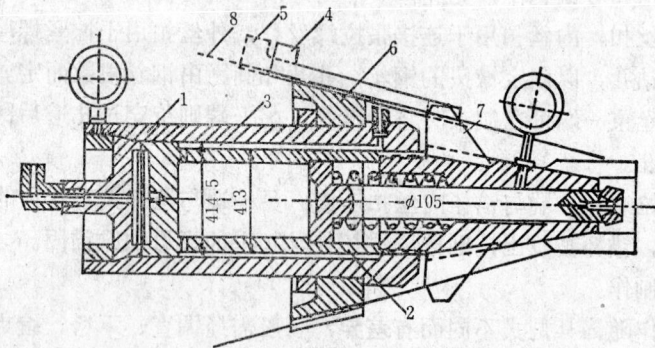

图 4-41　锥锚式千斤顶构造示意图

1—主缸；2—副缸；3—退楔缸；4—楔块（张拉时位置）；5—楔块（退出时位置）；6—锥形卡环；
7—退楔翼片；8—钢筋

二、后张法施工工艺

后张法施工中，与预应力施工有关的是孔道留设、预应力筋张拉和孔道灌浆三部分。

（一）孔道留设

孔道留设是后张法构件制作的关键之一。孔道直径取决于预应力筋和锚具。如果是螺丝端杆的粗钢筋，孔道直径应比螺丝端杆的螺纹外径大10～15mm。孔道留设的方法有钢管抽芯法、胶皮管抽芯法和预埋管法几种。

1.钢管抽芯法

钢管抽芯法适用于直线孔道。预先将钢管埋设在模板内孔道位置处，在混凝土浇筑过程中和浇筑后，每隔一定时间慢慢转动钢管，使之不与混凝土粘结，待混凝土初凝后、终凝前抽出钢管，即形成孔道。

钢管要求平直、表面光滑，安放位置要准确。为了固定钢管的设计位置，一般在构件中用钢筋井字架固定，间距不大于1m。为了便于抽管和转动，每根钢管的长度最好不超过15m。构件孔道较长，可用两根钢管于中间处用套管连接（见图4-42）。钢管在抽管前每隔15min左右转动一次，在构件两端的旋转方向应相反，使钢管总是朝着一个方向转动。

抽管的时间对抽管的质量起决定作用。既不能过早，也不能太迟，一般宜在混凝土初凝后、终凝之前，以手指按压混凝土表面不显指纹为宜。常温下抽管时间约在混凝土浇灌后3～5h。

抽管顺序宜先上后下，抽管可用人工或卷扬机。抽管要边抽边转，速度均匀，与孔道成一直线。抽管后，应及时检查孔道情况，并作好孔道清理工作，以防穿筋困难。

灌浆孔应按设计位置留设，一般情况下留在构件两端和中间12m设一个，直径为20mm。构件两端应留设排设孔。

2.胶管抽芯法

孔道留设的胶管有5层或7层的夹布胶管和供预应力混凝土专用的钢丝橡皮管两类。后者由于质硬，使用方法同钢管。前者质软，在使用前，把胶管一头密封，管内充入压力为0.6～0.8MPa的压缩空气或压力水，此时胶管直径增大约3mm，在抽管前利用另一端的阀门放出气或水，管径缩小而与混凝土脱离抽出。抽管时间可比钢管略迟。抽管顺序一般为先上后下、先曲后直。

对于孔道较长的构件，可将两根胶管用铁皮套连接（见图4-43）。固定胶管位置用钢筋井字架，间距不大于0.5m，并与骨架绑牢。

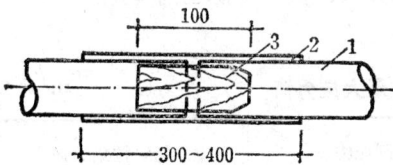

图 4-42　钢管连接方法
1—钢管；2—白铁皮套管；3—硬木塞

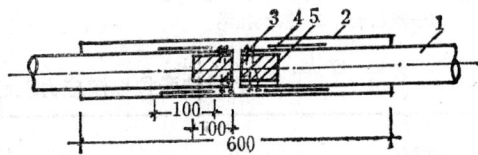

图 4-43　胶管接头
1—胶管；2—白铁皮套管；3—钉子；4—厚1mm的钢管；5—硬木塞

3.预埋管法

预埋管法是利用与孔道直径相同的金属波纹薄管埋在构件中，无需抽出。当预应力筋密集、曲线配筋或抽管有困难时，均可采用此法。金属波纹管一般用0.3～0.5mm的镀锌钢带由专用的制管机卷制而成。一般由工厂供应，每根4～6m。

波纹管的安装，宜事先在梁侧模弹线，以孔底为准。波纹管的固定，采用钢筋井字架，并用铁丝绑牢，其间距不大于0.5m，曲线管应加密。波纹管的连接用大一号的同型号波纹管套接，其接头长度为200mm，并用密封带或塑料热塑管封口。

灌浆孔的留设方法是：在波纹管上开口，用带嘴的塑料弧形压板与海绵垫片覆盖并用铁丝扎牢，再接塑料管（外径20mm、内径16mm）；该管垂直向上延伸至顶面以上500mm。为防止浇筑混凝土时将塑料管压扁，管内应有临时衬（如钢筋、木棒），待混凝土凝固后拔去。塑料管留设灌浆孔见图4-44。

（二）预应力筋的张拉

1.对构件强度的要求

后张法张拉预应力钢筋时，构件的混凝土强度应符合设计要求。当设计无要求时，不应低于设计强度等级的75%，对于块体拼装的预应力构件，其立缝处混凝土或砂浆强度也必须达到设计规范要求，当设计无规定时，不应低于块体混凝土强度等级的40%，且不低于15MPa。

2.张拉控制应力

后张法张拉应力应符合设计规定。如无设计规定时，可按表4-2采用。

3.张拉顺序与张拉制度

（1）合理选择张拉顺序，是保证预应力构件质量重要的一环。在张拉过程中，为避免构件截面呈过大的偏心受压状态，应采用对称张拉，对有较多根预应力筋的构件，应分批、分阶段对称张拉。张拉顺序应符合设计要求。图4-45为吊车梁张拉顺序实例，可供参考。

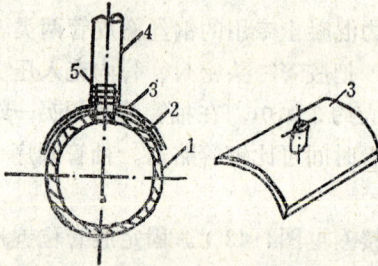

图 4-44　波纹管上留灌浆孔

1—波纹管；2—海绵垫；3—塑料弧形压板；
4—塑料管；5—铁丝扎紧

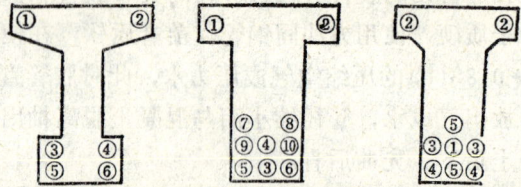

图 5-45　多束(筋)的张拉顺序
①、②、③、④……为张拉次序与分批

后张法张拉控制应力及超张拉最大应力值　　　　表 4-2

钢　　　　种	张拉控制应力	超张拉最大应力
碳素钢丝、刻痕钢丝、钢绞线	$0.7f_{puk}$	$0.8f_{puk}$
冷拔低碳钢丝、热处理钢筋	$0.65f_{puk}$	$0.75f_{puk}$
冷拉热轧钢筋	$0.85f_{pyk}$	$0.95f_{pyk}$

采用分批张拉时，应计算分批张拉时的预应力损失值，且分别加到先张拉钢筋的张拉控制应力值内或采用同一值逐根复拉补充。先批张拉预应力损失值应为$\alpha_E\sigma_{pct}$（α_E为预应力筋弹性模量与混凝土弹性模量之比，σ_{pct}为张拉后批预应力筋时，对先批张拉的预应力

筋重心处混凝土产生的法向应力），则有：

$$\sigma_{pct} = \frac{\sigma_{con} - \sigma_{ei}}{A_n} \cdot A_p \qquad (4-17)$$

式中　σ_{con}——控制应力值；

　　　σ_{ei}——预应力筋第一批预应力损失值；

　　　A_p——后批张拉的预应力筋截面面积；

　　　A_n——构件混凝土净截面面积。

先批张拉的预应力筋需增加 $\alpha_E \sigma_{pct}$，可在该批预应力筋超张拉 $\alpha_E \sigma_{pct}$，但超张拉后，其应力不得超过最大张拉值，当超过时，应在后批预应力筋张拉后再对前批筋补张拉 $\alpha_E \sigma_{pct}$，使其达到 σ_{con}。

（2）为了减小预应力筋与预留孔道壁摩擦引起的预应力损失，对曲线预应力筋和长度大于24m的直线预应力筋，应在两端张拉。长度等于或小于24m的直线预应力筋，可在一端张拉。当两端同时张拉一根预应力筋时，为了减小预应力损失，宜先在一端锚固，再在另一端补足张拉力后进行锚固。

（3）平卧重叠浇筑的构件，宜先上后下逐层进行张拉。为了减小上下层之间因摩擦引起的预应力损失，可逐层加大张拉力。但底层不宜比顶层张拉力大5%（钢丝、钢绞线、热处理钢筋）或9%（冷拉Ⅱ～Ⅳ级钢筋），且要保证加大张拉控制应力后不超过最大超张拉力的规定。

4.预应力筋的张拉程序

后张法的张拉程序，与先张法相同。可根据构件类型、锚具和张拉设备等因素决定采用超张拉程序，还是一次张拉程序。

5.张拉力计算

预应力筋在张拉之前，应按张拉程序和张拉顺序计算出单根（束）预应力筋的张拉力。计算方法如下：

$$N_p = (1 + \rho) \times (\sigma_{con} + \alpha_E \sigma_{pct}) \times A_p \qquad (4-18)$$

式中　N_p——单根（束）预应力筋张拉力（kN）；

　　　ρ——超张拉百分率；

　　　σ_{con}——张拉控制应力 kN/mm^2；

　　　A_p——同一批张拉的预应力筋面积（mm^2）；

　　$\alpha_E \sigma_{pct}$——分批张拉时，后批钢筋张拉对先批预应力筋引起的应力损失值。（后批张拉时，该项为0）

【例】　某屋架下弦有四根预应力筋，沿对角线分两批对称张拉，其张拉程序为 $0 \rightarrow 103\% \sigma_{con}$。

已知：预应力筋为 $\Phi^l 25$ 冷拉Ⅳ级钢筋，$A_p = 491 mm^2$，$\sigma_{con} = 0.85 f_{pyk} = 0.85 \times 500 = 425 N/mm^2$，第二批钢筋张拉对第一批钢筋造成的应力损失经计算 $\alpha_E \sigma_{pct} = 12.3 N/mm^2$，因此采用一次张拉程序时，第一批张拉钢筋的应力为 $1.03 \times (4.25 + 12.3) = 450 N/mm^2$。此值小于最大控制应力为 $0.95 \times 500 = 475 N/mm^2$，故第一批钢筋可以采用超张拉的方法来补足预应力筋的损失值。

第一批单根钢筋的张拉力 N_1 为：

$$N_1 = 1.03 \times (425 + 12.3) \times 491 = 221.6 \text{kN}$$

二批单根钢筋的张拉力 N_2 为：

$$N_2 = 1.03 \times 425 \times 491 = 214.9 \text{kN}$$

6.预应力值的校核和伸长值的测定

为了了解预应力值建立的可靠性，需对预应力筋的应力及损失进行检验，以便在张拉时，补足和调整预应力值。

检验应力损失最方便的方法，在后张法中，是将钢筋张拉24h后，未灌浆之前，重拉一次，测读前后两次应力值之差，即为钢筋中预应力损失（并非应力损失的全部，但已完成很大部分）。

在张拉过程中，还应力测定预应力筋的实际伸长值，用以对预应力筋的预应力值进行校核。

理论伸长值 $$\Delta L = \frac{\sigma_{con}}{E_s} \cdot L \qquad (4-19)$$

实际伸长值 $$\Delta L' = \Delta L_0 + \Delta L_1 + \Delta L_c \qquad (4-20)$$

式中 ΔL_0——初应力（一般取 $10\% \sigma_{con}$）的伸长值；

ΔL_1——实测量得的伸长值；

ΔL_c——混凝土弹性压缩值。

若实际伸长值大于计算伸长值10%，或小于计算伸长值5%时，应暂停张拉，在查明原因采取相应措施予以调整后，方可继续张拉。

（三）孔道灌浆

预应力筋张拉完毕后，应随即进行孔道灌浆。其目的是为了防止钢筋锈蚀，增加预应力构件的整体性和耐久性，提高结构抗裂能力。

孔道灌浆应采用标号不低于425号普通硅酸盐水泥配置的水泥浆；水泥浆的水灰比为0.4~0.45；搅拌后3h泌水率宜控制在2%，最大不超过3%。对于空隙较大的孔道，可采用砂浆灌浆，水泥浆和砂浆的强度标准不低于20MPa。

为了增加孔道灌浆的密实性，在水泥浆中可掺入对预应力无腐蚀的外加剂，如可掺入占水泥重量0.25%的木质磺酸钙，或占水泥重量0.05%的铝粉。

灌浆前，用压力水冲洗和润湿孔道，用电动或手动灰浆泵进行灌浆。灌浆工作应缓慢均匀进行，不得中断，并排气通顺，在孔道两端冒出浓浆并封闭排气孔后，宜再稍加压至0.5~0.6MPa，再封灌浆孔。灌浆顺序应先下后上，以避免上层孔道漏浆而把下层孔道堵住。直线孔道灌浆，应从构件一端到另一端。曲线孔道灌浆，应从孔道最低处向两端推进。

复习思考题

1.什么叫预应力混凝土？与普通混凝土相比有何优点？

2.预应力混凝土对组成材料有何要求？

3.何谓先张法？先张法长线台座由哪几部分组成？如何进行台座稳定性验算？

4.先张法常用的夹具有哪几种？

5.试述先张法的张拉程序？并说明其含义？

6.如何放松预应力筋？

7.何谓后张法？与先张法相比，有何特点？

8.后张法常用的锚具有哪些？

9.如何计算预应力钢筋下料长度？

10.后张法张拉预应力筋时，应注意哪些问题？

11.分批张拉时，如何弥补混凝土弹性压缩应力损失？

12.如何计算张拉力和钢筋伸长值？

13.预应力筋张拉后，为什么必须及时灌浆，对孔道灌浆有何要求？

第五章 结构安装工程

结构安装工程就是利用各种起重机械将预先制作的结构构件安装到设计位置形成空间结构的过程。它是砖混房屋和装配式单层工业厂房施工的主导工序之一，它直接影响房屋的施工进度、工程质量及工程成本。所以，在构件安装之前，要根据房屋结构的特点，现场及机械设备的条件，合理选择吊装机械和设备，确定可行的施工方案，以达到工期短、质量好、成本低和安全的目的。

第一节 起重机械与索具设备

一、起重机械

起重机械是房屋结构构件安装的起重和运输设备。合理选择和使用机械，对于减轻劳动强度，提高劳动生产率，保证工程质量，按期和安全地完成工程任务是十分重要的。

构件安装常用的起重机械，主要有桅杆式起重机、自行杆式起重机及塔式起重机。

（一）桅杆式起重机

桅杆式起重机的特点是：制作简单，装拆方便，能在比较狭窄的场地上使用；起重量常用的在3～15t内，有的可高达100t以上；在没有电源的情况下，也可用人工绞磨起吊；能安装其他起重机械不能安装的特殊工程和重大构件。但其工作半径小，移动困难，需拉设较多的缆风绳，因而它适用于安装工程量集中的中小型工程中。

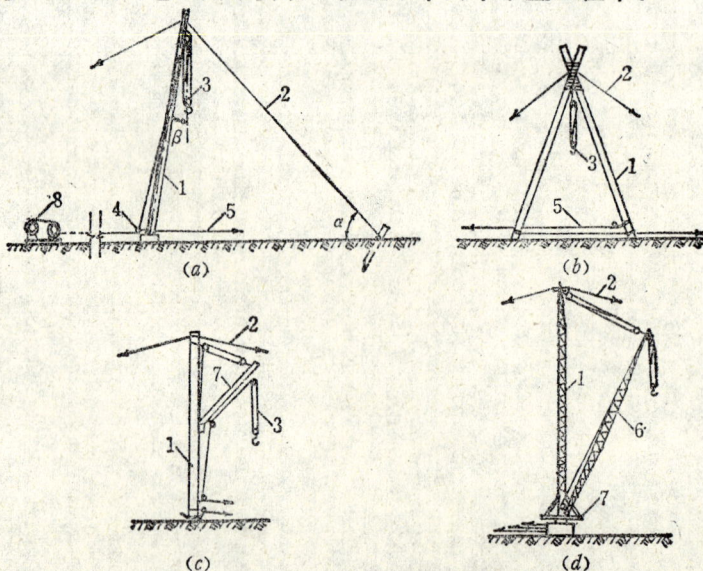

图 5-1 桅杆式起重机

(a)独脚拔杆；(b)人字拔杆；(c)悬臂拔杆；(d)牵缆式拔杆起重机

1—拔杆；2—缆风绳；3—起重滑轮组；4—导向装置；5—拉索；6—起重臂；7—回转盘；8—卷扬机

桅杆式起重机常用的有：独脚拔杆、人字拔杆、悬臂拔杆和牵缆式拔杆等型式，如图5-1所示。

1.独脚拔杆

独脚拔杆由一根拔杆、滑轮组、卷扬机、缆风绳和锚碇等组成，如图5-1(a)所示。拔杆可用木料或金属制成。这种起重机适用于柱子、梁和屋架等构件的安装。

（1）木独脚拔杆　通常用一根圆木做成，圆木梢径200～300mm，起重高度为8～15m，起重量在3～10t之间。构件重量大时，也可将2～3根圆木绑扎在一起，作为一根拔杆使用。为了避免吊装时构件碰撞拔杆，在拔杆顶设置枕头木；为了使拔杆与地面接触点传力均匀，减少阻力，其底部设置拖子，利用卷扬机拖动。其木独脚拔杆的选择及细部构造如表5-1及图5-2所示。

木 拔 杆 初 步 选 择 参 考 表　　　　　　　表 5-1

起重能力 （t）	拔杆高度 （m）	圆木梢径 （cm）	缆风绳直径 （mm）	滑　车　组			卷扬机拉力 （kN）
				钢丝绳直径 （mm）	定滑轮数	动滑轮数	
3	8.5 11.0 13.0 15.0	20 22 22 24	15.5	11.5	2	1	15
5	8.5 11.0 13.0 15.0	24 26 26 27	15.5 20.0 20.0 20.0	15.5	2	1	30
10	8.5 11.0 13.0	30 30 31	21.5	17.6	3	2	30

注：表中数值系按滑车组偏心距 $e=0.2$m计算而得。

(a)　　　　　　　　　　　(b)

图 5-2　木拔杆细部构造

(a)杆顶；(b)杆脚

1—拔杆；2—缆风绳；3—枕头木；4—定滑车；5—通向锚碇的拉绳；6—起重绳；7—拖子

（2）钢管独脚拔杆　通常采用内径250～300mm、壁厚8mm的钢管做成。适用于起重高度小于20m，起重量不超过30t的构件安装。

（3）金属格构式独脚拔杆　通常由四根角钢及缀条联系而成的方形柱状拔杆，整个拔杆长度需根据实际需要分段拼装和调整高度。金属格构式拔杆，起重量可达100t以上，起重高度可达70m以上。适用于大型结构或设备安装。

金属格构式拔杆施工时,其对于地面的压力需经验算,所设缆风绳也需计算。缆风绳与拔杆顶采用焊接吊环并用卡环连接。

2．人字拔杆

人字拔杆是由两个相同独脚拔杆用钢丝绳绑扎或铁件铰接而成,如图5-1(b)所示。其特点是起重量大,侧向稳定性较好,但构件起吊后活动范围小。适用于安装高度小于15m的重型柱子或作辅助的起重设备。

人字拔杆采用钢丝绳绑扎时,其绑扎点离杆顶至少600mm,并采用"8"字结捆扎牢。两杆下端需用钢丝绳或钢杆拉住,以平衡水平拉力,拉件长度约为主杆长度的1/2～1/3。拔杆起吊构件时的前倾度,每高1m不得超过100mm。

人字拔杆所用的缆风绳的数量较少,一般需根据起重量和起重高度及其安装构件时所处的状态来决定。拔杆直立时,前后各一根;向前倾时,可在后面用两根,必要时前面用一根;吊重量较大的构件时,可在后面设置滑车组缆风绳。吊装过程中严禁利用缆风绳来调整拔杆的倾角。

3．悬臂拔杆

在独脚拔杆的中部或2/3处装上一根外伸的起重拔杆,即成悬臂拔杆,如图5-1(c)所示。其特点是有较大的起重高度和起重半径,拔杆能左右摆动,但起重量较小。适用于安装板、小梁、天窗架等构件。

4．牵缆式拔杆起重机

牵缆式拔杆起重机是在独脚拔杆的根部装上一可以回转和起伏的吊杆构成,如图5-1(d)所示。其特点是工作半径大,机动灵活,可全程回转。适用于各类构件的安装。

吊杆和拔杆均可采用圆木、钢管、格构式拔杆做成。其连接有两种形式:一种是吊杆直接连接在底盘上,吊杆转动而拔杆不动,由设在吊杆顶两侧的拉绳牵动吊杆旋转;另一种是将吊杆与拔杆连接在一个转盘上,由卷扬机牵动转盘旋转,拔杆和吊杆同时转动,这时拔杆上的缆风绳必须通过活动装置连接在拔杆顶上才能保证其转动时缆风绳不动。

(二)自行杆式起重机

自行杆式起重机是建筑工程中常用的起重机械,尤其在单层工业厂房中几乎普遍采用了自行杆式起重机进行结构吊装,在民用混合结构施工中,在条件许可的情况下也可采用自行杆式起重机。其特点是起吊灵活,移动方便,但稳定性稍差。

自行杆式起重机可分为履带式起重机,汽车式起重机及轮胎式起重机。

1．履带式起重机

履带式起重机是一种能全程回转、行走结构为履带的起重机。其特点是操纵灵活,行驶方便,对地面要求不高,但在市内或长距离转移时需用拖车运输。如图5-3所示为履带式起重机的外形。

国产履带式起重机主要有以下三种型号:

(1)W_1-50型:最大起重量10t,起重杆长度有10m、18m两种,适用于吊装跨度在18m以内、高度10m左右的单层轻型厂房结构构件及层数较少的民用建筑构件安装与装卸工作。

(2)W_1-100型:最大起重量为15t,起重杆长度有13m、23m、27m、30m四种,

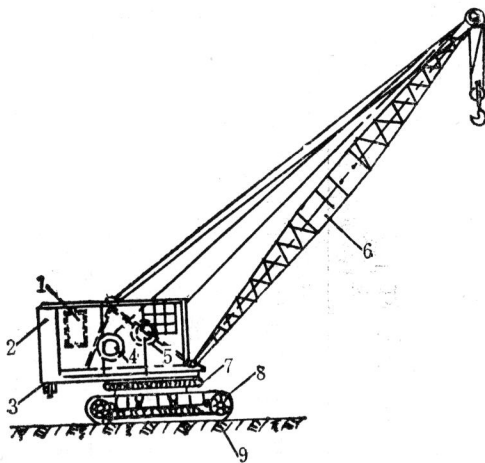

图 5-3 履带式起重机

1—发动机；2—车身；3—平衡重；4—起重杆卷扬机；5—起重卷扬机；6—起重杆；7—回转盘；8—履带；9—下部支架

适用于吊装跨度为18～24m的工业厂房及民用建筑构件的安装。

（3）W₁-200型：最大起重量为50t，起重杆可接长至40m，适用于大型厂房及重型构件的吊装。民用建筑中少见。

国产履带式起重机性能及外形尺寸见表5-2、5-3、5-4、5-5所示。

2.汽车式起重机

汽车式起重机是把起重机构安装在汽车底盘上的全回转起重机。它具有行驶速度快，机动性能好，对路面破坏性小的特点。但吊构件时必须支腿，不能载荷行驶。适用于构件的装卸和构件的集中吊装作业。

常用的汽车式起重机有机械传动及液压传动两大系列，如图5-4所示为液压系列外貌。汽车式起重机的所有动力由汽车发动机供给。表5-6为液压传动的汽车式起重机的起重性能。

履 带 式 起 重 机 性 能 表　　　　表 5-2

参　　数	单 位	型　　　　　　　　　号							
		W₁-50			W₁-100		W₁-200		
起重杆长度	m	10	18	18①	13	23	15	30	40
最大起重半径	m	10.0	17	10.0	12.5	17.0	15.5	22.5	30.0
最小起重半径	m	3.7	4.3	6.0	4.5	6.5	4.5	8.0	10.0
最大起重量	t	10.0	7.5	2.0	15.0	8.0	50.0	20.0	8.0
最小起重量	t	2.6	1.0	1.0	3.5	1.7	8.2	4.3	1.5
最大起重高度	m	9.2	17.2	17.2	11.0	19.0	12.0	26.8	36.0
最小起重高度	m	3.7	7.6	14.0	5.8	16.0	3.0	19.0	25.0

① 18m带鹅头起重杆。

W₁-50型履带式起重机起重特性　　　　表 5-3

臂　长　10m			臂　长　18m			臂　长　18m（带鹅头）		
R(m)	Q(t)	H(m)	R(m)	Q(t)	H(m)	R(m)	Q(t)	H(m)
3.7	10	9.2	4.5	7.5	17.2	6	2	17.2
4	8.7	9.0	5	6.2	17	8	1.5	16
5	6.2	8.6	7	4.1	16.4	10	1	14
6	5	8.1	9	3	15.5	—	—	—
7	4.1	7.5	11	2.3	14.4	—	—	—
8	3.5	6.5	13	1.8	12.8	—	—	—
9	3	5.4	15	1.4	10.7	—	—	—
10	2.6	3.7	17	1	7.6	—	—	—

W₁-100型履带式起重机起重特性   表 5-4

R(m)	臂 长 13m		臂 长 23m		臂 长 27m		臂 长 30m	
	Q(t)	H(m)	Q(t)	H(m)	Q(t)	H(m)	Q(t)	H(m)
4.5	15	11	—		—		—	
5	13	11	—		—		—	
6	10	11	—		—		—	
6.5	9	10.9	8	19	—		—	
7	8	10.8	7.2	19	—		—	
8	6.5	10.4	6	19	5	23	—	
9	5.5	9.6	4.9	19	3.8	23	3.6	26
10	4.8	8.8	4.2	18.9	3.1	22.9	2.9	25.9
11	4	7.8	3.7	18.6	2.5	22.6	2.4	25.7
12	3.7	6.5	3.2	18.2	2.2	22.2	1.9	25.4
13	—	—	2.9	17.8	1.9	22	1.4	25
14	—	—	2.4	17.5	1.5	21.6	1.1	24.5
15	—	—	2.2	17	1.4	21	0.9	23.8
17	—	—	1.7	16	—	—	—	—

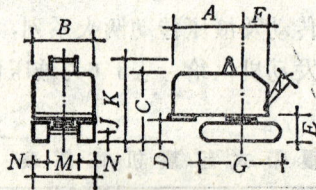

履带式起重机技术参数表   表 5-5

名 称		W_1-50	W_1-100	W_1-200	э-1252
外形尺寸 (mm)	A 机棚尾部至回转中心距离	2900	3300	4500	3540
	B 机棚宽度	2700	3120	3200	3120
	C 机棚顶距地面高度	3220	3675	4125	4180
	D 机棚尾部底面距地面高度	1000	1095	1190	1095
	E 吊杆枢轴中心距地面高度	1555	1700	2100	1700
	F 吊杆枢轴中心距回转中心距	1000	1300	1600	1300
	G 履带长度	3420	4005	4950	4005
	M 履带架宽度	2850	3200	4050	3200
	N 履式板宽度	550	675	800	675
	J 行走底架距地面高度	300	275	390	270
	K 双足支架顶部距地面高度	3800	4170	6300	3930
爬坡能力(%)		25	20	20	20
行走速度(km/h)		1.5~3	1.5	1.43	1.5
最长吊杆长度(m)		18	23	40	25
最大起重量(t)		10	15	50	20
自 重(t)		23.11	40.74	79.14	39.57

3.轮胎式起重机

轮胎式起重机是把起重机构装在加重型轮胎和轮轴组成的特制底盘上的全回转式起重机，如图 5-5 所示。其特点是：行驶时对路面损伤小，速度较快，稳定性较好，起重量较

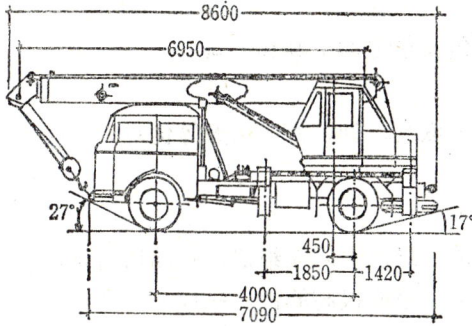

图 5-4　汽车式起重机

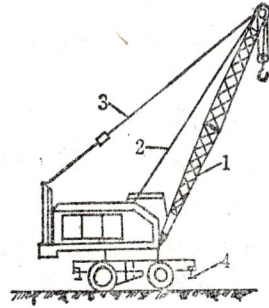

图 5-5　轮胎式起重机

1—起重杆；2—起重绳；3—变幅绳；4—撑脚

汽车式起重机性能　　　　　　　　　表 5-6

参　　数		单　位	型							号		
			Q₂-8				Q₂-12			Q₂-16		
起重臂长度		m	6.95	8.50	10.15	11.70	8.5	10.8	13.2	8.80	14.40	20.0
最小起重半径		m	3.2	3.4	4.2	4.9	3.6	4.6	5.5	3.8	5.0	7.4
最大起重半径		m	5.5	7.5	9.0	10.5	6.4	7.8	10.4	7.4	12	14
起重量	最小起重半径时	t(10kN)	8	6.7	4.2	3.2	12	7	5	16	8	4
	最大起重半径时	t(10kN)	2.6	1.5	1.0	0.8	4	3	2	4.0	1.0	0.5
起重高度	最小起重半径时	m	7.5	9.2	10.6	12.0	8.4	10.4	12.8	8.4	14.1	19
	最大起重半径时	m	4.6	4.2	4.8	5.2	5.8	8	8.6	4.0	7.4	14.2

大；吊重物时需要支腿，否则起重能力受到限制。可用于一般工业厂房或房屋构件的安装及装卸，但不适合松软或泥泞的地面工作。

常用的轮胎式起重机有QL₂-8、QL₃-16、QL₃-25、QL₃-40等型号。表5-7为轮胎式起重机的起重性能。

轮胎式起重机性能　　　　　　　　　表 5-7

参　　数			单　位	型						号			
				QL₃-16			QL₃-25					QL₁-16	
起重臂长度			m	10	15	20	12	17	22	27	32	10	15
最小起重半径			m	4	4.7	8	4.5	6	7	8.5	10	4	4.7
最大起重半径			m	11.0	15.5	20.0	11.5	14.5	19	21	21	11	15.5
起重量	最小起重半径时	用支腿	t	16	11	8	25	14.5	10.6	7.2	5	16	11
		不用支腿	t	7.5	6	—		3.5	3.4	—		7.5	6
	最大起重半径时	用支腿	t	2.8	1.5	0.8	4.6	2.8	1.4	0.8	0.6	2.8	1.5
		不用支腿	t	—	—	—					0.5	—	—
起重高度	最小起重半径时		m	8.3	13.2	17.95						8.3	13.2
	最大起重半径时		m	5.3	4.6	6.85						5.0	4.6

二、索具与锚碇

索具与锚碇是结构构件安装时的捆绑、联结及稳定的工具和设备。

（一）钢丝绳

钢丝绳是吊装和缆风常用的绳索，它具有强度高、韧性好、耐磨等优点；同时，磨损后产生的毛刺容易发现，便于预防事故的发生。

1.钢丝绳的组成与种类

常用的钢丝绳均由6股钢丝和1股绳芯捻成。绳芯由麻绳组成，吸油后对钢丝有润滑保护作用。每股钢丝是由多根直径为0.4～4mm、强度很高的钢丝捻成。

钢丝绳的种类很多，按钢丝和钢丝绳股的搓捻方向分为：顺捻绳及反捻绳。

（1）顺捻绳 每股钢丝的搓捻方向与钢丝股的搓捻方向相同，其特点是柔性好、表面平整、不易磨损；但容易松散和扭结卷曲，吊重物时易使重物旋转，故一般用于拖拉或牵引装置。

（2）反捻绳 每股钢丝的搓捻方向与钢丝股的搓捻方向相反。构件吊装时常用反捻绳。

图 5-6 钢丝绳的捻法
(a)反捻绳；(b)顺捻绳

2.钢丝绳的计算

（1）钢丝绳的破断拉力

钢丝绳的破断拉力与钢丝绳的直径、构造、钢丝的极限强度有关，其公式为：

$$P_m = \varphi \cdot \frac{\pi d^2}{4} \cdot n \cdot \sigma \qquad (5\text{-}1)$$

式中　P_m——钢丝绳的破断拉力（N）；

　　　d——钢丝直径（mm）；

　　　n——钢丝绳的钢丝总根数；

　　　σ——钢丝的抗拉极限强度（MPa）；

　　　φ——考虑钢丝之间受力的不均匀系数；

　　　　　6×19+1钢丝绳　$\varphi = 0.85$

　　　　　6×37+1钢丝绳　$\varphi = 0.82$

　　　　　6×61+1钢丝绳　$\varphi = 0.79$

使用钢丝绳时，也可根据有关手册查表得到破断拉力。

（2）允许拉力

允许拉力的计算公式：

$$P_d = \frac{P_m}{K} \qquad (5\text{-}2)$$

式中　P_d——钢丝绳的允许拉力（N）；

K——安全系数，根据不同用途，按表5-8选用。

钢 丝 绳 安 全 系 数 K　　　　　　　　表 5-8

钢 丝 绳 用 途		安全系数 (K)	最小滑轮或卷筒直径	
			以绳直径 D 计	以钢丝直径 d 计
缆　风		3.5		
手动起重设备		4.5	$\geqslant 12D$	$(300\sim400)d$
机动起重设备	轻　　型	5.0	$\geqslant 16D$	$(500\sim600)d$
	中　　型	5.5	$\geqslant 18D$	
	重　　型	6.0	$\geqslant 20D$	
吊索（千斤绳）		10.0		
载人升降机		14.0	$30D$	

3.钢丝绳的安全检查和使用注意事项：

（1）安全检查

钢丝绳在使用前及使用后均要检查，尤其是连续使用一定时间后，就会产生断丝，断丝或腐蚀、磨损均降低其承载力。经检查有下列情况之一者，应予以报废。

1）钢丝绳磨损或锈蚀达直径的40％以上；

2）钢丝绳整股破断；

3）使用时断丝数目增加很快；

4）钢丝绳每一节距长度范围内，断丝根数超过表5-9的数值时也应报废。一个节距系指某一股钢丝搓绕绳一周的长度，约为直径的8倍。

钢丝绳报废标准（允许断丝根数）　　　　　　　表 5-9

使　用 安全系数	钢 丝 绳 种 类					
	$6\times19+1$		$6\times37+1$		$6\times61+1$	
	反　捻	顺　捻	反　捻	顺　捻	反　捻	顺　捻
5以下	12	6	22	11	36	18
6～7	14	7	26	13	38	19
7以上	16	8	30	15	40	20

（2）使用注意事项：

1）使用中不准超载。当吊重物时，绳股间有大量的油挤出时，说明超载，此时必须立即停用检查。

2）钢丝绳穿滑轮时，其滑轮槽的直径应比绳的直径大于1～2.5mm；

3）为了减少钢丝绳的腐蚀及磨损，应定期加润滑油，一般工作4个月左右加一次油；

4）存放时，应保持干燥通风，不得堆压；

5）使用旧钢丝绳，应事先进行检查，符合前述使用条件时方可使用。

（二）吊具

1.吊钩

如图5-7所示为吊钩的两种型式。吊钩是用整块钢材锻造而成，其表面应光滑，不得有剥裂、刻痕等缺陷，不准对磨损及裂缝进行补焊修理。吊装工作中一般采用单钩。

2.卡环

如图 5-8 所示为卡环的三种型式，它用于吊索之间或吊索与构件之间的连接。卡环一般由弯环和销子两部分组成，使用时不允许超载。

图 5-7 吊钩

(a)单钩；(b)双钩

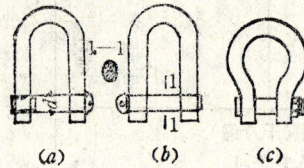

图 5-8 卡环

(a)螺栓式直形卡环；(b)活络卡环（直形）；(c)马蹄形卡环

3.钢丝绳夹头（又称卡扣）

如图5-9所示3种卡扣型式，它是用于固定夹紧钢丝绳端部。选用夹头时，必须使U型环的内侧净距恰好等于钢丝绳的直径。使用夹头时，其夹头的数量与钢丝绳粗细有关，一般粗绳用夹头较多。

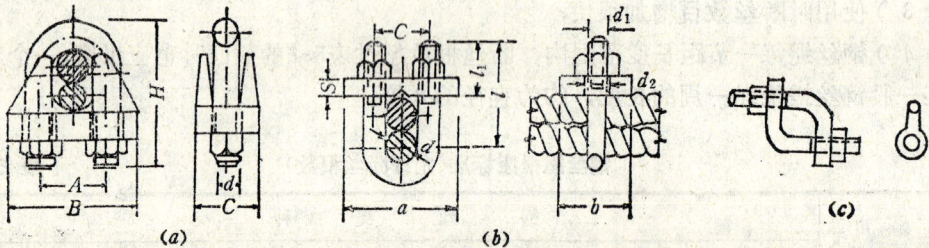

图 5-9 钢丝绳夹头

(a)骑马式；(b)压板式；(c)拳握式

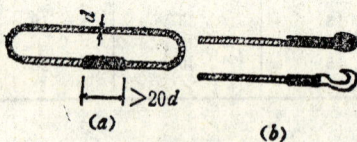

图 5-10 吊索

(a)封闭式；(b)开口式

4.吊索

吊索主要用来绑扎构件以便进行起吊安装。作吊索用的钢丝绳，要求质地柔软，易于弯曲，常用的吊索有封闭的万能吊索和开口的轻便吊索。如图5-10所示。

使用吊索时，吊索与构件水平的夹角一般不应小于30°，通常以45°～60°为佳。

5.横吊梁（又叫铁扁担）

当吊装水平长度大的构件时，为了使构件的轴向压力不致过大，吊索与构件水平面的夹角不宜小于45°，但是此时吊索所占用的高度较大，增加了起重机的起重高度的要求。为了有效利用起重机，缩小构件的轴向压力，在吊钩与构件之间常加上铁扁担。常用的铁扁担如图5-11所示。

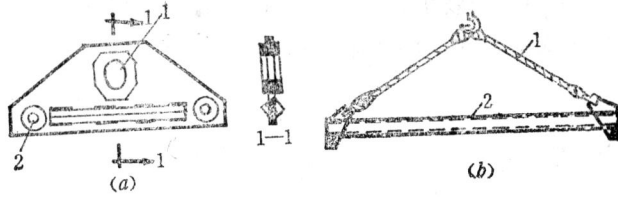

图 5-11 铁扁担

(a)钢板铁扁担：1—挂起重机吊钩的孔；2—挂吊索的孔
(b)槽钢铁扁担：1—吊索；2—槽钢

（三）滑车与滑车组

滑车与滑车组是构件吊装时，用以省力及改变力的方向的工具。

1.滑车

滑车是由吊钩、拉杆、轴、滑轮、夹板、链环、吊环和吊梁等组成。如图5-12为单门吊钩型的滑车构造。

滑车有单门、双门和多门之分，也有按滑动轴承与滚动轴承、定滑轮与动滑轮来分类的。

滑车的允许荷载，根据滑轮和轴的直径确定，一般在滑车上均已标明，使用时，只须按其标定数值选用，不得超载。选用滑车时应注意：多门滑车的允许荷载是各个滑轮允许荷载的总和，因此，如果一个多门滑车仅使用一个滑轮时，其承载力只是总和的门数分之一。

单门滑车所受的拉力，一般等于引出绳拉力的两倍。但作为导向滑车时，随两绳的夹角不同，所受的拉力也随之改变，如图5-13所示。

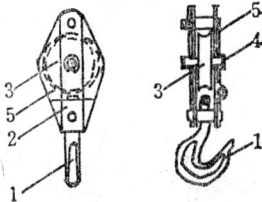

图 5-12 滑车的构造

1—吊钩；2—拉杆；3—滑轮；4—轴；5—夹板

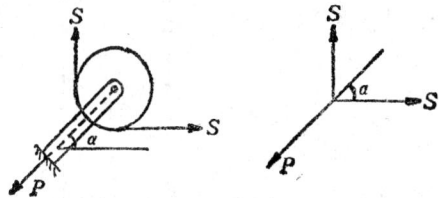

图 5-13 导向滑车受力图

2.滑车组

滑车组是由一定数量的定滑车和动滑车及绕过它们的绳索组成的简单起重工具，既省力、又可改变传力的方向。

滑车组可根据引出绳引出的方向来分类。但通常用来起吊重物时，引出绳一般是自定滑轮引出。滑车组钢丝绳固定端的位置随滑车组的滑轮总和而定。一般总数为单数时，固定在动滑轮上；总数为偶数时，固定在定滑轮上。

滑车组起吊重物时，具有省力的性质，其省力的大小主要与穿绕动滑轮绳子的绕数有关，一般绕数越多，越省力。如图5-14所示，当不考虑滑车的摩阻力时，$S = \dfrac{Q}{4}$。若穿绕动滑轮的绳数为n时，则：$S = \dfrac{Q}{n}$，这个公式说明：吊装构件采用滑车组时，只需要构件重量的1/n的拉力即可将重物吊起。但实际上，滑轮与钢丝绳之间有摩阻力，所需的拉力也较上述计算值要大些，才能将重物提起。其相应的拉力计算公式为：

$$S = \frac{Q}{n \cdot \eta} \qquad (5-3)$$

Q——需起吊的重物的重量（N）；

n——穿绕动滑车的工作绳数；

η——滑车组的效率系数，小于1，按表5-10选用。

（四）卷扬机

图 5-14 滑车组受力示意图

构件吊装中常采用电动卷扬机。卷扬机一般由电动机、减速器、制动闸和卷筒等部件组成。卷扬机具有牵引力大，速度快，操作方便等特点。

1.卷扬机的安装

电动卷扬机安装时应选择地势稍高、地基坚实之处，卷扬机与构件起吊点之距离应大于起吊高度，与前面第一个导向滑轮之距离应大于卷筒长度的20倍，且保证钢丝绳的偏斜角 α 不大于2°；为了防止卷扬机的滑动或倾覆，卷扬机固定时必需用锚桩及重物压稳固定；卷扬机的配电板或闸刀应安装在离地1.5m左右的坚固支座上；卷扬机操作处宜设置卷扬机棚，以保证其安全使用。

滑车组引出绳拉力（自定滑车引出）　　　　　　　　　表 5-10

工作绳数 n	定滑车滑轮数	动滑车滑轮数	效 率 η	拉 力 S
1	1	—	0.96	1.04Q
2	1	1	0.94	0.53Q
3	2	1	0.92	0.36Q
4	2	2	0.90	0.28Q
5	3	2	0.88	0.23Q
6	3	3	0.87	0.19Q
7	4	3	0.86	0.17Q
8	4	4	0.85	0.15Q
9	5	4	0.83	0.13Q
10	5	5	0.82	0.12Q
11	6	5	0.80	0.11Q
12	6	6	0.79	0.11Q

2.卷扬机的使用

（1）卷扬机使用时，其电气设备要接地线；开机前，控制器应在零位；停止使用时，要拉闸，控制器恢复原零位。

（2）起吊前，应对机械各部位进行检查，不准带病作业，讯号不明或钢丝绳附近有人时，不准开车。

（3）对卷扬机各接触部位要经常注意润滑、保护、检查。

（4）不准超过额定牵引力起吊重物。

（五）锚碇

锚碇又称地锚，是用来固定缆风绳、卷扬机、导向滑车、拔杆的平衡绳索设施。

常见的锚碇有桩式锚碇及水平锚碇两种。

1.桩式锚碇

桩式锚碇是将圆木、型钢等打入土中以承担拉力的一种固定设置，多用于固定拉力不大的缆风绳、卷扬机阻滑等。锚桩打入土中的深度应视拉力大小而定，一般不小于1.2m；若难以打入较大的深度来平衡拉力，则可用单排、双排及三排锚桩，这类锚桩受力可达到 $10\sim50kN$。

2.水平锚碇

水平锚碇系用一根或几根圆木（枕木）捆绑在一起，横放在挖好的坑底上，用钢丝绳系在横木上的一点或两点，成 $30°\sim45°$ 斜向引出地面，然后用土石回填夯实。水平锚碇可承受较大的拉力，承载力可达150kN。如图5-15为水平锚碇的示意图。

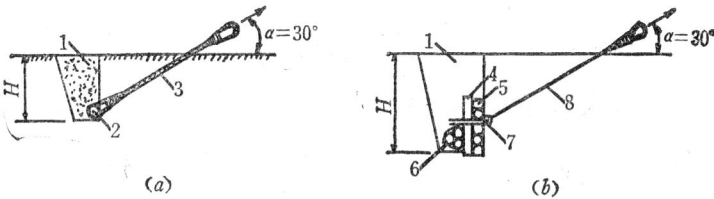

图 5-15　大平锚碇构造示意图

（a）拉力30kN以下的；（b）拉力在100～400kN

1—回填土逐层夯实；2—地龙木1根；3—钢丝绳或钢筋；4—柱木；5—挡木；6—地龙木3根；7—压板；8—钢丝绳圈或钢筋环

第二节　砖混结构构件安装

砖混结构是村镇建设中最普遍应用的一类结构体系，它所采用的预制构件，主要是一些中小型构件，如空心板、楼梯、过梁、木屋架、轻型钢屋盖等。现介绍这些构件的安装方法。

一、构件的堆放、验收

预制构件运到施工现场后，应按施工平面布置的要求进行分类型、按规格堆放。构件堆放时，应尽可能靠近垂直运输机械或在起重机的有效回转半径范围之内，以免二次搬运。构件堆放时应符合下列规定：

1.堆放构件的场地，应平整夯实，并有排水措施。

2.应按构件的刚度及受力情况采用平放或立放，保证稳定，并按安装的先后顺序堆放。

3.重叠堆放的构件，应吊环朝上，标志向外。其堆垛高度应按构件强度、地耐力、垫木强度及堆垛的稳定性确定；各层垫木的位置应在同一条垂直线上，如图5-16所示。

4.采用靠放架立放的构件，必须对称靠放和使用，其倾斜度应保持在80°左右，构件上部宜用木块隔开。

5.构件堆放应离开建筑物2.5～3m，堆垛之间应有200mm以上的间隙。

构件堆放后，应进行验收。验收时应包括以下方面：

1.构件及吊环有无变形或损伤；

2.构件是否达到吊装规定强度（一般不低于设计强度的70%），是否有合格印记；

3.构件的外形、截面尺寸、预埋件和吊环的位置与尺寸是否正确；

4.构件的品种、规格、数量是否符合设计规定、要求。

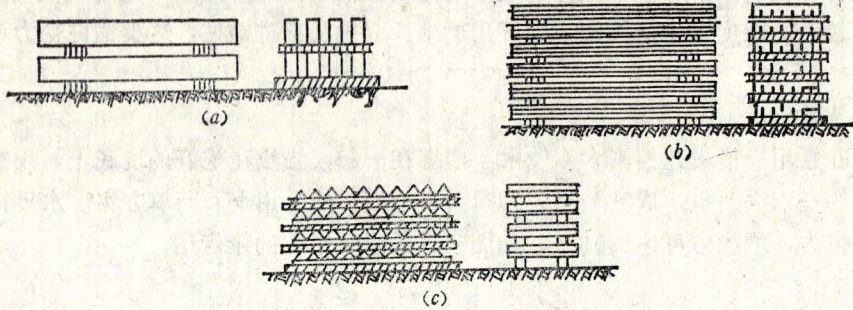

图 5-16　构件堆放方法
（a）梁；（b）空心板；（c）楼梯

二、构件安装方法

（一）板

在村镇建设中，常用的板有空心板、平板、槽形板及挂瓦板。空心板、平板、槽形板的安装方法基本相同，而挂瓦板的安装则有其自身的特点。

1.空心板、平板及槽形板

板在安装前，在空心板的两端孔中间用碎砖或C10混凝土堵筑好，并在墙顶上用水泥砂浆或细石混凝土找平，随抹随安装。板的安装顺序，一般是从房屋的一端向另一端，或按施工组织的要求从某一施工段的起点流向终点逐间逐板安装。当采用带有拔杆的起重机械直接安装时，板的就位和落钩至少由二个安装工控制，同时必须与指挥人员、司机共同协作，保证板一次安装到位，稳妥地搁在墙顶的砂浆上，板在脱钩之前，必须检查其搁置长度、平面位置和稳定性，否则，应重新坐浆，重新就位。当采用杠杆小车运输、安装时，应由4～5人控制板和小车；就位时，先让一端搁置在墙顶上，再搁置另一端；若采用横向安装时，应两端同时落位，如图5-17所示。板就位后不能随意撬动（尤其是以墙体为支点的撬动），并应检查板下坐浆是否饱满，有无松动情况；板缝应宽窄均匀，相邻板面高差不大于10mm。

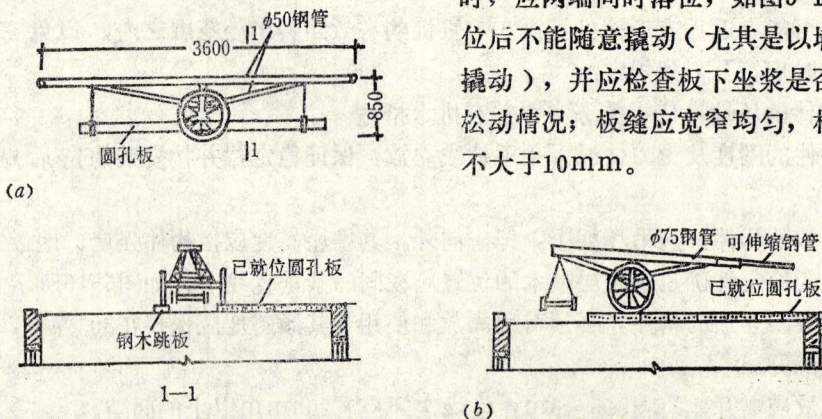

图 5-17　用杠杆车运输、安装空心板
（a）纵向安装空心板；（b）横向安装空心板

126

一层楼板安完后，应及时用细石混凝土灌缝。灌缝前应认真清理板缝，并浇水湿润。当板缝间隙较小时，可直接嵌填；当板缝较大时，则应采用吊模的方法现浇钢筋混凝土板带；无论采取什么方法灌缝，都应注意灌填的密实性和养护，灌缝质量的好坏直接影响到楼板的整体性及楼面是否渗漏，施工时应引起重视。

2.挂瓦板

挂瓦板在安装前，应在屋架或山墙上弹出安装就位线。安装的次序是从房屋的一端开始，逐间由檐口向屋脊、对称进行。可采用起重机械或人工抬板等法安装。安装时，板按就位线就位，两端搁置长度基本一致，放平搁稳。

挂瓦板与屋架、山墙的连接有搁置和焊接两种。搁置时，挂瓦板应用砂浆或铁片填实垫牢，并与坡墙体或屋架结合紧密；焊接时，应在板就位找正后即施焊，每块板的焊点应不少于3个，并应焊接牢固，符合焊接对焊缝的尺寸及质量要求。

挂瓦板安装一段后，应用1:2水泥砂浆灌缝嵌实。

（二）楼梯板

混合结构中，预制楼梯板有两种形式，一种是单块的踏步板，另一种是装配式的整体楼梯板。单块踏步板一般采用人工安装，而整体的楼梯板则采用机械安装。

1.踏步板

踏步板一般适用楼梯间开间尺寸2.4m左右的宿舍、办公楼等建筑中。它的安装是随楼梯间砖墙的砌筑而逐级进行的。施工时，为了保证每一块踏步板位置准确，应事先在楼梯间的墙脚处画出各个踏步的水平位置线，并做一根踏步板皮数杆，在上面标出标高。当墙体砌到某一踏步板底的标高时，由人工抬踏步板进行安装；安装时，一端搁置于墙体上，另一端搁置在顶撑上；搁好后，用线锤从水平位置线吊上去，检查板的位置，并用皮数杆来对照标高，同时用水准器检查板的水平度，符合要求后，继续砌筑墙体和安装上一级踏步板。安装图如5-18所示。

2.装配式楼梯的安装

装配式楼梯如图5-19所示。预制整体式楼梯由楼梯段和平台板装配而成。

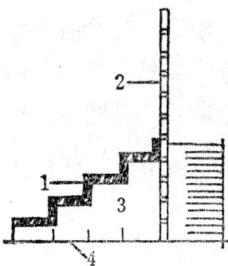

图 5-18　踏步板安装
1—踏步板；2—皮数杆；3—砖墙；4—踏步板水平位置线

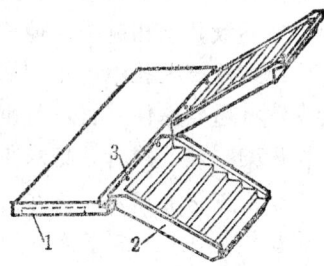

图 5-19　装配式板式楼梯安装
1—槽式平台；2—冲压式梯段；3—φ12孔

当墙体砌到平台板底标高时，先在墙顶抹厚约2cm的水泥砂浆作为找平坐浆，然后利用起重机械安装平台板，待平台板搁置稳妥，随即检查其水平度，符合要求后，在平台板边凹槽上抹水泥砂浆，再将第一楼梯段用起重机安装，将上端搁在平台板凹槽上，下端搁在楼梯基础梁上。为了保证楼梯的整体性，楼梯段与平台板、基础梁之间应采用预埋铁件焊接或预埋钢筋套接固定。第一块平台板和楼梯段安装完毕后，继续砌筑墙体，当砌到第二平台板标高时，安装第二平台板，并在两平台板间安装第二楼梯段。如此反复，逐板逐段向上安装，直至整个楼梯安装完毕。

（三）梁、过梁

安装于柱、砖墙上的梁或过梁，应在安装前对支座的标高、轴线、平面位置及构件的型号、质量进行检查与核对，并应清扫、湿润、找平支座面。

梁、过梁可采用机械及人工安装。人工安装只适用于一些重量较轻的梁或过梁；安装时，必须有安全的防护措施；梁在对位时，应两端同时下落，一次对正，避免采用以墙体为支点的拨正方法，并随时注意其稳定性。采用机械安装时，也应一次到位，搁稳后方可脱钩。

现场预制的薄腹梁或高度较大的梁，应先翻身扶直，以免起吊时，在自重作用下的平面外强度不够。为了保证梁在安装时的安全，避免与其它构件或设施发生碰撞，应在梁的两端设置拉绳。梁在对位时，应缓慢落钩，便于对线；高度大的梁对位后，应加临时支撑，以防倾倒。梁的固定可采用焊接、嵌固或后浇混凝土等方法，无论采取哪种方法，都应保证节点的连接牢固，并符合构造要求。

（四）屋架

在村镇建筑中，有些屋面结构仍采用木屋架和轻型钢屋架，这类构件可在施工现场制作，然后安装。

1．木屋架

木屋架安装前应进行验收检查；用来搁置屋架的木垫板应涂刷沥青，以作防腐；木屋架制作或运输过程中有缺陷及损伤者应及时修整；屋架跨度大或下弦为圆钢拉杆时，则应采用两侧绑木杆加固的方法来保证安装时不致于产生过大的扭曲，或平面外弯曲；同时在垫板上、屋架下弦的端面上画出屋架的安装位置线；起吊前在屋架的两端绑上拉绳；屋架绑扎一般采用两个绑扎点。

屋架的安装起吊可采用独脚拔杆配合卷扬机进行，拔杆位于房中间屋架的近旁；起吊时吊钩钩住吊索，开始起吊的速度要慢，保证平稳提升，然后匀速提升，并由两人拉住拉绳，使屋架不致晃动和碰撞其他构件；吊升到安装位置上方后，对准锚固螺栓，将屋架徐徐下落，使螺栓穿入孔中，屋架搁在垫板上，并对线无误后，套上螺母，初步上紧；然后用临时支撑将屋架撑住，再进行垂直度校正，经校正后安装第二榀屋架。从第二榀屋架起，应在屋架安装的同时，把屋架之间的垂直支撑及水平系杆装上，并在屋架之间钉上一些檩条。全部安装完毕后，逐个旋紧螺栓上的螺母。

2．轻型钢屋架系统的安装

钢屋架系统的安装顺序是：

屋架→屋架间垂直支撑→檩条→檩条拉条→屋架间水平支撑，一节间一节间逐步进行。屋架安装直接采用独脚拔杆垂直起吊和就位，有关要求和方法同木屋架。安装时应注意将檩条的拉条先预张紧，以增加屋面刚度，并传递部分屋面荷载，但不能过紧而使檩条侧向变形。屋架上弦水平支撑通常采用圆钢筋，应在屋架与檩条安装完毕后拉紧，以增加屋盖刚度。施工时，要注意不要超过设计规定的荷载。屋架系统安装完后，应将安装焊缝接头检查一遍，出现点焊或漏焊的安装焊缝应补焊修正，以确保焊缝质量。

三、结构安装方案的选择

（一）垂直运输机械的选择

混合结构进行构件安装时，构件一般要经过垂直运输，然后才能进行安装。其垂直运输机械可采用砌筑工程中所用的机械，也可采用专用机械。机械的选用主要与机械的性能、建筑物的平面形状、安装工程量、建筑物层数、施工工期，现场场地的大小以及现有设备的情况等决定，通常有以下几个方案。

1. 采用轻型塔式起重机；

2. 采用汽车式、轮胎式起重机；

3. 井式升降机、龙门架、双吊篮；

4. 独脚拔杆及人字拔杆等。

具体采用哪种垂直运输和安装机械要根据因地制宜、就地取材、工程特点及企业条件等因素而决定。例如：在村镇建设中，多层混合结构建筑可采用轻型塔式起重机、龙门架、井架等；在山区建设中，可采用独脚拔杆、龙门架等。

（二）结构安装方案

1. 塔式起重机方案

塔式起重机的起重臂安装在塔身上部，起重高度和工作幅度都较大，既可吊运构件，又可直接安装构件，适用于多层和高层建筑的构件吊装。如图5-20所示，起重机布置在拟建房屋的一侧，运到工地的各种材料和构件可由塔式起重机卸车，堆放在施工平面图的设计位置上，再按施工需要将构件吊运到安装位置进行安装就位。采用塔式起重机进行安装时，要求构件布置在其回转半径范围内，且安装构件能一次到位。塔式起重机的工作效率取决于垂直运输的高度、构件堆放的远近、构件布置的合理程度，以及司机、工人的熟练程度等，因此要发挥起重机的效率，就必须把上述因素的影响尽量降低到最小程度。如果起重机的吊次不能满足安装速度的要求，而又

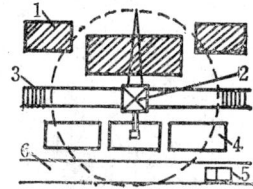

图 5-20 塔式起重机布置示意图
1—拟建建筑物；2—塔吊；3—轨道
4—构件堆放场；5—汽车；6—道路

采用一班工作制时，可以在上班前或下班后，预先赶运一些构件的方法来保证构件的快速安装，也可采取下列措施：

（1）充分发挥起重机的起重能力，采用一吊吊多件；

（2）减少总吊次，避免二次搬运构件；

（3）缩短吊运时间，构件尽量布置在安装部位附近的地面上。

（4）合理安排施工顺序，保证连续均衡地工作。

混合结构构件安装的同时，塔式起重机可能还要进行其它材料的运输，这就更要考虑好、安排好相互之间的穿插，不能顾此失彼。所以在采取该方案进行构件吊装时，要详细计算每班的运输量是否在起重机的起重能力范围内，既不影响工期，又能发挥效率。所以，有些工程在采用塔式起重机的同时，也采用其它运输机械与之配合，用来吊运砌筑材料，这样就保证了塔式起重机安装的效率。

2. 汽车、轮胎式起重机的安装方案

汽车式、轮胎式起重机的臂杆长度较大，但安装高度并不大，一般只用于3～4层及其

以下的民用建筑构件的安装。采用汽车式起重机安装时，效率较高，而轮胎式次之。汽车式、轮胎式起重机拟布置在在建工程以外，它可同时完成装卸构件和安装工作；也可先将构件卸在安装部位的附近，然后按一定顺序逐板逐步安装；安装时，起重机在一停机点上只能安装一定块数或面积的构件，然后转移至另一停机点。汽车式、轮胎式起重机的驾驶室位置较低，司机不易看清安装部位，其指挥人员一定要与司机、安装人员配合好，以提高安装效率。如果起重机的臂杆长度有限，而安装高度又较大时，构件就不能一次安装到位，起重机只能将构件吊在建筑物的楼面上，这时由安装工用滑动杠杆或杠杆小车在楼面上进行运输和安装。所以选择汽车式、轮胎式起重机时，最好是工程量小，层数低，建筑物周围空旷的场地。

3.井式升降机、龙门架、双吊篮方案

井式升降机、龙门架、双吊篮等垂直运输机械，在混合结构施工中运用极为普遍，一般建筑物高度在30m以内均可采用。运到工地的预制构件用其它起重机械卸车堆放后，利用杠杆小车进行水平运输，然后采用井架、龙门架等进行垂直运输，楼面上仍可采用杠杆小车进行运输和安装。安装构件时，也可采用带起重杆的井式升降机来完成。若用杠杆小

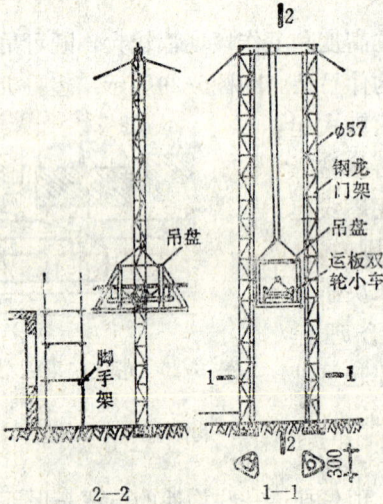

图 5-21 龙门架式升降机示意图

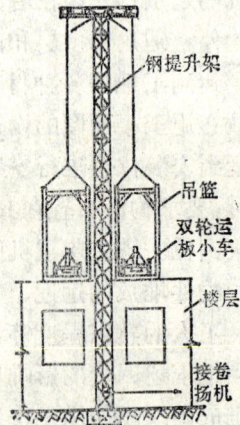

图 5-22 30m双篮吊垂直吊运空心板示意

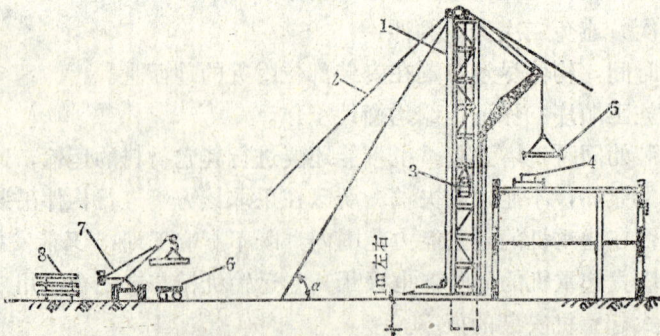

图 5-23 井架、杠杆小车安装构件示意图

1—井架；2—缆风绳；3—吊篮；4—杠杆小车；5—空心板；6—胶轮小车；7—少先吊；8—构件堆放

车直接将构件安装就位，则需配以跳板，以便小车通行。空心板采用龙门架、井架、双吊篮的运输及安装如图5-21，5-22，5-23所示。

采用上述机械进行构件的垂直运输时，应注意以下几点：

（1）构件必须放置于吊盘内的中心位置；

（2）吊盘不准超载；

（3）吊盘应有可靠的安全刹车装置，防止吊盘在运输或卸载时发生失灵而跌落事故；

4.独脚拔杆或人字拔杆方案

在施工条件受到限制时，构件的运输、安装可采用独脚拔杆或人字拔杆。这类机械只适用于层数较少、工程量不大的工程。运到工地的构件可以利用这类机械或少先式机械卸车堆放，其构件就近放在拔杆的附近，然后利用拔杆进行垂直运输和配合滑杆，杠杆小车进行楼面运输及安装。利用这类机械安装效率较低，所以只适用在山区无其它起重机械或特殊工程中采用。如图5-24为独脚拔杆吊运空心板示意图。

5.人工斜道安装方案

当施工条件受到限制，建筑物高度较低，无法采用机械进行构件安装时，可采用搭设斜道进行人工搬运和安装

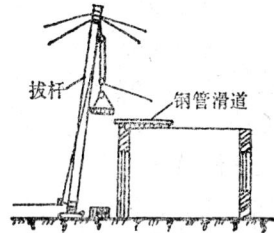

图 5-24 用独脚吊运空心板示意图

构件，也可利用斜道采用杠杆小车运输和安装构件。搭设斜道时应注意：

（1）斜道的宽度不应小于1.8m；

（2）斜道两侧及拐弯平台外围，应设不低于1m的防护栏杆及高180mm的挡脚板；

（3）斜道脚手板上应钉防滑条；

（4）斜道立杆纵距采用1.5m，大横杆间距1.2~1.4m，小横杆置于斜横杆上间距不大于1m，斜道两边应设剪刀撑；

（5）脚手板上按间距300~500mm加设斜横杆，以固定脚手板；

（6）斜道拐弯平台的长度要保证人工及杠杆小车所需的工作面要求。

人工安装板时，要有足够宽度和厚度的跳板作为安板时的脚踏板，以保证顺利安全地施工。

四、构件安装的注意事项

（一）吊运板时，要按规定设置吊点和支垫点，吊索应对称设置，受力均匀，防止构件因悬臂过大而产生裂缝。有横向裂缝的板应避免使用。

（二）空心板，过梁安装前应将两端孔用砖或混凝土堵筑好，其堵筑长度不小于上部受压宽度；

（三）注意墙顶的水平标高及找平工作，一般用水泥砂浆找平，厚度大于20mm的找平应用细石混凝土找平。

（四）板的搁置长度：在梁上不得少于60mm，在砖墙上不少于80mm；过梁搁置在砖墙上不少于120mm。

（五）板安装好后，应随即灌缝，待灌缝混凝土达到5MPa以上时，才准临时堆放材

料、构件。

第三节　装配式单层工业厂房结构安装

随着村镇工业建设的高速发展，装配式单层工业厂房结构愈来愈得到推广和应用，将为缩小城乡差别，增强村镇经济实力作出新贡献。本节将介绍单层工业厂房中的基本构件吊装方法和结构安装方法等主要知识。

一、构件吊装前的准备工作

为了保证构件吊装的顺利进行，构件吊装前必须做好各项准备工作。如清理现场、修筑道路、构件的运输与堆放、构件的检查与清理、弹线与编号、构件的加固、杯形基础的准备等。如需在雨期施工，还应做好防水排水工作。现介绍单层工业厂房施工中的几个主要的现场准备工作。

（一）构件的检查与清理

在构件吊装前，应对所有构件进行全面的检查及清理，以确保工程的安装质量和顺利完成施工任务。构件的检查包括以下内容：

1.构件的混凝土强度应达到吊装的强度要求。在一般情况下，普通混凝土构件的混凝土强度应不低于设计强度等级的70%；对一些大跨度或重要的构件（如屋架）则应达到100%的设计强度等级。预应力混凝土构件，孔道灌浆的强度则应不低于15MPa。

2.构件的外形尺寸、预埋件的位置和尺寸、吊环的位置和规格、接头的钢筋长度等应符合设计要求或规定，具体检查如下：

（1）柱子　应检查总长度，柱脚到牛腿面的长度，柱脚底面平整度，截面尺寸，各部位预埋件的位置和尺寸等。

（2）屋架　应检查总长度，侧向弯曲，连接屋面板、天窗架、支撑等构件的预埋铁件的数量与位置等。

（3）吊车梁　应检查总长度、高度、侧向弯曲、预埋件的位置与尺寸等。

预制构件的允许偏差见表5-11。

3.构件的外表面有无损伤、缺陷、变形；预埋件上有无粘砂浆等污物；吊环有无损伤、变形，能否穿卡环或钢丝绳等。

4.构件的型号与数量是否与设计相符。

（二）构件的弹线与编号

构件经检查合格后，即可在构件上弹出安装的定位墨线和校正墨线，作为构件安装对位和校正的依据。对于外形复杂的构件，还应标出它的重心和绑扎点位置。具体要求如下：

1.柱子　在柱身三面弹出安装中心线，并与柱基杯口面上的安装中心线相吻合。此外，在柱顶及牛腿面上还要弹出安装屋架及吊车梁的定位线。

2.屋架　屋架上弦顶面应弹出几何中心线，并延伸至屋架两端下部；从跨度中央向两端分别弹出天窗架、屋面板、檩条等构件的安装定位线。

3.梁　在梁的两端及顶面弹出安装中心线。

在对构件弹线的同时，应按图纸将构件编号，并写在明显的部位。不易分辨上下左右

项　次	项　　　目			允许偏差　（mm）
1	截面尺寸	长度	板、梁	+10，−5
			柱	+5，−10
			墙板	±5
			薄腹板、桁架	+15，−10
		宽度	板、梁、柱、墙板、薄腹梁、桁架	±5
		高度	板、梁、柱、墙板、薄腹梁、桁架	±5
		肋宽、厚度		+4，−2
2	侧向弯曲		板	L/500且不大于20
			梁、柱	L/750且不大于20
			墙板、薄腹梁、桁架	L/1000且不大于20
3	预埋件		中心线位置	10
			螺栓位置	5
			螺栓明露长度	+10，−5
4	预留孔		中心线位置	5
5	预留洞		中心线位置	15
6	保护层厚度		板	+5，−3
			梁、柱、墙板、薄腹梁、桁架	+10，−5
7	对角线差		板、墙板	10
8	表面平整		板、墙板、柱、梁	5
9	预应力构件预留孔道位置		梁、墙板、薄腹梁、桁架	3

注：1. 受力钢筋保护层的偏差，仅在必要时进行检查。
　　2. L为构件长度（mm）。

的构件，应标明安装朝向，以免安装时将方向搞反。

（三）钢筋混凝土杯形基础的准备

装配式单层工业厂房的钢筋混凝土杯形基础一般均在现场原位现浇制作，存在一定的误差，故需调整及弹线，以保证上部构件安装到设计的位置上。

1. 弹线　先检查杯口尺寸，然后根据柱网轴线关系在基础顶口弹出十字交叉的安装中心线，如图5-25所示。中心线对定位轴线的允许偏差为±10mm。

2. 柱基抄平与调整　杯形基础在制作时，杯口底部一般比设计标高低30~50mm，使柱子长度有误差时便于调整，确保牛腿面标高H_2符合设计要求。首先在杯口内壁弹出比杯口顶面标高低100mm的水平线，随后用尺测量标底的实际标高H_1（小柱测中心一点，大柱测四角点）。牛腿面的设计标高H_2与杯底实际标高H_1的差，就是柱脚至牛脚面应需的长度l_1，l_1与柱脚到牛腿面的实际长度l_2相减所得的值ΔH，即制作误差的调整值，如图5-26所示。结合柱脚底面及杯底的平整程度，用水泥砂浆或细石混凝土将杯底垫至所需的高度。

（四）构件加固与料具准备

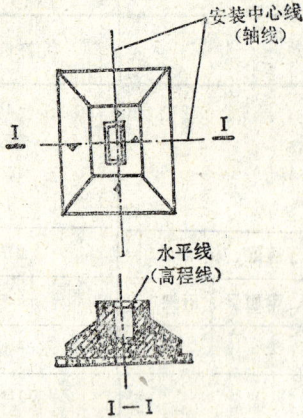

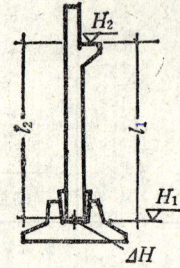

图 5-25 基础弹线　　　　　　　图 5-26 柱基抄平与调整

为确保施工的安全，对屋架一类的单片构件应采取临时加固的措施，以增加其侧向刚度。具体要求如下：

（1）三角形组合屋架，且下弦为圆钢或角钢，应采用不少于两道（双面）的杉杆或劲性系杆绑扎加固；

（2）跨度大于18m的钢筋混凝土屋架，应采用不少于一道（双面）的杉杆或劲性系杆绑扎加固；

（3）钢屋架在翻身扶直与安装时，均应绑扎不少于二道的杉杆或劲性系杆。

（4）天窗拼装后，应绑扎不少于一道的杉杆或劲性系杆。

在构件吊装前，要准备好各种料具、机具。如钢丝绳、吊具、吊索、滑车，电焊机、电焊条，千斤顶、撑杆、缆风绳、花篮螺丝，各种规格的垫铁、木楔、钢楔，以及便于操作人员上下的轻便竹梯或挂梯等。

二、构件安装工艺

装配式钢筋混凝土单层工业厂房的基本构件有柱、屋架、大型屋面板、吊车梁、天窗架、连系梁等。其中柱、屋架在现场就地预制，吊车梁、大型屋面板等构件在预制厂预制，运到现场安装。构件安装到设计位置上一般要经过绑扎、吊升、对位、临时固定、校正和最后固定等工序。

（一）柱子的安装

1.绑扎

由于柱子在工作状态下为压弯构件，吊装阶段为受弯构件，绑扎点的位置选择应引起注意，一般承重柱绑扎在牛腿下方，抗风柱则应以起吊时在自重作用下的正负弯矩相等确定其绑扎点。柱子的绑扎，常有以下两种方法：

（1）斜吊绑扎法

斜吊绑扎法就是绑扎后，起重机能直接将柱子从平卧状态吊起，且吊起后呈倾斜状态的绑扎方法，图5-27所示。这种方法，吊钩可低于柱顶，适用于柱子的宽面抗弯能力满足受弯要求时的中小型柱以及起重杆长度不足时采用。斜吊绑扎时，可采用一点绑扎或两点绑扎。

为了减轻劳动强度，简化施工操作，避免高空作业，可采用如图5-28所示的专用吊具——柱销的绑扎法。

（2）直吊绑扎法

直吊绑扎法就是先将平卧状态的柱子翻身，然后绑扎，柱子起吊后呈垂直状态而插入杯口 的 绑扎 方法，如图5-29所示。这种方法,柱子易于插入杯口，但吊钩需高过柱顶，需用铁扁担。适用于柱子宽面抗弯能力不足，起重机杆长较大时的中小型柱子的绑扎。直吊绑扎法可采用一点或两点绑扎。

2.吊升

柱子的吊升方法，应根据柱子的重量、长度、起重机性能及现场条件等因素而定。当采用单机吊升时，有以下两种方法：

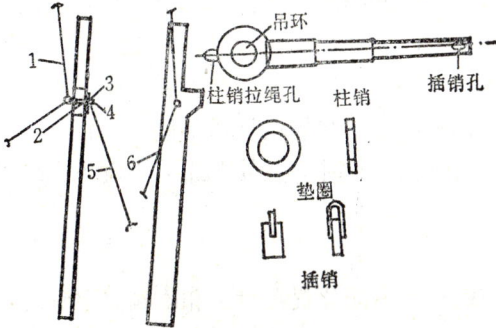

（a）一点绑扎　　　（b）两点绑扎

图 5-27　斜吊绑扎法

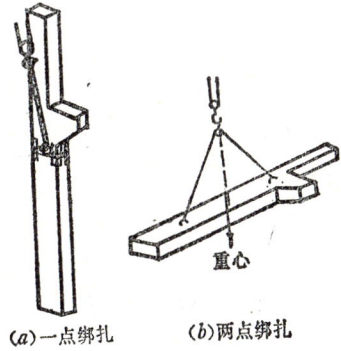

图 5-28　柱销

1—吊索；2—柱销；3—垫圈；4—插销；5—插销拉绳；6—柱销拉绳

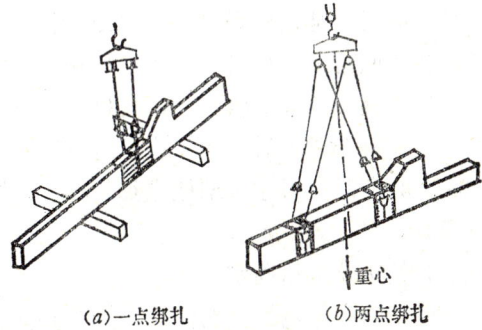

（a）一点绑扎　　　（b）两点绑扎

图 5-29　直吊绑扎法

（1）旋转法

柱子在吊升过程中，起重机是边起钩、边回转起重杆，使柱子绕柱脚旋转而吊起插入杯口，这种方法称旋转法，如图5-30所示。采用旋转法吊升时，为保证柱子连续旋转吊起而插入杯口，要求起重机的回转半径为一定值，即起吊时起重杆不起伏。故在预制布置柱子时，应使柱子的绑绑扎点、柱脚中心和杯口中心三点共弧，该三点所确定的圆心即起重机的回转中心。

如果柱子因条件的限制不能三点共弧时，也可以采用杯口与柱脚中心或绑扎点两点共弧，这种布置方法在吊升过程中，起重杆要不断地变幅，以保证柱吊升后靠近杯口而插入杯心，所以两点共弧起吊时工效低，且不够安全。

（2）滑行法

柱子在吊升时，起重机只升吊钩，起重杆不转动，使柱脚沿地面滑行逐渐 直 立 而靠近杯口，然后插入杯中的方法，如图5-31所示。采用此法吊升时，柱子的绑扎点应靠近杯口，并与杯口中心在起重机的回转半径上，以便于稍转起重杆即可将柱插入杯内。

在条件许可的前提下，通常采用旋转法。因旋转法在吊装过程中柱子所受震动较小，效率也高，只是对起重机的机动性要求较高，所以当采用自行式起重机时，柱子的吊装最

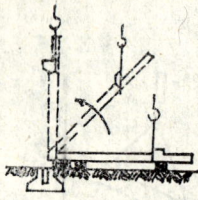
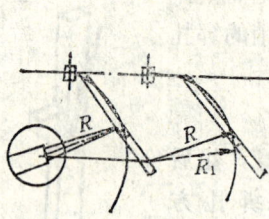
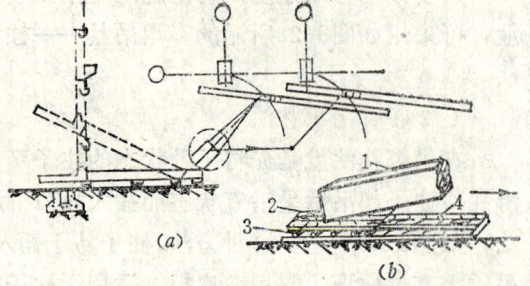
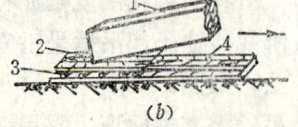

图 5-30　旋转法

图 5-31　滑行法

1—柱子；2—托木；3—滚筒；4—滑行道

好采用旋转法。而当柱子较重、较长或起重机在安全荷载下回转半径不够、现场狭窄无法按旋转法布置，以及只可能采用独脚拔杆、人字拔杆安装柱子时才采用滑行法。

3.对位和临时固定

柱的对位是在柱脚插入杯口而距杯底30～50mm处开始的。其方法是用八只木楔或钢楔从柱的四边放入杯口，并用撬棍撬动柱脚，使柱子的安装中心线对准杯口上的安装中心线；保持柱子的垂直状态后略打楔块，即可落钩，柱在自重作用下落至杯底，再复查安装中心线，符合要求后，即完成了对位工作。在对位的同时，将楔块打紧使柱子临时固定，如图5-32所示。对于重型柱或细长柱子，除采用八只楔块临时固定外，还需增设缆风绳或斜撑等来保证其稳定。

4.校正及最后固定

柱子的校正包括平面位置、标高和垂直度的校正。平面位置在对位和临时固定时已基本校正好，若有走动应及时采用敲打楔块的方法进行校正。标高的校正在杯底的抄平时也已经完成。

柱的垂直度偏差检测方法有经纬仪观测法和线锤检查法，如图5-33、5-34所示。

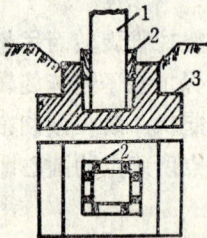
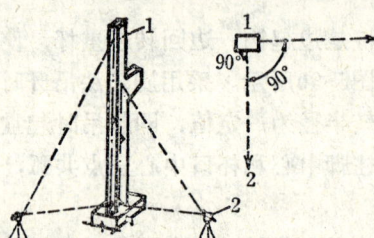
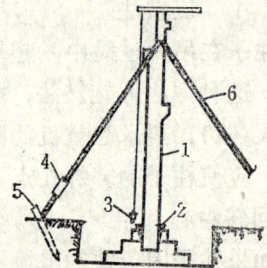

图 5-32　柱脚的临
时固定

1—柱子；2—楔子；3—基础

图 5-33　校正柱子时经纬
仪的设置

1—柱；2—经纬仪

图 5-34　用大线锤检查
柱子的垂直度

1—柱子；2—木楔；3—线锤；4—花
篮螺丝；5—木桩；6—缆风绳

柱的垂直度校正可采用撑杆校正法及千斤顶校正法，如图5-35、5-36所示。

柱子校正后应立即进行最后固定。最后固定是采用比柱子的强度等级高一级的细石混凝土灌填，分两次进行。第一次浇捣至楔块下端，当混凝土达到设计强度等级的25%以后，即可拔去楔块，然后浇捣第二次混凝土直至杯口顶面。

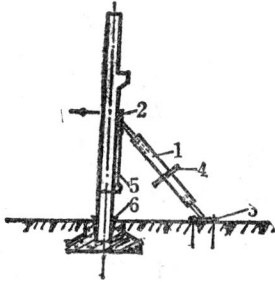

图 5-35 撑杆校正法

1—钢管；2—头部摩擦板；3—底板；4—转动
手柄；5—钢丝绳；6—楔块

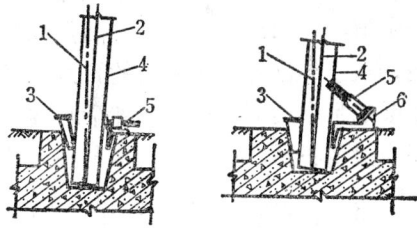

图 5-36 螺旋千斤顶校正

(a)千斤顶平顶法；(b)千斤顶斜顶法

1—铅垂线；2—柱中线；3—楔子；4—柱子；5—螺旋千
斤顶；6—千斤顶支座

（二）吊车梁的吊装

当柱子杯口二次浇灌的混凝土达到70％的设计强度后，方可进行吊车梁的安装。

1.绑扎、起吊、对位

吊车梁一般采用两点绑扎，绑扎点对称设置于梁的两端，以便起吊后梁身保持水平。梁的两端应设置拉绳，避免悬空时碰撞柱子。

吊车梁应缓慢降钩对位，使吊车梁端与牛腿面的横轴线对准。对位时不宜用撬棍顺纵轴方向撬动吊车梁，以免柱产生偏移和弯曲。

吊车梁的稳定性较好，无需采取临时固定措施，一般情况下只需用垫铁垫平即可，但当梁的高宽比大于4时，要用铅丝将梁捆在柱上，以防倾倒。

2.校正与最后固定

吊车梁的校正应在车间或一个伸缩缝区段内的全部结构构件安装完毕并经最后固定后进行。

吊车梁的校正包括标高、平面位置和垂直度。

标高的测定和调整已在做杯底的找平时基本完成，如仍有误差，可待安装吊车轨道时，用砂浆或垫铁调整即可。垂直度可用线锤靠尺检查（图5-37），若超过允许偏差，则应在平面位置校正的同时，用垫铁在梁两端支座上纠正，且每迭垫铁不得超过三片。

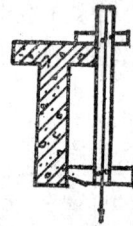

图 5-37 吊车梁

平面位置的校正包括轨距和纵轴线两项。轨距一般用钢卷尺测定；纵轴线的检查及校正常用拉钢丝法和边吊边校法。

（1）拉钢丝法

如图5-38所示，检查时，根据柱定位轴线定出车间两端吊车梁的定位轴线，并架设经纬仪检查、校正四根吊车梁的位置及用钢卷尺测定轨距L_K；在已校正的吊车梁端头设置高约20cm的支架用来支设钢丝，根据吊车梁定位轴线拉钢丝通线，然后根据通线逐根检查和校正其它各根吊车梁。此法适用于常用的长6m，重5t以内的吊车梁。

（2）边吊边校法

当吊车梁较重，其校正撬动困难，必须依靠起重机来移动调整时，只有采用边吊装边校正的方法。

如图5-39所示，校正时先用经纬仪在柱旁引一条与吊车梁纵轴线平行的视线，两线的间距为定值，在木尺上用A、B两点标出；安装时，将木尺上的A点对准吊车梁顶面上的中心线，从经纬仪观察木尺上的B点，经移动调整吊车梁的位置，使B点与视线重合，这时所安装的吊车梁即已校正，然后再边吊边校下一根吊车梁。

吊车梁校正后，应立即将梁与柱上的预埋件焊牢，并在接头处支模、浇筑细石混凝土。

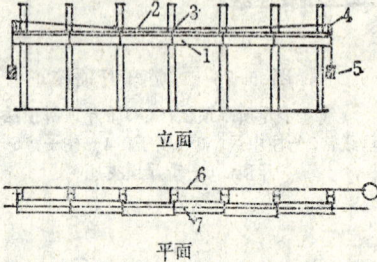

图 5-38 钢丝校正法

1—吊车梁；2—钢丝；3—圆钢；4—端头支撑；5—重物
6—柱子设计轴线；7—吊车梁设计轴线

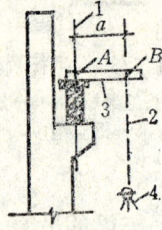

图 5-39 边吊边校法

1—吊车梁纵轴线；2—经纬仪视线；3—木尺
4—经纬仪

（三）屋架的吊装

上一节已介绍了木屋架、钢屋盖系统的安装方法，这里将介绍单层厂房中常用的钢筋混凝土屋架，这种屋架一般在现场采用平卧重叠制作，然后经过扶直排放再进行吊装。

1.绑扎

屋架绑扎点应在屋架上弦节点处，对称于屋架重心，使屋架起吊后基本保持水平。绑扎时吊索的长度应保证与水平线的夹角不宜小于45°，以免屋架承受过大的横向压力而产生平面外弯曲，为了减少屋架吊索的高度及所受横向压力，可采用横吊梁。屋架两端应设拉绳，以防屋架在空中转动碰撞其它构件。

屋架绑扎的有关要求如图5-40所示。

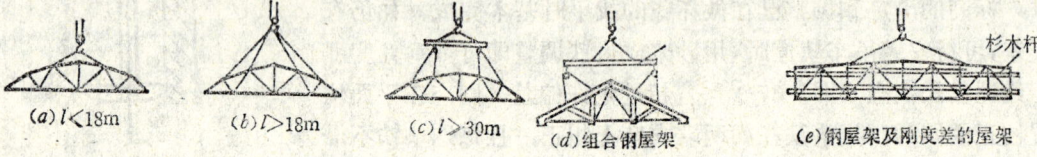

(a)l<18m　(b)l>18m　(c)l≥30m　(d)组合钢屋架　(e)钢屋架及刚度差的屋架

图 5-40 屋架的绑扎

2.扶直与排放

由于屋架重叠制作，吊装前需先翻身扶直，然后送到预定位置进行排放，以便于吊装。屋架的扶直按起重机与屋架的相对位置的不同，有两种扶直方法。

（1）正向扶直　起重机位于屋架下弦一边，吊钩对准屋架中心，收紧吊钩，再略起臂，使上下榀屋架分开，接着升钩、起臂，使屋架以下弦为轴缓缓转为直立状态，如图5-41(a)所示。

（2）反向扶直　起重机位于屋架上弦一边，吊钩对准屋架中心，收紧吊钩，接着升钩，降臂，使屋架绕下弦转动而直立，如图5-41(b)所示。

在工地上通常采用正向扶直，因升臂操作比降臂操作方便、安全。屋架在扶直前，要在屋架垛的两端架起与扶直该榀屋架底面齐平的枕木垛,以防屋架扶直过程中的突然下滑造成损伤或断裂。

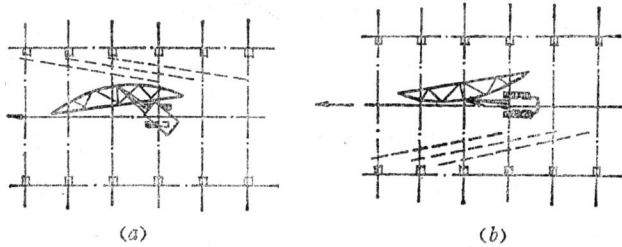

图 5-41　屋架的扶直
(a)正向扶直;(b)反向扶直

屋架扶直后应立即进行排放。屋架的排放位置与屋架安装方法、起重机械性能有关,排放时应少占场地、便于吊装,注意屋架的安装顺序及朝向等。有关要求见后面内容。

3.吊升、对位与临时固定

屋架吊起离地约30cm后,送到安装位置下方,再将其提升到柱顶以上,然后缓缓下降,使屋架的端头轴线与柱顶轴线重合。对位后进行临时固定,稳妥后才能脱钩。

第一榀屋架的临时固定必须牢固可靠。因为屋架为单片结构,且第二榀屋架的临时固定又是以第一榀为支撑。第一榀屋架的临时固定,一般是用四根缆风绳从两边把屋架拉紧,如图5-42所示。其它各榀屋架可用工具式支撑撑在前一榀屋架上,待屋架校正、最后固定并安装了若干屋面板后,将支撑取下。

4.校正、最后固定

屋架经临时固定后,主要校正垂直度。施工验收规范要求:屋架上弦对通过两端支座中心的垂直度偏差不得大于$h/250$(h为屋架高度)。垂直度检查可用线锤或经纬仪。用线锤检查时,将线锤挂在木尺上,然后测量上、下弦与锤线之距离;若误差超过要求,则调整至规定以内。用径纬仪检查时,将仪器架在被检查屋架的跨外,距柱横轴线0.5~1m,然后观测屋架中间及两端木卡尺上的标记是否在同一垂直面上;如偏差超过规定值,则可旋转支撑上的螺栓予以纠正,并用垫铁垫稳。校正无误后,立即用电焊焊接牢固。

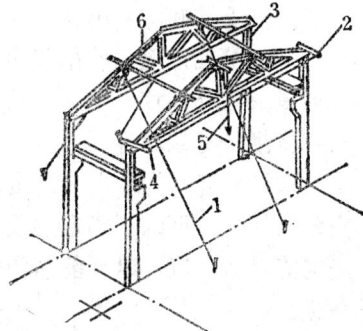

图 5-42　屋架的临时固定
1—缆风绳;2、4—挂线木尺;3—屋架校正器;5—线锤;6—屋架

(四)屋面板

单层工业厂房一般采用大型屋面板。屋面板上一般有吊环,起吊时应使四根吊索拉力相等,屋面板保持水平。屋面板安装时,应自两边檐口开始对称地逐块铺向屋脊,避免屋架承受半边荷载。屋面板按定位轴线对位后,立即进行电焊固定。每块屋面板可焊三点,最后一块只能焊两点。

三、结构安装方案

单层工业厂房的施工方案,主要应解决起重机的选择、结构安装方法、起重机的开行路线及构件的平面布置等方面的问题。

（一）起重机械的选择

起重机械的选择主要是确定起重机的类型、型号及其性能。一般中小型单层工业厂房，构件类型不多、重量和安装高度也不大，而平面尺寸较大，故此在条件许可的前提下，选择自行式起重机是合理的——尤其是履带式起重机。但在缺乏自行式起重机的村镇建设中，用桅杆式起重机，也能完成构件的安装，只是效率较低。

在确定了起重机的类型后，还需要进一步选择起重机的型号及起重杆长，使所选择的起重机的三个工作参数，即起重量(Q)、起重高度(H)、起重半径(R)均能满足结构安装的要求。

1.起重量

起重机的起量重必须大于所吊构件的重量与索具重量之和。

$$Q \geqslant Q_1 + q$$

式中　Q——起重机的起重量(t)；

Q_1——构件的重量(t)；

q——索具的重量(t)。

2.起重高度

起重机的起重高度必须满足所吊构件的安装高度要求，如图5-43所示。

$$H \geqslant h_1 + h_2 + h_3 + h_4$$

式中　H——起重机的起重高度(m)，从停机面至吊钩中心；

h_1——安装支座表面高度(m)，从停机面算起；

h_2——安装间隙(m)，一般不小于0.3m；

h_3——绑扎点至构件吊起后底面的距离(m)；

h_4——索具高度(m)，从绑扎点至吊钩中心。

3.起重半径与最小杆长

当起重机的起重量和安装高度满足构件的要求，且可不受限制地开到所安装构件的附近去安装构件时，可以不确定起重半径；但在吊装某一类构件时，起重机的起重半径应该为一确定值，这个值可以从前面的性能表中查得，查得的R值可作为构件平面布置和吊装时的依据。

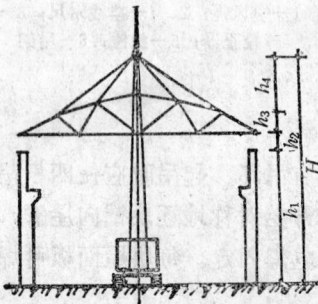

图 5-43　起重机的起重高度　　　　　图 5-44　最小杆长计算简图

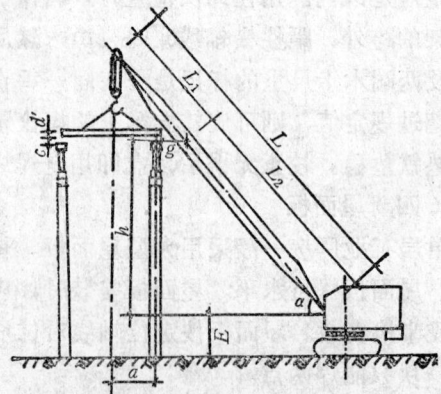

140

当起重机不能靠近安装位置去吊装构件时，则应验算当起重机的起重半径为一定值时的起重量及安装高度能否满足构件安装的要求。

当起重机的起重杆需跨过已安装的构件上空去安装构件时，如屋面板，则要考虑安装时起重杆不得与已安装的构件相碰，并按这一要求确定所需的最小起重杆长度、起重机仰角、停机位置等。最小杆长可采用数解法或图解法，这里只介绍数解法。

如图5-44所示为最小杆长的计算简图。由图知：

$$L = l_1 + l_2 = \frac{h}{\sin \alpha} + \frac{a+g}{\cos \alpha}$$

为了求得最小杆长，对上式进行微分；并令 $\frac{dL}{d\alpha} = 0$，得：

$$\alpha = \text{arctg} \sqrt[3]{\frac{h}{a+g}}$$

将 α 代入 $L = l_1 + l_2$ 中便可求得 $L_{\min}$ 值，也可算得起重半径 R：

$$R = F + L \cos \alpha$$

上述式中　　L——起重杆的长度（m）；

h——起重杆底铰至构件安装支座的高度（m）；

a——起重钩需跨过已安装好构件的距离（m）；

g——起重杆轴线与已安屋架间的水平距离（>1m）；

E——起重杆底铰与停机面距离（参考表5-5）；

F——起重机回转中心至起重杆下铰点距离（参考表5-5）。

（二）结构安装方法

单层工业厂房结构安装方法有分件安装法和综合安装法两种。

1. 分件安装法

起重机在车间内每开行一次仅安装一种或两种构件的方法称分件安装法。单层工业厂房起重机一般需三次开行即可安装完全部构件。

第一次开行，安装全部柱子，并对柱子进行校正和最后固定；

第二次开行，安装全部吊车梁、连系梁及柱间支撑，并进行屋架的扶直排放；

第三次开行，沿跨中分节间安装屋架、天窗架、屋面板及屋面支撑等屋盖构件。

分件安装法起重机每次开行，基本上是安装同类构件，不需经常更换索具，操作易于熟练，工作效率高；构件供应与现场平面布置比较简单，可为构件校正、接头焊接、灌筑混凝土及养护提供充分的时间，保证了安装的质量。因此，目前装配式单层工业厂房大多采用分件安装法。

2. 综合安装法

起重机在车间内的一次开行中，分节间安装完各种类型的构件的方法。具体的安装要求是：先安装 4～6 根柱子，并立即加以校正及最后固定，接着安装连系梁、吊车梁、屋架、天窗架、屋面板等构件。如图5-45所示。因此，起重机在每一个停机点都可以安装较多的构件，开行路线短；每一节间安装完毕后，可为后续工作提供工作面，使各工种能交叉平行流水作业，有利于加快施工速度，缩短工程工期；但构件平面布置复杂，构件校正和最后固定时间紧迫，且后安装的构件对先安装的构件的影响增大，工程质量难以保证；

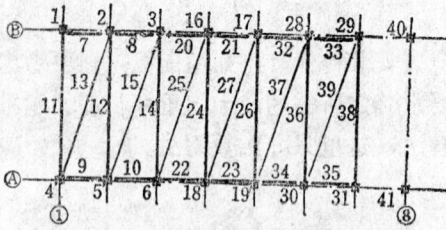

吊柱子　　1～6号、16～19号、28～31号、40～41号
安吊车梁　7～10号、20～23号、32～35号
安屋架　　11～12号、14号、24号、26号、36号、38号
安屋面板　13号、15号、25号、27号、37号、39号

图 5-45　综合安装法构件吊装顺序

只有当结构构件必须采用综合安装法及移动困难的桅杆式起重机进行安装时，才采用此法。

（三）构件的平面布置

构件的平面布置包括预制阶段的平面布置和安装阶段的平面布置。构件的布置应遵守以下原则：

a. 每跨的构件宜布置在本跨内；

b. 构件的布置，应便于支模及浇筑混凝土，预应力构件要留出抽管、穿筋的必要空地。

c. 要满足安装工艺的要求，尽可能布置在起重机的工作半径内，尽量减少负荷行驶的距离及起伏起重杆的次数。

d. 力求占地少，保证运输、起重机行驶的道路畅通，起重机回转时不碰撞构件。

e. 要注意构件的朝向，**特别是屋架，要避免安装时在空中调头。**

f. 应布置在坚实的地基上。现场预制时要注意地基的均匀沉降，新填土要夯实并垫上通长木板。

构件的布置还应考虑起重机的性能，当起重机的起重能力大、构件较轻时，则优先考虑构件的布置方便；当构件重量大，起重机能力小时，则优先考虑便于吊装。

1.预制阶段的构件平面布置

预制阶段的构件平面布置是指在现场制作构件时的构件平面布置，如屋架、柱子等构件在现场预制，应确定其预制的位置。

（1）柱的布置

柱子在吊升时有旋转法和滑行法。为了保证柱子按这两种方法吊升，柱子在预制时常有以下两种布置方式：

1）斜向布置

柱子预制时与厂房纵轴线成一倾角。这种布置方式主要是为了配合旋转法，具有占用场地较少、起重机起吊方便等优点。斜向布置时，常采用三点共弧，其预制位置可采用作图法确定，作图步骤如下：

a）平行柱轴线作一平行线为起重机开行路线，起重机开行路线到柱基中心的距离为 L（如图5-46），L 值与起重机吊装柱子的起重半径 R 有关，即：$L \leqslant R$。

同时，开行路线应不在回填土地段，不要过分靠近构件，防止回转时碰撞构件。

b）确定起重机的停机点。起重机安装柱子时应位于所吊柱子的横轴线稍后的位置，以便于司机看清柱子的状态和对位情况。停机点的确定方法是，以要安装的柱基础杯口中心为圆心，以所选定的起重半径为半径，画弧交开行路线于 O 点，O 点即为所安装柱子的停机点。

c）确定预制位置。以停机点 O 为圆心，以 OM（即起重半径 R）为半径画弧；在弧上靠近柱基的附近选一点 K（K 最好不在回填土上），作为柱脚中心；K 点的选择应使柱子布置不压在杯口上为好，以 K 点为圆心，柱脚至绑扎点的长度为半径画弧，交 OM 半径所

画的弧于 S 点，连 KS，即为柱子的中心线；根据中心线确定柱子的模板位置图，量出柱顶、柱脚中心点到柱列纵横轴线的距离 A、B、C、D，作为支模定位的依据。

在确定柱子的模板位置时，要注意牛腿的朝向。当柱布置在跨内时，牛腿应面向起重机；布置在跨外时，牛腿则应背向起重机。

如果柱子布置难以做到三点共弧时，也可按两点共弧布置。如图5-47(a)所示，采用柱脚、杯口中心两点共弧时，S 点的确定方法是以柱脚 K 为圆心，柱脚到绑扎点的距离为半径画弧，同时以 O 为圆心，起重机吊装柱子的安全起重半径为半径画弧，两弧的交点即吊点 S，连 KS 即柱中心线。如图5-47(b)所示，是绑扎点、杯口中心两点共弧，S 点应靠近杯口。但上柱最好不在回填土上。

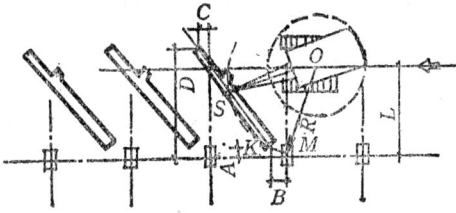

图 5-46　柱子的斜向布置

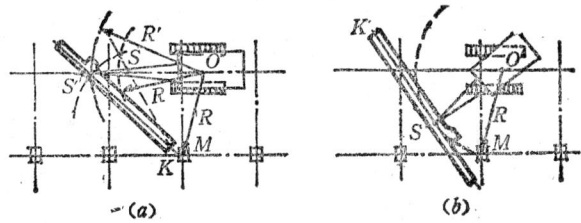

(a)　(b)

图 5-47　两点共弧布置法

2）纵向布置

柱子的预制方向与厂房纵轴线平行排列，如图5-48所示。这种布置方式是因为场地狭窄，配合柱子的滑行法吊升时采用的。布置时可考虑起重机停于两柱之间，每一停机点吊装两根柱子。柱子绑扎点 S 应考虑布置在起重机吊装该柱的起重半径上。

（2）屋架的布置

屋架一般安排在跨内平卧叠层预制，每垛3～4榀。布置的方式有正面斜向布置、正反斜向布置和正反顺轴线布置，如图5-49所示。通常以斜向布置较好，因为它便于起重机进行屋架的扶直和排放，只有场地受到限制时，才考虑其他布置方式。

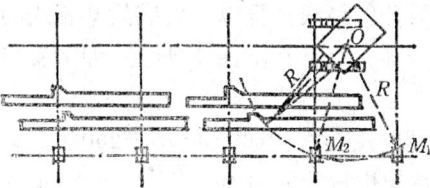

图 5-48　柱子的纵向布置

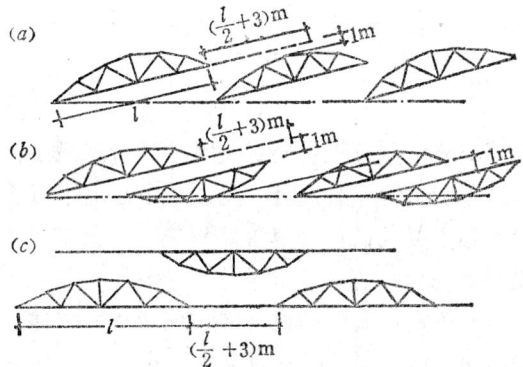

图 5-49　屋架的布置

(a)正面斜向布置；(b)正反斜向布置；(c)顺轴线正反向布置

屋架采用正面斜向布置时，下弦与厂房纵轴线的夹角 α 取10°～20°；预应力混凝土屋架，预留孔洞采用钢管抽芯时，屋架两端应留出 $\left(\dfrac{l}{2}+3\right)$ m 的一段距离（l 为屋架跨度）作为抽管、穿筋的操作场地；如在一端抽管，应留出（$l+3$）m 的空地。如采用胶皮管抽芯，则可适当缩短，但要保证穿筋的场地。

屋架之间应留有 1 m 左右的间隙,以便于支模及浇筑混凝土,同时保证穿筋等操作要求。

屋架布置时,应考虑扶直排放的先后次序,先扶直排放的放在上层,同时应注意屋架的朝向及预埋铁件的位置。

(3)吊车梁的布置

当吊车梁在现场预制时,可靠近柱基顺纵向轴线或略有倾斜布置。也可插在柱子的空档中预制,但不要影响起重机吊装柱子的开行路线。如具有运输条件,也可以在场外集中预制。

2. 安装阶段构件的排放与堆放布置

安装阶段的排放与堆放布置,是指柱子已安装完毕,其他构件的排放与堆放布置。包括屋架的排放,吊车梁、屋面板的排放或堆放布置等。

(1)屋架的排放布置

屋架的排放一般有两种方式:一种是靠柱边的斜向排放,另一种是靠柱边成组纵向排放。

1)屋架的斜向排放

如图5-50所示,屋架斜向排放位置的确定,可按以下步骤作图:

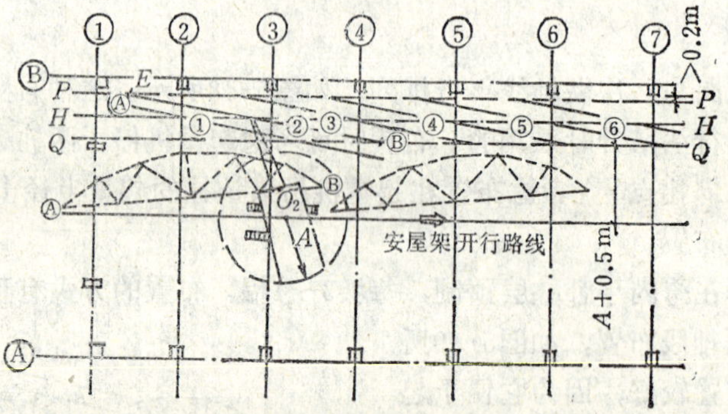

图 5-50　屋架的排放位置

a. 确定起重机安装屋架时的开行路线及停机点。安装屋架时,起 重 机 一 般 沿跨中开行,作图确定停机点时,先在跨中画出平行于纵轴的开行路线,再以欲安装的某轴线的屋架中心点 M 为圆心,以安装屋架的起重半径为半径画弧,交开行路线于 O 点, 即为安装该榀屋架的停机点。

b. 确定屋架的排放范围。屋架一般靠柱边排放,但与柱之距离也不宜小于20cm,并可利用柱子作为屋架的临时支撑。根据以上要求,作屋架排放的外边界线 PP。起重 机 安 装屋架、屋面板时要避免机身尾部碰撞排放的屋架,故在开行路 线 $(A + 0.5)$ m 范围内(A 为起重机的几何参数),也不宜排放屋架,从而由此确定屋架排放的内边界线 QQ, PP、QQ 线之间即为屋架的排放范围。

c. 确定屋架的排放位置。根据 PP、QQ 线确定中线 HH,屋架斜向排 放 后,其中点(屋脊)均应在 HH 线上。以安装该榀屋架的停机点 O 为圆心,起重半径 R 为半径画弧,交 HH 线于 G 点,G 点即是该榀屋架排放后的中点;再以 G 点为圆心,屋架的跨度一半为半径,画弧交 PP、HH 两线于 E、F 两点,连 EF,即为所要确定的屋架排放位置(G 点应

144

在 E、F 的连线上）。在确定屋架的排放位置时应注意屋架排放的次序和朝向，不要把先排放的屋架放在距离柱较远的位置，而后排放的屋架放靠近柱较近的位置，这样也不便于吊装和排放时的临时固定。其他各榀屋架排放均平行于前述屋架，端点相距 6m。最后一榀屋架排放时往往应靠近前一榀屋架。

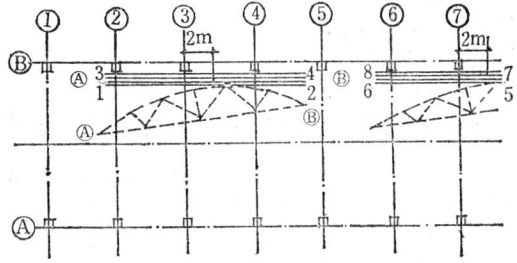

图 5-51　屋架的纵向排放

2）屋架的成组纵向排放

屋架纵向排放时，一般以 4～5 榀为一组靠柱边顺轴线排放，如图5-51所示。

屋架纵向排放时，屋架与柱之间、屋架与屋架之间的净距不少于20cm，相互之间用铅丝及支撑拉紧撑牢。每组屋架之间，应留3m左右的间距作为横向通道。应避免在已安装好的屋架下面去绑扎和吊装屋架。因此，每组屋架的排放中心线，可大致安排在该组屋架倒数第二榀安装轴线之后2m处。

（2）吊车梁、连系梁、屋面板的排放与堆放布置

构件运至现场后，应按平面布置要求的位置，按编号及构件安装顺序进行排放或堆放。

吊车梁、连系梁，一般在其吊装位置的柱列附近，跨内跨外均可。有时也可直接从运输车上吊装，不需排放。

屋面板的排放位置，根据吊装大型屋面板时的 R 值，可布置在跨内或跨外。跨内布置时，大约应后退3～4个节间开始排放；跨外布置时，应后退1～2个节间开始排放，以便于起重机在吊装屋面板时不改变起重半径。如图5-52为屋面板的排放布置图。

（四）起重机开行路线

起重机安装结构构件时的开行路线与起重机的性能、构件的尺寸及重量、构件的平面布置、构件的供应方式、结构安装方法等因素有关。在制订安装方案、确定起重机开行路线时，应尽可能使起重机的行驶路线最短，尽量少跑空车，在安装各类构件的过程中，路线能相互衔接，并与构件的布置要求相吻合。开行路线要选择地面稍坚硬的地段，要能多次重复使用，以减少铺设钢垫板、枕木垫块的数量，要充分利用厂房周围原有道路和新建道路的路基作为起重机的开行路线。图5-53是某单跨车间采用分件安装法时的起重机开行路线及停机位置图。

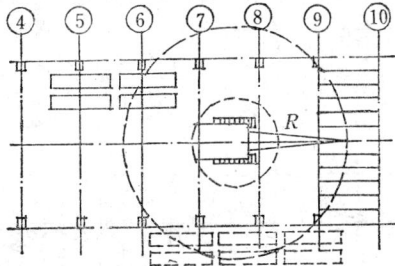

图 5-52　屋面板的排放布置
（图中虚线表示的屋面板，系跨外排放时的位置）

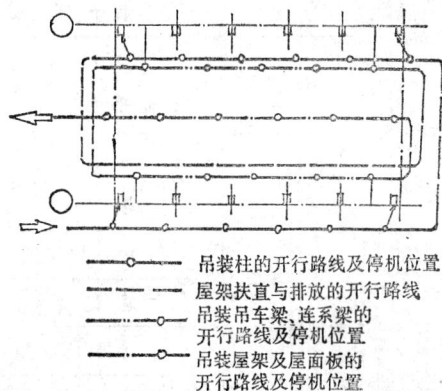

━━━━ 吊装柱的开行路线及停机位置
- - - - 屋架扶直与排放的开行路线
━○━○ 吊装吊车梁、连系梁的开行路线及停机位置
━●━● 吊装屋架及屋面板的开行路线及停机位置

图 5-53　起重机的开行路线及停机位置

第四节　结构安装工程的质量检查与安全技术

一、质量检查

结构安装工程的构件安装，必须进行质量检查。其检查工作是在构件安装时所进行的校正过程完成的。构件固定后其安装的允许偏差不超过表5-12的规定。

构件安装的允许偏差　　　　表 5-12

项次	项　　目			允许偏差　（mm）
1	杯形基础	中心线对轴线位移		10
		杯底安装标高		−10
2	柱	中心线对定位轴线的位移		5
		上下柱接口中心线位移		3
		垂　直　度	≤5m	5
			>5m	10
			≥10m的多节柱	1/1000标高但不大于20
		牛腿上表面	≤5m	−5
		和柱顶标高	>5m	−8
3	梁或吊车梁	中心线对定位轴线的位移		5
		梁上表面标高		−5
4	屋　架	下弦中心线对定位轴线的位移		5
		垂　直　度	桁架、拱形屋架	1/250屋架高
			薄腹梁	5
5	无窗架	构件中心线对定位轴线的位移		5
		垂　直　度		1/300天窗架高
6	托架梁	底座中心线对定位轴线的位移		5
		垂　直　度		10
7	板	相邻两板下	抹　灰	5
		表面平整	不抹灰	3
8	楼梯阳台	位　移		10
		标　高		±5
9	大型墙板	中心线对定位轴线的位移		3
		垂　直　度		3
		每层山墙内倾（或外倾）		2
		建筑物全高垂直度		10

二、安全技术

结构安装工程的特点是：构件重量大，操作面小，高空作业多，多工种上下交叉作业。如果不采取有效的安全防护措施，极易发生事故。所以在组织施工，确定施工方案时要制订安全规程和保护体系。

（一）现场施工人员方面

1. 从事安装的操作人员必须要经过体格检查，符合高空作业条件者方可参加安装施工，新工人必须经过培训才能从事施工操作。

2. 凡进入现场的人员必须戴安全帽，高空作业者应系好安全带。

3. 在安装过程中，禁止任何人在安装范围内站立或通行。

4. 在高空用撬杠校正构件时，必须注意因撬杠滑脱而坠落造成伤亡事故。

5. 电焊工高空作业时应系好安全带、面罩；潮湿地点工作时，应穿胶鞋。

6. 冬季施工时，为防止因构件上面的积雪或雨水而滑倒，必须采取防滑措施。

7. 构件安装要有统一指挥，服从统一命令。

（二）机械使用方面

1. 吊索、吊具、钢丝绳必须符合有关使用规定，有疑问或不准使用者，一律不用。

2. 起重机必须行驶和支立在坚实可靠的地面上，否则应加设枕木进行加固地面。

3. 龙门架等垂直运输机械应有足够的缆风绳或支撑体系。

4. 起重机起吊重物时，若接近满载，绝不能同时做两种操作动作。

5. 起重机工作时，要注意起重臂、钢丝绳、重物等与架空电线之间的最小距离不小于表5-13、5-14的要求。

起重机吊杆最高点与电线之间应保持的垂直距离　表 5-13

线路的电压(kV)	距离不小于(m)
1以下	1.0
20以下	1.5
20以上	2.5

起重机与电线之间保持的水平距离　表 5-14

线路的电压(kV)	距离不小于(m)
1以下	1.5
20以下	2.0
110以下	4.0
220以下	6.0

6. 使用新、修复、改装的起重机时，必须经试吊，进行动、静试验后才能使用。

7. 起重机起吊重物时，起钩与落钩要平稳，避免紧急刹车而倾翻。

8. 起重机在停工、休息或中途停电时，应将重物卸下，吊钩升高，起动装置关闭上锁。

（三）安全设施方面

1. 吊装现场周围应设置临时栏杆，禁止非工作人员入内。

2. 高空作业时，尽可能搭设临时操作台，如需在悬空的屋架上弦行走时，应在其上设置安全栏杆。

3. 要配备悬挂式斜靠的轻便爬梯，供上下时使用。

4.施工中，如遇大雨、大雪、大雾、六级以上的风，应停止安装作业，并将起重机臂杆降到最低位置；雷雨季节，起重设施高度超过15m时，还须设置避雷电设施。

复 习 思 考 题

1.常用桅杆式起重机有哪几种型式？各有什么特点？适用哪类构件的安装？

2.自行式起重机有几种？各有什么特点？

3.在吊装构件时，常用哪种钢丝绳？钢丝绳的安全检查包括哪些内容？使用时注意什么问题？

4.常用的铁扁担有几种？为什么要采用铁扁担？

5.滑车的允许承载力是10t，由三门滑轮组成。问单门滑轮吊重物时，滑车能否吊起4t的构件？

6.卷扬机安装的位置如何确定？使用时应注意什么问题？

7.结构安装工程要做哪些方面的准备工作？

8.空心板、楼梯踏步板是如何安装的？

9.木屋架、轻型钢屋盖安装过程是怎样的？

10.混合结构构件安装有哪几种方案？常用哪几种方案？

11.混合结构构件安装应注意哪些问题？

12.构件安装前为什么要弹线？柱子、屋架、吊车梁应弹哪些线？

13.杯形基础应作哪些准备工作？

14.试述柱子的吊装过程。柱子在什么条件下采用直吊绑扎法？

15.什么是旋转法及滑行法？各有什么特点？

16.试述屋架的吊装过程。屋架的临时固定为什么要引起重视？

17.吊车梁的校正包括哪几方面？平面位置的较正有哪些方法？

18.屋面板应采用怎样的吊装顺序？

19.起重机的选择依据是什么？

20.单层厂房结构安装方法有哪两种，各有什么特点？

21.现场预制构件布置时应考虑哪些问题？

22.柱子的现场布置有哪两种方法，如何确定其位置？

23.现场预制屋架有几种布置方式？如何确定斜向布置的位置。

24.安装阶段是指哪一阶段？

25.屋架排放的位置如何确定？

26.屋面板、吊车梁的排放方法及要求是什么？

27.对起重机开行路线有什么要求？

28.结构安装工程的安全技术包括哪些方面？

第六章 屋面防水工程

屋面防水工程是保证屋面结构不受水浸蚀的一项专门技术。防水工程的质量好坏，直接影响到房屋的使用寿命、人民生活以及生产设备的正常使用。因此，屋面防水工程的施工必须严格遵守有关操作规程，切实保证工程质量。

屋面防水工程按材料及其防水原理分为：卷材防水屋面刚,性防水屋面,构件自防水屋面、瓦屋面等。

第一节 卷材防水屋面

卷材防水屋面是用胶结材料将卷材(油毡、玻璃丝纤维布)逐层粘贴到基层上，形成整体覆盖防水层的屋面，其构造层次如图6-1所示。卷材防水层属柔性防水， 具有一定的韧性，可适应屋面结构一定程度的变形，不易开裂，但使用年限较短。

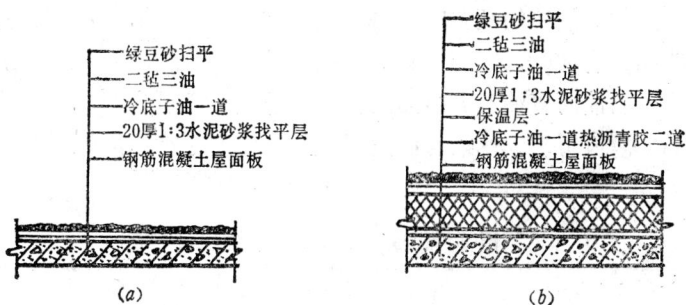

图 6-1 油毡卷材屋面构造层次图
(a)不保温屋面；(b)保温屋面

一、防水材料及质量要求

（一）沥青

卷材防水屋面常用10号和30号建筑石油沥青和60号道路石油沥青，一般不使用普通石油沥青。普通石油沥青含蜡量较大，降低了沥青的粘结力和耐热度。石油沥青的主要技术指标是针入度、软化点和延伸度，而决定沥青牌号的是针入度。沥青的主要质量指标见表6-1。

沥青使用时，要注意其品种。焦油沥青用于地下防水工程，石油沥青用于屋面防水工程，两种沥青绝不能混合使用。贮存沥青时，应按品种、牌号分开存放，还应防止混入杂质、砂土及水分，避免在阳光下曝晒。

（二）油毡

油毡是在用石油沥青浸渍过的胎纸的两面涂上高软化点的石油沥青涂层，撒上一层滑

项　目	道路石油沥青							建筑石油沥青	
	200号	180号	140号	100号甲	100号乙	60号甲	60号乙	10号	30号
针入度(25℃,100g),1/10(mm)	200~300	161~200	121~160	91~120	81~120	51~80	41~80	10~25	25~40
延伸度(25℃),(cm)不小于	--	100①	100①	90	60	70	40	1.5	3
软化点(环球法),(℃)不低于	31	35	35	42~50	42	45~50	45	95	70
溶解度(%)不小于　(三氯乙烯、三氯甲烷或苯)	91	99	99	99	99	99	99		
溶解度(%)不小于　(三氯甲烷、三氯乙烯、四氯化碳或苯)								99.5	99.5
蒸发后针入度比②,(%)不小于	50	60	60	65	65	70	70	65	65
闪点(开口),(℃)不低于	181	200	230	230	230	230	230	230	230
蒸发损失(160℃,5h),(%)不大于	1	1	1	1	1	1	1	1	1

① 当25℃延伸度达不到100cm时，如15℃延伸度不小于100cm也认为是合格的。

② 测定蒸发损失后的样品针入度与原针入度之比乘以100即得出残留物针入度占原针入度的百分数，称为蒸发后针入度比。

石粉或云母片而成的。油毡的幅宽有915mm和1000mm两种，每卷油毡的面积为20±0.3m²。油毡的标号有200号、350号、500号三种，其标号是按原纸每1m²质量的克数来决定的。不同标号纸胎石油沥青油毡合格品的性能和质量标准见表6-2。合格的油毡应卷紧卷齐，表面无孔洞、裂痕折皱、水渍及涂盖层损伤，表面疙瘩不应大于20mm，边缘缺口不大于20mm。

项　目	200号		350号		500号	
	粉毡	片毡	粉毡	片毡	粉毡	片毡
单位面积浸涂材料总质量(g/m²)不少于	600		1000		1400	
不透水性压力(Pa)不小于 保持时间(min)不少于	4.90×10⁴ 15		9.8×10⁴ 30		1.47×10⁵ 30	
吸水性(%)不大于	1.0	3.0	1.0	3.0	1.5	3.0
耐热度	在85±2℃温度下受热2h，涂盖层应无滑动和集中性气泡					
拉力(N)在25±2℃时，纵向小不于	245		343		441	
柔度在18±2℃时	绕φ20mm圆棒，无裂纹				绕φ25mm圆棒无裂纹	

油毡应贮存在阴凉通风的室内，严禁接近火源；不同品种及标号的油毡要分别直立堆放，高度以两层为宜，要防止受潮，先到先用，避免长期储存变质。

（三）冷底子油

冷底子油主要起屋面基层与油毡层的过渡粘结作用。其渗透性强，使沥青溶液渗透到找平层内部，同时可使基层具有憎水性，保证了油毡与找平层间的粘结力，故此，油毡屋面施工必须涂刷冷底子油。

冷底子油是利用30%～40%的石油沥青加入70%的汽油或60%的煤油熔融而成，前者称快挥发性冷底子油，涂喷后5～10h干燥；后者称慢挥发性冷底子油，涂喷后12～48h干燥。冷底子油的配制方法是将沥青加热脱水，直至表面不再起沫为止，再将其装入桶中冷却至70℃左右，分批加入汽油或煤油，不停地搅拌至全部溶化为止。

（四）沥青胶结材料

沥青胶结材料是油毡粘贴的胶结剂，简称沥青胶，是采用建筑石油沥青熬制配制而成的。为了提高沥青的耐热度、柔韧性、粘结力和抗老化性能及节省材料，在配制沥青胶时应加入干燥预热的填充料。填充料以滑石粉、板岩粉、云母粉、石棉粉为主；填充料的掺

沥青胶（热熔）标号选用表　　　　　　表 6-3

沥青胶类别	屋面坡度	历年室外极端最高气温	沥青胶标号
石油沥青胶	1～3%	小于38℃ 38～41℃ 41℃以上～45℃	S-60 S-65 S-70
	3%以上～15%	小于38℃ 38～41℃ 41℃以上～45℃	S-65 S-70 S-75
	15%以上～25%	小于38℃ 38～41℃ 41℃以上～45℃	S-75 S-80 S-85
焦油沥青胶	1～3%	小于38℃ 38～41℃ 41℃以上～45℃	J-55 J-60 J-65
	3%以上～10%	小于38℃ 38～41℃	J-60 J-65

注：1.卷材层上有板块保护层或整体保护层时，沥青胶结材料的标号可按表降低5号。
　　2.屋面受其它热源影响（如高温车间等），或屋面坡度超过25%时，应考虑将沥青胶结材料的标号适当提高。

量，采用粉状填料时为10%～25%，采用纤维状填料时为5%～15%；填充料的含水量不应超过3%。

沥青胶结材料标号的选择，应根据使用环境、屋面坡度和当地历年极端最高气温来确定。表6-3为沥青胶标号选用表。沥青胶的配合比应根据标号要求由试验确定，应对耐热度、柔韧性、粘结力三项指标作全面的考虑，而以耐热度为主要的考虑因素。

热熔沥青胶的加热与使用温度　　表 6-4

类　　别	加热温度℃	使用温度℃
普通石油沥青（高蜡沥青）或掺配建筑石油沥青的普通石油沥青胶	不应高于280	不低于240
建筑石油沥青胶	不应高于240	不低于190
焦油沥青胶	不应高于180	不低于140

沥青胶调制时，先将沥青（块状沥青或熔化的沥青配料）放入锅中熔化，使其脱水至不再起沫时，滤去杂质，再缓慢加入预热干燥的填充料，不停地搅拌均匀即成。调制

时必须严格控制其配合量，不得任意增减。沥青胶调制加热和使用温度应符合表6-4。沥青胶应当天熬制，当天用完。

二、承重层施工

屋面承重层一般为各种预制钢筋混凝土板和现浇钢筋混凝土板。对于预制的钢筋混凝土屋面板必须要有较好的刚度；屋面板安装时，要求坐浆平放，搁置稳妥，不得有翘动之处，相邻板面高差不大于10mm，缝隙均匀，并用细石混凝土嵌缝捣实，板缝较宽无法调整时应采用吊模方法现浇钢筋混凝土板带；屋面板不能三边支承，如板下有隔墙时，应留20mm左右的空隙，并在抹灰时用疏松材料填充，避免屋面板的反翘。

现浇钢筋混凝土屋面板的混凝土浇筑宜连续浇捣密实，不留施工缝，表面平整，有一定的排水坡度并注意养护。

三、隔汽层、保温层施工

保温屋面应在保温层下做隔汽层，以防止室内水汽通过承重层而渗入保温层降低其隔热保温的效果。隔汽层一般是在承重层或找平层上涂刷冷底子油一道和热沥青胶二道，或铺设一毡两油。隔汽层必须是整体连续的，且在屋面有垂直衔接的地方应伸到保温层上150mm处并与防水层相接。隔汽层采用油毡时，其搭接宽度不得小于50mm；采用沥青胶结材料时，其沥青的软化点应较室内和室外可能最高温度高出20~25℃，且不得低于40℃。

屋面保温层可采用松散或块体保温材料。常用的松散材料有炉碴、矿碴、蛭石、珍珠岩等，或加入水泥、石灰、沥青作为粘结材料；松散保温材料应分层铺设，每层虚铺厚度不应超过150mm，边铺边压实；压实后，不得在其上行走或堆放物品；完工的保温层应表面平整，厚度的允许偏差为+10%或-5%。常用的块体保温材料有泡沫混凝土块或加气混凝土块等，块体保温材料应外形整齐，其厚度偏差不超过±5%，且不得大于4mm；块体保温层的施工可干铺也可用胶结材料粘贴；干铺时，要求块体紧靠在基层上，并铺平、垫稳，分层铺设的上下层板块拼缝应错开，并用同类材料的碎屑嵌填密实；粘贴铺贴时，要贴严、铺平，分层铺设的上下层板块拼缝应互相错开，并用砂浆粘结牢固；粘贴铺贴必须在气温不低于5℃时施工，而干铺则可在负温下进行。

四、找平层施工

找平层是基层（承重层或保温层）与防水层的中间过渡层，以使油毡铺贴平整，粘贴牢固，并具备一定的强度能承受上面的荷载。找平层一般用1:25~3的水泥砂浆或1:8的沥青砂浆施工。找平层表面应平整、粗糙、并按设计要求留设坡度和分格缝，屋面转角处应留设半径不小于10cm的圆角或斜边长度为10~15cm的钝角垫坡；找平层与基层必须结合牢固，表面平整度用2m直尺检查时，其最大空隙不应超过5mm，且应平缓变化，每米长范内不得多于一处。

（一）水泥砂浆找平层

找平层施工前应将基层清理干净。铺设砂浆时，应由远而近、由高到低，一个分格应一次连续铺完，按要求找坡、刮平；砂浆收水后，拍实抹平；终凝前取出分格条；12h后洒水并养护。

（二）沥青砂浆找平层

施工前基层必须干净、干燥，然后满涂冷底子油1~2道，待其干燥后，便可铺设沥青砂浆。铺砂浆时，应由远而近，其虚铺厚度约为压实后的厚度1.3~1.4倍，然后刮平，用火滚压平密实，不出现蜂窝和压痕；滚压不到之处，应用烙铁烫压平整。沥青砂浆的温度参考如表6-5。

沥青砂浆温度参考表   表 6-5

室外气温	沥青砂浆温度（℃）		
（℃）	拌　制	铺　设	液压完毕
+5以上	140~170	90~120	60
+5~-10	160~180	110~130	40

沥青砂浆铺设后，最好在当天铺第一层卷材，否则要用卷材盖好找平层，以防雨水露气浸入。

五、冷底子油施工

冷底子油是找平层与防水层的中间过渡层。涂刷冷底子油时，找平层必须平整、干净、干燥；冷底子油可采用手工涂刷或机械喷涂，要求薄而均匀，不得有空白、麻点、气泡等缺陷；冷底子油干燥后，便可铺贴卷材。如需在潮湿基层上铺贴油毡，则冷底子油宜在水泥砂浆找平层终凝后能站人无痕时，立即进行喷涂，喷涂的冷底子油要稍稠一些。

六、卷材防水层施工

（一）施工准备

1.油毡：一般选用不低于350号的石油沥青油毡，对抗裂和耐久性要求较高的屋面，可选用石油沥青麻布油毡、再生胶油毡、沥青玻璃布油毡。施工前，在阴凉处将油毡打开，并清除表面的云母或滑石粉，然后卷好直立于干净、通风、阴凉的地方待用。

2.工具：准备好熬制、拌合、运输、清扫、铺贴油毡等施工工具以及安全灭火器材；设置垂直运输机械。

3.沥青胶的熬制：在建筑物下风向并离开建筑物10m，且离易燃品仓库25m以外的地方架锅熬制。

（二）油毡铺贴的一般要求

铺贴油毡的基层必须保持干燥，且在屋面其它工程完工后进行。

铺贴油毡前要确定铺贴的顺序。具有多跨和高低跨的屋面，应按先高后低、先远后近的顺序进行；只有单跨、单栋或在某一跨屋面上铺贴时，应先铺贴排水较集中的部位及附加层，而后按标高由低到高使油毡按水流方向搭接。

油毡的铺贴方向应视屋面坡度及屋面是否受震动而决定。当屋面坡度在3%以内时，油毡宜平行屋脊方向铺贴，顺水流压边，当坡度大于15%时，油毡应垂直于屋脊方向铺贴，以免油毡溜滑，顺主导风向压边；坡度在3~15%时，油毡应视实际情况（气候、降雨量、是否受震动）而采用平行或垂直屋脊方向铺贴。

油毡铺贴搭接时，其长边搭接（压边）宽度不小于70mm；短边搭接（压头）宽度，平屋面不小于100mm，坡屋面不小于150mm；垂直屋脊方向铺贴时，每幅油毡应铺过屋脊不小于200mm，也不得从檐口的一边铺到另一边；当第一层油毡采用花撒法时，其长边搭接宽度不小于100mm，短边搭接宽度不小于150mm；相邻两幅油毡的短边搭接应错

153

开不小于500mm；上下两层油毡长边压边 缝 应错开1/3～1/2幅宽；上下层油 毡 不允许垂直铺贴。油毡铺贴平行屋脊时的搭接要求见图6-2。

为了适应屋面变形，提高防水层 的 防水 效果，在有关部位应加铺油毡附加层。在檐口、斜沟、屋面和屋面结构的连接处以及水落口四周，均应加铺一层附加层；天沟宜加1～2层附加层；内排水的水落口四周，还宜加铺一层沥青麻布油毡或再生胶油毡；在屋面板的端缝，应干铺一层宽300mm的油毡条。

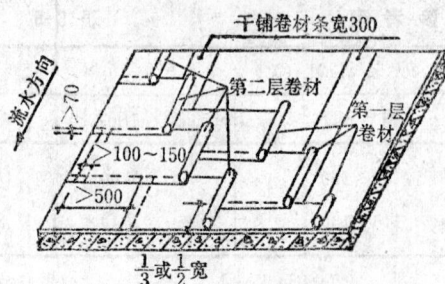

图 6-2　卷材平行屋脊铺贴搭接要求

（三）油毡铺贴方法

油毡的铺贴方法有实铺法和花撒法。

1.实铺法

实铺法就是在铺贴油毡时，在油毡下满涂沥青胶的方法。实铺法常采用浇油法和涂刷法两种施工方法。

浇油法是由带嘴油壶将热沥青胶来回在油毡前倒出，其宽度比油毡每边少10～20mm，厚度以油毡铺贴后，中间饱满并有少量沥青胶从两边挤出，通常以1～1.5mm为宜，最厚不超过2mm。涂刷法是使用长柄棕刷将沥青胶涂刷在基层上，宽度比油毡稍宽，刷油长度300～500mm，不宜在同一地方反复涂刷，以免沥青胶很快冷却而影响粘结质量。

实铺法施工时，铺展油毡应两手均匀用力将油毡向 前推滚，使油毡与 沥青胶 紧密结合，注意不要把油毡铺斜、扭曲或有出现搭接不良的地方，否则应及时修整。为使油毡与基层结合牢固，应趁沥青胶未冷前用铁滚来回滚压，并将挤出的沥青胶及时刮去。如出现粘结不良处，应用小刀将油毡划破，再用沥青胶贴紧、封死、赶平，最后在上面加铺贴一块油毡把缝盖住。

2.花撒法

花撒法包括条形花撒和蛇形花撒等法，图6-3所示。

花撒法就是铺贴第一层油毡时不满涂沥青胶的方法。这种方法使第一层油毡与找平

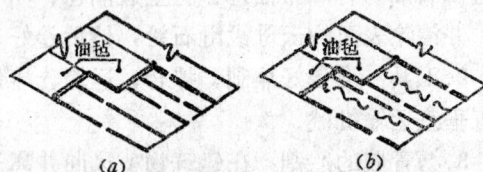

图 6-3　花撒法铺贴底层油毡示意图
（a）条形花撒；（b）蛇形花撒

层之间有若干互相连通的空隙，同时在屋面和屋脊上设置排气槽、排气孔，形成排气屋面。

花撒法施工时，操作必须细致，搭接必须牢固；花撒沥青胶常用涂刷法，蛇形花撒也可采用浇油法；花撒沥青胶的空隙要贯通，不能堵断，以免油毡起鼓、起泡；屋面四周、檐口、屋脊和屋面转角处以及突出屋面的连接处，至少应有800mm宽的 油毡 采用满涂沥青胶，其它层油毡均采用实铺法。

采用花撒法施工既可节省材料，又可在潮湿的基层上铺贴而形成排汽屋面。排汽屋面铺贴油毡时也可采用另一种方法，即先在基层中留置30～40mm宽的纵横连通的排汽槽，然后单边点贴或干铺油毡条，再在其上实铺各层油毡。排汽屋面的排汽孔道，在施工时不得堵塞，并应与大汽连通的排汽孔相通；排汽孔的数量应根据基层的潮湿程度及屋面构造（是否有隔汽层）而定，一般以36m²设置一个为宜。排汽槽、排汽孔的构造如图6-4、6-5所示。

154

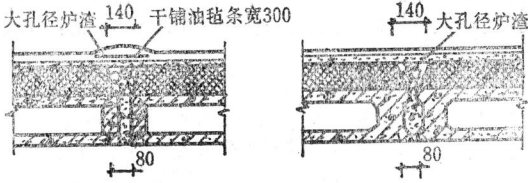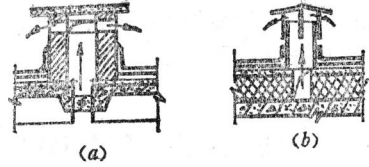

图 6-4　在隔热保温层中设纵、横排气槽　　图 6-5　砖砌排气孔与铁皮排气罩
　　　　　　　　　　　　　　　　　　　　　（a）砖砌排气孔；（b）铁皮排气罩

七、保护层施工

油毡防水层在冷热交替作用下，会伸张和收缩，导致防水层拉裂；同时在阳光、空气、水和冰雪的长期作用下，沥青会不断老化，从而由软变硬而发脆，失去粘结效果。故此，防水层必须采取保护措施，以延长其使用寿命和保证使用效果。

油毡防水层的保护措施主要是采用绿豆砂或板块等作保护层。

（一）绿豆砂保护层

当屋面油毡铺贴完成并经检查合格后，在油毡表面上刷涂2～3mm的热的沥青胶（必须加填充料），趁热立即均匀地撒一层干净的经预热的（100℃左右）绿豆砂（粒径3～5mm）；边撒边用竹扫把扫平或用木推耙推铺绿豆砂，使其粒径的一半左右嵌入沥青胶内，然后扫除多余的绿豆砂，不均匀的地方应补撒。在垂直面上撒绿豆砂一定要随浇随撒。绿豆砂保护层要求绿豆砂铺撒均匀，平整地嵌固在沥青胶内。施工时要注意先堵塞好下水口，以免绿豆砂滚入下水口而堵塞水落管。

（二）板、块保护层

板、块保护层也是屋面的隔热层。绿豆砂保护层施工完后，根据预制板的平面尺寸和布置要求，用M2.5水泥砂浆砌筑半砖墩（其高二皮或三皮）或砌混凝土预制块墩，然后坐浆安放预制板，并用水泥砂浆灌缝，不得有松动、不平稳的现象，所有板面要平整。架空板保护层见图6-6。

铺砌预制块保护层的施工，是先在防水层上、预制块下铺一层1～2cm厚的粗干砂，然后铺砌预制块，并用砂灌实缝隙。要求表面平整，不得有凹注或鼓凸，缝隙整齐，坡度一致。预制块保护层见图6-7。

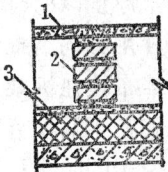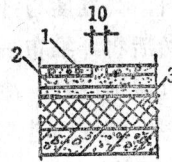

图 6-6　架空板保护层做法　　　　　图 6-7　预制块保护层
1—预制板；2—砖墩；3—保温屋面　　　1—预制块；2—干粗砂；3—保温屋面

八、卷材冷贴施工

卷材采用冷贴法施工，具有劳动条件好，工效高，工期短，对周围环境无污染等优点，是卷材防水屋面施工的发展方向。

（一）JG-2冷胶料粘贴卷材

JG-2冷胶料防水材料具有在高温下不流淌，低温下不脆裂，耐老化性良好的优点。应用JG-2冷胶料衬加中碱玻璃纤维布作防水层，可代替二毡三油的传统油毡屋面，其施工方法基本同油毡屋面。

1.材料准备

JG-2冷胶料：由水乳型A液和B液组成。施工时，两种溶液按不同配合比混合，其性能也不相同；如果混合料中的A、B液按1:2配合时，则可作为粘贴卷材的粘结剂；如果混合料的A、B液按1:1配合时，则可作为粘贴前的粘结层和粘结后的保护层。

玻璃纤维布：一般选用18/20型号的中碱玻璃丝布，应具有抗断裂强度高、易铺贴、渗透力强的特点，重量不超过100g/m²，孔眼为100目/cm²，厚度约为0.1mm左右。

砂：应选用直径为0.5~1.0mm的浅色细砂。

冷胶料、玻璃丝布不得在露天存放，以免雨水浸淋或低温受冻。

2.对基层的要求

基层应干燥，当采用水泥砂浆找平层时，其含湿率不应高于自然风干下材料的含湿率；基层表面必须平整，不得有蜂窝、毛面、剥落和倒坡现象，更不许有杂物和灰尘；基层表面的裂缝应先修补；突出部位和阴阳角处，必须做成八字坡或圆弧。

3.防水层铺贴施工

JG-2冷胶料铺贴玻璃纤维布均采用实铺法。铺贴的有关要求基本同油毡屋面，只是搭接时，短边不少于150mm，长边不少于100mm。其主要施工过程如下：

（1）将开卷的玻璃丝布重新卷在塑料或圆木芯筒上，布幅边每隔1m剪一小口，以利于能拉直铺平。

（2）用扫帚认真地清扫基层。

（3）把配制好的冷胶料混合液在基层上满涂一道，待其干燥后，便可铺贴防水层。

（4）铺设附加层：在天沟、泛水和阴阳角以及低跨屋面受高跨屋檐排水冲击部位，应加铺一布两涂附加层；管子根部、出入口、烟囱根等处，用玻璃丝布卷上高250mm，做一布两涂，收口处采用油麻捆紧，并做混凝土保护层；雨水口处加铺二布二涂，玻璃丝布应剪成莲花瓣形贴入管子内部不少于80mm；檐口铺第一层玻璃丝布时，应从雨水口向两侧铺贴，在两雨水口中间碰头，檐口外侧贴在边棱上口，内侧贴到屋面大于200mm处。

（5）大面积铺贴防水层可采用手工铺贴和机械铺设。采用手工铺设时，可用长柄大毛刷涂刷冷胶料，其宽度与纤维布宽基本相同，要满涂均匀，厚度以0.5mm为宜，不得过厚和漏刷，然后将纤维布一端贴牢，两手握紧布卷的轴端，用力向前推滚铺贴，随刷冷胶料随铺贴。机械铺设时，冷胶料倒入铺毡机的料斗内，纤维布挂在机架上，然后向前拉动铺毡机，一次铺成两道冷胶料一层玻璃纤维布。底层冷胶料干后便可铺上层玻璃纤维布。施工时，应注意不得在雨天、大风和 -5℃以下施工，未干的防水层禁止上人。

4.保护层施工

冷胶料玻璃纤维布保护层的施工有两种方法。其一是在满涂最后一遍冷胶料时，随涂随洒浅色细砂，轻轻滚压，把细砂嵌入胶料内；其二是在最后一遍冷胶料后，均匀涂布浅色罩面涂料，如氯丁橡胶粉，氯磺化聚乙烯涂料等。

JG-1油溶型冷胶料施工基本同JG-2。

（二）自粘型防水卷材施工

自粘型防水卷材，一般以塑料薄膜为胎基，单面或双面覆盖沥青——橡胶复合材料。这种卷材不仅有很好的防水、防腐蚀性能，同时本身又有良好的粘结力。铺贴时，只需打开卷材，剥去背面的保护纸，将粘贴面向下，展伸到已涂刷底胶的基面（混凝土或水泥砂浆找平层）上，用辊子滚压密实即成为防水层。

九、卷材屋面施工注意事项

1.卷材屋面不宜在负温下施工，如必须在负温下施工时，应采取措施，保证沥青胶的厚度小于2mm，以免夏天出现沥青胶流淌和卷材下滑的情况。

2.卷材应铺贴在平整干燥的基层上，避免在大风、雨、雾、霜天施工，以保证防水层与基层粘贴牢固。

3.屋面的各节点部位，是防水的薄弱环节，应严格按构造要求仔细操作施工。

4.夏季采用JG-2冷胶料铺贴玻璃纤维布时，不宜在中午太阳暴晒时铺贴，以免水分蒸发，表层很快结膜，而内部水分又蒸发不出来而产生气泡。故夏季宜在早晨或傍晚进行施工。涂膜应愈薄愈好，一道冷胶料可分两次涂刷，涂膜厚度一般为0.3~0.5mm，表层涂膜厚度为1.5~2mm。

5.高空、高温作业时，必须采取必要的安全保护措施，应防止高空坠落、失火、烫伤和中毒等事故。

6.施工完毕经检查如有不合格的地方，应及时进行修补或返工，不留后患。

第二节 刚性防水屋面

凡是采用刚性材料做成防水层的屋面，称刚性防水屋面。如细石混凝土屋面，水泥砂浆屋面等。刚性屋面的防水主要是依靠混凝土或水泥砂浆自身的密实性或采用补偿收缩混凝土，并采取一定的构造措施来达到防水目的。刚性屋面对地基的不均匀沉降、构件的变形极为敏感，如果设计不合理、施工不良，极易漏水、渗水。故此，施工时对材料质量及操作过程必须严格要求。刚性防水屋面构造见图6-8。

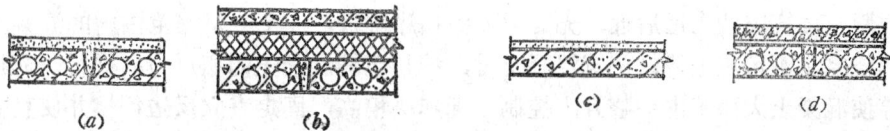

图 6-8 刚性防水屋面
（a）预制板上做刚性防水层；（b）保温层上做刚性防水层；（c）整体现浇刚性防水层上再做 防水砂浆；
（d）预制板上做隔离层，再做刚性防水层

一、材料要求

水泥：应采用普通硅酸盐水泥，水泥标号不低于425号；如采用防水砂浆时，水泥标号可降低一个等级。

砂：宜采用中粗砂，含泥量不大于2%。

石：粒径为5~15mm，质地坚硬，级配良好，含泥量不大于1%的碎石、砾石。

混凝土：强度等级不低于C20，水灰比应小于0.55，每立方米混凝土中的水泥用量不小于330kg。

砂浆：采用1:2的水泥砂浆。

防水剂：采用氯化物金属盐类防水剂时，掺量为水泥用量的3~5%；采用金属皂类防水剂时，掺量为水泥用量的1~5%。

二、对承重基层的要求

刚性屋面的承重基层有预制空心板和整体现浇板。要求承重基层的刚度好，且相邻的屋面板刚度一致，支承端宜坐浆搁稳，没有翘动现象，相邻板面高差在10mm以内，缝口均匀，大小一致，并用C20细石混凝土嵌填密实。

三、隔离层施工

为了避免结构层与防水层因温差变化的互相制约而导致防水层开裂，可在防水层与结构层间设置隔离层，如图6-8（d）。隔离层可采用1:3或1:4石灰砂浆上罩纸筋灰；也可采用1:3.6:2.4的石灰膏粘土砂浆；特殊的或重要工程及部位，可在基层找平后铺一层油毡或塑料薄膜等。

隔离层采用砂浆铺抹时，砂浆应以干稠为宜，铺抹厚度约10~20mm，表面应平整、压实、压光；采用卷材隔离层时，最好在卷材铺展前，先铺一层3~8mm厚的干细砂，然后铺卷材，卷材搭接应平缓、牢固。做好隔离层后，应注意保护，不能直接在上面运输材料，不得扎破卷材，浇筑刚性防水层时更不能振酥隔离层。

四、刚性防水层施工

（一）现浇细石混凝土防水层施工

细石混凝土防水层的厚度不宜小于40mm，并配制纵横两个方向ϕ4间距为100~200mm的构造钢筋网片，网片位置宜居中稍偏上，保护层厚度不小于10mm。屋面较长时，应设置分格缝，以免温度变化而使防水层开裂，网片在分格缝处断开。

施工前应将基层表面的浮碴、杂物等清除干净，并根据设计要求的尺寸固定好分格缝模板（一般在预制板的端缝或边缝处设置分格缝），然后绑扎钢筋网片，再浇筑细石混凝土。若是基层与防水层连成整体而不设隔离层时，则在浇筑混凝土前，在基层上刷一度素水泥浆。

混凝土浇筑应按先远后近，先高后低的顺序进行；一个分格缝范围内的混凝土必须一次连续浇完，不留施工缝。浇筑混凝土时，沿与运输混凝土的相反方向进行；先用推耙、铁锹等使混凝土大面基本平整且比控制的标志块稍高；固定直立反边侧模并使直立反边及泛水处的混凝土高于分格缝模板；然后采用平板振动器振捣密实。振捣时，头遍要求振实，大面平整；二遍沿与头遍垂直的方向快拖振捣，要求大面平整且符合设计的坡度，灰浆均匀，并用抹子进行第一次抹平压实，做出符合要求的泛水、转角。

混凝土收水成型后及时取出模板，用铁抹子第二次压实抹光，并修补分格缝缺损部位，做到平直整齐；待混凝土终凝前，进行第三次压实抹光，要求表面平整，不起砂，不起层，无抹板压痕。抹压时，不得洒干水泥及干水泥砂。混凝土终凝后，应立即进行养护；养护对防水层的防水效果有直接的影响，可采用蓄水养护，覆盖浇水养护等；养护时间不少于14d；养护期间应禁止人上屋面踏踩或在其上进行施工。如夏季高温施工，宜在傍晚浇筑混凝土，在第二天烈日曝晒前进行覆盖并浇水养护。

（二）防水砂浆防水层施工

防水砂浆宜用在现浇钢筋混凝土结构上做防水层。当用于预制板上做防水层时，应特别注意板缝的嵌填密实及对容易开裂部位的抗裂处理。

在现浇钢筋混凝土板上做防水砂浆防水层时，一般是在混凝土收水后进行的。当混凝土抹平压实收水后，立即在其上铺抹防水砂浆，其厚度不小于20mm；待防水砂浆收水后，用铁抹子进行第一次抹压平整并收光，在防水砂浆初凝前进行第二次压光，在终凝前进行第三次压光，并在表面涂刷一层107胶水泥浆。防水砂浆铺8～12h后，进行覆盖浇水养护，养护时间不少于14d。

在现浇钢筋混凝土屋面板上做防水砂浆防水层，也可在混凝土硬化后进行。此时必须在铺防水砂浆前，用钢丝刷刷去表面浮浆，凿去松动石子，并用钢丝刷刷毛表面；待模板拆除后，用水冲洗干净，无积水后刷一道水泥浆，边刷边铺防水砂浆。其他操作同前要求。

防水砂浆干缩性大，极易开裂，应尽量避免在高温烈日下施工；同时，防水层对屋面结构的变形、基础的不均匀沉降极为敏感，故此，宜在房屋沉降基本稳定后进行防水层施工，并对变形敏感的部位增加金属网、玻璃纤维等来提高其抗裂能力。

五、分格缝施工

刚性防水屋面分格缝可采用油膏嵌缝或胶泥灌缝，屋脊及平行流水方向的分格缝也可采用盖瓦的方法。

（一）盖瓦式

图6-9所示，即在分格缝的直立反口上先坐灰，然后盖上粘土瓦或水泥制品小型瓦。

（二）嵌缝

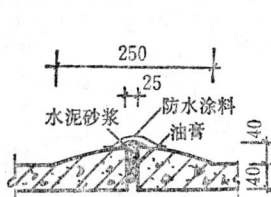

图6-10所示为嵌缝的一种做法，即待防水层养护好后，先清除缝内杂质、灰尘，涂刷冷底子油一道，待其干燥后，用油膏嵌缝，上部用水泥砂浆压缝保护。水泥砂浆干后，在表面涂一层油膏（稀释后）涂层或防水涂料。

（三）灌缝

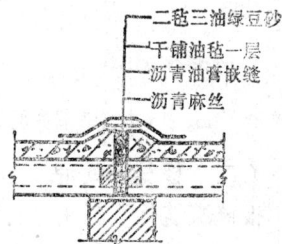

图6-11为灌缝的一种做法。即先清除分格缝内的杂质、灰尘，涂刷冷底子油并至缝口两边15～20mm范围，干燥后，用热沥青胶或聚氯乙烯胶泥灌缝，然后再做卷材保护层。

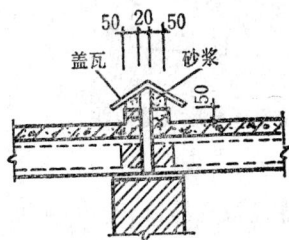

图 6-9 分格缝盖瓦式做法　　图 6-10分格缝嵌缝的一种做法　　图 6-11分格缝灌缝的一种做法

第三节　构件防水屋面

构件防水屋面是指依靠构件本身的防水能力，再涂刷一定厚度无定形板面涂料的防水屋面。构件防水屋面的防水屋面板可采用现浇钢筋混凝土屋面板或预制的钢筋混凝土屋面板等。构件防水屋面主要解决板面防水、缝隙防水及板面涂料施工等问题。

一、防水屋面板的质量要求

防水屋面板必须具备有足够的密实性、抗渗性、抗裂性、抗风化和抗碳化的能力。

1. 为了保护屋面板，板面应涂刷防水涂料，作为板面自防水的附加层。

2. 制作屋面板时，其细石混凝土的原材料要求必须符合刚性屋面中的材料要求，且宜掺入外加剂。

3. 屋面板中钢筋的位置要正确，保护层厚度不应小于10mm。

4. 混凝土浇筑时，应采用机械振捣密实，收水后应再次压实抹光；必要时，可在屋面板浇筑24h后，用1∶2水泥砂浆掺107胶在屋面板上抹二度，以提高其防渗能力。

5. 混凝土宜采用自然养护，并及时覆盖浇水，保持湿润，养护时间不得少于14d。

二、板缝的防水施工

构件防水屋面，板缝是防水的薄弱环节，应仔细操作施工。板缝常用的防水嵌缝材料，一是油膏，由工厂制成成品，在现场冷嵌施工；二是胶泥，在现场配制，热灌施工。

（一）对板缝的要求

屋面板吊装前，将板端的钢丝头、板四侧浮浆清除干净；安装时，板缝上口的宽度应调整为20～40mm，大小均匀一致，板面高差在10mm以内。板缝的下口部位应采用不低于C20的细石混凝土灌缝，其上表面距离板面为20～30mm；灌缝前，应浇水湿润，冲洗干净，并刷水泥浆一道，然后灌浆捣实。常见的几种板缝灌浆要求见图6-12。若板缝宽度大于50mm或上窄下宽时，其做法要求见图6-13、6-14、6-15。粘连在板缝上口附近及缝口两边20mm范围的砂浆、余浆应清除干净。

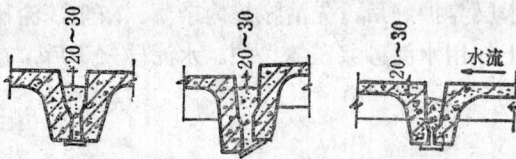

图 6-12 板缝灌缝构造要求

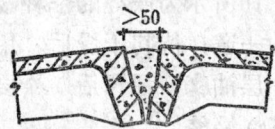

图 6-13 宽度大于50mm的板缝做法

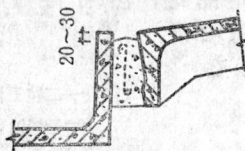

图 6-14 上窄下宽的板缝做法

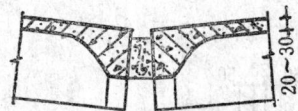

图 6-15 屋面板梯形端缝做法

（二）板缝的处理

板缝灌筑的混凝土干燥后，用专门钢丝刷缝机或普通钢丝刷将缝壁及缝口两边板面20～30mm处的浮浆、碎渣刷干净，不得有遗漏之处；刷后用电吹器具将尘埃吹净。

在防水材料施工前应涂刷冷底子油。如采用沥青油膏嵌缝，应先涂刷石油沥青冷底子油一道；如用胶泥灌缝，则先涂刷胶泥冷底子油一道。冷底子油要求涂刷薄而均匀，涂刷范围应较嵌缝或灌缝材料宽20～30mm，且不要错用冷底子油。当天涂的冷底子油宜当天嵌缝。

（三）油膏冷嵌施工

油膏冷嵌施工宜在常温下进行，当温度较低，油膏过稠不便施工时，可将油膏加热融化变稠（不宜直接加热）后进行施工。

油膏嵌缝可采用嵌缝枪嵌缝或手工嵌缝。采用嵌缝枪挤压油膏嵌缝时，枪嘴要伸入缝内，使挤压出的油膏与缝壁紧密结合，并高出板面约10mm。手工嵌油膏时，宜分两次嵌填，第一次可先将油膏切割成条或搓成长条，用力嵌入缝内，并用小刮刀将油膏与缝壁和底部抹压粘牢；第二次将油膏嵌满板缝，高出缝口5～10mm，且满出板缝两边20mm左右。

油膏嵌缝完后，再用油膏稀释成涂料，涂刷在油膏表面及缝旁板面20～50mm，把油膏保护封闭起来。油膏嵌缝构造见图6-16。

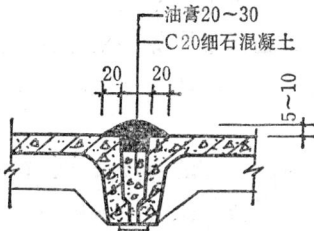

图 6-16　油膏嵌缝构造图　　　　图 6-17　纵缝灌胶泥示意图

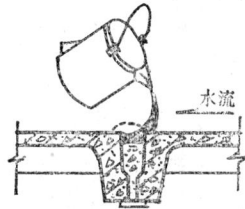

（四）胶泥热灌施工

聚氯乙烯胶泥可买回成品，也可在现场配制，然后通过塑化机加热塑化到130℃～140℃，便可进行热灌施工，浇灌时的温度不低于110℃。热灌胶泥应由下向上进行，并尽量减少接头数量，先灌垂直于屋脊的板缝，后灌平行于屋脊的板缝。在灌垂直于屋脊板缝的同时，应将板缝纵横交叉处平行于屋脊的两侧各灌150mm，并留成斜槎。

热灌施工，当坡度较小时，纵向缝可用特制灌缝车装胶泥灌缝，以减轻劳动强度，提高工效；横向缝及檐口，山墙等节点的灌缝宜采用鸭嘴桶，如图6-17。为了更好地保护胶泥的防水效果，可加贴油毡或玻璃丝布做保护层。

三、板面防水涂层施工

为了保护防水屋面板免受大气侵蚀而风化，增强板面的抗渗能力，填塞板面出现的微小裂缝，避免板面裂缝渗入的雨入引起钢筋的锈蚀，在防水屋面板的板面上要涂刷防水涂层。

（一）常用板面涂层

1.乳化石油沥青涂层：用石油沥青在乳化剂（肥皂、松香、石灰膏）水溶液作用下，经乳化机强烈搅拌分散而形成的沥青细颗粒悬浮状态的乳化液。涂在板面上，水分蒸发后即获得均匀、稳定、粘结良好的防水层。

2.防潮油涂层：用10号石油沥青、重柴油、桐油、长石棉绒按一定比例配制而成。使用时直接将其涂在防水屋面板上。

3.一油一砂涂层：即沥青胶热压绿豆砂涂层。沥青胶是用55号多蜡沥青与60号道路沥青配合成混合沥青，将混合沥青与滑石粉按比例调制成沥青胶。然后在涂刷沥青胶的同时，趁热撒绿豆砂，并使之嵌入沥青胶内。

4.稀释油膏涂层：采用马牌胶油涂料或上海油膏涂料以汽油稀释后涂刷到防水屋面板

上。马牌胶油一般采用两层涂刷法（底层用三七配比）涂两遍，面层用七三配比涂两遍；上海油膏采用三层涂刷法（各层均用五五配比）；面层随撒云母粉。

（二）对基层的要求

基层必须洁净干燥，无油污、尘土。表面平整密实坚固，不得有起砂起皮现象。基层细小裂缝或凸凹不平之处应先薄涂一层稀涂料，干燥后，用该涂料配成的腻子刮填平整；裂缝较大者可用上述方法处理后，再在其局部粘贴一层玻璃丝纤维布；更大裂缝可采用嵌缝的方法来处理。

（三）涂层施工

防水屋面板经嵌缝、基层处理干燥后，便可进行整个屋面板涂层的施工。涂层可采用手工抹压、涂刷和机械喷涂等方法。涂层的厚度应均匀一致，且符合不同涂料对技术性能的要求。一道涂层涂刷完成后，必须待其结膜干燥后，才能进行下道涂层的施工。上下层涂层应交错涂刷，接缝错开；涂刷的接槎应留在嵌缝油膏处。涂层应平整、均匀，不得有脱皮、起壳、裂缝、鼓泡等。

为了防止涂层老化过快，在涂最后一道涂料时，可均匀撒适量的云母粉或铝粉，或采用铺贴玻璃丝布等加筋材料的方法。涂层结膜硬化之前，不得在其上行走或堆放物品。

第四节　瓦　屋　面

在村镇建筑中，一些坡屋顶屋面常采用瓦屋面作为屋面防水结构，其构造形式见图6-18。

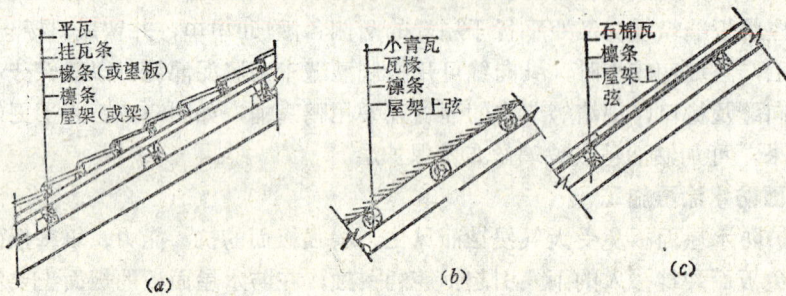

图 6-18　瓦屋面构造

(a)平瓦屋面；(b)小青瓦屋面；(c)波形瓦屋面

一、粘土平瓦屋面

（一）木基层

屋面木基层是指铺设在屋架或山墙上面的檩条、椽条和屋面板条等。这些构件有的起承重作用，有的起围护作用。平瓦屋面木基层见图6-19。

1.檩条：檩条是屋面的承重构件，可用方木或圆木作成，其断面尺寸及间距由计算而定，搁置于屋架或山墙上。施工时，在屋架上弦按设计间距弹线并钉檩托，然后由檐口开始，自下而上逐根将檩条两端搁在屋架上，并紧靠檩托上侧，用钉子与上弦钉牢。檩条搁置在山墙上时，檩条与砖墙接触部分应涂防腐涂料。檩条的接头应在屋架上弦处，其接头的形式随上弦的宽度大小而采用图6-20所示的三种形式。檩条安装好后，其上表面应在同一斜面上，同一高度上的檩条要求通直。

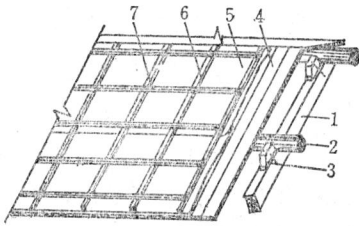

图 6-19　平瓦屋面木基层

1—屋架上弦；2—檩条；3—檩托；4—屋面板
5—油毡；6—顺水条；7—挂瓦条

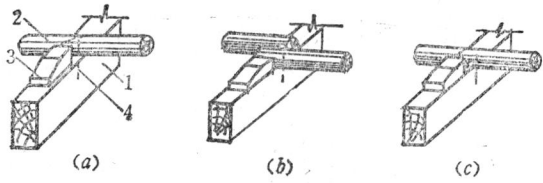

图 6-20　檩条在屋架上弦的接头

(a)檩条对接接头；(b)檩条交错搭接；
(c)檩条上下斜搭接

1—上弦；2—檩条；3—檩托；4—扒钉

2.屋面板

屋面板由木板镶拼而成，厚度为15～20mm，有密铺和稀铺两种。密铺时屋面板条边棱应锯齐，形成平缝、高低缝拼接；稀铺时板条可采用毛边，间隙不大于板宽的一半；板条的宽度一般不大于150mm。

施工时，在檐口檩条外侧平行于屋脊方向拉线，然后按线从一端向另一端，自下而上沿垂直于檩条方向铺钉板条；其接头宜在檩条中央，且不得全钉在一根檩条上，每段接头在同一根檩条上的延续长度不得超过1.5m；铺到屋脊后应弹线锯齐。铺完后，要求板面平整。

屋面板防潮卷材应平行于檐口自下而上铺设，长边搭接宽度不小于70mm，短边不小于100mm，并用顺水条将卷材压钉在屋面板上，顺水条间距约400～500mm，相邻两幅卷材短边接缝应错开500mm以上，要铺平铺直，檐口处卷材应盖过封檐板上边口10～20mm，然后在檐口顺水条上钉上三角木。

3.挂瓦条

挂瓦条采用截面30×30mm的木条，长度不小于三根椽条（或顺水条）间距，本身应平直。铺钉前，要根据瓦的实际长度和半坡屋面宽度定出挂瓦条的间距（一般为280～320mm）和行数，保证屋脊处能盖整瓦，并按间距制作净距"样尺"。铺钉时，按确定的行数拉线钉上第一行挂瓦条，此时应保证第一排瓦出檐50～60mm，且盖过封檐板；然后依样尺拉线自下而上逐行铺钉，在与椽条或顺水条相交处用钉子钉牢。挂瓦条应铺钉平整、牢固，间距准确一致，上棱成一线；端头要锯齐，接头应对严，且搁在椽条或顺水条上。

（二）挂瓦施工

1.上瓦摆瓦

平瓦上瓦摆瓦之前应检查基层，卷材不得有破损，挂瓦条、顺水条应钉牢固。瓦应进行挑选，缺边掉角、裂缝、翘边、不平及缺爪的瓦不得使用，需要的半瓦应提前砍好。

上瓦摆瓦时，应考虑屋架受力均匀，必须前后两坡同时沿一方向进行。摆瓦有条摆和堆摆两种，条摆时，一般每隔三根挂瓦条摆一条；堆摆时，要求左右隔二块、上下隔二根挂瓦条摆九块一堆，均匀错开，摆置稳妥，见图6-21。

2.挂瓦

挂瓦一般从左向右，由下到上逐排逐块进行。一般情况下，一人在一个站点上可挂15

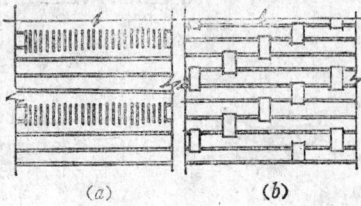

图 6-21 平瓦摆放示意图

(a)条摆；(b)堆摆

块瓦。檐口瓦要挑出檐口50~70mm，并用铁丝与挂瓦条栓牢，进出成一线。屋面端头山檐口瓦应用半瓦错开，以便搭缝吻合严密。脊瓦应拉通长线顺主导风向铺搁在平瓦上，并铺平直；脊瓦的搭口及脊瓦与平瓦间的缝隙要用麻刀灰嵌严刮平；脊瓦与平瓦的搭接每边不小于40mm；斜脊瓦接头口应向下。挂瓦时应注意，瓦后爪必须挂在挂瓦条上，与左边、下面两块瓦落槽密合，瓦面、瓦楞应平直；山墙处应挑出山墙1/4砖或用1:2.5水泥砂浆做出披水线将瓦封固。最后在山檐口瓦上砌一皮砖封口，再用水泥麻刀石灰浆做出檐头。

二、小青瓦屋面

（一）木基层

小青瓦屋面木基层构造见图6-22。在农村有些地方直接在椽条上铺小青瓦，见图6-23。

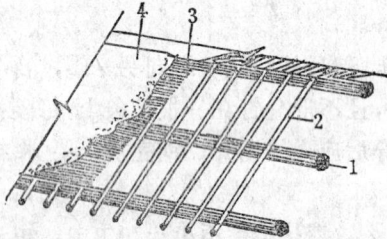

图 6-22 小青瓦屋面木基层

1—檩条；2—椽条；3—苇箔；4—麦草泥

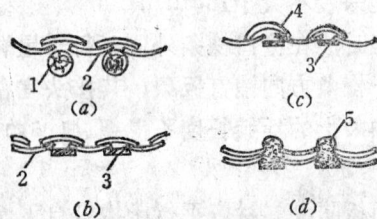

图 6-23 小青瓦铺法

(a)冷摊瓦，适用于炎热地区；(b)冷摊瓦，适用于炎热地区；(c)筒板瓦，适用多雨地区；(d)通风屋面，适用炎热地区

1—椽子；2—冷摊瓦；3—板垫；4—筒瓦；5—灰楗

檩条的施工同平瓦木基层。椽条一般用小原木或方木，直径（或边长）为40~70mm，间距150~400mm；图6-23所示的板垫（或瓦桷）可采用厚25~35mm，宽100mm的板条，其间距根据瓦的规格确定。椽条的最小长度应不小于檩条间距的两倍。椽条沿与檩条垂直方向铺钉，表面力求平整，接头错开，且应在檩条上。采用圆椽或半圆椽时，椽条的小头应朝向屋脊。椽条在檐口及屋脊处应拉线锯齐。

椽条上可铺苇箔或荆芭或屋面板，然后在其上铺麦草泥，趁麦草泥未干即盖小青瓦。

（二）盖瓦

木基层施工时，应做好堆瓦、浆瓦等工作，施工完毕经检查合格后，应立即上瓦和摆瓦。

屋面上瓦，应前后两坡同时进行，并隔沟靠放。青瓦屋面盖瓦的施工程序是：先铺屋脊和檐口瓦头，再铺盖屋面，同时做出屋面泛水，最后瓦头粉饰。

做屋脊时，应先在靠近屋脊两边的坡面上铺5~6张底瓦及盖瓦，作为瓦楞分楞的标准；若基层为草泥，则将底瓦用草泥堵塞平稳、窝牢。盖脊瓦时，脊瓦底部用碎瓦和砂浆将分楞瓦垫平，并用麻刀灰浆堵塞紧密，然后铺盖脊瓦；施工时应拉通线，底部要垫塞平稳、坐浆饱满，使屋脊平直不沉陷变形。

檐口瓦应挑出檐口不小于50mm；檐口瓦的盖瓦应抬高30～80mm，以防盖瓦下滑，在草泥基层上铺瓦时，檐口瓦楞必须与屋脊瓦楞上下对直，以利排水。檐口瓦应出檐尺寸一致，瓦头高度相同，檐口整齐平直。

铺盖屋面瓦一般自檐口开始自下至上一楞楞的进行，要求上下搭接2/3瓦，阴阳瓦屋面的底瓦和盖瓦每边搭接不小于40mm，底瓦大头朝向屋脊。铺仰瓦屋面时，两楞仰瓦间的空隙用草泥堵塞饱满，然后用麻刀灰做出灰梗，再在灰梗上涂刷青灰浆并抹压圆直；不做灰梗时，应挑选外形整齐一致的青瓦，瓦楞边缘应相互咬接紧密，坐灰饱满、牢靠。

屋面要求瓦楞整齐，与屋檐、屋脊互相垂直，瓦片搭盖疏密一致，无翘角和张口现象。

三、水泥石棉波形瓦屋面

水泥石棉波形瓦有大波、中波和小波三种，尺寸规格有多种。

（一）铺设要求

1.每块波形瓦要求搭过三根檩条，以保证纵横挠曲变形满足排水的要求。

2.相邻两瓦应顺主导风向搭接。搭接宽度：大、中波瓦不应少于半个波，小波瓦不应小于一个坡。上下两排瓦的搭接长度应由屋面坡度而定，但不应少于100mm。

3.上下两排瓦长边接缝可采用错开和不错开的铺设方法。错开时，一般以错开半张瓦为宜，但大中波瓦至少错开一个波，小波瓦至少错开两个波；不错开时，在相邻的四块瓦的搭接处，应依盖瓦方向的不同，事先将斜对瓦进行割角，对角缝隙不宜大于5mm，割角试样见图6-24。

4.波瓦应采用带防水垫圈的镀锌弯钩螺栓固定在金属檩条或混凝土檩条上，或用镀锌螺钉固定在木檩条上。螺栓或螺钉应设在靠近波瓦搭接部分的盖瓦波峰上，见图6-25。

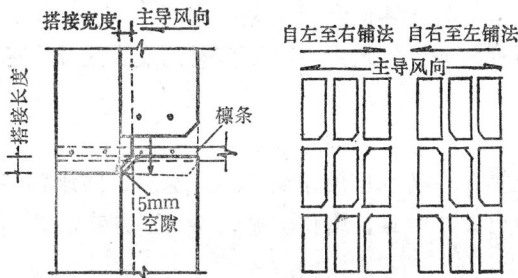

图 6-24 波瓦切角铺法　　　　　图 6-25 波形石棉水泥瓦固定方法

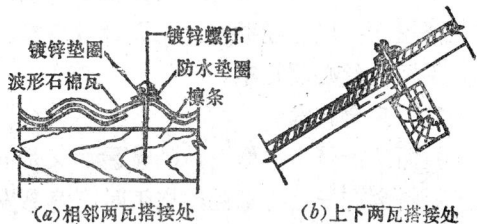

在上下两排瓦搭接处的檩条上，每张盖瓦的螺栓或螺钉应为两个；在每排波瓦中间的檩条上，相邻两瓦搭接处的每张盖瓦上，都应设一个螺栓或螺钉。大风地区，应适当增加螺钉或螺栓的数量。

（二）铺设施工

檩条安装固定并经验收合格后，便可铺设波形瓦。首先根据设计要求对波瓦进行割角或用钻钻孔，钻孔应比螺栓或螺钉的直径约大2～3mm；钻孔的部位，左右方向，小波瓦为第二、第七波峰，大、中波瓦为第二、第五波峰；山墙的波瓦钻孔部位可根据所搁置的位置决定；上下两块波瓦不宜同时穿通固定；若波瓦长度不能满足屋面宽度的整数倍时，可锯断一排波瓦，或事先经设计确定檩条的位置来保证波瓦的搁置和固定部位。

波瓦可用人工或机械搬运。搬运波瓦时不要把波瓦碰撞破损或开裂，若有损伤则不能使用。

波瓦铺设宜从下而上一块块固定。利用螺栓、螺钉固定时，不宜将螺栓、螺钉旋得太紧，一般以垫圈稍转动为度。

屋脊、斜脊可采用石棉水泥脊瓦铺盖，也可用镀锌薄钢板铺盖，固定方法与波瓦相同；脊瓦与波瓦搭接，每边不小于150mm。斜沟、天沟用镀锌钢板时，薄钢板应伸入波瓦下内至少150mm。如有檐沟时，波瓦应伸入檐沟内约50mm。屋面与突出屋面的墙或烟囱的连接处采用镀锌薄钢板做泛水时，其与波瓦的搭接宽度不宜小于150mm。

脊瓦与波瓦，天沟、斜沟与波瓦，波瓦与泛水等处的空隙宜用麻刀灰等填塞严密。

第五节　屋面防水工程的质量要求与安全技术

一、质量要求

屋面防水工程竣工后，屋面不得有渗漏或积水现象，可用浇水法检查；屋面的檐口、天沟及大面等均应符合平直、平整、找坡等有关要求；屋面与突出部位的连接应封固严实。

卷材屋面：卷材与基层之间，各层卷材之间应按要求粘贴牢固，表面平整，不得有折皱、气泡、空洞、起鼓和翻边。保护层应分布均匀，粘结牢固。

刚性屋面：表面平整，2m直尺检查的最大空隙不超过5mm，且每米内不多于一处。防水层不应起壳、起砂或裂缝。钢筋位置正确。分格缝用嵌缝材料嵌填严密、牢固。

构件防水屋面：涂层应平整、均匀，不得有脱皮、起壳、裂缝、鼓泡等。保护层应粘贴牢固，覆盖严密，不得漏底。板缝必须用油膏等材料填嵌严密，粘结牢固，不得开裂。

瓦屋面：屋脊应平直。瓦面铺设平整、行列整齐、搭缝严密，不应有残缺、裂纹和翘曲。系瓦铅丝必须扎牢。

二、安全技术

屋面工程是高空作业，油毡屋面又是高温操作；防水层使用的沥青、涂料、防水剂等化工原料含有一定的毒性；施工时，容易发生火灾、中毒、烫伤、坠落等工伤事故。因此，要做好安全保护和预防工作。

熬制沥青、铺贴油毡等应符合安全操作规程，其附近不得有易燃、易爆品，并注意风向；装入锅内的沥青不应超过锅容量的2/3，应注意熬制时不要溢出锅外，要配备必要的灭火器材；油壶的装油量为桶高的2/3，并加盖；不准两人抬热沥青。檐口及孔洞周围应设置安全栏杆；必要时，操作人员应系安全带。高空操作人员不得过分集中。

操作人员应穿工作服，戴安全帽、口罩、手套等劳保用品。对沥青、涂料有过敏史者不宜参加作业；施工时，如有恶心、头晕等人员应立即停止作业并做好必要的治疗检查。

复 习 思 考 题

1.油毡卷材防水屋面的构造及各层的作用是什么？
2.如何调制沥青胶？如何配制冷底子油？
3.卷材防水屋面对承重层及找平层有什么要求？

4.如何确定卷材（油毡）的铺贴方向？油毡的搭接有什么要求？

5.试述卷材防水（油毡防水）屋面的铺贴方法。

6.试述绿豆砂保护层的作用及施工方法。

7.JG-2冷胶料铺贴玻璃纤维布有哪几个主要步骤？与油毡热铺法施工相比有什么特点？

8.细石混凝土刚性屋面施工方法是怎样的？如何预防细石混凝土屋面的裂缝和渗漏？

9.构件防水屋面对防水屋面板有什么要求？板缝如何处理？

10.构件防水屋面的屋面板为什么常采用涂刷涂料？板缝防水有哪几种方法？

11.粘土平瓦屋面木基层是怎样施工的？挂瓦条是怎样铺钉的？

12.小青瓦屋面的施工程序是怎样的？如何做屋脊？小青瓦铺设有哪些要求？

13.水泥石棉波形瓦在什么条件要切角？波形瓦的固定有哪些要求？

14.屋面工程有哪些安全注意事项？

第七章 装 修 工 程

装修工程是房屋建造过程中的关键工序之一。它的作用是保护建筑物（构筑物）的结构部分免受自然的风雨、潮气的侵蚀，延长建筑物的寿命；此外，还具有隔热、隔音、防潮、增加建筑物的美观和美化环境，改善清洁卫生条件等功能。建筑物的装饰装修的效果是通过质感、线型、色彩三个方面体现出来的，而质感、线型、色彩反映出装饰装修的水平。随着我国四个现代化建设事业的蓬勃发展，人民生活水平在不断提高，装饰装修工程越来越受到人们的重视，而且对装修效果的要求也越来越高。这就要求提高装修工程施工人员的技术水平和专业素质。装修工程具有以下的特点：

1. **工程量大**。一般民用建筑的装修工程量约占总工程量的30％～40％，有些高级装饰装修高达50％以上，因此装修工程的用工量也大。

2. **工期长**。工期约占整个建筑物施工工期的一半，甚至更长。

3. **造价高**。装修工程占建筑物总造价的含量高，高级装修高达一半左右。

4. **施工技术要求高**。目前，我国装修工程的材料、装修水平仍然不能满足现代装修的要求，新材料、新工艺仍然得不到普及和掌握。因此，改革建筑装修材料和采用新工艺，提高工人、企业的素质，提高装修的质量，缩短工期，降低成本已成为建筑业急待解决的任务。

在村镇建筑中，装修工程一般包括门窗安装、室内外抹灰工程、饰面工程、轻质隔墙和顶棚罩面工程、油漆和刷浆、裱糊工程等。

第一节 门 窗 的 安 装

在房屋建筑中所采用的门窗，主要有木制门窗、钢门窗以及铝合金门窗和塑料门窗等。本节将介绍在村镇建筑中使用最多的木门窗和钢门窗的安装。

一、木门窗

（一）门窗框的安装

木门窗框的安装，根据墙体砌筑与门窗框安装的先后顺序，有两种安装法：即立樘子和塞樘子。

立樘子是先立好门窗框（如图7-1所示），再砌门窗框间的窗间墙。立框时，先在地面或砌好的墙上划出门窗框的中线及边线，然后按线将其立上，并撑牢。立框时要注意门窗扇的开启方向及进出位置，各楼层门窗框应对齐，且进出一致；应校正门窗框的垂直度及上、下槛的水平度，并保证门窗樘的方正。在砌墙间墙的同时，应及时砌木砖并与门窗框连接牢固；木砖应刷防腐油并用砂浆窝牢，每边至少两块。

塞樘子是在砌墙时先留出门窗洞口，在抹灰之前把门窗框装进去。这种方法避免了立樘子的门窗框的变形和走动。砌墙时，洞口尺寸应比门窗框尺寸每边大20mm左右，并按高度方向每隔500～700mm每边预埋防腐木块。安装时，同一层门窗要拉通线控制水平，上、下层边框应在一条垂直线上，进出一致；然后用木楔临时固定，再用钉子固定在预埋的防腐木砖上。

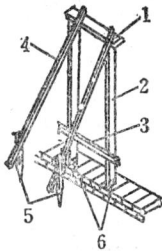

图 7-1 立樘子支撑方法之一
1—走头；2—门樘；3—横撑；4—临时支撑；
5—木桩；6—锯口线

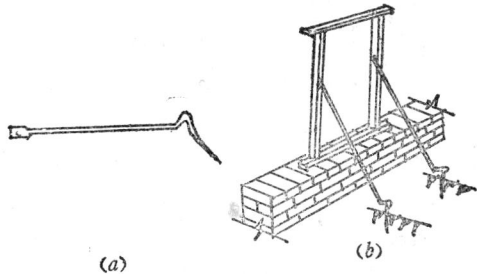

图 7-2 立樘子支撑方法之二
(a)工具式钢筋拉杆；(b)立樘子支撑方法

（二）门窗扇的安装

门窗扇安装一般在室内抹灰进行到一定阶段后进行。门窗扇安装前要检查其型号、规格、数量是否符合要求，如发现问题应及时修整或调换。安装时，先量门窗框的裁口尺寸，根据裁口尺寸及风缝尺寸修刨门窗扇，使其符合门窗框的净空尺寸要求，并经试装合格后，在距离扇高1/10～1/8的两端边框或扇立梃上按合页大小画线剔出铰链槽，然后将门窗扇装上。要求扇冒头对齐、窗芯水平，开关灵活，无自开、自关或拉不开、关不上的现象。门窗安装的留缝宽度和门窗安装的允许偏差见表7-1和7-2。

门窗安装的留缝宽度 表 7-1

项次	项 目		留缝宽度 (mm)
1	门窗扇对口缝、扇与框间立缝		1.5～2.5
2	工业厂房双扇大门对口缝		2～5
3	框与扇间上缝		1.0～1.5
4	窗扇与下坎间缝		2～3
5	门扇与地面间缝	外 门	4～5
		内 门	6～8
		卫生间门	10～12
		厂房大门	10～20

门窗安装的允许偏差 表 7-2

项次	项 目	允许偏差(mm)	
		Ⅰ级	Ⅱ、Ⅲ级
1	框的正、侧面垂直度	3	
2	框对角线长度	2	3
3	框与扇接触面平整度	2	

二、钢门窗

钢门窗一般是框扇连成一体。钢门窗安装前应检查其型号、规格、数量及零配件是否齐全，凡有翘曲、变形者，应调直修复后，方可安装。

钢门窗的安装一律采取后塞樘子的方法。墙体施工时，留出的洞口尺寸应比钢门窗框每边大15～30mm；根据尺寸要求留出的预埋铁脚的预留孔应沿高500～700mm一个，且每边不少于两个；门窗上口及侧边有现浇钢筋混凝土梁或柱子时，要根据上述数量要求预埋铁件，以便铁脚或门窗框与之焊接。

钢门窗安装时，先把其塞入门窗洞口内，用木楔临时固定，然后用线锤及水准尺校正其垂直度和水平度，成排窗子应横竖两个方向拉线和吊线，做到横平竖直、上下高低成线、进出一致。门窗位置校对好后，即将铁脚埋入预留孔内并以卡口咬住框边，然后用1:2水泥砂浆灌筑封死。养护3d后，取出木楔，用水泥砂浆嵌填缝隙。有焊接连接件时，也要焊接牢固。若是组合门窗，在进行拼装时应沿一个方向按顺序逐框进行，用螺栓连接紧密拼合或焊固，拼合处应嵌满油灰。

第二节 隔墙与顶棚

一、隔墙

隔墙是用来分隔房间大小的，是非承重墙。它要求自重轻，厚度薄，有隔音、防水要求。隔墙按组成材料分，有灰板条隔墙、纤维板隔墙、砖隔墙、石膏板隔墙等。

（一）灰板条隔墙

灰板条隔墙是村镇建筑中采用的隔墙型式之一，它是由上槛、下槛、墙筋、横撑、板条、抹灰等组成，如图7-3所示。

灰板条隔墙的施工方法是：首先用墨斗在楼地面和墙上弹出隔墙的位置尺寸线，务必使隔墙面垂直；然后依墨线先立边框墙筋，再用上、下槛撑住。为了能固定边框墙筋，在砌墙时应预埋防腐木砖，然后用钉子将墙筋钉于木砖上（也可在砌墙后用冲击钻钻孔，埋入膨胀螺钉的方法来固定）。在上、下槛之间立板条墙筋，间距400～500mm，且在墙筋之间沿高度1200～1500mm设一道横撑，墙筋与横撑之间用钉子固定。最后沿水平方向在竖墙筋上钉板条，板条间隙为7～10mm；板条的接头应分段交错钉在墙筋上，每段长度不宜大于500mm；板条端头间宜留3～5mm的间隙，并在墙筋处用钉子固定于竖墙筋上，板条于中间竖墙筋上也应用钉子固定。如果隔墙上有门窗，则应用木筋加强墙筋，并延伸到上、下槛处钉牢。板条铺钉完经检查合格后，便可进行抹灰。

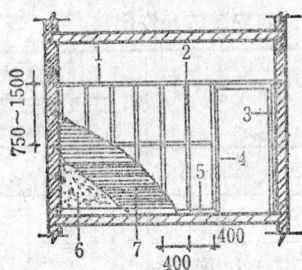

图 7-3 灰板条隔墙
1—上槛；2—墙筋；3—木砖；4—横撑；5—下槛；6—抹灰；7—板条

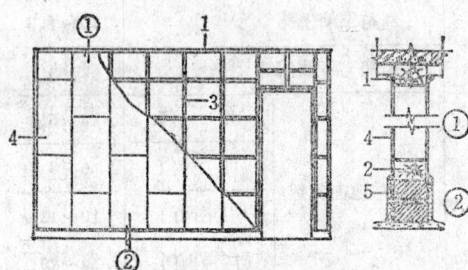

图 7-4 板材隔墙
1—上槛；2—下槛；3—主筋；4—板材；5—砖

（二）板材隔墙

如图7-4所示为板材隔墙的构造。板材隔墙底部宜先砌上两皮砖作为踢脚，下槛搁于砌砖踢脚上。墙筋间距要符合板材宽度，横撑间距要等分板材长度，板材钉于墙筋两侧。在门窗樘处用一根加粗墙筋，以保证在门扇荷载作用下的稳定性。

板材隔墙的上、下槛，墙筋和横撑的安装方法同板条隔墙。但钉设板材的墙筋平面需刨平直，各部件搭接处应搭接平整，用钉子斜向钉入钉牢，然后才能装钉板材；采用木丝板时，要在钉帽下加镀锌垫圈，钉在木丝板的拼缝中，钉距不宜超过300mm；当采用纤维板时，可沿边缘钉钉子，钉距为80~120mm，钉长20~30mm；采用木压条固定时，钉距不应大于200mm。板材宜从下往上逐块钉设，并以竖向装钉为宜；竖向拼缝要垂直，横向拼缝要水平，且拼缝应于墙筋或横撑的中心线上，其间隙为3~7mm。板面装钉完毕后，根据要求做油漆。

（三）半砖隔墙

半砖隔墙是用普通粘土砖顺砌而成。为了保证其稳定，隔墙应与承重墙连接牢固，其方法是：在隔墙与承重墙交接处，用直径6mm的钢筋埋置于水平灰缝中作为拉结筋，沿墙高不大于500mm设置一根。当砖墙高度超过3.5m，长度大于5m时，应沿高度每5~7皮砖，加一道$2\phi4$的通长钢筋网片或加砌砖墩。墙上有门窗时，应做长脚樘子。

半砖隔墙砌筑时，需待上层楼板安装完毕、相连的承重墙沉实后才能进行。除临时性的隔墙外，半砖隔墙应采用水泥砂浆及水泥混合砂浆进行砌筑，同时尽量少用或不用半头砖。为了减轻隔墙的重量，应采用水泥炉渣空心砖等轻质砌块代替粘土砖。

（四）石膏板隔墙

石膏板隔墙是用各种性能的石膏板作为面板、木墙筋或轻钢龙骨作为骨架的轻质隔墙。一般用于装修要求较高的建筑中采用。在两面板中填入填充材料可成为具有特种性能的隔墙。

石膏板隔墙采用木墙筋时，其安装方法与板材隔墙完全相同。当采用轻钢龙骨墙筋时，其安装方法是先安装墙面龙骨，再将石膏板与龙骨同时钻孔，旋上螺钉即成，如图7-5所示。

墙面轻钢龙骨的安装是：先将沿地、沿顶龙骨用射钉或膨胀螺钉固定于地面及顶棚上；然后安竖向龙骨于沿地、沿顶龙骨之间，其间距按板材规格及排列方向而定；在竖向龙骨之间安横撑龙骨，并在门窗口处安加强龙骨。龙骨安装好后，要求大面平整，垂直度偏差不大于3mm。

安装石膏板时，是把石膏板贴龙骨上用电钻钻孔，拧上自攻螺丝或螺钉即成。石膏板拼缝分为明缝和无明缝两种作法。无明缝做法是将石膏板倒角，然后用石膏腻子嵌填，干后贴穿孔纸带，再刮腻子填平；明缝做法是用砂浆胶合剂勾成立缝，如图7-6所示。

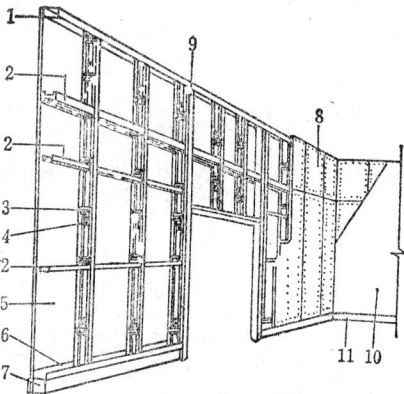

图 7-5　隔墙轻钢龙骨安装示意图

1—沿顶龙骨；2—横撑龙骨；3—支撑卡；4—贯通孔；
5—石膏板；6—沿地龙骨；7—混凝土踢脚；8—石膏板；
9—加强龙骨；10—塑料壁纸；11—踢脚板

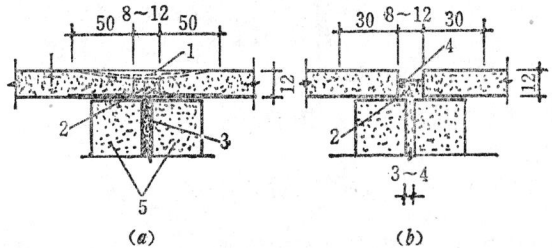

图 7-6　石膏板拼缝做法

(a)无明缝做法，(b)留明缝做法

1—穿孔纸带；2—接缝腻子；3—107胶水泥砂浆；
4—明缝做法

二、顶棚（吊顶、天棚）

顶棚在坡屋顶和一些标准较高的建筑中常采用，它具有防潮隔热、隔声、保温等性能、还可增加室内的整洁与美观，可把水、暖、电等管路封闭在里面。常用的顶棚骨架材料有木质、型钢及铝合金等几种龙骨，而面板则有木质罩面板、石膏板、矿棉板、钙塑板、吸音板、纤维板、胶合板等。

（一）灰板条顶棚

图7-7所示为灰板条顶棚构造图。

灰板条顶棚的施工方法是：先在四周墙上弹出板面标高，并在靠墙沿线加放横垫木，将顶棚梁（即吊顶梁，也称主龙骨）用大吊筋吊在屋架下弦或楼层预制板板缝下，离开屋架下弦或楼板100mm以上，并使吊筋尽量靠近骨架节点处，顶棚梁的端头应伸入墙内至少120mm，间距1000mm左右；在顶棚梁侧面用小吊筋吊设顶棚筋（也称次龙骨），其间距一般400～500mm，靠墙的顶棚筋要与墙内的预埋防腐木砖钉牢；顶棚筋钉好后，直接在其下面钉板条，其装钉方法同灰板条隔墙。顶棚中间部位应适当起拱，起拱高度约为房间跨度的1/200。

（二）板材顶棚

板材顶棚的构造与板条顶棚基本相同，只是在顶棚筋间需钉板筋（横撑木）而已。其顶棚筋、板筋的间距要由板材的规格确定，一般为400～600mm。板材钉于顶棚筋、板筋组成的方格下，其拼缝间隙3～7mm，并用压条或垫圈钉牢，拼缝处也可加钉盖缝条或将板边倒成斜角，如图7-8所示。板材的装钉方法与板材隔墙相同。装钉好的板面要求表面平整、缝隙平直均匀、装钉牢固。

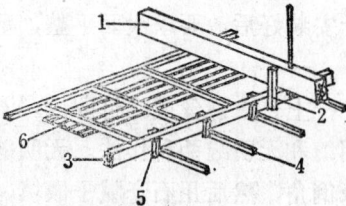

图 7-7 板条顶棚
1—屋架下弦；2—大吊筋；3—顶棚梁；4—顶棚筋；
5—小吊筋；6—板条

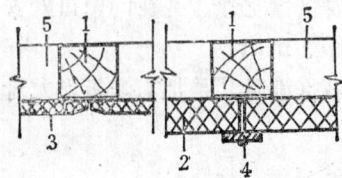

图 7-8 板材拼缝形式
1—顶棚筋；2—木丝板或刨花板；3—五夹板或纤维板；4—盖缝条；5—横撑木

（三）轻钢龙骨顶棚

轻钢龙骨顶棚具有质量轻（大约为抹灰层重量的 $\frac{1}{5}$ ～ $\frac{1}{3}$ ），骨架采用拼接件组装，施工方便，接头可以互相错开，适应性强；面板可用胶粘剂粘贴或用电钻钻孔螺钉固定等，操作简单易行。常用的轻钢龙骨的断面形式有U型和T型两种，其长度一般为3m左右。表7-3是UC50型系列轻钢龙骨顶棚的主件及配件图，其安装示意图见图7-9所示。

UC50型轻钢龙骨顶棚安装顺序如下：

名称及简图	主 件	配 件		
	龙 骨	吊 挂 件	连 接 件	支 托
UC50主龙骨及配件		厚3		
U50龙骨及配件		厚0.75		
U25龙骨及配件		厚0.5		
L35异型龙骨		注:图中尺寸单位均为mm		

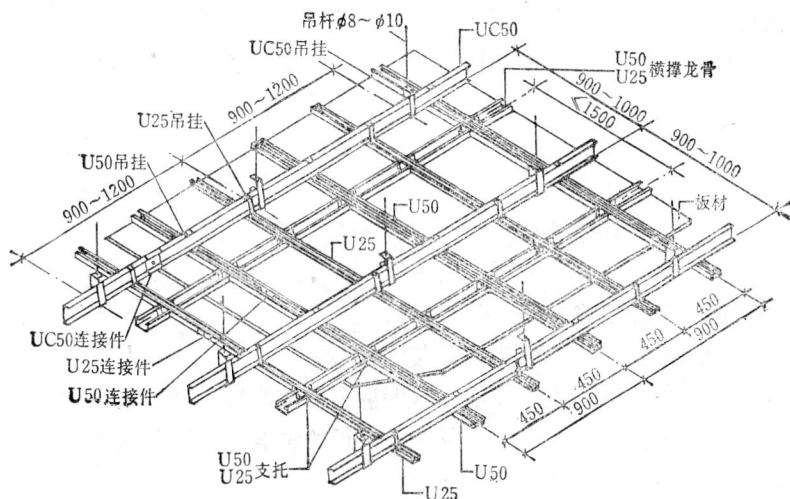

图 7-9 U型装配式轻钢龙骨吊顶安装图

1.弹线

根据顶棚高度在四周墙上弹出水平线,并沿对角或四边中点牵钢丝线作为顶棚安装的标志。较大尺寸的房间,顶棚应起拱,起拱度一般为长度的3%左右。

2.安装UC50主龙骨

将吊杆一端与主体结构预留钩固定，另一端与UC50龙骨吊挂件用螺母固定（吊杆下端有螺纹）；将UC50主龙骨装入吊挂件内，旋转吊杆端的螺母即可使主龙骨按设计要求成面，然后再穿入吊挂件上的螺丝使主龙骨固定。主龙骨接长时，利用主龙骨的连接件来连接，接头应平整、牢固可靠。

3.安装UC50龙骨下的U50及U25龙骨

按要求在UC50龙骨下表面划线，定出U50、U25龙骨的位置，其位置由石膏板的规格确定；U50龙骨位于两块板接缝处，U25龙骨位于板的中央。U50、U25龙骨分别用其吊挂件固定在UC50主龙骨下面，并使其贴紧不松动。根据龙骨需要的长度采用相应的连接件接长。

4.安装异型龙骨

在四周墙上根据水平线用射钉固定L35异型龙骨于墙上。

5.安装横撑龙骨

将U50、U25龙骨截成所需长度作为横撑龙骨，两端分别用其相应的支托连接在纵向U50或U25龙骨上。U50横撑龙骨用于板的拼缝处，U25横撑龙骨用板中央部位。

6.安装饰面板

顶棚骨架安装好并经检查合格后，便可安装饰面板。饰面板的安装可采用自攻螺钉、胶粘剂固定；板间空隙可采用压条压缝，也可采用塑料浮雕花压角；当面板采用三夹板时，应在面板上贴塑料壁纸或做油漆。

UC50轻钢龙骨顶棚龙骨的排列要求是：主龙骨排列间距应小于1200mm，吊点间距一般是900～1200mm；U50龙骨及横撑龙骨排列间距应根据饰面的规格确定；U25龙骨及横撑龙骨应平行于两相应的U50龙骨，其间距不宜超过500mm。

轻钢龙骨顶棚的施工应在室内墙面、柱面抹灰及管线、灯具的部分外露零件安装完毕后进行。吊扇、吊灯等较重设备应穿过顶棚面层固定在屋架、梁或其他主体结构上，不得悬挂在顶棚龙骨上。龙骨开始安装时，不能把所有的吊挂件夹得太紧，以免校正时吊挂件因需松动，调整时反而不易夹紧。

第三节　抹　灰　工　程

一、抹灰工程的分类及组成

抹灰工程按面层的不同分为一般抹灰和装饰抹灰。

一般抹灰为采用石灰砂浆、水泥砂浆、水泥混合砂浆、麻刀灰、纸筋灰、石膏灰、聚合物水泥砂浆、膨胀珍珠岩水泥砂浆等抹灰材料进行的抹灰。一般抹灰按质量要求及操作工序的不同，分为高级、中级和普通抹灰三级。

装饰抹灰为采用水刷石、水磨石、斩假石、干粘石、假面砖、拉条灰、拉毛灰、洒毛灰、喷砂、喷涂、滚涂、弹涂、仿石和彩色抹灰等作为面层的抹灰工程的施工。

（一）抹灰层的组成

1.抹灰层的组成及作用

为了保证抹灰表面的平整、牢固、避免裂缝，抹灰施工应分层操作。抹灰一般由底层、中层及面层组成。底层主要起与基层的粘结作用，其厚度一般为 5 ～ 7 mm；中层主要起找平作用，其厚度一般为 5 ～ 9 mm；面层起装饰作用，厚度随面层使用的材料不同而异。

2. 一般抹灰的组成及工序要求

普通抹灰：做一层底层，一层面层；要求分层赶平、修整，表面压光。适用于简易住宅、大型设施及非居住的房屋等。

中级抹灰：做一层底层，一层中层和一层面层；要求阳角找方，设置标筋，分层赶平、修整，表面压光。适用于一般居住、公用和工业房屋等。

高级抹灰：做一层底层，数遍中层和一层面层；要求阴、阳角找方，设置标筋，分层赶平、修整和表面压光。适用于大型公共建筑、纪念性建筑物、高级住宅、宾馆等。

3. 装饰抹灰的组成要求

装饰抹灰均由底层、中层和面层所组成。装饰抹灰的命名是由面层所采用的材料及施工方法决定的。其底、中层施工及工序要求同一般抹灰。

（二）抹灰的厚度要求

抹灰的厚度应根据抹灰所处的部位及基层的不同而定，具体要求如下：

顶棚：板条、现浇混凝土为15mm，预制混凝土为18mm，金属网为20mm；

内墙：普通抹灰为18mm，中级抹灰为20mm，高级抹灰为25mm；

外墙、勒脚及突出墙面部分为25mm；

石墙为35mm。

二、一般抹灰施工

（一）抹灰用材料

水泥　抹灰工程常用普通水泥、矿渣水泥、火山灰水泥及白色水泥等；

石灰　石灰膏在常温下熟化时间不少于15d，颗粒粒径小于3mm；因冻结而风化、干硬的石灰膏不得使用；用于罩面的石灰膏，常温下熟化时间不应少于30d，石灰膏内不得含有未熟化的颗粒和其他杂质。

砂　常用中砂或中粗砂，要求砂的颗粒坚硬洁净，泥土等杂质的含量不超过 3 %，砂子必须过筛。

麻刀与纸筋　麻刀应均匀、坚韧、干燥、不含杂质，使用时将麻丝剪成长不大于30mm的麻纤维，随用随敲打松散；纸筋在使用前应撕碎除净尘土，然后浸透、捣烂，罩面纸筋宜机碾磨细。

石膏　应磨成细粉使用，其凝结时间必须符合施工要求。

（二）墙面抹灰

墙面抹灰包括内墙面的抹灰和外墙面抹灰。墙面抹灰的工程量较大，一般民用建筑平均每平方米的建筑面积就有3～6m²的墙面抹灰。墙面抹灰的施工一般经过基层处理、设置标志、标筋、分层抹灰、罩面等几个主要工序，其具体要求如下：

1. 基层处理

为了保证抹灰层与基层能粘结牢固，不致出现裂缝、空鼓和脱落，对基层必须进行处理。

（1）清除基层表面的砂浆、尘土、污垢、以及碱膜。

（2）对基层表面的缝隙、孔洞或凸突部位应根据大小，事先堵严或用水泥砂浆修补及剔除。

（3）表面太光的基层要凿毛或采用水泥浆（也可掺107胶）薄抹一层，以保证与底层灰的粘结。

（4）不同基层材料相接处应铺钉金属网，搭缝宽度每边不小于100mm。

（5）室内墙面、柱面的阳角和门洞口的阳角宜用1∶2水泥砂浆做护角，其高度不低于2m，每侧宽度不小于50mm。

（6）过分干燥的基层尚须洒水湿润。

2.弹准线、设标志、标筋

先找好规矩，即四角找方，横线水平、竖线吊直，然后根据距墙阴角100mm的垂线及抹灰面平整度向里反，弹出墙角抹灰准线，并用钉子在准线上下端钉上，依准线挂上白线作为抹灰饼、冲筋的依据，如图7-10所示。

在距顶棚约200mm靠近两角准线钉子旁边各做一个灰饼，然后根据钉子牵线，使灰饼厚度符合抹灰层厚度要求，再以此灰饼为基准吊线做下灰饼；根据上下左右灰饼拉线做中间灰饼，其间距以1.2～1.5m为宜，大小50×50mm，砂浆同抹灰层，厚度一般同抹灰层厚，最小不小于7mm为宜。

待灰饼砂浆收水后，在竖向灰饼间先浇水湿润，然后分次抹上砂浆，其厚度比灰饼稍厚，宽度约50～80mm，再根据两灰饼厚度用木杠（刮尺）搓平形成冲筋。

3.抹底、中层灰

冲筋达到一定强度后，用刮尺操作不致损坏时即可抹底层灰，底层灰的厚度约为冲筋厚度的2/3；抹灰时，用铁抹子、托灰板等工具操作，要求抹实搓平，表面粗糙。抹底层灰时，基层必须经处理、湿润后进行。

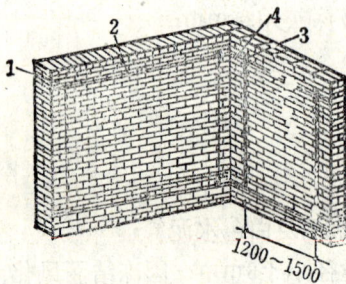

图 7-10 弹线、设标志、标筋
1—灰饼；2—引线；3—冲筋；4—钉子

抹中层灰是在底层灰凝结并至七、八成干后进行。操作时，依冲筋装满砂浆，然后用大刮尺由下而上紧贴冲筋，将中间灰刮平，刮完一块后用木抹子搓抹平整。当中层灰为水泥砂浆时应划毛。中层灰搓抹后用2m靠尺检查抹灰面是否平整，用小方尺检查阴、阳角是否方正。凡有不符合规范要求处，必须及时修整，使其符合要求为止。

4.抹罩面灰

当中层灰达五六成干后，便可抹面层灰。普通抹灰可用麻刀灰或石灰膏罩面，中、高级抹灰应用纸筋灰罩面；用铁抹子压抹平整，分两遍连续压实收光。罩面操作时，从阴阳角处开始，竖向满刮一层，然后沿水平方向抹压平整，两遍厚度是：纸筋灰2mm、麻刀灰3mm。罩面时，如中层已干透发白，应先适度洒水湿润后，再抹罩面灰。

在常规施工中，普通、中级抹灰罩面时均采用石灰膏作主要罩面材料，而高级抹灰则采用石灰膏作罩面材料。

5.墙角抹灰

墙面阳角抹灰时，先将靠尺在墙角的一面用线锤找直，然后在墙角的另一面顺靠尺抹上砂浆，待砂浆收水后，再进行另一侧面的抹灰。阴、阳角面层灰分别用阳角抹子和阴角抹子捋光。

（三）顶棚抹灰

顶棚抹灰前要清理基层。钢筋混凝土预制板及现浇板顶棚，要清除板底浮灰、松动砂石，剔除突凸部分；预制板未嵌满的缝隙，应用水泥砂浆补平；钢筋混凝土顶棚有油脂等隔离剂时，应用钢丝刷刷尽并用水洗净。同时在墙的四周弹出水平线，作为顶棚抹灰控制厚度的依据。

基层处理好后，在抹灰的前一天，用水湿润基层；在抹灰的当天，若顶棚仍然较干，仍需用茅帚洒水湿润，然后刷一道水泥浆（也可掺入107胶），随刷随抹底层灰。操作时，一手持托板，一手握铁抹子，将砂浆抹压在板底面，应注意砂浆嵌入缝隙中；若为水泥砂浆，应在表面划毛。底层灰抹完12h后抹中层灰；中层灰根据砂浆要求需分遍进行，分层压实；中层灰抹完后，先用刮尺顺平，然后用木抹子搓平、压实，使整个中层灰表面平整、顺直。中层灰凝结后进行罩面，罩面若为纸筋灰应分三遍压实抹光；如中层灰罩面前表面已发白，应先洒水湿润后再抹罩面灰；面层压实后的厚度不得大于2mm，顶棚与墙面相交的阴角应成一直线。

对于平整的混凝土大板，如设计无要求时，可不抹灰，而用腻子分遍刮平砂光后刷浆即可。

三、装饰抹灰的施工

装饰抹灰一般用于外墙面，它与一般抹灰的主要区别在于面层不同，下面介绍几种常用的装饰抹灰面层的施工。

（一）水刷石

水刷石装饰抹灰三遍成活，底层为1:3水泥砂浆打底，中层素水泥浆一道，面层为1:1大八厘或1:1.25中八厘或1:1.5小八厘水泥石子浆罩面。水刷石墙面装饰抹灰的施工工艺过程是：清理基层→湿润墙面→设置标筋→抹底子灰→弹线粘贴分格条→抹水泥浆→抹水泥石子浆→洗刷→修补检查→养护。

为了防止水刷石面层开裂，应于底子灰七八成干后，按设计要求弹线分格并嵌分格条。分格条固定前应在水中浸透，然后按分格线将其用纯水泥浆嵌固；嵌固时，纯水泥浆应于分格条两侧成45°角，以保证分格条不致于走动以及缝旁不出现石子稀少现象。

分格条嵌固并底子湿润后，在底子灰上薄刮一层素水泥浆结合层，厚约1mm，以确保面层与底子能牢固结合，随刮随抹水泥石子浆。

水泥石子浆中，石子应根据试配样品所确定的配合比，一次配备拌和均匀待用。搅和时，水泥石子浆的稠度以50～70mm为宜。抹水泥石子浆时，应随抹随用铁抹子压实拍平，使石子密实，均匀一致。稍收水后，再用铁抹子将露出的石子轻轻拍平紧密，使石子大面朝外、表面平整。待水泥石子浆具有一定强度、且用手指按无指痕时，即可用棕刷蘸水自上而下刷去面层水泥浆，或采用喷雾器喷水冲掉面层水泥浆，使石子露出灰浆面1～2mm。刷洗石子的时间要掌握好，刷得过早，容易把石子刷掉；刷得过晚，水泥浆又刷洗不掉，所以在大面积刷洗之前，要经试洗，以保证面层质量。如表面水泥浆已结硬，可用5%的稀盐酸溶液洗刷，然后用水冲净。同一墙面的面层施工应一次完成，不留施工缝；如需留施工缝应留在分格处。相邻分格缝两边的水刷石洗刷后便可取出分格条，并进行必要的修补。施工完毕后，要派专人进行养护。

（二）干粘石施工

干粘石面层是将干石子直接粘附在粘结层上的一种饰面。具有与水刷石相似的装饰效果，且操作简单，节约材料。干粘石的施工工艺过程是：基层清理→湿润墙体→设置标筋→抹底子灰→弹线和粘贴分格条→抹粘结层→甩石子→拍平修整等。

在底子水泥砂浆抹好凝结后，便可进行面层的施工。先浇水湿润底子，粘贴分格条，然后按格抹粘结层，粘结层灰浆根据需要可采用水泥浆、聚合物水泥砂浆、水泥石灰膏等；粘结层灰浆的稠度以70～80mm为宜；涂抹粘结灰浆时，用力要均匀，操作宜快速，抹层要厚薄适宜，以保证石子嵌入后不少于石子粒径的1/2。

干粘石所采用的石粒，应根据要求的色彩一次配备拌和均匀待用，石粒的粒径以4～6mm为宜。粘结层抹平后，应立即甩石子；撒甩石子不能用力过猛，以免石子粘结处形成凹坑；用力也不宜太轻，以致于石子粘不上。甩石子时，应注意先撒四周易干部位，然后甩中部，尤其是边角和分格条旁不要漏粒，个别地方石子密度不够可补撒，石子普遍甩好后，要求大面稀疏均匀，然后进行拍平压实工作，拍平压实包括压、拍、滚等工序。"压"就是用铁抹子在甩好的石子面上轻轻压一遍，把石子初步稳定一下，但应注意不要压出灰浆；"拍"就是把石子面拍紧拍平，使石子嵌入粘结层浆体的深度不小于石子粒径的一半；为了避免石粒面留有抹子拍痕，可用橡胶辊代替抹子轻轻滚压石子面，滚压时用力要均匀，保证面层平整、光洁。

干粘石施工时，在阳角处，角的两面应同时操作，否则一侧做完后，另一侧的粘结灰浆已凝结，石子就粘不上了，这样就会出现明显的接槎、黑边。

干粘石施工也可采用机械喷石代替人工手工甩石子，以提高工作效率和保证石粒的均匀性；大面积干粘石施工应尽量采用喷石机操作。干粘石粘结层灰浆具有一定强度后，应洒水养护。

（三）斩假石

斩假石是在抹灰面层上用剁斧剁出有规律的槽缝，是一种仿天然石的饰面，也称剁斧石。在抹面层石子浆中掺入不同颜色的集料或掺入不同颜料，可以制成仿花岗石、玄武石、青条石等斩假石。斩假石的施工工艺过程是：处理基层→湿润墙体→设置标筋→抹底、中层砂浆→弹线和粘贴分格条→抹水泥石子浆面层→养护→划线斩剁→清理养护。

在底子水泥砂浆抹好凝结并浇水养护2d后，便可进行面层的施工。先浇水湿润底子后，弹线嵌分格条，然后均匀地满刮水泥浆一遍（水泥浆的水灰比为0.37～0.40），以使面层与底子结合牢固，随即抹1:2.5水泥石子浆罩面（内掺水泥重量的10～30％的同种石粉）；水泥石子浆面层分两次涂抹，头遍要薄，二遍抹至与分格条平，总厚度11mm左右。石子粒径宜采用4～6mm的白石子为宜。涂抹赶平稍收水后，用抹子反复横竖压几遍，做到平整密实，边角无空隙。抹平后，用软毛刷蘸水把表面多余的水泥浆刷掉，使露出的石子均匀一致；最后用软扫帚顺着既定的斩纹方向清扫一遍，接头留在阴角或隐蔽处。面层石子浆抹完后，不能受烈日曝晒或冰冻，应进行养护。

面层石子浆的养护时间需根据施工环境温度来决定。当环境温度为15～30℃时，应浇水养护2～3d；当环境温度为5～15℃时，应养护4～6d。

面层大面积斩剁前，应进行试斩。斩剁时，面层所达到的强度，以石子不脱落、松动为准。经试斩确认面层已达到斩剁所需的强度后，先弹分块线和斩剁顺线，以保证面层块体整齐，斩纹顺直、流畅。施工时，斩剁应顺着斩纹自上而下，先斩边圈，后斩中间；剁斧应端正，用力要均匀，先轻斩一遍，再斩剁涂痕，斩纹应方向一致，深浅适当，排列紧密，留出边缘宽窄一致，棱角不得有损坏。斩剁时如面层过于干燥，应浇水湿润后进行。大面斩好后，应及时取出分格条并修整分格缝，然后清扫干净，根据设计要求上色浆勾缝。

在柱边、墙角等处，可弹线留出15～20mm的光边不斩。如必须斩剁时，应用较轻的剁斧斩成横纹，尤其注意不要损坏边角。如果面层需要斩成圆弧或其它曲线形花纹时，则应先设计再弹线，然后斩成设计要求的形状。

斩假石面层斩剁好后，用干净的扫帚将其清扫干净并养护。

（四）拉条灰

拉条灰是用专用模具把面层砂浆做出竖线条的装饰抹灰。它具有美观大方、吸声效果好、成本低等优点，适合于公共建筑及门厅等部位的装饰。

拉条灰的线条形状由设计确定，一般有细线条、半圆形、波纹形、梯形、长方形等。模具应按设计要求锯成凸凹形，外包镀锌铁皮，其中一端锯一缺口，作为拉条时沿导轨木条行走的导向口，以保证线条的垂直。

拉条灰的施工方法是：先在底灰（1∶3水泥砂浆）上按墙面尺寸弹线，划分竖格，确定拉模宽度；将导轨木条垂直平整地粘贴在底灰上，浇水湿润底灰后，抹面层灰（水泥∶砂∶纸筋＝1∶2～2.5∶0.5，可适当加入107胶）；用模具沿导轨自上而下拉出线条，连续作业，一次拉完；上下灰口应齐平。为使罩面层光滑、密实，可在混合砂浆面层上抹一薄层1∶0.5水泥纸筋灰后，再拉线条。线条拉好后，取下木条，然后用短模具修补整形，待面层干燥后，喷刷涂料和保养饰面。

（五）喷涂、滚涂和弹涂

1. 喷涂

喷涂多用于外墙饰面，是用机具将聚合物水泥砂浆喷涂于墙面，再喷罩甲基硅醇钠憎水剂而形成的装饰层。

喷涂于墙面的饰面层有波面、粒状和花点三种图案。

喷涂机具分为压浆罐（或小砂浆泵）输送砂浆的喷枪操作和人工装砂浆的喷斗操作两种，罐枪喷涂工效比喷斗喷涂高1～2倍，适宜于"波面"大面积喷涂；喷斗法设备简单，操作方便，适用于小面积喷涂施工。

2. 滚涂

滚涂饰面是将聚合物水泥砂浆抹在基层上，用滚子滚出花纹，再喷罩甲基硅醇钠憎水剂而形成的装饰层。

滚涂面层材料以水泥为主，加入适量的集料、107胶等。

滚涂操作分干滚和湿滚两种方式。干滚即滚涂时，滚子不沾水，滚出的花纹较大，工效较高。湿滚即滚涂时，滚子反复均匀沾水，滚出的花纹较小，操作时间比较充裕，并可及时修补花纹。

3. 弹涂

弹涂饰面是将聚合物水泥色浆利用弹涂器分几遍弹到已涂抹底色浆的底子上而形成直

径2～4mm大小的圆粒状色点，然后喷一道聚乙烯醇缩丁醛酒精溶液罩面的装饰层。

弹涂所用的色浆以白色水泥为主，加入10％～15％107胶及适量水。当涂刷底色浆时，其配合比为水泥∶水∶107胶＝1∶0.8∶0.13，另加适量颜料；当弹涂色点浆时，其配合比为水泥∶水∶107胶＝1∶0.4∶0.10，再加适量的颜料；颜料的用量应根据设计要求的色彩，通过样板试配而定。色点浆的稠度以130～140mm为宜。

弹涂色点面层施工时，应按色点的花色分工，每人操作一种颜色的色浆，流水作业，逐一跟随。几种色点要弹得分布均匀，相互衬托一致。色点颗粒应近似圆粒，若有色点流坠，应适当增加水泥来调整色浆稠度；若色点浆喷弹时出现拉丝现象，则应适当加入水和适量的水泥。

待弹涂的色点浆干燥后，喷刷耐污染罩面层，喷罩聚乙烯醇缩丁醛酒精溶液，是先将1份粉状聚乙烯醇缩丁醛溶于15～17份酒精中，然后采用涂刷或喷涂的方法敷在装饰面层上。

四、抹灰工程的质量要求

（一）一般抹灰

一般抹灰工程的外观质量，应符合下列规定：

普遍抹灰：表面光滑、洁净，接槎平整；

中级抹灰：表面光滑、洁净，接槎平整，灰线清晰顺直；

高级抹灰：表面光滑、洁净、颜色均匀、无抹纹，灰线平直方正、清晰美观。

一般抹灰质量的允许偏差应符合表7-4。

一般抹灰质量的允许偏差 表 7-4

项次	项　目	允许偏差（mm）			检验方法
		普通抹灰	中级抹灰	高级抹灰	
1	表面平整	5	4	2	用2m直尺和楔形塞尺检查
2	阴、阳角垂直	—	4	2	用2m托线板和尺检查
3	立面垂直	—	5	3	
4	阴、阳角方正	—	4	2	用200mm方尺检查

注：1.外墙一般抹灰，立面总高度的垂直偏差应符合《砖石工程施工及验收规范》（GBJ203—83）、《钢筋混凝土工程施工及验收规范》（GBJ204—83）和《装配式大板居住建筑结构设计和施工暂行规定》（J78—1）的有关规定。
　　2.中级抹灰，本表第4项阴角方正可不检查。
　　3.顶棚抹灰，本表第1项表面平整可不检查，但应顺平。

（二）装饰抹灰

装饰抹灰面层的外观质量，应符合下列规定：

水刷石：石粒清晰，分布均匀，紧密平整，色泽一致，不得有掉粒和接槎痕迹；

干粘石：石粒粘结牢固，分布均匀，颜色一致，不露浆，不漏粒，阳角处不得有明显黑边；

斩假石：剁纹均匀顺直，深浅一致，不得有漏剁处。阳角处横剁和留出不剁的边条，应宽窄一致，楞角不得有损坏；

喷涂、滚涂、弹涂：颜色一致，花纹大小均匀，不显接槎；

拉条灰：拉条清晰顺直，深浅一致，表面光滑洁净。

装饰抹灰工程质量的允许偏差应符合表7-5的要求。

装饰抹灰质量的允许偏差　　　　　　　　　　　表 7-5

项次	项 目	允 许 偏 差 (mm)													检 验 方 法
		水刷石	水磨石	斩假石	干粘石	假面砖	拉条灰	拉毛灰	洒毛灰	喷砂	喷涂	滚涂	弹涂	仿石彩色抹灰	
1	表面平整	3	2	3	5	4	4	4	4	5	4	4	4	3	用2m直尺和楔形塞尺检查
2	阴、阳角垂直	4	2	3	4		4	4	4	4	4	4	4	3	用2m托线板和尺检查
3	立面垂直	5	3	4	5	5	5	5	5	5	5	5	5	4	
4	阴、阳角方正	3	2	3	4	4	4	4	4	4	4	4	4	3	用200mm方尺检查
5	墙裙上口平直	3	3											3	拉5m线检查，不足5m拉通线检查
6	分格条(缝)平直	3	2	3	4	3				3	3	3	3	3	

注：1．外墙面装饰抹灰，立面总高度的垂直偏差见表7-4注①。
　　2．水刷石、斩假石、干粘石、假面砖、拉毛灰、洒毛灰等装饰抹灰，表中第4项阴角方正可不检查。

第四节　楼地面工程

一、楼地面的组成及其分类

（一）楼地面的组成

楼地面是建筑物的底层地面和楼层地面的总称，一般由面层、垫层和基层等部分组成。

面层：是地面的最表层，地面的名称通常以面层所用的材料而命名的，如水泥砂浆地面、细石混凝土地面等。对地面面层的要求是：有足够的坚固性和耐久性，表面平整，易于清扫，行走时不起尘，有一定的弹性和较小的导热系数，并要求尽量做到适用、经济、就地取材、施工简便。

垫层：处于面层之下的结构层，其作用是将面层传来的上部各种荷载均匀地传至基层，楼地面的垫层还起着隔音和找坡的作用。垫层按材料性质的不同分刚性垫层和非刚性垫层两种。刚性垫层有足够的整体刚度，受力后不产生塑性变形；非刚性垫层无整体刚度，受力后产生塑性变形。

基层：是地面的基础，它承担垫层传来的荷载。基层多为素土夯实或加入碎砖的夯实土。楼面的基层是楼板。

（二）楼地面的分类

按面层组成材料分有：土、灰土、三合土、菱苦土、水泥砂浆、混凝土、水磨石、陶瓷锦砖木板、砖地面等。

按面层结构分有：整体地面（如灰土、菱苦土、水泥砂浆等）、块料地面（如缸砖、预制水磨石块、大理石、陶瓷锦砖等）和涂布地面。

二、水泥砂浆地面

水泥砂浆地面也称水泥地面，是目前村镇房屋建筑中最普遍采用的一种地面。

（一）基层施工

地面基层施工前应检测各个房间的地坪标高，并将统一的水平标高弹在各房间的四壁上。楼面的基层施工时，应做好楼板的灌缝嵌填和清理工作。

地面基层施工时，应待地下管道等工程完工后进行。基层为软土或扰动土时，应清除土中杂物后予以夯实，或加铺一层粒径为40～60mm的碎石层。腐植土或淤泥应挖除后，分层回填低压缩性土或砂石材料。较深的回填土应在清底后分层回填夯实。土方回填与压实方法详见第一章内容。夯实基层时，如出现橡皮土，应按第一章地基处理的方法进行处理。基层土经夯实后表面应平整，并用2m靠尺检查，要求表面凹凸不大于10mm，标高应符合设计要求，水平偏差不大于20mm。

（二）垫层施工

1.刚性垫层

刚性垫层指的是用水泥混凝土、碎砖混凝土、水泥炉渣混凝土等各种低强度等级混凝土所作成的垫层。垫层施工前应清理基层，不得粘有泥土等杂物，同时在墙四壁弹水平线控制垫层厚度，在基层上每隔2～3m左右设中间水平控制标桩，以确保垫层的厚度和水平度。

常用的混凝土垫层的厚度一般为70～100mm，混凝土的强度等级不低于C10；粗集料粒径不应大于50mm，并不得大于垫层厚度的2/3；混凝土的坍落度以30～50mm为宜。

混凝土垫层浇筑前，基层应浇水湿润，待无积水时随即摊铺混凝土。大面积浇筑混凝土时宜采用分仓浇筑的方法，施工时逐仓铺设，随铺随用括尺、推耙等工具摊平混凝土，并适当拍实。当混凝土垫层厚度在80mm以下时，可直接采用木拍板、铁锹进行拍实和整平；当垫层厚度超过100mm以上时，则应采用平板振动器振捣密实。混凝土强度达到1.2MPa以上才可在上面铺跳板行人。

2.非刚性垫层

非刚性垫层系采用灰土、碎砖三合土、炉渣、砂、石等材料作成的垫层，其施工方法详见第一章地基加固的内容。

（三）面层施工

水泥地面面层的厚度一般为15～20mm，采用425号水泥与中砂或粗砂配制，配合比为1:2～2.5，水灰比宜0.3～0.4，稠度不大于35mm。采用这种较干的砂浆，操作时不易提浆抹光，但它能减少面层的干缩和裂缝，保证工程质量。

面层施工前，应清扫垫层并洒水湿润，按规定冲筋，在墙面上弹出标高控制点，有地漏的房间应先找好泛水坡。面层施工时，先刷一道水泥浆（可适当加入107胶），随即摊铺水泥砂浆，这样可避免面层与垫层脱离而产生空鼓的现象；砂浆应摊铺均匀（可用木推耙操作），用刮尺沿冲筋将砂浆刮平后，用木抹子搓平拍实；待砂浆收水后终凝前，用铁抹子反复压光，或采用地面抹光机抹光。水泥砂浆地面的压光，应严格控制其时间，必须在终凝时间内完成；特别是采用较干的砂浆时，更应控制好压光时间，否则无法拍实和压光；如果压光时间拖得太迟，以致不易压实压光，于是就采取在表面洒水或加一些干水泥的做法，这样势必会引起面层的"脱皮"及起灰的现象，将严重影响工程的质量。水泥砂浆地面养护的好坏，直接影响地面的质量和使用；有时因养护不当，造成水泥无法水化，以致于使用时极易起砂，或根本就不能使用；故此，水泥砂浆地面在头7~10d内，每天至少浇水一次，如室温大于15℃时，则在最初3~4d内，每天至少浇两次水。冬期施工应按冬期的有关规定进行养护。

当地面为大面积水泥砂浆抹面时，应根据要求留设分格缝，以防止砂浆面层不规则裂缝的形成。

（四）水泥砂浆地面常见质量通病与预防

1.起砂

产生原因：水泥用量少，标号低，过期受潮；水灰比过大或太小；压光时间过晚；养护不及时，不充分。

预防措施：选用425号普通硅酸盐水泥，严格配合比，压光时间必须控制在终凝前，加强覆盖浇水养护，不允许撒干水泥，冬期应保持适当的环境温度和湿度。

2.起壳

产生原因：垫层灰渣浮层没有铲除干净，没有冲洗，砂浆过薄，没有刷水泥浆等。

预防措施：垫层表面清除冲洗干净，楼面应用钢丝刷刷致石粒显露，充分湿润后刷水泥浆一道，随刷随铺水泥砂浆。

3.开裂

产生原因：水泥安定性不好，用量过大，砂子过细；用干水泥或水泥砂吸收表面水分；垫层强度低，结构变形、温度变形或地基沉降等。

预防措施：选用安定性好的水泥和级配好的中砂，配合比以1:2~2.5为宜；避免单独使用水泥或与细砂拌合的干撒料；保证垫层强度，采取减少结构、温度及地基变形的措施。

三、水磨石面层

水磨石地面是在水泥砂浆找平层上抹水泥石子浆，硬化后经多遍磨光而成。水磨石地面面层应在完成顶棚和墙面抹灰后进行，其工艺过程是：基层清理——浇水湿润后设置标筋——做水泥砂浆找平层——养护——弹线嵌分格条——铺水泥石子浆并压实——养护试磨——分遍磨光及上浆、养护——酸洗上蜡。

（一）材料要求

石粒：应用坚硬耐磨的岩石（如白云石、大理石等）做成。石粒应洗净无杂物，其粒径除特殊要求外，一般为4~12mm。

水泥：白色或浅色的水磨石面层，应采用白色水泥；深色或灰色的水磨石面层，宜采用标号不低于425号的硅酸盐水泥、普通硅酸盐水泥或矿碴硅酸盐水泥。水泥中掺入的矿物颜料的掺量不宜大于水泥重量的12%。

分格条：可用铜条、铝条、玻璃条，要求厚薄均匀，宽窄一致。

（二）面层施工

水磨石面层的施工宜在水泥砂浆找平层抗压强度达到1.2MPa（一般养护2~3d)后进行。

1.嵌分格条

在找平层养护达到要求的强度后，按设计要求的图案在其上弹分格线（分格的边长宜为60～90cm），然后沿线嵌分格条。嵌条时，用木条顺线将分格条找齐，并使分格条紧靠在木条侧面上，用素水泥浆嵌填在分格条的一边，稳好一面后，将木条拿开，在分格条的另一边嵌填素水泥浆。嵌固的素水泥浆应在分格条两边成"八"字形，且嵌填的高度宜比分格条的上边低4～6mm，以保证磨平后分格条的两旁有均匀的石粒。嵌填素水泥浆时应注意，分格条"十"字交叉处40～50mm处不宜满嵌；接长处应对准、严密、牢固，以保证铺浆时不移动，磨出后成通长直线。分格条嵌好后，应拉5m通长线对其进行检查并修正；嵌条应平直，交接要平整、方正，接头严密牢固。

2．铺水泥石子浆

分格条嵌填固定并养护硬化后，在找平层上刷一道与面层颜色相同的水泥浆做结合层，以保证面层与找平层的粘结，随刷随铺水泥石子浆（配合比宜为1:1.5～2）。铺浆时，要按设计要求的图案的颜色深浅，将不同颜色的水泥石子浆按先深后浅的顺序填入分格中，且在前一种色浆凝结后再做后一种色浆，以免混色。水泥石子浆的虚铺厚度宜比分格条高出2mm左右。铺满水泥石子浆后，用推耙赶平，用木抹子抹压，然后用滚子纵横碾压，至均匀泛浆为止，滚压时，用力要均匀，操作要细心，应防止压碎或压倒分格条。滚压过程中，如遇石子稀少，应随压随补石子，并压致表面平整、泛浆。水泥石子浆经滚压后，应用铁抹子压一次，使表面平整无波纹；待石子浆收水时，再用铁抹子压一次，以使浮石子拍实。次日开始浇水养护。

3．磨面

水泥石子浆经养护达到一定强度后便可进行磨光。磨光有两种方法，一种是人工磨光，一种是机器磨光；不论哪种方法，一般要磨光三遍，打蜡一次。进行大面积磨光前，应进行试磨，以表面石粒不松动所需的时间为开磨时间。水磨石开磨时间可参考表7-6。

水磨石开磨时间表　　　　　　　　　　　表7-6

养护温度（℃）	5～10	10～20	20～30
机　磨（d）	5	3	2
人工磨（d）	2	1.5	1

水磨石面层应使用磨石机分遍磨光。头遍用60～90号粗金刚石磨，边磨边浇水，要求磨匀磨平，使全部分格条显露为准，然后用水将表面余浆全部冲洗干净；无积水后，涂刮同色水泥浆（应先深后浅，后同），以填补面层的砂眼、细小孔隙及凹痕，凝固后浇水养护2～3d再磨。第二遍用90～120号稍粗金刚石磨，操作同头遍，要求磨至表面光滑；磨好后冲洗干净，稍干后即进行第二次涂刮上浆修补砂眼，养护2～3d后，进行第三遍磨光。第三遍用180～200号细金刚石磨面，边浇水边磨，磨至表面石子粒粒显露、平整光滑，无砂眼细孔，用水冲洗后，涂抹草酸溶液（热水:草酸=1:0.35，重量比，溶化冷却后用）一遍，再用细磨石或油石（240～280号）研磨，磨至泛白浆、表面光滑为止，用水冲洗晾干。规范要求，普通水磨石面层磨光遍数应不少于三遍，高级水磨石面层应适当增加磨光遍数及提高油石的号数。

4．上蜡打磨

水磨石面层应上蜡打磨，用以保护面层及其色彩。上蜡打磨应在影响面层质量的其他工序全部完成后进行。上蜡的配合比宜为：石蜡:煤油:松香水:清油＝1:4:0.6:0.1（质量比）；配制时，先将石蜡、煤油放在桶里熬到冒白烟（130℃），用时加入松香水和清油，然后用薄布包好，在水磨石面层上薄涂一层，待其干后再用钉有细帆布的木块代替磨石，装在磨石机的磨盘上进行研磨，直至表面光滑洁亮为止。上蜡打磨后，在表面铺一层锯末进行养护。

（三）质量要求

水磨石面层外观质量要求：表面平整、光滑、石子显露均匀，不得有砂眼、磨纹和漏磨处；分格条位置准确，全部露出。

水磨石面层的允许偏差见表7-4的要求。

四、细石混凝土地面

细石混凝土地面可以克服水泥砂浆地面干缩性较大的缺点。其特点是地面强度高，干缩值小，施工工艺简单；但厚度较大，一般住宅或办公楼为30～40mm，厂房的地面为40～80mm。主要适用于民用建筑的底层地面和工业厂房地面。

细石混凝土地面所用的混凝土强度等级不应低于C20，浇筑时的坍落度不应大于30mm；水泥应采用不低于325号的普通硅酸盐水泥或矿渣硅酸盐水泥；砂应采用中砂及粗砂；碎石或卵石的粒径不应大于15mm，且不大于面层厚度的2/3。

细石混凝土铺设前，首先在四周墙面弹出地面水平线用以控制面层厚度，同时用表面涂刷沥青的木板隔成和垫层变形缝相吻合的方格；然后在垫层上刷水灰比为0.4～0.5的水泥浆一道（素土垫层可不刷，但需浇水湿润），随刷随铺混凝土；摊铺混凝土应逐格逐格进行，用推耙等工具推平均匀，随即用表面振捣器振捣密实，也可采用滚筒来回交叉滚压3～5遍，至表面泛浆后进行抹平和压光；混凝土应在初凝前用木抹子抹平，而在终凝前用铁抹子进行压光。为了提高面层的耐磨和光洁度，可在抹平时在面层加适量的1:2～2.5的水泥砂浆。面层施工后一昼夜内要覆盖，浇水养护不少于7d。

五、聚合物水泥浆彩色涂布地面

彩色涂布地面系采用107胶、水泥、矿物颜料配成色浆涂抹于地面找平层上的一种地面。

（一）材料要求

水泥 选用425号及以上的普通硅酸盐水泥，要求不受潮、不结块，并应通过150目筛子过筛。

107胶 半透明白色胶体，密度1.03～1.05，用容器封闭储存，不得有悬浮、沉淀物。

矿物颜料 颜色均匀，不含异物，细度要求通过120目筛子过筛，含水量不大于2%。

色浆配合比为水泥:107胶:颜料:水＝5:1:0.5:2～7.5。

（二）施工

1.基层处理

基层必须平整、光洁，不得有空壳、脱落、凸凹不平和麻面、突出的抹子印痕及油渍；基层表面在施工前应认真清扫，除去余尘、细屑等，并应仔细清洗保持湿润，但不得有积水；有花饰涂布要求的应在基层处理后或涂刮底浆后弹线标出。

2.配浆

先将设计要求的甲、乙颜料配成所需颜色的混合料，并与部分水拌合；将湿润拌和的混合料与107胶拌合成料浆；将料浆与水泥拌合并加入余下的水，经充分拌和后成为待用的色浆。

3.涂刮色浆

涂刮色浆一般分为一底三面共四层，每层厚为0.5～1.0mm，总厚度控制在2.5mm以内，以2mm为佳。

底层涂刮操作时，是用胶木刮板把色浆按房间进深方向满刮一遍。边刮边撑压找平，稍收水后用铁板压实走匀。待结硬后（用手指轻压无指印），检查涂刮表面，不得有凸凹不平、抹子印等，然后用砂子砂一遍。

第二层涂刮是在底层结硬后，将色浆用胶木刮板沿与底层涂刮垂直的方向满刮一遍，要求同底层。第三、四层涂刮同一、二层，但厚度要薄。

4.养护

面层涂刮完后，严禁在面层上行走、堆放物品等；养护时间，在夏天不少于7d，冬天施工时不少于14d。

5.打蜡

打蜡是保证地面耐磨、具有明快鲜艳的色彩和增加其光洁度的措施。一般在面层结硬并清除尘埃后即可上地板蜡。第一次打蜡不少于二道，以后根据使用情况可每月一次。上蜡后应控制在2h后适当抛光。

（三）施工注意事项

1.基层应平整、光洁，施工前应严格清洗基面，并保持湿润；

2.原材料要一次备齐，配合比准确，色浆颜色均匀；

3.每层涂刮结硬后，应仔细检查，对明显缺陷或抹印足痕，应认真用砂纸打磨后，局部用相同配合比色浆处理；

4.花饰色浆涂刮时，应先涂刮深色浆，后涂刮浅色浆；

5.严禁用纯107胶涂抹表面，也不得在107胶中加颜料涂刷表面。

六、块材楼地面

在楼地面上铺设块材面层，具有施工方便、工期短、便于更换等优点；但表面平整度比整体面层差。

（一）陶瓷锦砖地面

陶瓷锦砖又名马赛克，由于成品按不同图案贴在纸上，也称"纸皮砖"。陶瓷锦砖护面纸的规格一般为30.5×30.5cm，常用于内、外墙及地面、浴室、盥洗室和厕所等处的饰面。陶瓷锦砖地面的施工应在墙面、踢脚线等面层施工完毕后进行，其施工步骤如下：

1.用1:3水泥砂浆打底找平，厚度6～7mm，抹平并将表面划毛，洒水养护1～2d。

2.在底层灰面上弹线，计算马赛克张数（每张边长30cm），并根据需要以几张为一组留出缝隙，以便镶嵌分格木条。

3.在底灰上先刷素水泥浆一道，抹2～3mm厚的1:0.3水泥纸筋灰或1:1水泥砂浆（加适量的107胶），表面平整。铺贴的次序是：单间房间应从门口开始；两间连通房间，应由门口中间拉通线，先沿纵向铺好通张后，再往两边铺贴。铺贴时，先在面积为几张陶瓷锦砖的底灰上撒素水泥，并稍洒水，用方尺由墙面规方拉控制线，随后镶贴陶瓷锦砖；操作时，人站在已铺好马赛克的垫板上，逐张贴至尽端。铺贴完后，湿润并揭去护面纸，检查缝子是否均匀，不匀者应用小刀拔直；用木锤或拍板由一端开始依次拍实；用1:1或

1:2水泥砂浆灌缝；适当淋水后，再用锤子和拍板拍一遍，拍板要前后左右平移拍打，将陶瓷锦砖拍平至要求的高度。地漏处应根据坡度要求铺贴。铺贴符合要求后，轻轻扫掉（或擦抹干净）余浆，如果湿度过大，可用干灰面扫一遍，用干锯末擦净并养护。常温下应连续操作，以防止砂浆结硬，整个施工操作以5～6h内完成为宜，4～5d内禁止上人踩踏或堆放物品。

（二）缸砖地面

各项准备工作（如冲筋、找泛水、底子灰刮平等）同陶瓷锦砖地面，但要弹地面互为90°的中心十字线，并做好中心和四周标志砖作为控制地面平整度和铺贴的依据。面层的镶铺方法有以下两种。

1.留缝镶铺

根据尺寸弹分行线，要求缝子均匀，不出现半砖或砍砖。从门口开始铺贴，铺好的地面要垫好木板，人站在板上往前铺，每铺完一行后用米厘条隔开再铺前一行。竖缝根据弹线走齐，随铺随清理表面。

2.满铺镶铺

从门口开始往里铺，不须弹线，出现非整块砖时用凿子切割。铺完后用小喷壶浇水，稍吸水后，用小锤拍板拍打，缝隙对直，否则应拔直，并再拍打一遍。

留缝镶铺时在取出米厘条后，用1:1水泥砂浆勾缝；满铺镶铺时应用1:1水泥干砂扫面，然后再拍打一遍，用锯末扫干净。镶铺完工24h应浇水养护，4～5d内不准上人。

（三）预制水磨石块地面

预制水磨石块分为本色和彩色两类，边长一般为200～300mm，施工前根据设计要求，由加工厂预制加工而成，施工时在找平层上直接进行铺贴即成。其主要工序如下：

1.弹分块线　在水泥砂浆找平层达到1.2MPa以后，在其上弹出分块位置线，然后按设计要求的图案预先排列，并在水磨石块的背面编号，以便对号铺贴；在墙上弹水平线，以控制铺贴的平整度及标高。

2.铺贴　先在房子中心沿两垂直方向拉水平线，并在线下铺板块带（起标筋作用）。然后在标筋和水平线控制下逐块铺贴。铺贴前，先在基层刷一道掺有107胶的水泥浆，随即抹1:2水泥砂浆结合层，厚度10～15mm，每次抹以2～3块板的面积为宜，对照水平线把砂浆刮平，刮平后的砂浆面应比水磨石面板铺设标高低2～3mm，以保证铺贴挤压后符合设计要求。铺贴时，板的四周侧面应同时着浆，逐一挤浆铺砌；铺好几块后，用木槌敲击中部，使砂浆挤压密实、板块达到控制标高、接缝严密。

3.灌浆　铺砌后1～2d，用水泥稠浆或着色水泥稠浆灌缝，稍干后用布推擦，使缝隙饱满密实，然后用纱布将板表面擦干净。

4.养护上蜡　面板铺砌好后，应用干锯末和席子覆盖养护，并设置护栏，2～3d禁止上人。待结合层水泥砂浆强度达到70%以后，涂上地板蜡，然后用打蜡机磨光。

七、楼地面的质量要求

1.已施工完的楼地面的验收，应检查下列各项内容：

（1）地面与楼面各层的坡度、厚度、标高和平整度等应符合规定；

（2）地面与楼面各层的强度、密实度以及上下层结合必须牢固；

（3）变形缝的宽度和位置、块材间缝隙大小以及填缝的质量等必须符合要求；

（4）不同类型面层的结合，面层与墙和其他构筑物（地沟、管道等）的结合以及图案必须正确。

2.各层表面对水平面或对设计坡度的允许偏差，不应大于房间相应尺寸的0.2%，但最大偏差不应大于30mm。各层厚度对设计厚度的偏差，在个别地方其偏差不得大于该层厚度的10%。

3.混凝土、水泥砂浆、水磨石、钢屑水泥等整体面层和铺在水泥砂浆或沥青玛琋脂上的板块面层与下一层的结合是否良好，应用敲击方法检查，不得有空鼓。

4.地面与楼面各层的平整度，应用2m直尺检查；如为斜面，则应用水平尺和样尺检查，面层平整度的允许偏差见表7-7。

5.地面与楼面面层不应有裂纹、脱皮、麻面和起砂等现象。

6.块料面层相邻两块料间的高差，不应大于表7-8的规定。

楼地面面层平整度要求　　　　　　　　　　　　　　表 7-7

面层	土、碎石、卵石	12
	块石、条石	10
	铺在砂上的普通粘土砖、灌石油沥青碎石	8
	铺在水泥砂浆结合层上的普通粘土砖	6
	混凝土、水泥砂浆、沥青砂浆、沥青混凝土、钢屑水泥和菱苦土等整体面层	4
	混凝土板、缸砖	4
	整体的及预制的普通水磨石、碎拼大理石、水泥花砖和木板面层	3
	整体的及预制的高级水磨石面层	2
	陶瓷锦砖、拼花木板、塑料板、硬质纤维板和地漆布	2
	大理石	1

注：直接在地面与楼面上安装机械设备和有特殊要求的面层，表面平整度的允许偏差应符合设计要求。

各种块料面层相邻两块料的高低允许偏差　　　　　　表 7-8

序 号	块 料 面 层 名 称	允许偏差（mm）
1	条石面层	2
2	普通粘土砖缸砖和混凝土板面层	1.5
3	普通水磨石板面层	1
4	陶瓷锦砖、水泥花砖、高级水磨石板、塑料板和硬质纤维板面层	0.5
5	大理石、木板和拼花木板面层	—

第五节　饰　面　安　装

饰面安装就是指把块料面层镶贴或安装于基层上而形成装饰层的一类罩面。常用的饰面块料可分为饰面砖（如釉面砖、陶瓷锦砖、缸砖等）、天然饰面板（大理石、花岗石、青条石等）、人造饰面板（预制水磨石、人造大理石等）三大类。下面介绍几种常用的饰面材料的施工方法。

一、大理石饰面板

大理石饰面板常用于宾馆、礼堂等建筑的内外墙裙、门厅、柱面的饰面。通常情况下，较小块料的饰面板常采用粘贴的方法固定；大块料饰面板（边长大于或等于400mm）或镶贴墙面较高时，均要采用先绑扎钢筋网架，把块料与网架连接绑牢，然后进行灌浆的方法固定，其施工工艺过程如下：

（一）施工准备

1.大理石的验收与编号 大理石拆包后，应按设计要求挑选规格、品种、颜色一致，无裂纹、缺块掉角及局部污染的成品分别堆放。根据安装面设计尺寸在地面上将大理石进行试拼，试拼时应注意缝隙平直均匀，花纹色调一致，上下左右纹理畅通，无错开、突变花纹现象。试拼合格后，再根据安装顺序予以编号，以便安装时对号入座。

2.钻孔、剔槽、修边与穿丝 大理石验收编号后，应进行修边钻孔剔槽，以便穿绑铜丝或铅线与墙面设置的钢筋网片绑扎而固定大理石板。钻孔是用$\phi 4 \sim \phi 6$的合金钢冲击钻钻成；钻孔的位置应视安装方式而定，单层悬挂板材时，一般在板材左右两侧面的上、下附近各钻一个孔，背面相应的位置钻孔与侧面孔连通；多层悬挂安装时，应在每块板的上、下侧面钻孔，其孔数不得少于两个，边长大于500mm的板材，其孔数不应少于三个；钻孔的位置应与钢筋网的横向钢筋位置相适应，一般在板的上、下侧面从背面棱算起的2/3处并距左右侧面50mm的位置钻竖孔，在相对应的背面位置距背面棱30mm以上的位置钻横孔，使竖孔与横孔连通，然后在上、下侧面竖孔位置剔水平凹槽，保证铜丝绑扎后不影响板的拼缝严密及纹理的畅通。板材钻孔后，穿入一定长度的铜丝，以备待用。大理石的钻孔见图7-11所示。

3.基层处理 首先应将基层表面清扫干净并浇水湿润，对于表面光滑平整的基层应进行适当的凿毛。凸凹过大的基层应事先进行补平或凿除。

4.弹线 在安装面上弹出水平线和垂直线，以确定每块大理石的安装位置。

5.挂网 固定大理石板的钢筋网采用$\phi 6$双向钢筋形成。竖向钢筋间距不大于500mm，水平钢筋与钻孔的位置相适宜。钢筋网与基层的连接可采用在结构中预埋铁件，然后与之焊接或绑扎的方法；也可于安装前在基层上用电钻钻孔，埋入短钢筋或膨胀螺栓，然后与钢筋网的竖筋焊接的方法。

（二）安装施工

1.安装 大理石板安装前，将其清洗干净并阴干待用。安装时从最下一层开始，首先将两端第一块板对位并用托线板靠平找直，然后用木楔垫稳，拉上横线，再从中间或一端开始，逐块按编号安装中间各块大理石板；操作时，先将下口铜丝在横筋上绑扎，使下侧面的外边棱对准安装就位面准线，然后绑上口铜丝，用托线板靠直、靠平，并用木楔垫紧，最后将上口铜丝扎紧，保证板与板的交接处四周平整、缝隙均匀。一层安装完后，再用托线板吊正、水平尺找平一遍，其安装方法见图7-12所示。

2.临时固定 一层大理石安好后，在板表面横竖缝缝隙处每隔100~150mm用调成糊状的石膏浆予以粘贴，使该层板材成为一整体，以防止移位。

3.灌浆 待石膏浆凝结硬化后，用1:2水泥砂浆分层灌入板内侧空隙中，每层灌注高度宜为150~200mm，且不得超过板高的1/3，灌注后应插捣密实；待下层砂浆初凝后，再灌注上层砂浆；最后一层砂浆只灌至板上口以下50~100mm处，待上层板灌浆时一次

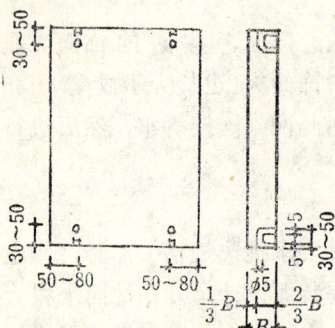

图 7-11 大理石钻孔与剐槽

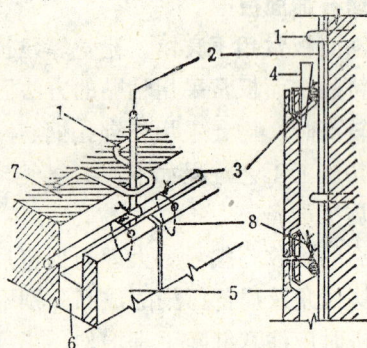

图 7-12 大理石安装法

1一预埋铁件；2一立筋；3一横筋；4一定位木楔；5一大理石板
6一水泥砂浆；7一墙体；8一铅丝或铜丝绑扎

灌过缝隙，以保证上下层板缝与灌浆层缝隙错开。最后一层砂浆初凝后，应擦净板面和板上侧面的余浆；终凝后，可将上口木楔拔出，然后按同法依次安装上层大理石板。

4.擦缝 全部大理石板安装完毕、灌注砂浆达到设计强度等级的50％后，即可清除所有固定用的石膏及余浆痕迹，用麻布擦洗干净，并用与板面同颜色的水泥浆填抹接缝，边抹边擦净板面，保证缝隙密实、颜色一致。大理石安装于室外时，接缝应用干性油腻子填抹；垫铅条时，应将压出部分铲除至与饰面板表面齐平。

预制水磨石、水刷石板材的安装方法同大理石板。

二、釉面砖的镶贴

釉面砖正面挂釉，又叫瓷砖或釉面瓷砖。它是由瓷土或优质陶土烧成，其正面有白色及其它各种颜色，也可带有各种花纹和图案。釉面砖主要用于室内外墙裙的装修。

（一）施工准备

1.基层处理

（1）混凝土墙面的处理 用火碱或其它洗涤剂将墙面上的隔离剂洗净，用清水刷洗后，甩上1:1水泥砂浆，再用30％107胶＋70％水拌水泥浆，甩成小拉毛，2d后抹以1:3水泥砂浆底层，隔天后做水泥砂浆中层。

（2）砖墙处理 先剔除砖墙面上多余灰浆并清扫浮土，然后用水湿润，抹1:3水泥浆底层，1d以后做水泥砂浆中层。

（3）旧建筑物（厨房、浴厕）墙面处理 彻底清洗油渍等污垢，用手凿疏疏落落地将墙面凿毛，然后用水清洗，无积水后抹水泥砂浆的底层及中层。

2.弹线分格

在水泥砂浆底子灰上弹线找方，首先按贴砖面积计算纵向皮数和横向块数，然后按设计要求弹出釉面砖镶贴的水平和垂直控制线。在分皮数定块数时，应注意在墙面上横竖方向均不得出现一排以上的非整砖，且须将非整砖排在次要部位或阴角或最下一排，以保证墙面的整齐美观。

3.作釉面砖灰饼

在破损的废釉面砖背面抹一定厚度的混合砂浆，然后将其贴在墙面上作为控制粘贴釉面砖的标志，间距1.5m左右。混合砂浆粘结层厚度主要取决于所采用的粘结材料；如为墙裙，还要根据釉面砖镶贴后应比抹灰面突出5mm来决定。在厅口或阳角处的灰饼除正面挂直外，其阳角的侧面也要挂直，称双面挂直。

4.浸泡

镶贴前应选用颜色均匀的釉面砖在清水中浸泡2～3h，取出晾干或擦干，以待使用，从而保证镶贴后不至于吸收灰浆中水分而使其粘贴不牢。

5.粘贴砂浆配合比

粘贴砂浆一般采用水泥混合砂浆，其配合比为：水泥：石灰膏：砂 = 1：0.3：3。或采用掺有107胶的水泥浆粘贴，其配合比为：水泥：107胶：水 = 10：0.5：2.6。

（二）镶贴施工

1.设置木垫尺

在底子灰上浇水湿润后，以所弹水平控制线为依据设置木垫尺，设置时垫尺应搁稳并再次用水平尺找平，以保证第一皮釉面砖下口齐平。加木垫尺的目的是防止贴釉面砖时水泥浆未硬化而砖体下滑，同时保证釉面砖横平竖直。上一皮釉面砖以下一皮为支撑，逐皮向上镶贴。

2.粘贴

在备好的釉面砖的背面满刮灰浆，按所弹控制尺寸线将其下口紧靠木垫尺贴于墙面，用手按压后再用小铲把轻轻敲击，使其与底子砂浆粘结密实牢固。每皮镶贴时，应从阳角开始，把非整砖留在阴角处。釉面砖贴好后，用靠尺按灰饼将其靠正平整，并理直灰缝。当采用水泥混合砂浆粘贴时，其刮灰厚度宜为6～10mm；采用聚合物水泥浆时，其刮灰厚度宜为2～3mm。釉面砖间缝隙宽度应控制在1～1.5mm范围内。

3.修整

整皮釉面砖贴完后，应用长靠尺横向校正一次。若有高于灰饼者，可轻轻敲击使其平整；对于低于灰饼的釉面砖，应取下重贴，不得在砖口塞灰，以免造成空鼓。

4.孔洞处的镶贴

墙面若有孔洞时，应先将周围的整釉面砖贴完，再贴孔洞处砖。贴前将釉面砖上下左右对准孔洞划好线，把它放在一块平整的硬物体上。用小锤轻轻敲打合金钢小钻子，先凿开面层，再凿内层至断开为止。当孔洞大于砖块时，其镶拼的瓷砖角料最好对称布置，以保证整体的美观。孔洞处所贴瓷砖不能完全罩住基层时，可用同色水泥浆罩面。

5.勾缝

整幅釉面砖墙面贴好后应进行质量检查，然后用水清洗，再用棉纱擦净，缝隙用同色水泥浆擦嵌密实。若表面被水泥浆污染，可用稀盐酸刷洗并用清水冲净。外墙面砖的施工与釉面砖相同，只是排列时有时留出10mm左右缝隙。

三、陶瓷锦砖的镶贴

（一）施工准备

1.基层处理 对预制墙板、现浇墙板、柱等光滑基层，应在抹灰前进行凿毛，并用钢丝刷刷净及清水冲洗表面；对砖砌体基层，应清除表面的浮灰、铲除残余砂浆、堵塞孔洞和适当整平不平的部分，然后用水冲洗。有油污的基层应用碱水刷洗后，再用清水冲洗干净。

2.抹底子灰 在处理后的基面上，根据一般抹灰的要求，先规方、冲筋、丈量墙面，然后分遍抹底子灰。抹灰前应考虑打底灰后的尺寸，能保证镶贴锦砖时其竖向和横向不出现半块锦砖，否则应予以调整。若横向尺寸不满足时，应在外墙角或窗樘口处适当调整底灰的厚度；竖向尺寸不满足时，应在每层分格缝处或沿口处调整底灰的厚度。底子灰的底层应在湿润基层后进行涂抹，一般采用水泥砂浆并在其中加入少量的107胶；中层灰可采用1:3水泥砂浆，也可在水泥砂浆中掺入适量的石灰膏；底子灰表面必须平整，阴阳角垂直方正，否则由于粘结层厚度小，不易调整锦砖的平整和阴、阳角的垂直，其总厚度约12～15mm。底子灰抹完后应划毛并浇水养护。

3.弹线分格　在底子灰凝固后锦砖粘贴前，应根据镶贴部位的具体尺寸、陶瓷锦砖纸版的规格弹水平线及垂直控制线。水平线以女儿墙顶的水平线为准，从上到下按每张锦砖弹一道或按一操作高度（一般4～5张）弹一道；垂直线应和角垛的中心线保持平行，从墙面的对称中心处为轴往两边按2～3张锦砖弹一道。如需设置分格缝，则应按墙体高度均分，且保证两缝之间为整张数；分格缝宽度应根据锦砖规格及设计要求来确定，然后加工分格条并在施工时嵌固。

（二）镶贴施工

1.镶贴　根据已弹好的水平线安放好垫尺，并用水平尺校正垫平，然后在已湿润的墙面底灰上刮一道素水泥浆（宜掺入10%的107胶）作粘结层，厚约2mm，并用靠尺顺平。将整张锦砖放在木垫板上，纸面朝下，用湿布把锦砖背面（麻面）擦净，再将白水泥浆（若对缝隙有色彩要求时，可用普通水泥掺矿物颜料或其他彩色水泥）刮满锦砖的缝隙中，但表面不留余浆。刮浆前应检查纸版上的小块锦砖是否有脱落，如有脱落应用水泥浆修补好。随后将刮满浆的整张锦砖下口沿垫尺上口自下往上贴于墙上。

陶瓷锦砖也可采用另一种铺贴法，先在湿润的底灰上刷水泥素浆一道，再抹上2～3mm厚的纸筋灰水泥浆（纸筋:石灰膏:水泥浆为1:1:8）作粘结层，用靠尺顺平；同时将锦砖铺放在木垫板上，底面朝上，在缝隙里撒嵌1:2干水泥砂，并用软毛刷刷净底面上的浮砂，再薄薄抹上一层粘结灰浆（水泥素浆），然后将其镶贴于墙上。

外墙面陶瓷锦砖镶贴时应按操作高度要求（一操作高度可以是一步架或两分格缝间高度）自上而下逐组进行，以便于清洗锦砖表面和拆除脚手架，而每一组贴时宜由下向上逐张进行，以克服自上向下镶贴时易出现砖体下坠而造成缝隙不均或不平整的现象。每一组锦砖的镶贴应由阳角或阴角处开始。贴第一张及第一组锦砖时必须以弹好的横竖线为准，其它各张镶贴时，除依据横竖线外，还应与相邻的锦砖的缝隙对齐，每张间缝隙与锦砖小块间的缝隙应宽窄一致，且横平竖直。贴完一组后，若有分格缝，则将分格条放在下口线继续贴第二组。镶贴操作时，应边贴边用拍板放在已贴好的锦砖面层上，用小手锤敲击拍板，均匀用力并由边到中央满蔽一遍，使结合层灰浆挤严锦砖缝隙，保证其粘结牢固，表面平整。

2.揭纸与拔缝　锦砖镶贴完2～3m²后，在灰浆初凝前（约20～30min）用刷子刷水将护面纸湿润透，待护面纸吸水泡开后（约15～20min），先试揭，感到轻便无粘结时即可揭去护面纸，揭纸时要依次由上往下轻轻地揭，并清理干净。揭纸后应检查锦砖缝隙大小及平直情况，并将弯扭的砖缝拨正调直，宽度一致，然后用小锤拍板敲击拍平一遍，以增加与墙面的粘结，拔缝工作必须在水泥浆初凝前完成，否则可能产生空鼓、脱落现象。若陶瓷锦砖内灌有水泥砂，拨缝后应用刷子带水将缝内砂子刷出，再用水壶由上往下喷水清洗，最后用棉纱擦净。

3.擦缝与嵌缝 在已揭去护面纸的锦砖表面抹上素白水泥浆，使缝隙填满并严实；擦缝时也可直接用棉纱蘸水泥浆往缝隙处填嵌。水泥浆宜同粘贴时的水泥品种颜色。待水泥浆收水后，用棉纱擦去砖面灰浆，并用清水冲洗表面，最后再用干净的棉纱将表面水分擦干净。分格缝的木条取出后，经检查修整后用1∶1水泥砂浆嵌填缝隙。待全部施工完毕后，次日即可喷水养护。

4.玻璃马赛克的铺贴特点 玻璃马赛克与陶瓷马赛克同属纸皮石，但玻璃马赛克的表面弱显粗糙多孔、光亮、颜色均匀，底面光滑带凹槽，其质地稍为透明，粘纸牢度较差，容易稍显露底色等不同点，这就给铺贴带来了困难，操作要求高。

玻璃马赛克铺贴宜采用浅色粘结层。抹粘结灰浆时，要注意使灰浆填满马赛克之间的缝隙中，这样才能保证用水洗刷玻璃马赛克表面时不产生小砂眼和不掉粒。施工时，先在底灰上抹粘结层灰浆，再在玻璃马赛克底面薄薄刮一层水泥浆，要横向刮，竖向刮，斜向刮，以保证缝隙灰浆饱满，其底面也应有一层灰浆。

玻璃马赛克揭纸后要用刷子仔细洗刷表面余浆，因马赛克表面较粗糙和有小孔洞易滞留余浆，所以要勤蘸水轻刷快洗，以保证其表面的清洁，否则由于湿时洗不干净，又不易发现，干后其表面则非常肮脏，再也不易洗刷掉。揭纸和洗刷表面，一般要求是上午铺贴的上午完成，下午铺贴的下午洗刷完，不宜过早，也不能太迟，过早、太迟都会影响铺贴质量，要根据气候和灰浆稠度来决定揭纸和刷洗的时间。

四、饰面工程的质量要求

饰面工程所用的材料品种、规格、颜色、图案以及镶贴方法应符合设计要求；饰面板和饰面砖不得有歪斜、翘曲、空鼓、缺楞、掉角、裂缝等缺陷；饰面工程的表面不得有变色、起碱、污点、砂浆流痕和显著的光泽受损处。突出的管线、支承物等部位镶贴的饰面砖、应套割吻合；镶贴墙裙、门窗贴脸的饰面板、饰面砖，其突出墙面的厚度应一致。

饰面工程质量的允许偏差，应符合表7-9的规定。

饰面工程质量的允许偏差 表 7-9

项次	项目	允 许 偏 差 （mm）										检 验 方 法
		天 然 石					人 造 石		饰 面 砖			
		光面	镜面	粗磨面	麻面	条纹面	天然面	水磨石	水刷石	外墙面砖	釉面砖	陶瓷锦砖	
1	表面平整	1		3	—		2		4		2		用2m直尺和楔形塞尺检查
2	立面垂直	2		3			2		4		2		用2m托线板检查
3	阴角方正	2		4			2				2		用200mm方尺检查
4	接缝平直	2		4		5		2			2		5m拉线检查，不足5m拉通线检查
5	墙裙上口平直	2		3			2				2		5m拉线检查，不足5m拉通线检查
6	接缝高低	0.3		3	—		0.5		3	室外1，室内0.5			用直尺和楔形塞尺检查
7	接缝宽度	0.5		3	—		2		0.5		2		用尺检查

第六节 油漆、刷浆、裱糊工程

一、油漆工程

油漆涂料涂刷在构件表面上，能提高构件表面的清洁度和增加其美观程度。油漆的漆膜薄而坚固，使构件表面与外界空气、水和其它浸蚀性物质相隔绝，从而达到木材防腐、防潮和钢材防锈的目的，延长了构件的使用寿命，增强了构件表面的装饰效果。

（一）油漆的种类

油漆主要由胶粘剂（漆基）、颜料、溶剂和辅助材料等组成。油漆的品种繁多，在建筑上常用的有以下几种。

1. 清油 又称鱼油、熟油，是用干性植物油（桐油、亚麻仁油等）或干性油加部分半干性油经熬炼加入催干剂而制成的。多用于稠稀厚漆和红丹防锈漆或作配腻子、打底涂料，也可单独使用，但油膜柔软。

建筑工地上常用熟桐油加稀释剂配成一种打底清油，其配合比为熟桐油∶松香水＝1∶2.5，冬天可加入适量的催干剂，并可根据需要加入适量颜料，配成带色清油。

2. 厚漆 又称铅油，是用干性油与大量颜料混合研磨而成的糊状色漆，未加催干剂，使用时需加清油溶剂稀释才能使用。其漆膜柔软、粘结性好，被广泛用于作各种面漆的涂层打底，或单独用作要求不高的木材、金属表面的涂覆，其光亮度、坚硬性差。

3. 调和漆 分油性调和漆和磁性调和漆两种。油性调和漆是用干性油加入着色颜料和体质颜料混合研磨后，再加入催干剂和溶剂配制而成；其漆膜柔韧，附着力好，有较高的耐候性，不易粉化、脱落、龟裂，经久耐用，但干燥较慢，适用于室外面层的涂刷。磁性调和漆是在油性调和漆中加入少量树脂配制而成。其漆膜较硬，干燥较快，光亮平滑，能耐水洗，但耐候性差，易失光、龟裂，常用于室内构件面层的涂刷。

4. 清漆 以树脂作为主要成膜物质的透明油漆，分油基清漆和树脂清漆。油基清漆中的胶粘剂含有干性油，其漆膜干燥快，透明而有光泽，适用于木材及金属表层的罩光。树脂清漆中的胶粘剂只含树脂，其漆膜干燥快，坚硬光亮，但耐水、耐热、耐候性差，易失光，常用的有虫胶清漆、硝基清漆，适用于室内的木材面层打底、罩面及金属表面的涂饰。

5. 磁漆 是在清漆内加入着色颜料而制成。它漆膜坚硬有光泽，类似磁釉而得名，其耐洗、耐磨、耐候性都较清漆强，适用于高级建筑的室内木材、金属表层的涂饰。

6. 防锈漆 有油性防锈漆和树脂防锈漆两类。涂刷于金属表面作防锈打底用。

7. 聚醋酸乙烯乳胶漆 是由聚醋酸乙烯乳液、颜料、填料等主要原料加水配制而成，是一种以水代替溶剂，以合成树脂代替植物油的新型水性涂料。其漆膜平整无光，色彩明快柔和，附着力强，耐碱性好，对墙面干燥要求不高，一般新抹墙面只要稍经干燥便可涂刷；涂刷时，操作方便，不用溶剂稀释，对施工人员无伤害，适用于内墙面层的涂刷。

（二）油漆施工

油漆工程施工包括基层处理、打底子、刮腻子、磨光、涂刷油漆等工序。

1. 基层处理

处理木材基层表面是用铲刀刮去其上面灰尘、油垢、污物、砂浆等，表层的裂缝、毛刺、脂囊等应在修整后用腻子填补嵌实，刮平收净，并用砂纸磨光。节疤应用刮刀清2～3

遍后，用油性腻子抹平，有时还需进行漂白处理。木材的含水率不应大于12%。

金属表面的油渍、鳞皮、锈斑、焊渣、毛刺等必须清除干净，表面不得有湿气。

抹灰或混凝土表面的灰尘、污垢、粘结的砂浆应予以清除。裂缝、麻面、凹陷处应用腻子填补平整。基层必须干燥，其含水率不大于8%。油漆前表面应洁净，不得有起皮、松散等缺陷。

2. 打底子

木材表面打底子的目的是使基层表面具有均匀吸收油漆的能力，以保证面层的色泽均匀一致。木材表面涂刷混色油漆时，打底一般用自配的清油。若为涂刷清漆，则应用润油粉或润水粉打底，以填充木纹的棕眼，使表面平滑并起着色作用。

金属表面应刷防锈漆打底。

抹灰或混凝土表面也应采用清油打底。

涂刷底子要求刷匀、刷全、不能有遗漏和流淌现象。

3. 刮腻子

刮腻子的作用是保证表面平整光滑。腻子应按基层、底漆和面漆的性质配套使用，它应具有可塑性、易涂性和干燥后的坚固性。常用于木材表面的腻子为石膏腻子，抹灰表面一般采用乳胶腻子。

涂刮腻子的遍数随油漆工程的质量等级而定，一般以三道为限。施工时，先局部刮腻子，然后再满刮腻子，头道要求平整，二、三道要求光洁。每道腻子涂刮时均应在前道工

木料表面涂刷混色油漆的主要工序　　　　　　　　　　　表 7-10

项　次	工　序　名　称	普通油漆	中级油漆	高级油漆
1	清扫、起钉子、除油污等	+	+	+
2	铲去脂囊、修补平整	+	+	+
3	磨砂纸	+	+	+
4	节疤处点漆片	+	+	+
5	干性油或带色干性油打底	+	+	+
6	局部刮腻子磨光	+	+	+
7	腻子处涂干性油	+		
8	第一遍满刮腻子		+	+
9	磨　光		+	+
10	第二遍满刮腻子			+
11	磨　光			+
12	刷底漆			+
13	第一遍油漆	+	+	+
14	复补腻子	+	+	+
15	磨　光	+	+	+
16	湿布擦净		+	+
17	第二遍油漆	+	+	+
18	磨光（高级油漆用水砂纸）		+	+
19	湿布擦净		+	+
20	第三遍油漆		+	+

注：1. 表中"+"号表示应进行的工序；

　　2. 高级油漆做磨退时，宜用醇酸磁漆涂刷，并根据漆膜厚度增加1～2遍油漆和磨退、打砂纸、打油蜡、擦亮的工序。

序干燥后进行，腻子干燥后应打磨平整光滑，并清理干净。

4.涂刷油漆

木料表面涂刷混色油漆，按质量要求分为普通、中级和高级三级，主要工序见表7-10。木料表面涂刷清漆，按质量要求分为中级和高级两级，主要工序见表7-11。

木料表面涂刷清漆的主要工序　　　　　　　　　　表 7-11

项　次	工　序　名　称	中级油漆	高级油漆	项　　次	工序名称	中级油漆	高级油漆
1	清扫、起钉、除油污等	+	+	13	磨　光	+	+
2	磨砂纸	+	+	14	第二遍油漆	+	+
3	润　粉	+	+	15	磨　光	+	+
4	磨砂纸	+	+	16	第三遍油漆	+	+
5	第一遍满刮腻子	+	+	17	磨水砂纸		+
6	磨　光	+	+	18	第四遍油漆		+
7	第二遍满刮腻子		+	19	磨　光		+
8	磨　光		+	20	第五遍油漆		+
9	刷油色	+	+	21	磨　退		+
10	第一遍油漆	+	+	22	打砂蜡		+
11	拼　色	+	+	23	打油蜡		+
12	复补腻子	+	+	24	擦　亮		+

注：表中"＋"号表示应进行的工序。

金属表面涂刷油漆的主要工序　　　　　　　　　　表 7-12

项　　次	工　序　名　称	普通油漆	中级油漆	高级油漆
1	除锈、清扫、磨砂纸	+	+	+
2	刷防锈漆	+	+	+
3	局部刮腻子	+	+	+
4	磨　光	+	+	+
5	第一遍满刮腻子		+	+
6	磨　光		+	+
7	第二遍满刮腻子			+
8	磨　光			+
9	第一遍油漆	+	+	+
10	复补腻子		+	+
11	磨　光		+	+
12	第二遍油漆	+	+	+
13	磨　光		+	+
14	湿布擦净		+	+
15	第三遍油漆		+	+
16	磨光（用水砂纸）			+
17	湿布擦净			+
18	第四遍油漆			+

注：1.表中"＋"号表示应进行的工序；
2.薄钢板屋面、檐沟、水落管、泛水等涂刷油漆，可不刮腻子。涂刷防锈漆应不少于两遍；
3.高级油漆做磨退时，应用醇酸磁漆涂刷，并根据漆膜厚度增加1～2遍油漆和磨退、打砂蜡、打油蜡、擦亮的工序；
4.金属构件和半成品安装前，应检查防锈漆有无损坏，损坏处应补刷；
5.钢结构涂刷油漆，应符合《钢结构工程施工及验收规范（GBJ205—83）》第五章的有关规定。

金属表面涂刷油漆，按质量要求分为普通、中级和高级三级，主要工序见表7-12。

抹灰和混凝土表面涂刷油漆，按质量要求分为中级和高级两级，主要工序见表7-13。

涂刷油漆有多种方法，建筑工程中常用刷涂法和喷涂法，无论采用哪种方法都要求涂刷均匀、无流淌。第一遍油漆涂刷干燥后，应复补腻子及磨平，然后刷第二遍油漆，施工时根据前述工序要求分级进行。各遍油漆干后不得有起壳、皱皮现象，后遍油漆要等前遍

抹灰表面和混凝土表面涂刷油漆的主要工序　　　　　　　表 7-13

项次	工 序 名 称	中级油漆	高级油漆	项 次	工序名称	中级油漆	高级油漆
1	清 扫	+	+	9	复补腻子	+	+
2	填补缝隙、磨砂纸	+	+	10	磨 光	+	+
3	第一遍满刮腻子	+	+	11	第二遍油漆	+	+
4	磨 光	+	+	12	磨 光	+	+
5	第二遍满刮腻子		+	13	第三遍油漆	+	+
6	磨 光		+	14	磨 光		+
7	干性油打底	+	+	15	第四遍油漆		+
8	第一遍油漆	+	+	16			

注：1.表中"+"号表示应进行的工序；

2.如涂刷乳胶漆，在第一遍满刮腻子前，应刷一遍乳胶水溶液；

3.第一遍满刮腻子前，如加刷干性油时，应用油性腻子涂抹。

混色油漆表面质量要求　　　　　　　表 7-14

项次	项 目	普 通 油 漆	中 级 油 漆	高 级 油 漆
1	脱皮、漏刷、反锈	不允许	不允许	不允许
2	透底、流坠、皱皮	大面不允许	大面和小面明显处不允许	不允许
3	光亮和光滑	光亮均匀一致	光亮、光滑均匀一致	光亮足，光滑无挡手感
4	分色裹棱	大面不允许，小面允许偏差3mm	大面不允许，小面允许偏差2mm	不允许
5	装饰线、分色线平直(拉5m线检查，不足5m拉通线检查)	偏差不大于3mm	偏斜不大于2mm	偏差不大于1mm
6	颜色、刷纹	颜色一致	颜色一致，刷纹通顺	颜色一致，无刷纹
7	五金、玻璃等	洁净	洁净	洁净

注：1.大面是指门窗关闭后的里、外面；

2.小面明显处是指门窗开启后，除大面外，视线所能见到的地方；

3.设备、管道喷刷银粉漆，漆膜应均匀一致，光亮足；

4.涂刷无光乳胶漆、无光漆，不检查光亮。

清 漆 表 面 质 量 要 求　　　　　　　表 7-15

项次	项 目	中 级 油 漆	高 级 油 漆
1	漏刷，脱皮，斑迹	不 允 许	不 允 许
2	木 纹	棕眼刮平，木纹清楚	棕眼刮平，木纹清楚
3	光亮和光滑	光亮足，光滑	光亮柔和，光滑无挡手感
4	裹棱、流坠、皱皮	大面不允许，小面明显处不允许	不 允 许
5	颜色、刷纹	颜色基本一致，无刷纹	颜色一致，无刷纹
6	五金、玻璃等	洁 净	洁 净

油漆干燥后才能进行涂刷。在油漆涂刷过程中，不得任意稀释油漆，最后一遍油漆也不宜加催干剂。油漆工程施工应在其他工程全部完工后进行，施工环境应当清洁干净，应防止尘土沾污和热空气的侵袭。涂刷清漆时，其环境温度不应低于8℃。

油漆工程的质量检查及要求应符合表7-14及表7-15的要求。

二、刷浆工程

（一）刷浆材料

刷浆工程就是用水质涂料喷刷于抹灰表面或物体表面的施工。刷浆施工所用的材料可分为一般刷浆材料、水溶性聚乙烯醇类涂料和无机涂料。

1.一般刷浆材料

一般刷浆材料主要指石灰浆、水泥浆、大白浆和可赛银浆等传统刷浆材料。石灰浆和水泥浆可用于室内外墙面，而大白浆、可赛银浆只用于室内墙面。

石灰浆　用石灰膏加水调制而成。为了提高其附着力，防止表面掉粉和减少沉淀现象，往往掺入石灰浆重量0.3%～0.5%的食盐或明矾，或掺入20%～30%的107胶，其效果更好。工地上有时直接采用生石灰块加水泡制成石灰浆使用，必要时在石灰水沸腾时加入少量的热桐油，以提高其粘结和防蚀性能。

水泥浆　一般采用聚合物水泥浆。采用普通水泥浆时，基层不必干燥。聚合物水泥浆的主要成分是：白水泥、高分子材料、颜料、分散剂和憎水剂。

大白浆　是由大白粉加水调制而成，若加入颜料，可制成各种色浆。大白粉是一种研细的白垩土（碳酸钙），又名老粉。调制大白浆时必须掺入胶结料，过去常用龙须菜或火碱面胶，现在皆采用107胶或聚醋酸乙烯乳液。

可赛银浆　由可赛银粉加水调制而成。可赛银粉是由细大白粉与颜料研磨再加入干胶（酪素胶）而制成，使用时用热水浸泡，并加入少量鸡脚菜胶以增加润滑，防止沉淀。

2.水溶性聚乙烯醇类内墙涂料

这种涂料它是以聚乙烯醇树脂为主要成膜物质，以水为分散介质的一种内墙涂料。主要品种有：聚乙烯醇水玻璃涂料和聚乙烯醇缩甲醛涂料等。

3.无机涂料

无机涂料是指主要成膜物质为无机材料的一大类涂料。目前常用的产品为：JH80-1无机建筑涂料及JH80-2硅溶胶无机建筑涂料，前者用于外墙的刷浆，后者除用于外墙刷浆外，还可作为耐擦洗涂料而用于内墙刷浆。

（二）刷浆施工

刷浆工程施工按工程部位分为室内刷浆和室外刷浆。室内刷浆按质量要求分为普通刷浆、中级刷浆及高级刷浆三级。石灰浆和水泥浆的刷浆施工只能达到中级刷浆标准。室内、外刷浆的主要工序见表7-16及7-17。

刷浆前应将基层表面上的灰尘、污垢、砂浆流痕等清除干净，基层表面的孔眼、缝隙和凸凹不平的地方应用腻子填补磨平，腻子涂刮后要坚实牢固，不得起皮和裂纹，并防止尘土沾污及热空气的侵袭。

刷大白浆及可赛银浆时，要求基面充分干燥，并在抹灰面内碱质全部消化后才能施工，一般需经过一个夏天的充分干燥后才能批腻子和刷浆，以免脱落。刷聚合物水泥浆时，

室 内 刷 浆 的 主 要 工 序　　　　　　　　　　表 7-16

项次	工序名称	石灰浆		聚合物水泥浆		大 白 浆			可赛银浆		水溶性涂料	
		普通	中级	普通	中级	普通	中级	高级	中级	高级	中级	高级
1	清扫	+	+	+	+	+	+	+	+	+	+	+
2	用乳胶水溶液或聚乙烯醇甲醛胶水溶液湿润			+	+							
3	填补缝隙、局部刮腻子	+	+	+	+			+	+	+	+	+
4	磨平	+	+	+	+			+	+	+	+	+
5	第一遍满刮腻子						+	+	+	+	+	+
6	磨平							+	+	+	+	+
7	第二遍满刮腻子							+		+		+
8	磨平							+		+		+
9	第一遍刷浆	+	+	+	+	+	+	+	+	+	+	+
10	复补腻子		+							+		+
11	磨平		+							+		+
12	第二遍刷浆	+	+	+	+	+	+	+	+	+	+	+
13	磨浮粉								+	+	+	+
14	第三遍刷浆		+				+	+	+	+		+

注：1. 表中"+"号表示应进行的工序；
　　2. 高级刷浆工程，必要时可增刷一遍浆；
　　3. 机械喷浆可不受表中遍数的限制，以达到质量要求为准；
　　4. 温度较大的房间刷浆，应用具有防潮性能的腻子和涂料。

室 外 刷 浆 的 主 要 工 序　　　　　　　　　　表 7-17

项 次	工 序 名 称	石 灰 浆	聚合物水泥浆	无机涂料
1	清扫	+	+	+
2	填补缝隙、局部刮腻子	+	+	+
3	磨平	+	+	+
4	找补腻子、磨平			+
5	用乳胶水溶液或聚乙烯醇缩甲醛胶水溶液湿润		+	
6	第一遍刷浆	+	+	+
7	第二遍刷浆	+	+	+

应在刷浆前用乳胶水溶液或107胶水湿润基层后才能进行。刷无机涂料前，应用清水将基层冲洗干净，待明水挥发后方可涂刷。

刷浆一般采用刷涂法和喷涂法。刷涂法是最常用的方法，一般用排笔、扁刷进行刷涂。喷涂一般采用手压式喷浆机或电动喷浆机进行喷涂。刷涂时，刷浆的稠度宜小些；喷涂时的刷浆稠度可大些。室外刷浆如分段进行时，应以分格缝、墙的阴角或水落管等处为分界线；室内刷浆的次序须先顶棚，后墙面，自上而下，且应待前遍刷浆干燥后方可涂刷后遍，每遍不宜过厚。同一表面的刷浆必须采用相同的材料配合比，涂料必须搅拌均匀后使用。

刷浆工程施工完成后，要求表面颜色一致；无掉粉、起皮、漏刷和漏底现象；在1～2 m处正视，喷点均匀、刷纹通顺。刷浆工程的质量要求见表7-18。

项　　　目	普 通 刷 浆	中 级 刷 浆	高 级 刷 浆
掉粉、起皮	不允许	不允许	不允许
漏刷、透底	不允许	不允许	允　许
反碱、咬色	允许有少量	允许有轻微少量	不允许
喷点、刷纹	2m正视喷点均匀、刷纹通顺	1.5m正视喷点均匀、刷纹通顺	1米正视喷点均匀刷纹通顺
流坠、疙瘩、溅沫	允许有少量	允许有轻微少量	不允许
颜色、砂眼		颜色一致，允许有轻微少量砂眼	颜色一致，无砂眼
装饰线、分色线平直(5m拉线检查，不足5m拉通线检查)		偏差不大于3mm	偏差不大于2mm
门窗、灯具等	洁　净	洁　净	洁　净

三、裱糊工程

裱糊工程是将各种壁纸、墙布用胶粘剂粘贴在室内墙面抹灰面上的一种装饰方法。

裱糊工程中常用的装饰材料有普通墙纸、塑料墙纸和玻璃纤维墙布等。从表面的装饰效果看，有仿锦缎、静电植绒印花、压花、仿木、仿石等。

裱糊工程的工序过程为：基层处理→安排墙面分幅和划垂直线→裁纸→焖水→刷胶→纸上墙面→对缝→赶大面→整理纸缝→擦净挤出的胶水→清理修整等。

裱糊工程的主要工序的施工要点如下。

1. 基层处理　要求基层基本干燥，抹灰层含水率不大于8％；抹灰面应坚实、平滑、无飞刺、无砂粒等；对于局部麻点、凹坑须先用腻子修补填平，并满批腻子，砂纸磨平。对木基层要求接缝严密，不露钉头，接缝处要裱纱纸、纱布，然后满刮腻子并干后磨平。在处理好的基层表面上满刷一遍107胶水作为底胶，底胶干后才能开始裱糊施工。

2. 墙面弹垂直线或水平线　底胶干后在墙面上弹垂直线或水平线，以保证墙纸粘贴后的花纹、图案、线条纵横连贯不显接缝，同时也作为裱糊墙纸时的操作准线。墙纸水平裱糊时，则弹水平线，弹时按墙纸宽度决定线的位置；墙纸竖向裱糊时，则按其宽度弹竖直线。

如果从墙角开始裱糊，第一条竖直线离墙角的距离应该定在比墙纸宽度小10～20mm处，使墙纸竖边转过阴角搭接收口；遇到门窗等大洞口时，一般以立边分划竖直线，以便于摺角贴立边。

3. 裁纸　根据墙纸规格及墙面尺寸统筹规划裁纸，纸裁后应编号，以便按顺序粘贴。墙纸上下要预留裁制尺寸，一般两端应多留30～40mm。当墙纸有花纹、图案时，要预先考虑完工后的花纹、图案、光泽效果，故应对接无误后才能裁割，决不能随便裁剪。另外还应根据墙纸花纹、纸边情况考虑是采用对口还是搭口来裁割。

4. 焖水　纸基塑料墙纸遇水（或胶水）自由膨胀，干后则自行收缩；自由胀缩的墙纸，其幅度方向的胀率为0.5％～1.2％，缩率为0.2％～0.8％，根据这个特点，施工时应先将墙纸在水槽中浸泡几分钟或刷胶后叠起静置10min，然后再裱糊，这样才能保证上墙后不致于吸湿后而皱折脱落，即使有少量的气泡也因收缩绷紧而自行平服。

5.墙纸的粘贴

（1）刷胶　墙面和墙纸背面各刷一道胶，阴阳角处应增刷1～2遍，刷胶要求薄而均匀，其宽度应比墙纸宽20～30mm。

裱糊纸基墙纸一般用107胶作胶粘剂，裱糊玻璃纤维墙布宜用聚醋酸乙烯乳液作胶粘剂。

（2）铺贴　先贴长墙面，后贴短墙面。每个墙面应从显眼的墙角以整幅纸开始，将窄条纸的裁边留在不明显的阴角处。铺贴时自上而下推赶并抹平，然后用橡皮滚筒来回滚压，使内部气泡及多余的胶由中央向四周赶出。第一幅墙纸必须十分注意上下的垂直度。粘贴第二幅墙纸时，应先对花、对纹，拼缝自上而下进行；操作时，先对好一侧缝并保持墙纸的垂直，然后对好花、纹后由上到下压实，再抹平滚压整幅墙纸。裱糊的主要工序见表7-19。

裱 糊 的 主 要 工 序　　　　　表 7-19

项次	工 序 名 称	抹灰混凝土面			石膏板面			木 料 面		
		普通壁纸	塑料壁纸	玻璃纤维墙布	普通壁纸	塑料壁纸	玻璃纤维墙布	普通壁纸	塑料壁纸	玻璃纤维墙布
1	清扫基层、填补缝隙、磨砂纸	+	+	+	+	+	+	+	+	+
2	接缝处糊条				+	+	+	+		+
3	找补腻子、磨砂纸					+	+			+
4	满刮腻子、磨平	+	+	+						
5	用1:1的聚乙烯醇缩甲醛胶水溶液湿润	+	+	+						
6	壁纸湿润	+	+		+			+	+	
7	基层涂刷胶粘剂	+	+		+	+	+	+		+
8	壁纸涂刷胶粘剂		+							
9	裱糊	+	+		+			+		+
10	擦净挤出的胶水	+	+		+			+		+
11	清理修整	+	+		+			+		+

注：1.表中"+"号表示应进行的工序；

　　2.不同材料的基层相接处应糊条；

　　3.混凝土表面和抹灰表面，必要时可增加满刮腻子遍数。

墙纸裱糊时应注意以下几点：

（1）阳角转角处不留拼缝时，包角要压实，并注意花纹、图案与阳角的直线关系。阴角不垂直时，一般不作对接，但搭接时要将墙纸由受侧光的墙面向阴角转过去5～10mm，压实并不得空鼓，搭接在前一幅墙纸的外面。

（2）粘贴的墙纸应与挂镜线、门窗贴脸板和踢脚板紧接严密，不得有缝隙。

（3）墙纸粘贴后，若发现空鼓、气泡时，可用针刺破放出气体，再用注射针挤进胶粘剂，并用刮板刮平压密实。

（4）整个房间粘贴好后，必须进行修整，把上下多余的部分割齐并使端部粘牢，然后做好成品的保护工作，封闭通行道或设保护覆盖物，以防止污染及潮气的侵蚀。

6.裱糊工程的质量应符合下列要求：

完工的墙面裱糊应表面色泽一致，不得有气泡、空鼓、翘边、皱折和斑污，斜视无胶痕；各幅拼接不得露缝，距墙面1.5m正视，不显拼缝；拼缝处的图案和花吻合；墙纸或玻璃纤维墙布的搭接应顺光；不得有漏贴、补贴和脱层等缺陷。

复习思考题

1. 木门窗有哪两种安装方法？安装时应注意哪些问题？

2. 灰板条、轻钢龙骨石膏板隔墙是如何施工的？

3. 板材、轻钢龙骨顶棚是如何安装的？

4. 一般抹灰如何分级？对抹灰层的构造有何要求？

5. 一般抹灰的基层如何处理？

6. 试述墙面一般抹灰的基本操作步骤和方法。

7. 装饰抹灰有哪些种类？试述水刷石、干粘石、斩假石的施工方法。

8. 什么是喷涂、滚涂及弹涂？为什么常喷罩甲基硅醇钠？

9. 抹灰工程如何进行质量验收？

10. 水泥砂浆地面常见的质量通病是哪些？如何预防？

11. 试详细说明水磨石地面的施工过程和方法。

12. 聚合物水泥浆彩色涂布地面是如何施工的？

13. 马赛克、缸砖地面是如何施工的？

14. 试述大理石安装方法。

15. 瓷砖、玻璃马赛克墙面饰面的镶贴方法是怎样的？

16. 楼地面面层的质量要求有哪些？

17. 建筑工程中常用哪几种油漆？各有什么特性？各适用什么部位或构件的涂刷？

18. 油漆施工有哪些工序？如何保证施工质量？

19. 常见的刷浆材料有哪几种？试说明其施工特点。

20. 试述墙面裱糊的工艺及要求。

第八章 建筑施工组织概论

建筑施工企业的基本任务就是科学地、有计划地组织建筑产品的施工，使其工期短、质量好、成本低，收到良好的投资效益，满足日益增长的物质文化生活的需要。然而，建筑工程施工是一项十分复杂的生产活动，除了必须遵守基本建设程序和施工程序外，还应根据建筑产品施工的技术经济特点，处理好人力、物力、财力、空间和时间、工艺和设备、建筑和安装、质量和安全、工期和进度等诸多矛盾，运用先进的科学技术和管理手段，讲求经济效益，增强竞争能力，树立良好的社会信誉，促进建筑业的发展。本章主要叙述施工组织的基本内容及施工准备工作。

第一节 建筑产品及其生产的特点

一、建筑产品的特点

建筑业生产活动的劳动成果称为建筑产品。它分为建筑物和构筑物两大类。建筑产品不同于其它工业产品，它具有以下特点：

1.**产品的固定性** 建筑物的建造地点是城市规划确定的，建筑物建成后也是不能移动的；

2.**产品的多样性** 由于场地条件和使用要求的不同，建筑产品的设计亦不同，即使设计完全相同，自然环境、运输条件、建筑材料和施工方法、施工组织也不尽一样，故生产的产品也不一样；

3.**产品的庞体性** 与其它工业品比较，建筑产品具有高度大、体积大、重量大的特点。一般建筑产品的重量为每平方米1.5～2t，是机械产品的30～50倍，而体积更是成百上千倍。

二、建筑产品生产的特点

建筑产品的以上固有特点，就决定了建筑产品的生产特点：

1.**生产的流动性** 因为建筑产品是固定的，因此建造产品的工人、材料、机械设备必须随建筑产品的建造地点和建造部位的改变而流动，这就不可避免地形成建筑施工中，施工空间上和排列时间上的矛盾，所以要有一个周密的施工组织设计，以解决流动着的人力和物力的平衡与协调；

2.**生产的个别性** 由于产品的多样性，使得建筑产品生产不可能有一个固定的通用的施工方案，必须按照工程特点个别地、"单件"地进行，这就需要因地制宜地搞好建筑施工；

3.**生产的长期性** 即生产的工期长，由于建筑产品的庞体性，建筑施工中要投入大量的劳动力、材料、机械等，因而与其它工业产品相比，生产周期较长，少则几个月，多则几年或更长时间；

4.生产的露天性 建筑产品体积庞大,加上目前建筑业工厂化程度较低,使建筑产品不具备室内生产的条件,所以其生产受到风、雨、雪、温度等气候影响较大,不仅生产条件艰苦,而且影响劳动效率和生产的均衡性。

第二节 施 工 准 备 工 作

一、施工准备工作的意义和要求

（一）施工准备工作的意义

施工准备工作,是建筑施工能顺利进行的重要前提。建筑施工是一项综合性、复杂性的生产活动,它涉及到大量材料的供应,多种机械设备的使用,诸多专业化施工班组的组织安排与配合协调等,而且还要处理许多复杂的施工技术难题。因此事先全面细致地做好施工准备工作,对充分发挥人的积极因素,合理组织人力、物力,加快施工进度,提高工程质量,降低工程成本,都将起到重要的作用。

施工准备工作,是建筑施工中不可忽视的重要环节。多年来施工生产的实践证明,凡是施工准备工作愈充分,考虑愈周到,实际施工就愈顺利,施工速度就愈快,经济效益就愈好。反之,如果违背施工程序,忽视施工准备工作,仓促上马,虽然有良好的加快工程进度的愿望,但往往事与愿违,造成不应有的损失。

施工准备工作,不仅指开工前的准备工作,而且是有计划、有步骤、分阶段的贯穿于整个施工过程中。拟建工程开工前,施工准备工作是为工程正式开工创造必要的条件;而工程开工后,则是为一个或几个分部分项工程或冬、雨期施工准备条件。

（二）施工准备工作的要求

1.施工准备工作的几个结合

为了做好施工准备工作,应注意做好以下几点:

（1）施工与设计相结合 当施工单位承接施工任务后,应尽快与该工程设计部门取得联系,密切配合,保证各项准备工作有的放矢。同时,在建筑设计、结构选型、构件选择、新材料、新技术的应用和出图顺序等与设计单位协商,以利于及早规划现场,提前做好现场准备、物质准备、技术攻关和预制构件的加工生产及其他准备工作。

（2）施工单位与建设单位相结合 建设单位在设计任务书及初步设计（或扩大初步设计）批准后,便可着手各种主要设备的订货,着手建设征地、拆迁障碍物、申请建筑许可证、接通场外的道路、水源及电源等各项准备工作;施工单位应着手研究分析工程的施工部署,做好调查研究,并编制施工组织设计,按施工组织设计要求做好施工准备工作。

（3）室内准备与室外准备相结合 室内准备主要是技术资料的准备,重点抓图纸会审、编制施工组织设计、施工图预算;室外准备主要是实地勘察和收集资料、现场施工准备及物质准备。室内准备与室外准备应同时进行,互创条件。

（4）土建工程与专业工程相结合 土建工程在明确施工任务后,要拟定一个初步的规划,并应及时告知水、暖、电、卫、设备安装等专业工程单位,使之胸中有数,提前准备。这样,便于相互配合,不致于出现大的矛盾。

（5）现场准备与预制加工准备相结合 根据施工方案的要求,分别现场预制和现浇构件及预制加工构件,并提前将需要加工的构件委托给预制加工部门进行生产,且按施工进度计划的要求分批分期加工制作，提前进场，保证工程施工的需要。

（6）整个工程的准备工作与班组准备工作相结合　在保证整个工程准备工作的同时，必须注意班组的准备工作，尤其是先期开始工作的施工班组。应使施工班组具备顺利完成施工任务，连续作业和必要的工作面的条件。

（7）开工前的准备工作与开工后的准备工作相结合　某些施工准备工作周期长，贯穿开工前后诸多施工过程。因此，既要立足于开工前的准备，又要着眼于开工后的准备，统筹安排，把握时机，及时做好准备工作。

二、前期施工准备工作

开工前的施工准备工作，分前期准备和后期准备（现场施工准备）两个阶段进行。前期施工准备工作又分为实地勘察、收集资料与技术资料的准备两个方面。

（一）实地勘察

施工准备是为全面完成工程任务创造条件的一项实际工作，决不能关在屋子里冥思苦想。必须首先明确施工任务，了解实际情况，熟悉当地条件，掌握原始资料，然后才能编制出切合实际、高质量、高效益的施工组织设计。

建设场址实地勘察主要是了解建设地点及附近的地形、地貌、地质、水文及地上障碍物和地下埋设物等。一般可作为选择施工方案的依据。

1. 地形、地貌

地形比较简单的建设场址，主要采用目测和步测的方法；若场地地形复杂，则可用测量仪器粗测。以便场地平整和施工用地的选择以及布置施工总平面图。

2. 工程地质及水文地质

工程地质包括地层构造、土层的类别及厚度、土的性质、承载力等；水文地质包括地下水位的高度、含水层、地下水的质量等。这些主要采取直接观察的方法，如观察附近的土坑、沟道的断层，附近建筑物的地基情况，观察地面排水方向和地下水的汇集情况等；也可以钻孔观察地层的构造、土的性质、地下水位高低等。以便选择地基施工方法和编制相应的技术组织措施。

3. 周围环境及障碍物

对于施工区域内的建筑物、构筑物、水井、树木、坟墓、沟渠、电杆、车道、土堆、青苗等地面物，均可用目测的方法进行，并详细记录下来；对于场区内的地下埋设物，如地下沟道、人防工程、地下水管、电缆等，可向当地村镇有关部门调查了解。便于拟定障碍物的拆除方案以及土方施工和地基处理方法。

4. 施工所在地的交通运输能力

交通运输方式一般有铁路、公路、水路等。交通运输能力的强弱是关系到施工生产物质供应的关键，应对所在地区的铁路运输条件，公路的宽度、结构型式、桥涵的等级，允许通过的最大吨位和目前使用情况，水路码头的装卸能力等作较全面的了解。以便选择施工运输方式和拟定施工运输计划。

（二）收集资料

收集资料主要是指向建设单位、勘察设计单位及气象、电力等部门调查有关的技术资料。这样就能做到心中有数，为编制施工组织设计提供原始依据。

1. 气象资料

主要指气象情况、季节风情况、雨量、积雪、冰冻深度、雨期及冬期期限等资料。一般可向当地县、镇气象部门调查。如收集不到有关的具体资料时，可参考表8-1、表8-2、表8-3和表8-4。这些可作为确定冬、雨期施工的依据。

全国部分城市气象参考资料 表8-1

| 城市名称 | 温 度 （℃） | | | | 最大风速 | 日 最 大 | 最大冻土 | 记录年代 |
| | 月 平 均 | | 极 端 | | | 降 雨 量 | 深 度 | |
	最 冷	最 热	最 高	最 低	(m/s)	(mm)	(cm)	
北 京	-3.4	25.1	40.6	-27.4	21.5	212.2	69	1961~1970
上 海	4.4	26.3	38.2	-9.1	20.0	204.4	8	1961~1970
哈 尔 滨	-17.2	21.2	35.4	-38.1	20.0	94.8	194	1961~1970
长 春	-14.4	21.5	36.4	-36.5	34.2	126.8	169	1961~1970
沈 阳	-10.03	23.3	35.7	-30.5	25.2	118.9	139	1961~1970
大 连	-3.5	22.1	34.4	-21.1	34.0	149.4	93	1961~1970
石 家 庄	-1.4	25.9	42.7	-19.8	20.0	200.2	52	1961~1970
太 原	-4.9	22.3	38.4	-24.6	25.0	183.5	74	1961~1970
郑 州	1.1	26.8	43.0	-15.8	—	112.8	18	1961~1970
汉 口	4.3	27.6	38.7	-17.3	20.0	261.7	—	1961~1970
青 岛	-1.03	23.7	36.9	-17.2	18.0	234.1	42	1961~1970
徐 州	1.1	26.4	39.5	-22.6	16.0	127.9	24	1961~1970
南 京	3.3	26.9	40.5	-13.0	19.8	160.6		1961~1970
广 州	14.03	27.09	37.6	0.1	22.0	253.6		1961~1970
南 昌	6.2	28.2	40.6	-7.6	19.0	188.1		1961~1970
南 宁	13.7	27.9	39.0	-1.0	16.0	127.5		1961~1970
长 沙	6.2	28.0	39.8	-9.5	20.0	192.5	4	1961~1970
重 庆	8.7	27.4	40.4	-0.9	22.9	109.3		1961~1970
贵 阳	6.03	22.9	35.4	-7.8	16.0	113.5		1961~1970
昆 明	8.3	19.4	31.2	-5.1	18.0	87.8	—	1961~1970
西 安	0.5	25.9	41.7	-18.7	19.1	69.8	24	1961~1970
兰 州	-5.2	21.03	36.7	-21.7	10.0	50.0	103	1961~1970

各 地 区 全 年 雨 季 参 考 资 料 表8-2

地 区	雨季起止日期	月 数	地 区	雨季起止日期	月 数
长沙、株洲、湘潭	2月1日~8月31日	7	大同、候马	7月1日~7月31日	1
南 昌	2月1日~7月31日	6	包头、新乡	8月1日~8月31日	1
汉 口	4月1日~8月15日	4.5	沈阳、葫芦岛、北京、天津、大连、长治	7月1日~8月31日	2
上海、成都、昆明	5月1日~9月30日	5			
重庆、宜宾	5月1日~10月31日	6	齐齐哈尔、富拉尔基、宝鸡、绵阳、德阳、温江、太原、西安、洛阳、郑州	7月1日~9月15日	2.5
长春、哈尔滨、佳木斯、牡丹江、开远	6月1日~8月31日	3			

2.成品及半成品生产能力

这项资料包括地方资源和地方建材厂的有关情况。可以向当地计划、经济和建筑等管

分　区	平 均 温 度	冬 季 起 止 日 期	天　数
第 一 区	-1℃以内	12月1日 ～ 2月16日 12月28日 ～ 3月1日	74～80
第 二 区	-4℃以内	11月10日 ～ 2月28日 11月25日 ～ 3月21日	96～127
第 三 区	-7℃以内	11月1日 ～ 3月20日 11月10日 ～ 3月31日	131～151
第 四 区	-10℃以内	10月20日 ～ 3月25日 11月1日 ～ 4月5日	141～168
第 五 区	-14℃以内	10月15日 ～ 4月5日 4月15日	173～183

全 年 有 效 作 业 日 参 考 资 料　　　　表 8-4

地　区	全　年		季　　度							
			Ⅰ		Ⅱ		Ⅲ		Ⅳ	
	土 建	安 装	土 建	安 装	土 建	安 装	土 建	安 装	土 建	安 装
四川、云南、贵州	290	300	70	71	72	75	77	80	70	75
长江以南	280	300	65	70	73	75	73	80	69	75
长江以北	275	280	52	60	77	72	79	80	67	68
青海、甘肃	260	260	44	40	76	78	78	80	62	62
长城以北	250	260	35	40	74	78	78	80	63	62
长春以北、新疆	240	260	29	40	80	78	77	80	54	62
东南沿海	275	280	65	60	71	72	71	80	68	68

地 方 货 源 调 查 表　　　　表 8-5

序号	材料名称	产地	储存量	质　量	开采(生产)量	开采费	出厂价	运距	运费	供应的可能性
1	2	3	4	5	6	7	8	9	10	11

注：材料名称栏按：块石、碎石、砾石、砂、工业废料(包括冶金矿渣、炉渣、电站粉煤灰)填列。

理部门收集。可用作确定材料、运输计划和规划临时设施。地方资源的收集内容见表8-5，建筑企业收集的内容见表8-6。

3.主要建材和主要设备的供应情况

主要建材包括国拨材料（即三大材料：钢材、木材和水泥）、特殊材料、统配材料（即钉、玻璃、铅丝）等，主要设备包括挖土机、搅拌机、起重机等。这些资料一般向当地计划、经济等部门收集。可用作确定材料供应和设备订货、租借的依据。

序号	企业名称	产品名称	规格质量	单位	生产能力	供应能力	生产方式	出厂价格	运距	运输方式	单位运价	支援的可能性
1	2	3	4	5	6	7	8	9	10	11	12	13

注：企业及产品名称栏按构件厂、木工厂、金属结构厂、砂石厂、建筑设备厂、砖、瓦、石灰厂等填列。

4.水、电、气供应情况

附近有无自来水管道、河渠、输电线路、通讯网、蒸气管可供利用，其供应能力怎样。这些资料可向当地城建、电力、邮政局及建设单位等收集。主要用作选择施工临时供水、供电和供气的方式。

5.参加施工的劳动力情况

这项资料主要包括参加施工的劳动力总人数，工人、管理人员、专业技术人员的比例结构及其素质。这部分可以向建筑施工企业及主管部门收集。作为编制劳动力计划的依据。

6.生活设施及其他情况

包括建设地区迁入户口、粮、煤、付食供应和职工子女入学情况，水、暖、电、卫设备情况，文化娱乐及卫生、消防、环境等情况。这些资料可向当地商业、卫生、教育、交通等主管部门收集。可作为安排临时设施的依据。

（三）技术资料的准备

技术资料的准备即通常所说的室内准备（内业），其内容一般包括：图纸会审，编制施工组织设计，编制施工图预算和施工预算。

1.图纸会审

图纸会审是施工前的一项极为重要的技术准备工作。会审的目的主要有两个：一是事先认真阅读图纸，了解设计意图、工程质量标准，新结构、新技术、新材料、新工艺的技术要求及图纸间内在的联系；二是在熟悉图纸及有关资料的基础上，通过有设计、建设、施工等单位参加的会审，将有关问题发现并解决在施工之前，真正做到"按图施工"。图纸会审的主要内容如下：

（1）设计图纸是否符合国家有关技术规范，是否符合实用经济、美观大方的原则；

（2）图纸本身及说明是否完整、清晰，图纸的尺寸、轴线、标高、各种管线等是否准确，各种图纸（平、立、剖、节点大样、结构配筋图、水电安装图等）之间是否有矛盾；

（3）施工单位的技术水平、技术设备能否满足结构方案和建筑装饰的要求，保证工程质量和安全；

（4）图纸上选用的各种材料、配件、构件能否保证采购，其规格、型号、性能、质量、数量上能否满足设计要求；

（5）对设计中的不明确或疑问处，请设计人员作必要的解释；

（6）图纸上是否贯彻就地取材、因材设计的原则，如果没有，可在会审时提出合理化建议；

（7）若设计或建设单位，在图纸发出后，由于情况有变，需作某些方面的更改，其变动部分在图纸会审时一并解决。

图纸会审应有通过充分协商后统一形成的图纸会审纪要，并由参加会审单位盖章。这些应视为施工图的组成部分，在工程施工中也应遵守。

2.编制施工组织设计

施工组织设计是规划和指导施工活动的重要技术经济文件。编制施工组织设计，是建筑工程施工前的必要准备工作，是科学合理组织施工生产和加强企业管理的一项重要措施。

3.编制施工图预算和施工预算

根据会审后的施工图和批准的施工组织设计，预算人员便可编制施工图预算和施工预算。它是施工管理和实行经济核算的一项重要措施。

三、施工现场的准备

施工现场的准备即后期施工准备，也就是通常所说的室外准备（外业）。它一般包括以下内容：

（一）建立测量控制网

这项工作是确定建筑物平面位置和高程的关键环节，施工前应按总平面图的要求，测出占地范围，并按一定的距离布点，组成测量控制网。必须保证精度、杜绝错误。通常此项工作由专业测量队完成，但施工单位还需根据施工的具体需要做一些加密网点等补充工作。

（二）"三通一平"工作

在施工现场范围内，修通道路，接通水源、电源，平整施工场地的工作称为"三通一平"。这项工作应根据施工组织设计的规划来进行。它分为全场性"三通一平"和单位工程"三通一平"。前者必须有计划、分阶段进行，后者必须在施工前完成。

1.平整场地

平整场地前应清除地上障碍物和地下埋设物。

全场性的平整场地，是按设计总平面图中确定的标高进行的，通过测量，计算挖土及填土数量，从而设计调配方案。尽量做到挖填平衡、就近调运，以节约费用。

单位工程平整场地，是在全场性平地的基础上，按设计规定的计划标高，分期分批平整。

2.修通道路

修通道路对工程建设顺利进行至关重要。此项工作必须遵循尽量利用永久性道路和减少二次搬运的原则。临时道路的布置及技术要求将在第十一章详述。

3.水通

施工现场用水包括施工生产、生活、消防用水三部分。给排水管网的布置应按施工组织设计中施工平面布置的规划方案进行，做到既满足各方面用水的需要，又尽可能使管网总长度最短。整个现场的排水沟渠也应修通，以保证雨期施工的正常进行。

4.电通

供电包括施工用电和生活用电两部分。这项工作应注意电源的获得和现场供电网路的布置。尽可能做到使用方便，总的供电线路最短。还需考虑断电情况下自行发电的工作，以便施工的顺利进行。

（三）临时设施的搭设

现场所需的临时设施，包括办公用房、职工食堂、材料库房及各种生产作业棚等。均应根据施工组织设计要求的数量、标准搭设，并尽量利用永久建筑物，减少临时设施的搭建，节约资金。

（四）劳动力及物资准备

劳动力及各种物资应根据施工进度计划的要求，陆续进入现场。

1.施工队伍的准备

（1）建立与工程规模相应的组织机构 包括行政、技术、材料、计划等管理人员，并与建设单位密切联系，共同解决一些大的问题；

（2）基本施工人员的组织 应根据工程的特点，选择恰当的劳动组织形式，处理好土建施工队伍与专业施工队伍的配备关系，在土建施工中一般以混合施工队形式较好，并注意技工与普工的比例关系。

在组织施工队伍时，一定要遵循劳动力相对稳定的专业化原则，以保证工程质量和劳动效率的提高。

2.物质准备

物资准备是保证工程顺利施工的基础，必须在各分部分项工程施工前准备就序。其内容包括各种材料、构配件、机具设备等。应根据施工组织设计中的资源需要量计划编制相应的供应计划并及时组织订购，安排好运输和贮备，以满足连续施工的要求。对于货源紧张，工程必须的材料、构件、机具等，更应提前做好采购工作。

四、冬雨期施工准备工作

建筑施工具有露天作业的特点，因此受季节影响很大。认真做好冬、雨期的施工准备，对于缩短工期、确保工程质量，均衡施工，组织安全生产具有重要意义。

（一）冬期施工准备

1.合理安排冬期施工项目

尽量安排冬期施工费用增加不多的项目，如一般的砌砖工程、吊装工程、打桩工程等。

尽量不安排冬期施工费用增加较多，又不易保证施工质量的项目，如土方工程、室外粉刷、防水工程、道路工程等。

尽量避免安排冬期施工费用增加稍多的项目，如室内粉刷、蒸汽养护混凝土结构工程等。

2.施工进度的安排

在安排施工进度时，要求在冬期来临前尽快完成主体工程，以便有更多的室内工作面。

3.做好给水排水管线的防冻工作

在冬期来临前,应将给排水管线外露部分用草绳等包扎好,以免受冻炸裂。

4.注意大宗材料的储备

在冬期到来前,储存足够的材料、构件等,以节约冬期运输费用。

5.做好冬期施工特殊材料的准备

对于冬期施工所需的特殊材料,如促凝剂、保温材料等,应尽早准备好。

6.做好完工部位的保护

如基础完成后应及时回填,砌完一层墙后及时安板,室内装修时一层一室一次完成,室外装修则尽量一次做完。

7.加强安全教育,严防火灾发生

要制定防火安全技术措施,严格岗位责任制,确保安全生产,杜绝火灾事故。

(二)雨期施工准备

我国地域辽阔,气候差异很大,各地区雨期来临的时间和雨期的长短不一定相同。雨期前,做好必要的准备十分重要。

1.施工进度安排上采取晴雨结合的办法

晴天多完成室外工程,做好主体,为雨天创造工作空间。

2.做好现场排水工作

根据施工现场的具体情况,在"三通一平"的基础上,做好排水沟渠的开挖,并准备好抽水设备,及时排除现场积水。

3.做好物质的供应和储备

雨期前,多储存一些必要的物质,减少雨期运输量,节约施工费用。

4.制定有效的技术组织措施

雨期前对临时道路进行修整,检查道路的边坡排水,保证运输道路畅通。

为确保工程质量,需采取相应措施,防止砂浆、混凝土水分增加,钢筋生锈及粉刷面被冲刷等。

5.做好机具设备及临时设施的保护

现场的各种机具、设备、临时设施应加强检查,防止设备锈蚀,防止井架、脚手架、临时设施倒塌或遭雷击等事故的发生。

6.加强施工管理

认真制定雨期施工的技术安全措施,加强职工的思想教育,保证雨期施工的顺利进行,防止各种意外事故的发生。

第三节　施工组织设计概述

一、施工组织设计的作用

施工组织设计是工程开工前对人力、资金、材料、施工方法和施工机械等五个施工要素在时间和空间上所作的科学合理安排。它是指导施工准备和组织施工的全面性的技术、经济文件,是指导现场施工的法规。编制施工组织设计必须统筹规划,充分利用空间,争取时间,采用先进的施工技术,科学地组织施工,用最少的资源取得最佳的经济效果。

由于施工组织设计是在充分研究工程的客观情况和施工特点的基础上编制的，所以在施工生产活动中起到显著的作用：

1. 它是沟通工程设计和工程施工的桥梁，对建筑工程全过程起到战略部署和战术安排的双重作用；

2. 它是施工活动实行科学管理，建立正常生产秩序的重要手段；

3. 保证及时做好施工准备工作；

4. 它是编制工程概、预算的依据之一；

5. 它是编制施工生产计划和施工作业计划的主要依据；

6. 协调各施工单位、各工种、各种资源之间以及平面和空间上布置等的合理关系。

二、施工组织设计的分类和内容

（一）施工组织设计的分类

施工组织设计按照设计阶段和编制对象的不同一般可分为三类，即：施工组织总设计、单位工程施工组织设计和分部分项工程施工设计。

施工组织总设计是以整个建设项目或群体工程为对象，在有了批准的初步设计和扩大初步设计、总概算或修正总概算后，一般由总承包单位的总工程师负责，会同建设、设计和分包单位的工程师，结合建设准备和计划安排进行编制。它是对整个拟建工程对象的施工任务作一个总的战略部署，是整个建设项目或群体工程施工的全局性的技术、经济、控制工期的指导文件，是施工单位编制年度计划和单位工程施工组织设计的依据。

单位工程施工组织设计是以一个单位工程或一个不复杂的单项工程（如仓库、小型构筑物等）为对象，在列入了单位年度计划，并有了施工图以后，由工程项目主管工程师负责编制。它是对拟建工程对象的施工作一个战术安排，是指导其施工生产活动的技术经济文件，是施工单位编制季度施工计划和分部分项工程施工设计的依据。

分部分项工程施工设计是以施工难度较大或技术复杂的分部分项工程为对象，一般在单位工程施工组织设计确定了施工方案后，由施工队的技术队长负责编制。它是用来具体指导分部分项工程施工的技术经济文件，是结合施工单位的月、旬作业计划，把单位工程施工组织设计进一步具体化，是专业工程的具体施工设计。

（二）施工组织设计的内容

各类施工组织设计，应根据工程对象的规模大小、工期长短、复杂程度、施工条件等情况决定其内容的多少、深浅、繁简程度，做到从实际出发，确实能指导工程施工。现仅将一般单位工程施工组织设计或单位工程施工方案设计（规模较小、技术较简单的一般单位工程）的主要内容分述如下：

1. 工程概况　工程的位置、名称、建筑面积、平面形状、结构型式、建筑特点及施工条件等。

2. 施工方案　主要施工过程的施工顺序和施工方法、施工机械的选择、流水施工组织及主要施工技术组织措施。

3. 施工进度计划　确定工程项目及计算工程量、劳动量和机械台班量，施工过程持续时间，施工班组人数及施工进度安排，劳动力、机具、材料、构配件需要量计划。

4. 施工平面布置图　主要包括运输道路、供水、供电管线的布置，起重机械、搅拌站、临时设施的布局，各种材料、构件、半成品的堆放位置。

5.主要技术经济指标　包括工期指标、劳动生产率、施工机械化程度、降低成本率和单位面积劳动消耗率等。

为了使广大的工人群众掌握施工组织设计内容，便于生产管理，近年来，各地施工单位将单位工程施工方案设计的主要内容概括为"一案一表一图"（即施工方案、施工进度计划表、施工平面布置图）的图表形式。这样更简明易懂了。

三、施工组织设计的基本原则

编制施工组织设计是为了加强施工管理，取得较好的经济效益。根据建筑施工的特点，应该遵循以下各项基本原则：

1.认真贯彻党和国家对基本建设的各项方针和政策，尤其是建筑业改革的各项规定和措施，严格执行基本建设程序和施工程序；

2.严格遵守合同的有关规定，满足建设单位对工程的工期要求；

3.尽可能地采用先进的施工技术、建筑材料、机械设备及工艺流程，不断提高施工技术水平；

4.合理安排施工顺序，尽量组织分期分批的流水施工方法，确保连续均衡地施工；

5.积极推广机械化施工，贯彻工厂预制与现场施工相结合的方针，提高建筑工业化程度；

6.合理地布置施工平面，尽量减少施工临时设施，节约施工用地，不占或少占农田；

7.从实际出发，作好人力、物力、财力的综合平衡，尽力做到均衡施工；

8.坚持质量第一、安全第一的方针，贯彻执行有关的规章制度及规定；

9.尽量降低成本，贯彻勤俭节约的原则，因地制宜，就地取材，积极向内挖潜，提高工程经济效益；

10.注意季节性气候特点，做好冬、雨期施工准备。

复 习 思 考 题

1.结合建筑产品的生产特点，阐述施工准备工作的意义。

2.简述施工准备工作的主要内容。

3.施工准备工作的要求有哪些？

4.实地勘察、收集资料包括哪几方面的内容？

5.技术资料准备工作主要有哪些？

6.施工组织设计分哪几类？单位工程施工组织设计的内容有哪几方面？

7.施工现场准备包括哪些方面的内容？

8.什么叫"三通一平"？

9.冬期施工准备工作如何进行？

10.雨期施工准备工作如何进行？

11.编制施工组织设计的基本原则？

第九章 建筑施工流水作业

建筑产品（建筑物）的建造与一般工业产品的生产相比较，共同点有三条，第一它们都是资金的投入过程；第二它们都具有阶段性和连续性；第三它们都具有专业化生产的特点。多年来工业生产实践证明，流水作业法是一种有效的组织生产的方式，其基本原理同样也适用于建筑工程的生产活动。本章主要介绍建筑工程流水施工的基本概念、基本参数及基本的组织方法。

第一节 流水施工基本概念

一、建筑工程施工的组织方式

建筑工程施工是一个复杂的生产活动过程，它由许多施工项目组成。根据施工项目的大小又分为若干个施工过程（或工序），每一个施工过程可以由一个（或多个）施工班组负责施工。在施工活动中包含了劳动力和机械设备的调配，以及建筑材料和构件的供应等问题。其中劳动力的组织安排决定了组织施工的不同方式。常用的施工组织方式有三种，即依次施工、平行施工和流水施工。

（一）依次施工

群体工程依次施工是以幢为单位，完成一幢后再完成下一幢的组织方式。

例如要进行m幢同类型房屋的施工，每幢房屋可分为四个施工过程，每个施工过程的施工班组人数为20人，若用t表示一幢房屋所需的施工工期，则用依次施工方式组织生产所需的总工期T为：

$$T = mt \tag{9-1}$$

式中　T——总工期；

　　　m——房屋幢数；

　　　t——生产一幢房屋所需的工期。

其施工进度计划安排如图9-1所示。

单位工程（或分部工程）依次施工是将其划分为若干个分部工程（或分项工程），按照工艺上的先后顺序完成一个分部（或分项）工程后再完成下一个分部（或分项）工程的组织方式。

例如某基础工程划分为挖土、混凝土垫层、砌筑墙基和回填土四个施工过程，每个施工过程的施工班组人数分别是10人、15人、20人和10人。若用T_i表示一个施工过程的施工时间，则依次施工方式组织生产所需的总工期T为：

$$T = \Sigma T_i \tag{9-2}$$

式中　T_i——一个施工过程的施工时间；

　　　Σ——求和符号。

其施工进度计划安排如图9-2所示。

依次施工亦称顺序施工。它是按施工组织先后顺序或施工对象工艺上先后顺序逐个进行施工的组织方式。

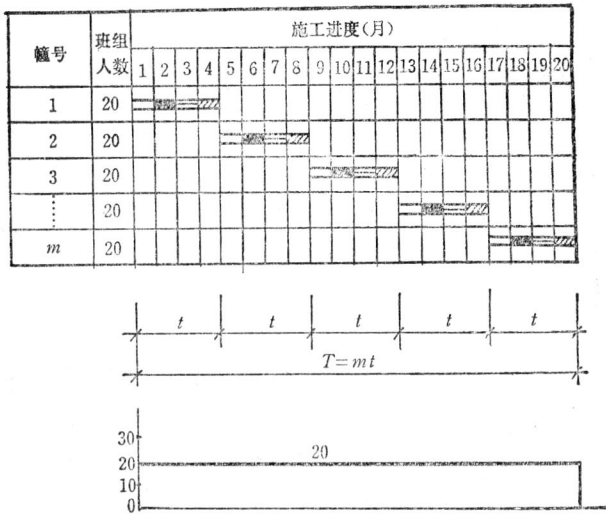

图 9-1　群体工程依次施工

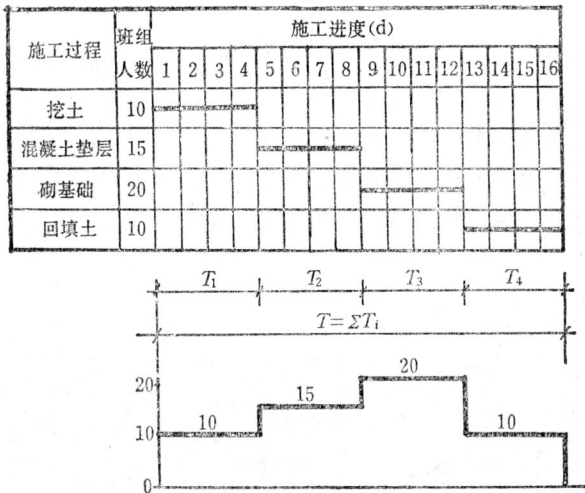

图 9-2　某基础工程依次施工

从以上实例可以看出：依次施工最显著的优点是：施工项目单一；同时投入的劳动力和材料、机具、设备等较少；因而施工现场的管理简单，组织安排方便。但依次施工存在这样一些主要缺点：当工程能提供较大的施工作业面时，若安排的专业施工队人数较少，必然导致工作面空闲较多。工作面的闲置，实际上增加了相邻施工过程施工的间隔时间，造成工期拖长。所以，依次施工只适应于规模较小或工作面有限的工程对象施工。

（二）平行施工

平行施工是指所有工程对象同时开工、同时完工的组织方式。上述m幢同类型房屋组

织平行施工，则施工所需的总工期T为完成一幢房屋施工所需的时间。即

$$T = t \qquad\qquad (9-3)$$

其施工进度安排如图9-3所示。

这种平行施工的组织方式具有以下特点：施工工期短，充分利用了施工工作面；但由于现场施工班组数成倍增加，故一次投入的劳动力较多，材料供应相对集中，供应数量大，从而增加了施工管理费用。如临时设施、仓库、堆场面积亦相应增多或加大。如果工期要求不紧，工程任务完成后又没有紧后的施工任务，就可能出现专业班组停工待产现象。因此，平行施工一般适应于工期要求紧，规模较大的建筑群及分批施工的工程。

（三）流水施工

上述依次施工工期长而资源投入少，平行施工工期短而投入资源集中，均不是最理想的施工组织方式。而流水施工就是取以上两种组织方式的长处，克服其短处，形成的新的组织方式。

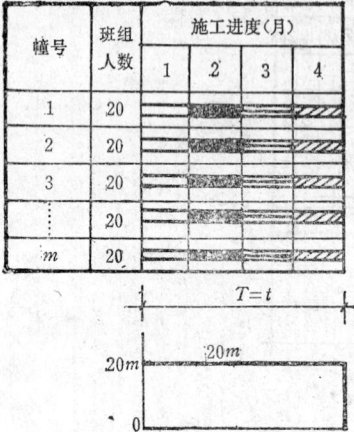

图 9-3　平行施工

上述m幢房屋群体工程组织流水施工，以每幢为一个施工区段，而每幢房屋可以划分成四个施工过程，每个施工过程的施工班组人数为20人，施工持续时间为t_i。按照施工顺序有机地搭接起来施工。如图9-4所示。

从图中可以知道，采用流水施工组织生产所需的总工期T大于平行施工的总工期，又小于依次施工的总工期，而且资源均衡。

上述某基础工程组织流水施工，可以在平面上划分成若干个施工区段（设为2段）。而将分部工程划分成若干个分项工程（即施工过程），如挖土、混凝土垫层、砌墙基和回填土。每个施工过程的施工班组人数分别为10人、15人、20人和10人。同样按照施工顺序有机搭接起来。如图9-5所示。

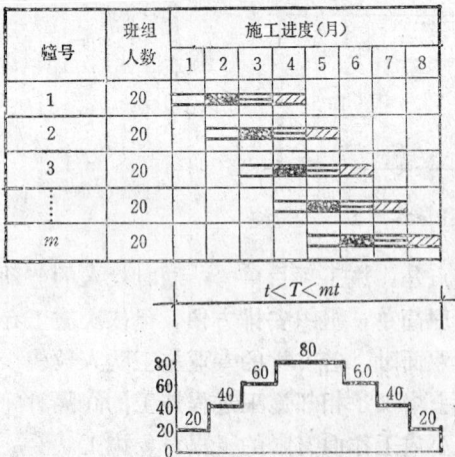

图 9-4　群体工程流水施工

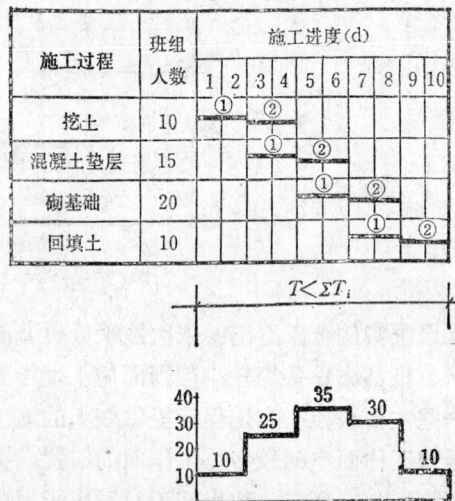

图 9-5　某基础工程流水施工
①②—施工区段

当第一区段的挖土完成后，依次进入第二区段挖土，而混凝土垫层的施工班组就可以在第一区段进行施工，此时第二区段的挖土和第一区段的垫层则是平行进行的。依此类推，这四个施工过程互相搭接起来，形成了该基础工程的流水施工进度计划，其工期比依次施工缩短了6d。

另外，为了充分利用施工作业面，对于一个分部工程来说，只要安排好主要施工过程的连续均衡施工，非主要施工过程可以根据工程施工实际，在不能实现连续施工或者为了缩短工期的情况下合理间断。这种方式也可以认为是流水施工。

从以上实例可以看出，它们的共同点是把施工对象在平面上划分成若干个施工区段；各分部工程或施工过程均组织专业施工班组，且专业施工班组连续施工；各专业施工班组按施工顺序，有机地搭接起来施工，从而缩短了工期；同一专业施工班组是依次施工，而不同的专业施工班组之间平行施工；资源投入由少到多，再由多到少，比较均衡。因此，它是一种行之有效的施工组织方式。

综上所述，流水施工就是将施工对象划分成若干个施工区段，组织各专业班组，相同的施工过程依次施工，不同的施工过程平行施工，根据施工顺序有机地搭接起来的施工组织方式。

二、流水施工的经济效果

流水施工是建立在依次施工和平行施工基础上的一种优越的施工方式，具有连续性和均衡性的特点，从而带来了良好的经济效果。

1.流水施工能充分地、合理地利用工作空间，减少或避免工人停工窝工，争取了时间，加快了工程施工进度。这样不仅能缩短工期，加速施工机械（具）的周转，而且可以减少施工现场临时设施，从而节约施工费用支出。

2.由于工期缩短，劳动力和物资消耗均衡，从而可以降低工程费用。

3.能保证施工班组作业的连续性、节奏性，实行生产专业化，为生产者提高技术水平和改进操作方法以及革新生产工具创造了条件，因而能促进劳动生产率提高和劳动条件的改善。使工程质量更容易得到保证和提高。

4.流水施工有利于机械设备的充分利用和劳动力的合理安排。因为流水施工单位时间内完成的工程量，对于机械操作过程是按照主导机械的生产率来确定的，对于手工操作过程是以合理的劳动组织为依据来确定的。

因此，流水施工组织的最显著的特点是施工过程（或工种）的作业连续性。这种连续性是在不增加任何附加费用的情况下实现的，只作为一种组织措施，通过协调空间与时间关系，就能使人力和资源得到均衡地使用，能使工期缩短，能提高劳动生产率，降低工程成本，能使施工管理有计划、更科学，从而取得较好的经济效益。

三、组织流水施工的条件和要点

（一）组织流水施工的条件

流水施工的实质是分工协作与成批生产。社会化大生产的条件下分工已经形成，所以组织流水施工的关键是将单件产品变成多件产品，以便成批生产。由于建筑产品体形庞大，通过划分施工区段就可将单件产品变成假想的多件产品。因此，组织流水施工必需具备如下主要条件：

1.把拟建工程划为工程量（劳动量）大致相等或基本相等的若干个施工空间（区段），

这是最基本的条件，也是必要条件；

2．各施工过程组织独立的专业施工班组；

3．安排主要施工过程的施工班组进行连续、均衡施工；

4．不同的施工过程按照施工工艺要求，尽可能组织平行搭接施工。

（二）组织流水施工的要点

1．划分分部分项工程

根据拟建工程的特点和施工要求，划分若干个分部工程；每个分部工程又根据施工工艺要求、工程量大小、施工班组情况，划分为若干个施工过程（或工序）。

2．划分施工区段

根据组织流水施工的需要，将拟建工程在平面上或空间上，划分为工程量大致相等的若干个施工空间（区段）。

3．组织施工班组

每个施工过程尽可能组织独立的施工班组，其形式可以是专业班组，也可以是混合班组，并配备必要的施工机具。施工班组按施工流向，依次地、连续地、均衡地从一个施工区段转移到另一个施工区段进行相同的操作。

4．安排施工进度

对工程量大、施工时间较长的主要施工过程，必须组织连续、均衡施工；对其他次要施工过程，可考虑与相邻的施工过程合并，如不能合并，为缩短工期，可安排间断施工；根据施工工艺，不同的施工过程尽可能组织平行搭接施工。

第二节　流水施工的基本参数

我们知道，要合理地安排各施工过程在时间上和空间上的进展，就必须准确地选定流水施工的主要参数。

一、施工过程数 n

施工过程数是指在流水施工中，对工程对象所划分的施工项目数目的多少。

施工过程所包含的内容有繁有简，大到一个单位工程、一个分部工程，小到一个生产工序（如扎钢筋、支模板等）。施工过程一般可分三类：一是加工制备类施工过程，如搅拌混凝土、搅拌砂浆、加工钢筋等；二是运输类施工过程，如把材料和制品运到仓库或再运到施工地点；三是在施工中占主导地位的安装砌筑类施工过程，如砌砖墙、安装楼板等。

在组织流水施工时，只有直接在工作面上工作的施工过程以及与其有联系的运输、制备类施工过程才能组合式合并作为一个施工过程列入施工项目中。

一幢建筑物的建造通常是由许多施工过程所组成，施工过程数的确定，与房屋的结构特点、施工方案、编制施工计划的作用、劳动量的大小以及劳动组织等因素有关。施工过程数不宜太多或太少，若划分的太多、太细，将给计算增添麻烦，同时在进度表中也不能突出重点；但若划分的太少太粗，又将使计划过于笼统，失去指导施工的作用。一般来说混合结构住宅施工过程数约20～30个，工业建筑施工过程数约30～40个为宜。

二、流水段数 m

（一）流水段的一般概念

流水段是指在流水施工中，将施工对象在平面上或空间上划分为劳动量（或工程量）大致相等的若干个施工区域。流水段包括施工段和施工层两种，它们之间存在如下关系：

$$流水段数 = 施工段数 \times 施工层数$$

施工段是指拟建工程在平面上划分的施工区域。划分施工段的目的，是为了保证各施工作业班组能在不同的工作区段上同时施工，并使各施工班组按一定的时间间隔依次转移到下一工作区段上连续施工，这样既消除了多个作业班组不能同时在一个工作区段上工作而产生的互等、停歇现象，又为流水施工创造了条件。

施工层是指为了满足竖向流水施工的需要，在拟建工程垂直方向上划分的施工区域。施工层的划分要根据拟建工程特点和施工阶段的具体情况而定。一般来说，混合结构民用房屋基础工程和屋面工程作为一个施工层，主体工程和装修工程则需根据工程的具体情况划分施工层。

如图9-6为砖墙砌筑工程的施工段与施工层划分情况。

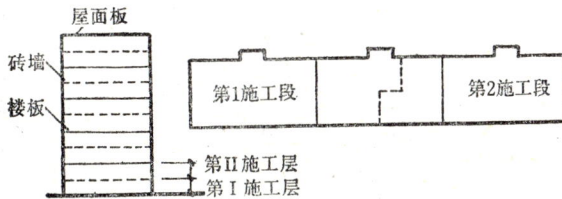

图 9-6　施工段与施工层的划分

从图中可以看出，除了平面上按一个半单元为一段划分两个施工段以外，竖向空间上以每个结构层划分为二个施工层。这样，其流水段数为 $m = 2 \times 2 \times 5 = 20$。

（二）流水段划分的基本要求

1.各流水段的工程量（或劳动量）大致相等。以保证各施工班组有节奏、均衡地施工。在实际工程中，很难要求工程量绝对相等，只要保证差异在10%～15%即可。

2.流水段的数目应合理。段数过多造成施工作业面太小，甚至不能满足施工过程最少劳动力组合的要求，而另一方面又出现一些工作面空闲，施工现场出勤率低，导致工期拖长；段数过少则往往会引起人力物力的过分集中，造成施工生产不均衡，甚至不能保证施工班组连续作业。

3.流水段区域的大小应保证施工班组有足够的工作面和施工机械的服务能力。所谓工作面是指施工对象上安置工人操作的区段或布置机械的地段。部分工种工作面参考数据见表9-1。

4.要保证结构的整体性。流水段划分的位置应满足施工质量及操作规程的要求。

5.分部工程一般采取相同的流水段划分。即分部工程的各施工过程都采用相同的流水段数，流水段分界点也应相同。这种固定流水段便于组织分部工程的流水施工。

6.当组织楼层结构流水施工时，为了保证各施工过程能够连续施工，即各施工班组完成第一段后能立即转入第二段，完成第二段后能立即转入第三段，类推；施工完第一层的最后一段后能立即转入第二层的第一段，施工完第二层的最后一段后能立即转入第三层的第一段，类推。就必须满足如下关系式：

$$m_0 \geqslant n \tag{9-4}$$

式中　m_0——楼层最少的施工段数目；

　　　n——该楼层结构施工中施工过程数目。

主要工种工作面参考数据表 　　表 9-1

工 作 项 目	每个技工的工作面		说　明
砖基础	7.6	m/人	以1½砖计，2砖乘以0.8，3砖乘以0.55
砌砖墙	8.5	m/人	以1砖计，1½砖乘以0.71，2砖乘以0.57
混凝土柱、墙基础	8	m³/人	机拌、机捣
混凝土设备基础	7	m³/人	机拌、机捣
现浇钢筋混凝土柱	2.45	m³/人	机拌、机捣
现浇钢筋混凝土梁	3.20	m³/人	机拌、机捣
现浇钢筋混凝土墙	5	m³/人	机拌、机捣
现浇钢筋混凝土楼板	5.3	m³/人	机拌、机捣
预制钢筋混凝土柱	3.6	m³/人	机拌、机捣
预制钢筋混凝土梁	3.6	m³/人	机拌、机捣
预制钢筋混凝土屋架	2.7	m³/人	机拌、机捣
混凝土地坪及面层	40	m²/人	机拌、机捣
外墙抹灰	16	m²/人	
内墙抹灰	18.5	m²/人	
卷材屋面	18.5	m²/人	
防水水泥砂浆屋面	16	m²/人	

三、时间参数

（一）流水节拍 t_i

流水节拍是指从事某一施工过程的施工班组在一个流水段上完成施工任务所需的时间。用符号 t_i 表示（$i = 1、2、\cdots\cdots n$）。

当流水段数确定后，流水节拍的大小对总工期有较大的影响，流水节拍大则工期相应就长；反之，工期就短。同时，它的大小还直接关系着投入劳动力、机械和材料量的大小，还决定着施工的节奏。因此，流水节拍数值的确定具有重要意义。通常流水节拍的确定有以下两种方法：

一种方法是根据现有能够投入的资源量（班组人数、机械台数、材料量）来确定，并取整数或半天的整数倍。

$$t_i = \frac{Q_i}{S_i R_i b} = \frac{P_i}{R_i b} \tag{9-5}$$

或

$$t_i = \frac{Q_i H_i}{R_i b} = \frac{P_i}{R_i b} \tag{9-6}$$

式中　t_i——某施工过程的流水节拍；

　　　Q_i——某施工过程在一个流水段上的工程量；

　　　S_i——某施工过程的产量定额；

　　　R_i——某施工过程的施工班组人数或机械台数；

b——每天工作班制；

P_i——在一个流水段上完成某施工过程所需的劳动量（工日）或机械台班数；

H_i——某施工过程的时间定额。

另一种方法是工期已定，根据工期要求来确定流水节拍。然后按式9-5或9-6计算所需的资源量。

在确定流水节拍的大小时，应考虑以下几个方面的问题：

1.劳动力 一方面，如果工期紧节拍小，则所需人数就多，这时工地现有施工班组的组成人数能否满足所需资源量的要求；若人数太多，能否满足最小工作面及特殊条件限制的要求，否则，不能发挥正常的施工效率或不利于施工安全。另一方面，如果节拍大，则所需的人数就少，这时能否满足该施工过程施工所需的最少劳动力要求。例如，现浇钢筋混凝土施工过程，它包话上料、搅拌、运输、浇捣等施工操作环节，如果人数太少是无法组织施工的。

2.机械设备 现有的和能够投入的机械设备台数，能否满足所需资源量的要求。若节拍小，则所需的机械设备就多，这时，首先应考虑增加工作班次。如果拟定增添机械设备，则应分析获得的可能性和经济效果。

3.物资资源 材料与构件的订购、供应、配备等是否与所需资源量相适应。

4.施工及技术条件的要求 流水节拍的大小必须考虑该施工过程的施工工艺要求，以确保工程质量。例如水磨石地面的施工，其施工工艺要求复杂，流水节拍就不能太小。

5.流水施工原理的要求 确定一个分部工程各施工过程的流水节拍时，首先应考虑主要的、工程量大的施工过程的流水节拍，并保证其连续作业，其次确定其它施工过程的节拍值。

（二）流水步距$K_{i,i+1}$

流水步距是指相邻两个施工过程的施工班组相继投入同一流水段施工的时间间隔。用符号$K_{i,i+1}$表示（i表示前一个施工过程，$i+1$表示后一个施工过程）。

流水步距的大小，或者相邻施工过程间平行搭接的多少，对工期影响很大，在流水段不变的情况下，流水步距小则工期短，反之，则工期就长。如图9-7所示。

流水步距至少应为一个工作日或半个工作日的时间。流水步距还与前后两个相邻施工过程流水节拍的大小、施工工艺技术要求、工作面的大小、是否有技术和组织间歇时间、施工段数目、流水施工的组织方式等有关。

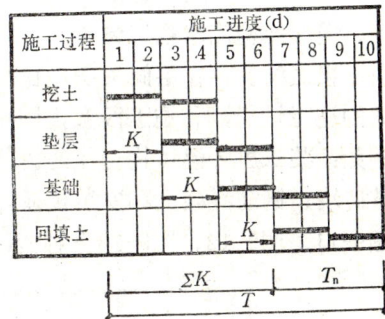

图 9-7 流水步距与工期的关系

如图9-8所示，有A、B两个施工过程，分两段，流水节拍均为2d。若工作面允许，各增加一倍的工人使流水节拍缩短，这样流水步距也相应缩短，如图9-9所示。如果不增加人数而增加施工段数，缩短流水节拍（各段作业时间之和仍维持不变），流水步距也相应缩短，如图9-10所示。但此时因段数增加，与图9-9相比，工期拖长了。

确定流水步距的基本要求是：始终保持相邻施工过程间的工艺顺序；保持各专业施工

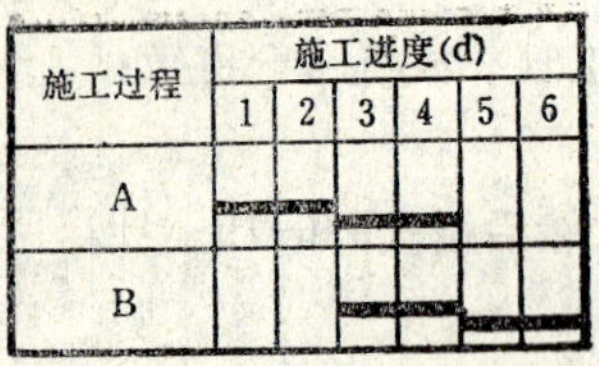
施工过程
施工进度(d)
1 2 3 4 5 6
A
B

图 9-8 流水步距与流水节拍的关系(一)

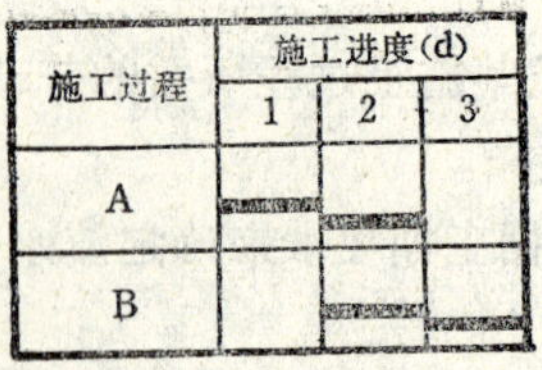
施工过程
施工进度(d)
1 2 3
A
B

图 9-9 流水步距与流水节拍关系(二)

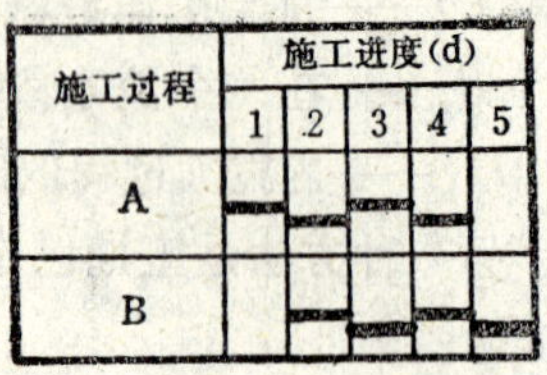
施工过程
施工进度(d)
1 2 3 4 5
A
B

图 9-10 流水步距与流水节拍关系(三)

班组连续作业；尽量使前后两个施工过程能最大搭接。

（三）施工过程流水持续时间T_i

施工过程在工程对象上各流水段工作时间的总和叫做施工过程流水持续时间，用符号T_i表示($i=1, 2, 3\cdots\cdots n$)。

（四）技术间歇时间t_g

由于施工工艺及技术保证的要求，相邻两个施工过程之间所必须留有的时间间歇叫做技术间歇时间，用符号t_g表示。

（五）流水施工工期T

第一个施工过程进入施工到最后一个施工过程退出施工之间的整段时间叫做流水施工工期，用符号T表示。对于全部采用流水施工的工程对象来说，流水施工工期即为工程对象的施工总工期。

流水施工工期的确定一般有两种方法，一种是定额工期（即根据工程类别和建筑面积等查表确定）或上级有关部门规定工期；另一种是计算或计划安排工期。

工期的计算如下式：

$$T=\Sigma K_{i,i+1}+T_n \tag{9-7}$$

式中 $\Sigma K_{i,i+1}$——流水施工中各流水步距之和；

T_n——流水施工中最后一个施工过程的持续时间。

四、楼层结构流水施工分析

由于楼层结构存在层间关系，在组织流水施工时既划分施工段又划分施工层，如果采用不同的施工过程数和施工段数，则带来的流水效果亦不相同。

例如：某二层砖混结构房屋的主体工程，在组织流水施工时将其划分为三个施工过程，即砌筑砖墙、钢筋混凝土和安装楼板。设各施工班组在各流水段上作业时间均为2d，则会出现图9-11、图9-12、图9-13三种情况的流水效果。

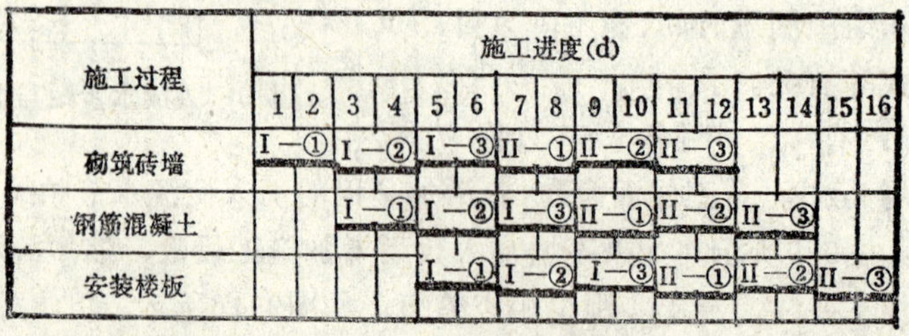
施工过程
施工进度(d)
1 2 3 4 5 6 7 8 9 10 11 12 13 14 15 16
砌筑砖墙
I—① I—② I—③ II—① II—② II—③
钢筋混凝土
I—① I—② I—③ II—① II—② II—③
安装楼板
I—① I—② I—③ II—① II—② II—③

图 9-11 当$m_0=n$时的流水施工

Ⅰ、Ⅱ—楼层 ①②③—施工段

図 9-12　当$m_0 > n$时的流水施工
Ⅰ、Ⅱ—楼层　①②③④—施工段

施工过程	施工进度(d)																			
	1	2	3	4	5	6	7	8	9	10	11	12	13	14	15	16	17	18	19	20
砌筑砖墙	Ⅰ—①		Ⅰ—②		Ⅰ—③		Ⅰ—④				Ⅱ—①		Ⅱ—②		Ⅱ—③		Ⅱ—④			
钢筋混凝土			Ⅰ—①		Ⅰ—②		Ⅰ—③		Ⅰ—④				Ⅱ—①		Ⅱ—②		Ⅱ—③		Ⅱ—④	
安装楼板					Ⅰ—①		Ⅰ—②		Ⅰ—③		Ⅰ—④				Ⅱ—①		Ⅱ—②		Ⅱ—③	Ⅱ—④

図 9-13　当$m_0 < n$时的流水施工
Ⅰ、Ⅱ—楼层　①②—施工段

施工过程	施工进度(d)													
	1	2	3	4	5	6	7	8	9	10	11	12	13	14
砌筑砖墙	Ⅰ—①		Ⅰ—②				Ⅱ—①		Ⅱ—②					
钢筋混凝土			Ⅰ—①		Ⅰ—②				Ⅱ—①		Ⅱ—②			
安装楼板					Ⅰ—①		Ⅰ—②				Ⅱ—①		Ⅱ—②	

当$m_0 = n$，即每层分三个施工段组织流水施工时，如图9-11所示。施工班组连续施工，施工段上无间歇，即每一施工段上均有施工班组工作。这样充分利用了工作面，又无工人窝工现象，比较理想。

当$m_0 > n$，即每层分四个施工段组织流水施工时，如图9-12所示。施工班组仍然连续施工，但第一层各段安装楼板后不能立即进行第二层各段砌筑砖墙工作，施工段上出现停歇现象。但有利而无害，可以利用停歇的工作面作为养护、备料、放线等准备工作运用。所以这种组织方式也常被采用，尤其在现浇框架结构工程中。

当$m_0 < n$，即每层划分二个施工段组织流水施工时，如图9-13所示。尽管施工段上没有间歇，但施工班组不能及时投入第二层施工，产生窝工现象。因此这种组织方式不适用于多层房屋单位工程的流水施工，但在具有相同类型多幢房屋的群体工程中，由于组织大流水作业，有效地消除了工人的窝工，因此是比较理想的组织方式。

第三节　组织流水施工的方法

流水施工按其流水节拍特征的不同可分为全等节拍流水、成倍节拍流水和分别流水三种组织方法。

一、全等节拍流水施工

全等节拍流水是指在所组织的流水范围，诸施工过程的流水节拍均相等的施工组织方法。

例如某民用房屋基础工程划分四个施工过程四个施工段，流水节拍均为2d。其施工进度安排如图9-14所示。

从图中可知：

由于各流水节拍均相等，则 $K = t$

$$\Sigma K_{i.i+1} = (n-1)K = (n-1)t$$

又 $T_n = mt$ 所以流水施工工期为

$$T = (n-1)K + mt$$

即

$$T = (n+m-1)t \qquad\qquad (9-8)$$

或

$$T = (n+m-1)K \qquad\qquad (9-9)$$

本例

$$T = (4+4-1) \times 2 = 14(\text{d})$$

在实际施工中，有时相邻的施工过程间，由于技术原因和组织的需要必须安排技术间歇。如混凝土、砂浆的养护，现场清理、操平放线，劳动力的组织与调配等等。另外，有些工程为了加快施工进度，或者施工工艺的需要，施工过程间安排了搭接施工。这样就形成了全等节拍流水施工的另一种形式。

例如上例中，若施工过程B与C之间有1d的技术间歇（$t_g = 1\text{d}$），施工过程D与C搭接1d施工（$t_d = 1\text{d}$）。其施工进度安排如图9-15所示。

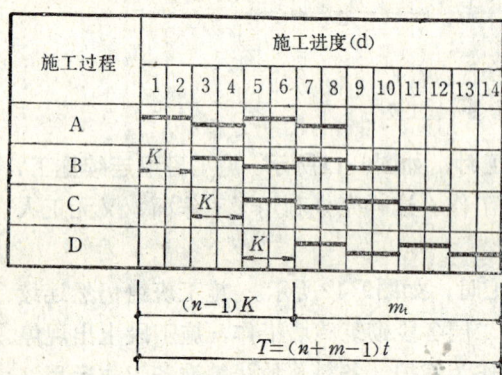

图 9-14 全等节拍流水（一）

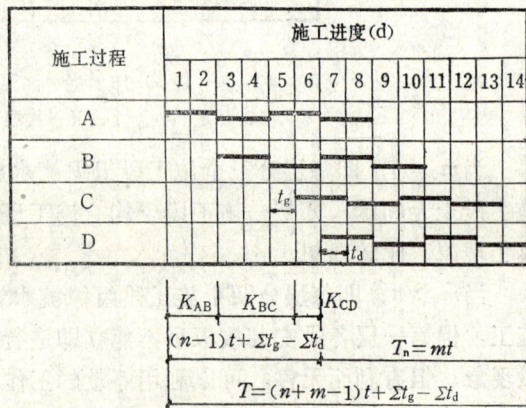

图 9-15 全等节拍流水（二）

从图9-15中可知：

因为 $t_i = t$

$$K_{i.i+1} = t + t_g - t_d \qquad\qquad (9-10)$$

所以 $\Sigma K_{i.i+1} = (n-1)t + \Sigma t_g - \Sigma t_d$

流水施工工期为

$$T = \Sigma K_{i.i+1} + T_n = (n-1)t + \Sigma t_g - \Sigma t_d + mt$$

即

$$T = (n+m-1)t + \Sigma t_g - \Sigma t_d \qquad\qquad (9-11)$$

式中 Σt_g——所有间歇时间之和；

Σt_d——所有搭接时间之和。

本例 $T = (4+4-1) \times 2 + 1 - 1 = 14(\text{d})$

全等节拍流水施工的组织方法是：

1.划分施工过程 根据工程对象的建筑和结构施工要求，对那些不宜单独列项的劳动量小的施工过程合并到相邻施工过程中去，同时，对某些施工过程作局部分解，以便各流水节拍相等。

2.**确定主要施工过程的施工人数及其流水节拍值**　对工程对象中几个工程量大或劳动量大的施工过程，结合总工期的要求和施工生产的具体情况进行分析、比较、计算，从而确定其人数和流水节拍。该流水节拍即为本流水组织范围（流水组）的流水节拍值。

3.**确定其它施工过程的施工班组人数**　根据已经确定的流水节拍，施工过程工程量（或劳动量）的大小，通过计算来确定其它施工过程的施工班组人数。要求既满足最少劳动力组合人数的需要，又能考虑到最小工作面的要求，以发挥良好的劳动效率。

例如，某五幢单层宿舍工程组织流水施工，经分析研究，共划分为12个施工过程（有的为单一工序，有的是多个工序的合并），根据砌砖墙、抹灰主要施工过程的计算，确定流水节拍为4d，其它施工过程，经反复计算后，求出各班组总用工数及班组人数、工种组成。最后，根据施工工艺要求和流水施工的基本概念，编制出施工进度计划。如图9-16所示。

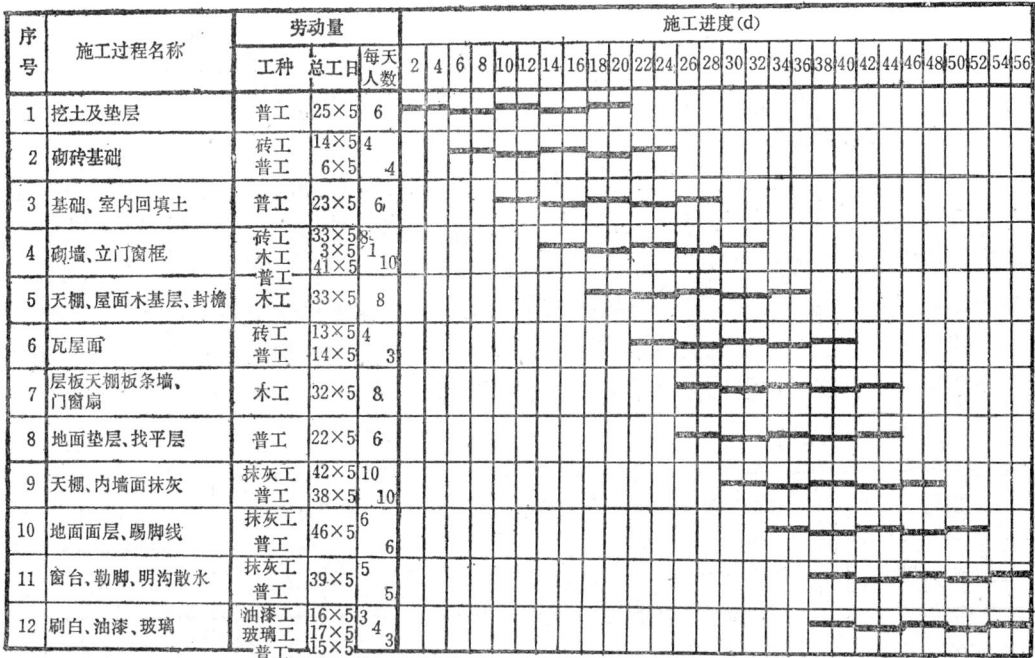

序号	施工过程名称	劳动量 工种	总工日	每天人数	施工进度(d)
1	挖土及垫层	普工	25×5	6	
2	砌砖基础	砖工 普工	14×5 6×5	4 4	
3	基础、室内回填土	普工	23×5	6	
4	砌墙、立门窗框	砖工 木工 普工	33×5 3×5 41×5	8 1 10	
5	天棚、屋面木基层、封檐	木工	33×5	8	
6	瓦屋面	砖工 普工	13×5 14×5	3 3	
7	层板天棚板条墙、门窗扇	木工	32×5	8	
8	地面垫层、找平层	普工	22×5	6	
9	天棚、内墙面抹灰	抹灰工 普工	42×5 38×5	10 10	
10	地面面层、踢脚线	抹灰工 普工	46×5	6 6	
11	窗台、勒脚、明沟散水	抹灰工 普工	39×5	5 5	
12	刷白、油漆、玻璃	油漆工 玻璃工 普工	16×5 17×5 15×5	3 4 3	

图 9-16　五幢单层宿舍全等节拍流水施工进度

该工程按等节拍等步距组织幢号群体流水施工。从图9-16中可以看出，第7、8及第11、12个施工过程都安排为平行施工，则施工过程数目 $n = 12 - 2 = 10$ 个（即总的施工过程数减齐头平行的施工过程个数）。其工期计算如下：

$$T = \Sigma K_{i,i+1} + T_n = (n-1)t + mt = (10-1) \times 4 + 5 \times 4 = 56(d)$$

在组织全等节拍流水施工时，如工期已经规定，则各施工过程的流水节拍可按下式确定：

$$t = \frac{T - \Sigma t_g + \Sigma t_d}{n + m - 1} \tag{9-12}$$

【例】　某五层住宅主体工程施工，规定工期为68d，施工过程划分为砌筑砖墙、浇筑圈梁、安装楼板。如工程每层划分三个施工段，组织等节拍等步距流水施工，试确定主要施工过程的**流水节拍**。

【解】 因为等节拍等步距流水，则

$$t_g = 0 、 t_d = 0$$

由式（9-12）得其主要施工过程的流水节拍为：

$$t = \frac{T}{n + m - 1} = \frac{68}{3 + 3 \times 5 - 1} = 4(d)$$

即为所求。

应当指出，由于建筑结构类型及施工条件的复杂性，施工过程之间的工程量或所需的劳动量相差很大，因此，能适用于组织全等节拍流水施工的工程不多。一般来说，工程规模小、建筑结构较简单、施工过程不多的房屋或某些构筑物工程，或者组织分部工程的流水施工等较为适用。

二、成倍节拍流水施工

成倍节拍流水施工就是同一施工过程流水段的流水节拍相等，不同施工过程的流水节拍之间存在整数倍关系（或者存在公约数）的一种流水施工的组织方法。

（一）成倍节拍流水的形成

在组织流水施工的过程中，由于各施工过程的工程量（或劳动量）不等，或者由于技术上、组织上的原因，从而可能出现某些施工过程的流水节拍为其它施工过程流水节拍的整数倍，或者各施工过程的流水节拍存在共约数，这样就形成了成倍节拍流水施工方式。

例如，某六幢砖混宿舍，施工过程分为基础工程、主体工程、室内装修、室外装修四个。每幢房屋为一个施工段组织幢号流水施工，各施工过程均安排一个专业施工班组施工，经分析计算各施工过程的流水节拍如表9-2所示。

表 9-2

施工过程	基础工程	主体工程	室内装修	室外装修
流水节拍(周)	$t_1 = 1$	$t_2 = 2$	$t_3 = 2$	$t_4 = 1$

其施工进度计划如图9-17所示。

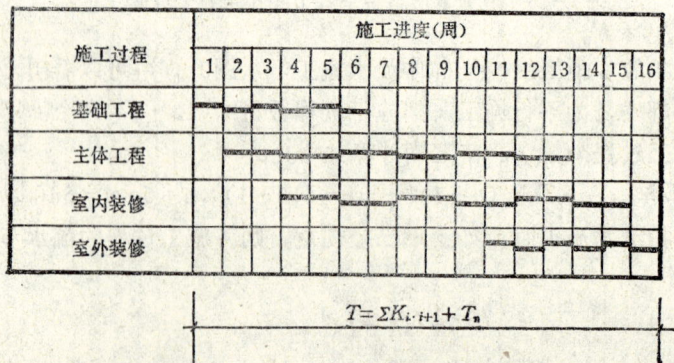

图 9-17 成倍节拍流水施工（一）

（二）成倍节拍施工过程的加快

分析表9-2的流水节拍，我们不难产生这样的想法：能不能增加一个主体工程施工班组和一个室内装修施工班组，从而将它们的生产能力相应地增加1倍呢？这样流水节拍分别从2周缩短到1周，以便组成全等节拍流水施工，缩短工期。若施工条件允许，答案应该是肯定的。但是，一般来说，如果房屋面积不大，施工工作面有限，只要工期没有特殊要求，按图9-17所示组织成倍节拍流水施工是合理的。如果工期有特殊要求，工作面又受到限制，需要增加施工班组时，则应作如下安排：主体工程和室内装修两个施工过程的施工班组分别由1个增加到2个，且这些施工班组以交叉的方式安排在不同的施工段上。即：

主体施工班组甲：一段 —→ 三段 —→ 五段

主体施工班组乙：二段 —→ 四段 —→ 六段

内装修施工班组甲：一段 —→ 三段 —→ 五段

内装修施工班组乙：二段 —→ 四段 —→ 六段

加快后的施工进度计划如图9-18所示。

施工过程		施工进度（周）										
		1	2	3	4	5	6	7	8	9	10	11
基础工程												
主体工程	甲班组											
	乙班组											
室内装修	甲班组											
	乙班组											
室外装修												

$(n'-1)K+\Sigma t_g-\Sigma t_d$

$T_n=mK$

$T=(m+n'-1)K+\Sigma t_g-\Sigma t_d$

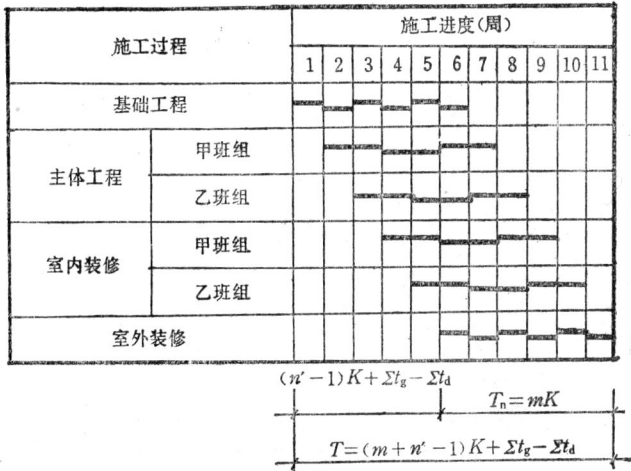

图 9-18 成倍节拍流水施工（二）

这样，该不等节拍流水施工就转化成类似于 n' 个施工过程的全等节拍流水施工了，不同的仅是安排方法上有所差异。这里 n' 为施工班组总数。这便是通常所说的成倍节拍流水施工。

（三）成倍节拍流水施工的组织

成倍节拍流水施工的组织方法和步骤如下：

1.求 K 值　取各流水节拍的最大公约数即为 K 值。

2.求专业施工班组数　每个施工过程所需的专业施工班组数可由下式求得：

$$n_i=\frac{t_i}{K} \qquad (9-13)$$

式中　n_i——某施工过程所需施工班组数；

t_i——某施工过程的流水节拍；

K——各施工过程的流水节拍的最大公约数。

所以，参加流水施工的施工班组总数为：

$$n' = \Sigma n_i$$

3.求流水步距 $K_{i,i+1}$ 成倍节拍流水施工流水步距按下式确定：

$$K_{i,i+1} = K + t_g - t_d \quad\quad (9\text{-}14)$$

若组织等步距成倍节拍流水施工，则流水步距均为 K。

4.计算流水施工工期 T 类似于全等节拍流水施工工期计算式。即：

$$T = (m + n' - 1)K + \Sigma t_g - \Sigma t_d \quad\quad (9\text{-}15)$$

5.绘制施工进度计划

上例，因为 $K = 1$

则

$$n_1 = \frac{t_1}{K} = \frac{1}{1} = 1（个）$$

$$n_2 = \frac{t_2}{K} = \frac{2}{1} = 2（个）$$

$$n_3 = \frac{t_3}{K} = \frac{2}{1} = 2（个）$$

$$n_4 = \frac{t_4}{K} = \frac{1}{1} = 1（个）$$

施工班组总数为

$$n' = \Sigma n_i = n_1 + n_2 + n_3 + n_4$$
$$= 1 + 2 + 2 + 1 = 6（个）$$

又因为 $t_g = 0$，$t_d = 0$，

所以 $$K_{i,i+1} = K = 1（周）$$

流水总工期为

$$T = (m + n' - 1)K + \Sigma t_g - \Sigma t_d$$
$$= (6 + 6 - 1) \times 1 + 0 - 0 = 11（周）$$

三、分别流水施工

由于各流水段上的工程量不等，各施工过程所需的劳动量不同，加上施工班组的施工人数又各异，使每一施工过程在各流水段上或各施工过程在同一流水段上的流水节拍无规律性，这时，用全等节拍或成倍节拍流水的方式来组织施工均有困难，则可组织分别流水施工。

分别流水是指若干个施工过程分别组织流水，不同施工过程间的流水节拍不相同不成倍数，同一施工过程在各流水段上的流水节拍也可以不相等的流水施工方式。分别流水的基本要求是：各施工班组尽可能依次在各流水段上连续施工，允许有些施工段上工作面出现空闲，但不允许不同施工过程的多个施工班组在同一施工段上交叉作业，更不允许发生工艺顺序颠倒的现象。分别流水有以下两种情况：

当同一施工过程在各流水段上流水节拍都相等时，其组织方法是：首先根据工程特点和施工要求划分施工过程；其次确定主导施工过程的流水节拍；最后确定各施工过程间流水步距和计算流水施工工期。

流水步距确定方法有多种，可按下式计算：

$$K_{i,i+1} = \begin{cases} t_i + t_g - t_d & [当 t_i \leqslant t_{i+1} 时] \\ mt_i - (m-1)t_{i+1} + t_g - t_d & [当 t_i > t_{i+1} 时] \end{cases} \qquad (9-16)$$

式中　　t_i——第 i 个施工过程的流水节拍；

　　　t_{i+1}——第 $i+1$ 个施工过程的流水节拍；

　　　t_g——第 i 个施工过程与第 $i+1$ 个施工过程之间的技术与组织间歇时间；

　　　t_d——第 i 个施工过程与第 $i+1$ 个施工过程之间的搭接时间。

例如，某工程划分为 A、B、C、D 四个施工过程，分四个流水段组织流水施工，各施工过程的流水节拍分别为 $t_A = 3d$，$t_B = 4d$，$t_C = 5d$，$t_D = 3d$，施工过程 B 完成后有 2d 技术间歇时间。其施工进度计划如图9-19所示。

其中：　　　　$K_{A,B} = t_A = 3(d)$

　　　　　　$K_{B,C} = t_B + t_g = 4 + 2 = 6(d)$

　　　　　　$K_{C,D} = mt_C - (m-1)t_D = 4 \times 5 - (4-1) \times 3 = 11(d)$

所以　　　　$T = \Sigma K_{i,i+1} + T_n$

　　　　　　$= K_{A,B} + K_{B,C} + K_{C,D} + mt_D$

　　　　　　$= 3 + 6 + 11 + 4 \times 3 = 32(d)$

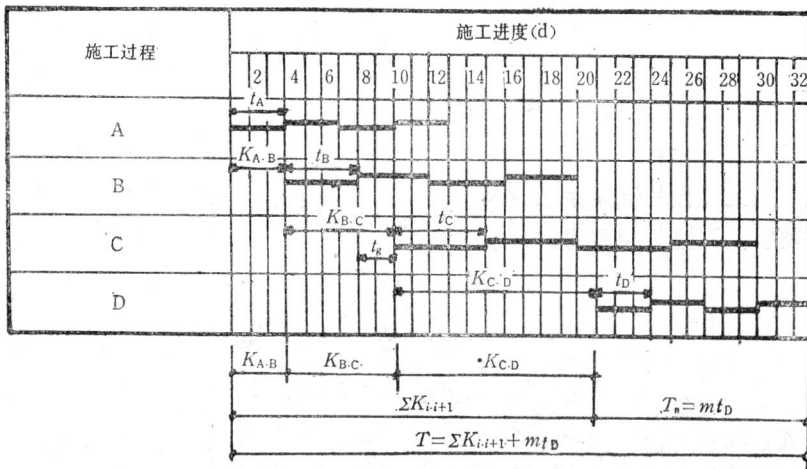

图 9-19　分别流水施工（一）

当同一施工过程在各流水段上的流水节拍不相等时，可采用：相邻两个施工过程各自的流水节拍累加成数列、错位相减取大差的方法计算各施工过程间的流水步距。用式（9-7）计算工期。其组织方法与前一种分别流水基本相同，只是流水节拍的确定更为灵活一些。

【例】　某工程分A、B、C三个施工过程，施工顺序为A──→B──→C。划分6个流水段，流水节拍见表9-3，$\Sigma t_g = \Sigma t_d = 0$。试组织分别流水施工。

【解】　1.计算流水步距

其计算方法是：将每个施工过程的流水节拍逐段累加成数列，错位相减，取差数之最大者作为流水步距。

表 9-3

施 工 过 程	流　　水　　段					
	①	②	③	④	⑤	⑥
	流　　水　　节　　拍　　(d)					
A	3	3	2	2	2	2
B	4	2	3	2	2	3
C	2	2	3	3	3	2

（1）求$K_{A,B}$

A施工过程的流水节拍逐段累加可得A组数列：3，6(3＋3)，8(3＋3＋2),10(3＋3＋2＋2），12(3＋3＋2＋2＋2)，14(3＋3＋2＋2＋2＋2);

B施工过程的流水节拍逐段累加可得B组数列：4，6(4＋2)，9(4＋2＋3),11(4＋2＋3＋2），13(4＋2＋3＋2＋2)，16(4＋2＋3＋2＋2＋3)。

将A B两组数列错位相减得：

$$3，6，8，10，12，14,$$
$$(-)\quad 4，6，9，11，13，\quad 16$$

$$\boxed{3}，2，2，1，1，1，-16$$

∴　　$K_{A,B} = 3(d)$（取大差值）

（2）求$K_{B,C}$

同理得C施工过程的逐段累加数列：2，4，7，10，13，15

将B C两组数列错位相减得：

$$4，6，\quad 9\quad，11，13，16$$
$$(-)\quad 2，\quad 4\quad，7，10，13，\quad 15$$

$$4，4，\boxed{5}，4，3，3，-15$$

∴　　$K_{B,C} = 5(d)$（取大差值）

2．计算工期

$$T = \Sigma K_{i,i+1} + T_n$$
$$= K_{A,B} + K_{B,C} + T_n$$
$$= 3＋5＋(2＋2＋3＋3＋3＋2) = 23(d)$$

根据确定的流水步距，按照各施工过程的先后顺序即可绘制施工进度计划。如图9-20所示。

分别流水不象全等节拍或成倍节拍流水那样受流水节拍值的约束，在进度安排上和流水组织上比较灵活、自由。因此，它广泛适用于各种不同结构性质和规模工程的施工组织，实际应用较为理想。

以上介绍了流水施工的三种组织方法，建筑工程施工，完成某一建筑产品的生产，往往是划分不同的专业组合（即围绕主导施工过程的工艺组合），采取各自的流水组织方

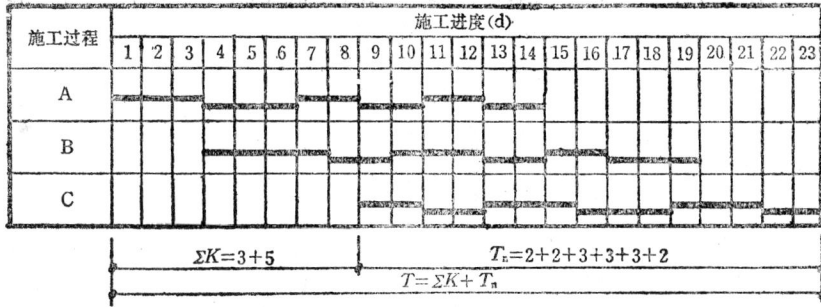

施工进度(d) columns 1-23 table with施工过程 A, B, C

$$\Sigma K=3+5 \qquad T_n=2+2+3+3+3+2$$
$$T=\Sigma K+T_n$$

图 9-20　分别流水施工（二）

法。如划分为基础工程、钢筋混凝土工程、砌筑工程、屋面防水工程、装饰工程等，然后对各专业组合，按其组合的施工过程流水节拍的特征，分别组织成为独立的流水组，这些流水组的流水参数可能是不相等的，组织流水的方式也可能有所不同。然后将这些流水组按照一定的工艺要求和组织顺序依次搭接起来，就成为一个工程对象的工程流水或一个建筑群的工程流水。

第四节　流水施工的应用

流水施工是建立在依次施工和平行施工基础上的科学组织施工的方法，建筑施工的组织应尽量采用流水施工，以获得良好的经济效益和社会效益。下面以村镇建设中常见的砖混结构房屋工程施工实例来阐述流水施工的应用。

某三层四单元砖混结构住宅，建筑面积为1700m²。基础为砖砌大放脚下设素混凝土垫层，主体工程为砖墙承重，预制空心楼板和楼梯踏步，每层设现浇钢筋混凝土圈梁，门框上设预制过梁；屋面工程为屋面板上做水泥砂浆找平层上再做二毡三油防水层，上铺架空隔热板；楼地面工程为楼面是空心楼板上做水泥砂浆粉刷层，地面是三合土上做细石混凝土层，外墙为水泥石灰混合砂浆抹面，内墙为石灰砂浆抹灰。其主要工程量见表9-4，平、剖面简图及单元组合图如图9-21所示。

按照流水施工的组织方法，先考虑各分部工程的流水施工，然后再将各分部工程流水搭接起来，即成为该住宅建筑的工程流水。

1.基础工程

包括基槽人工挖土、基础混凝土垫层、砌筑砖基础、基槽及室内回填土等四个施工过程（ $n_1=4$ ）。其主要施工过程为砌筑砖基础。

根据划分流水段的原则和本工程的特点，基础工程以二个单元为一个流水段，共分二个流水段（ $m_1=2$ ）组织施工。由于各施工过程工程量相差不大，且满足最少劳动力组合和最小工作面的要求，故可以组织全等节拍流水施工。

主导施工过程是砌筑砖基础，共需劳动量132工日，每班采用22人施工，则完成一个流水段的砌筑需 $\dfrac{132}{2\times22}=3d$ 时间。将其作为全等节拍的固定节拍值（ $t=3d$ ）。考虑到基础混凝土垫层与砌筑砖基础的施工技术要求，留2d的技术组织间歇时间（ $t_g=2d$ ）。所以基础

231

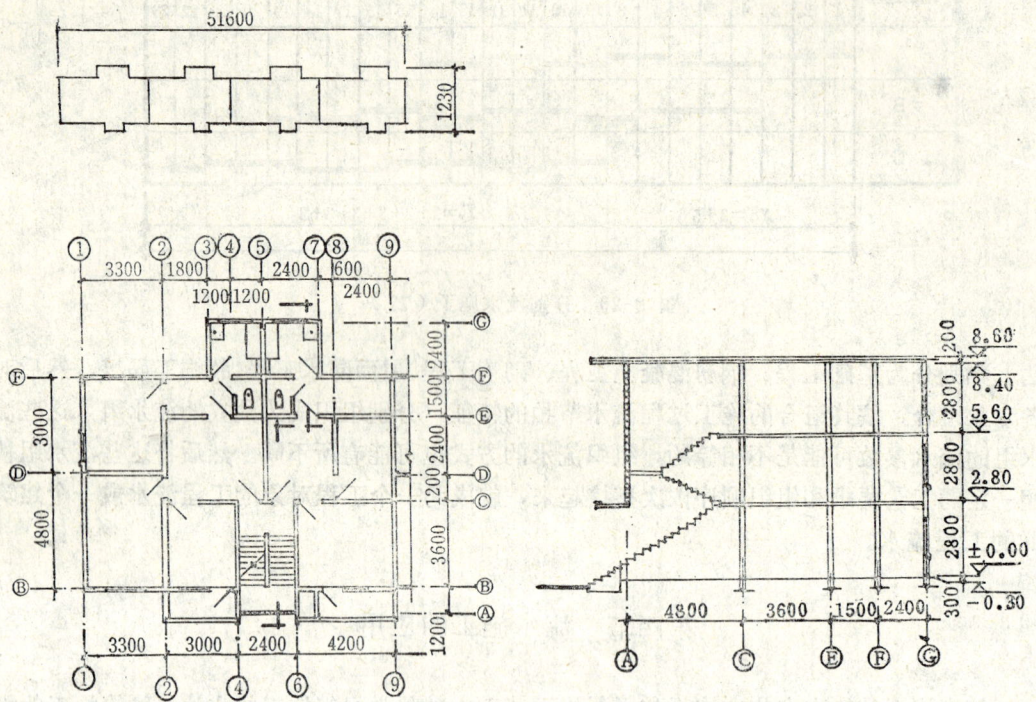

图 9-21　平、剖面及单元组合图

某砖混结构住宅主要工程量一览表　　　　　　表 9-4

序　号	施 工 项 目 名 称	单　位	数　量	备　注
1	土方工程 其中：挖土量 填土量	m³ m³ m³	985 592 393	不包括明沟等零星挖土 包括室内回填
2	混凝土及钢筋混凝土工程 其中：预制 现浇	m³ m³ m³	417.6 243.4 174.4	
3	砌筑工程	m³	630	
4	钢木门窗	m²	710	
5	楼地面面层	m²	1280	
6	内墙抹灰	m²	4108	
7	外墙抹灰	m²	1866	
8	油毡屋面	m²	537	
9	构件安装	件	740	
10	金属栏杆	t	1.5	
11	卫生设备	套	24	

工程的施工工期为：

$$T_1 = (m_1 + n_1 - 1)t + \Sigma t_g - \Sigma t_d$$
$$= (2 + 4 - 1) \times 3 + 2 = 17(\text{d})$$

2. 主体工程

包括砌筑砖墙（含搭、拆脚手架）、现浇钢筋混凝土、吊装梁板及灌板缝等三个施工过程。其中主导施工过程为砌筑砖墙。

为了便于主体结构组织施工，在平面上划分二个施工段，每一层楼为一个施工层，共分 $3 \times 2 = 6$ 个流水段（$m_2 = 6$）进行主体工程流水作业。

主体工程的施工，应主要满足主导施工过程砌筑砖墙的连续作业。由于其它施工过程的劳动量较少，加上楼层施工工艺的要求，这些施工过程可以合理间断。砌筑砖墙共需劳动量720工日，每班采用24人施工，则完成一个流水段的施工需 $\frac{720}{6 \times 24} = 5\text{d}$（$t = 5\text{d}$）时间。由此确定其它两个施工过程的持续时间和班组人数。

现浇钢筋混凝土共需劳动量216工日，若完成一个流水段的施工时间取3d，则每班人数为 $\frac{216}{6 \times 3} = 12$ 人。吊装梁板及灌缝共需劳动量36工日，若完成一个流水段的施工时间取1d，则每班人数为 $\frac{36}{6 \times 1} = 6$ 人。

主体工程施工工期可由下式计算。由于实际组入全等节拍流水的只有两个施工过程数，故 $n_2 = 2$。这时

$$T_2 = (m_2 + n_2 - 1)t = (6 + 2 - 1) \times 5 = 35(\text{d})$$

3. 屋面工程

包括水泥砂浆找平层、冷底子油及油毡防水层、隔热层等三个施工过程。由于屋面工程耗费的资源通常较少，且其在施工顺序上一般与装修工程搭接平行施工即可。所以屋面工程对工程总工期无影响。

4. 装修工程

包括门窗扇安装、楼地面抹灰、室内抹灰、室外抹灰等十二个施工过程。其中抹灰是主导施工过程。

根据工程的特点，装修工程可以将每层楼作为一个流水段自上而下组织流水施工。依据各施工过程工程量（或劳动量）的大小，考虑到施工班组的最少劳动力组合，以及施工工艺上的要求等。可分别组织部分施工过程的全等节拍流水，整个分部工程采用分别流水（如图9-22装修工程所示）。其工期为 $T_4 = 43\text{d}$。

本工程中，主体工程的砌筑砖墙必须在基础工程回填土完成后才可进行。即在第一流水段上，土方回填后开始砌筑砖墙。故基础工程与主体工程搭接3d；同样，装修工程与主体工程搭接2d；屋面工程与装修工程平行施工，不占工期。因此，本工程的总工期为：

$$T = T_1 + T_2 + T_4 - \Sigma t_d$$
$$= 17 + 35 + 43 - (3 + 2) = 90(\text{d})$$

该工程流水施工进度计划如图9-22所示。

复习思考题

1.组织施工的方式有哪几种？简述各自的特点及其适用条件。

2.组织流水施工的要点和条件有哪些？

3.流水施工的主要参数是什么？试分别叙述它们的含义。

4.施工过程的划分与哪些因素有关？

5.流水段划分的基本要求是什么？

6.楼层结构组织流水作业时，流水段与施工过程之间的关系怎样？

7.如何组织全等节拍流水施工？如何组织成倍节拍流水施工？如何组织分别流水施工？

8.某工程有 A、B、C 三个施工过程，每个施工过程划分为 4 个流水段。设 $t_A = 2d$，$t_B = 4d$，$t_C = 3d$。试分别计算依次施工、平行施工及流水施工的工期，并绘出各自的施工进度计划。

9.试根据表9-5数据，计算：（1）各相邻施工过程之间的流水步距；（2）总工期，并绘制流水施工进度表。

各施工过程的流水节拍值(d)　　　　　　　　　　　　表 9-5

施工过程	流　　水　　段					
	①	②	③	④	⑤	⑥
A	3	3	3	3	3	3
B	5	5	5	5	5	5
C	3	3	3	3	3	3
D	4		4	4	4	4
E	2		2	2	2	2

10.某工程有三个施工过程三个流水段，已确定 $t_1 = 6d$，$t_2 = 2d$，$t_3 = 4d$，第二个施工过程与第三个施工过程之间要求1d的技术间歇，试组织流水施工。

11.已知某工程分三个施工过程 6 个流水段，各施工过程的流水节拍分别为 $t_1 = 2d$，$t_2 = 1d$，$t_3 = 2d$，试组织加快成倍节拍流水施工。

第十章 网络计划技术

　　建筑工程施工进度计划是通过施工图表来表达建筑产品的施工过程、工艺顺序和相互间搭接逻辑关系的。我国自50年代初期开始一直是应用流水施工的基本原理，采用横道图表的形式来编制工程施工进度计划的，并取得了良好的效果。

　　横道图进度计划的主要优点是：简单明了，直观易懂，编制容易，使用方便。特别是横道图线段的长短表示该工作（施工过程）的持续时间，每条线段上还反映了该工作的劳动力、材料和机具的多少，这样便于按天统计资源，编制劳动力、材料需要量计划（即资源动态曲线），为有关职能部门提供依据。

　　横道图进度计划也存在许多不足之处，其主要缺点是：各工作之间的关系表达不够明确，也无法知道诸多工作中哪些是关键工作，哪些是非关键工作，因此对指导施工，尤其是在有限的资源下合理地组织施工，提高经济效益带来了一定的困难。

　　随着生产的发展和科学技术的提高，自50年代以来，国外陆续采用了一些计划管理的新方法，如关键线路法（CPM）、计划评审技术（PERT）等。由于这些方法是建立在网络图的基础上的，因此统称为网络计划方法。60年代中叶，著名的数学家华罗庚教授将它引入我国，并结合我国的具体情况把它概括为"统筹法"。本章主要叙述网络计划技术的基本概念、网络图的建立与计算。

第一节　双代号网络图的绘制

一、网络图的基本概念

（一）网络图

　　网络图是表示一项工程计划实施顺序的模型。它是由若干个代表工程计划中各项工作的箭线和连接箭线的节点所构成的网状图形。网络图通常分为单代号网络图和双代号网络图两种。

1.单代号网络图

　　用一个节点代表一项工作，箭线表示工作间的施工顺序（或流向）及其逻辑关系，该项工作的持续时间写在节点（圆圈或方框）内，这种方法绘制的网络 图 称 为 单代号网络

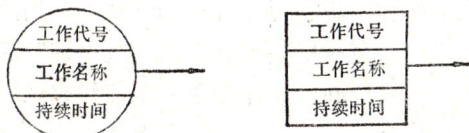

图 10-1　单代号网络图的工作表示方法　　　　图 10-2　某工程单代号网络计划

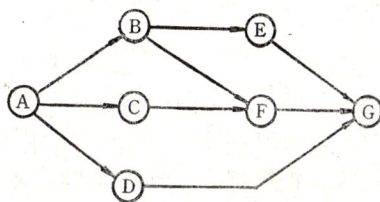

图。单代号网络图中一项工作基本的表示方法如图10-1所示。某工程单代号网络计划如图10-2所示。

2.双代号网络图

用两个节点一根箭线代表一项工作，工作的名称写在箭线上面，工作的持续时间写在箭线下面，在箭线前后的衔接处画上节点编上号码，并用箭尾的号码i和箭头的号码j作为工作的代号i-j，这种方法绘制的网络图称为双代号网络图。双代号网络图中，一项工作基本的表示方法如图10-3所示。

工程依次施工、平行施工、流水施工的双代号网络图如图10-4、图10-5、图10-6所示。

（1）民用房屋刚性条形基础依次施工的双代号网络图如图10-4所示。

（2）三幢房屋平行施工的双代号网络图如图10-5所示。

（3）A、B两项工作分三段流水施工双代号网络图如图10-6所示。

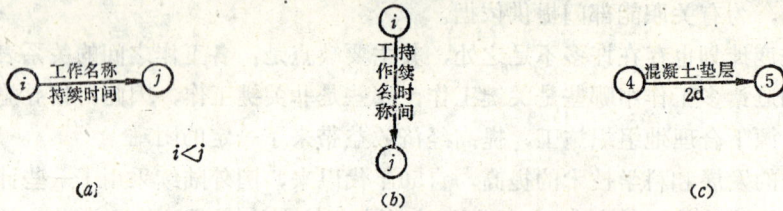

图 10-3 双代号网络图的工作表示方法

图 10-4 某基础工程施工网络计划

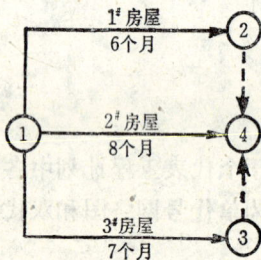

图 10-5 某群体工程施工网络计划

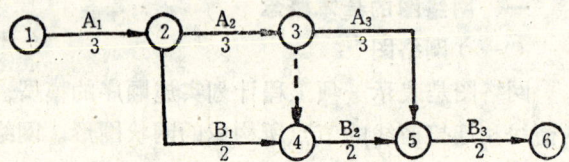

图 10-6 $n=2$，$m=3$的流水施工网络计划
1、2、3—流水段

（二）基本符号

1.箭线

双代号网络图中，一条实箭线表示一项工作的实体，根据网络计划的性质和作用的不同，工作既可以是一个简单的操作过程，也可以是一项复杂的工程任务。它既占用时间又消耗资源（劳动力、材料、机械）。因而凡是占用一定时间的工作均用一条箭线表示。如混凝土浇筑、钢筋绑扎、砌砖墙等。

箭线的长短并不反映该工作所占用时间的长短（除时标网络图外）。箭线的箭尾表示该工作的开始，箭头表示该工作的结束，箭线的方向表示工作的进行方向。

2.节点

双代号网络图中,表示工作的交接之点称为节点。一般画成圆圈,也可以画成矩形等形状。它表示前面工作完成,紧接后面工作开始的"瞬间"。它既不占时间,也不消耗资源。箭线尾部的节点表示该项工作的开始,称为箭尾节点,箭线头端的节点表示该项工作的结束,称为箭头节点。网络图的第一个节点叫起点节点,表示一项工程任务的开始;网络图的最后一个节点叫终点节点,表示一项工程任务的完成;其它节点叫中间节点。

对于一个节点来讲,可能有许多箭线通向该节点,这些箭线就称为内向箭线(或内向工作);同样也可能有许多箭线由同一节点出发,这些箭线就称为外向箭线(或外向工作)。如图10-7所示。

双代号网络图的每一个节点都要求编上号码。节点编号的原则是:从起点节点开始,依次向终点节点编号,要求每一条箭线的箭头节点编号应大于箭尾节点编号;在一个网络计划中,所有节点不能出现重复编号;编号的号码数可以连续亦可以不连续(如根据需要,从5跳到10),这样有利于网络计划在进一步修改时,避免由于中间增加一项或几项工作而改动整个网络图的节点编号。图10-8所示为一网络图的节点编号。

(三)紧前工作与紧后工作

在网络图中,紧排在某工作之前的工作是该工作的紧前工作,紧接在某工作后面的工作是该工作的紧后工作,与某工作平行的工作是该工作的平行工作,如图10-9所示。

从图中可以看出:对于工作A,节点①代表它的开始,节点②代表它的结束,B是它的紧后工作;对于工作B,节点②代表它的开始,节点③代表它的结束,C是它的紧后工作;对于工作C,节点③代表它的开始,节点④代表它的结束。工作C的紧前工作为B,工作B的紧前工作为A。

(四)网络图的逻辑关系

网络图中,工作之间的关系是错综复杂的,如何正确地将它们表达出来呢?这是初学者普遍存在的问题。下面我们通过一个实例加以阐述。

例如,某钢筋混凝土设备基础,按施工计划,各项工作及逻辑顺序是:挖土后做素混凝土垫层,在挖土及做垫层的同时制作模板、制作钢筋及预埋铁件,接着是支设模板及绑扎钢筋,其后是埋设铁件,最后浇捣混凝土。

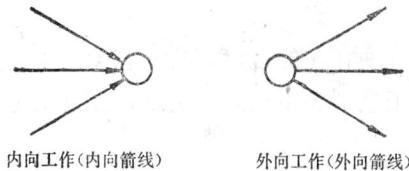

图 10-7 内向工作与外向工作

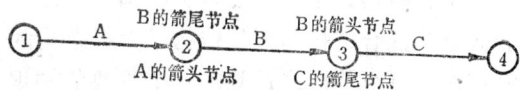

图 10-9 紧前工作和紧后工作

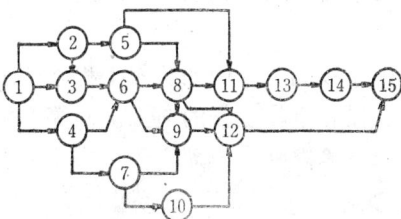

图 10-8 网络图节点编号

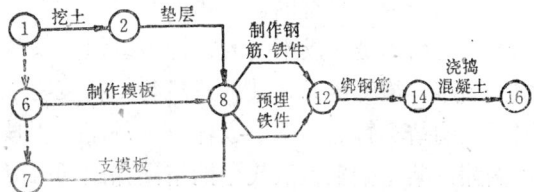

图 10-10 施工顺序颠倒的网络图

如果我们将该设备基础施工网络计划图绘制成如图10-10所示，则出现施工顺序颠倒的错误；若绘制成如图10-11所示，虽然施工顺序正确，但网络图中工作之间的关系发生错误。因为支模板不应当受到制作钢筋及预埋铁件的约束，同理，绑扎钢筋也不应当受到制作模板的约束，但图10-11所示反映出支模板、绑扎钢筋这两个工作均受前面三项工作的制约，所以也是错误的。该设备基础施工网络计划的正确绘制如图10-12所示。

那么，如何绘制正确的网络图呢？如何正确地表达各项工作之间的先后顺序关系呢？首先必须弄清以下三个问题：

第一、该项工作必须在哪些工作之前进行？

第二、该项工作必须在哪些工作之后进行？

第三、该项工作可以与哪些工作平行进行？

如图10-12所示，就支模板而言，它必须在预埋铁件之前进行，是预埋铁件的紧前工作；支模板又必须在垫层和制作模板之后进行，是垫层和制作模板的紧后工作；支模板可以与绑钢筋平行进行，是绑钢筋的平行工作。这种严格的逻辑关系，必须根据施工工艺和施工组织的要求加以确定，从而绘制出正确的网络图。

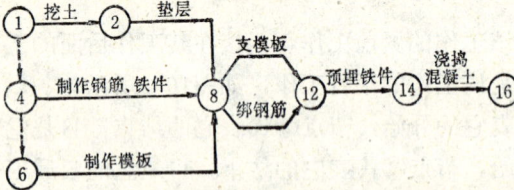

图 10-11 逻辑关系错误的网络图   图 10-12 某设备基础施工网络图

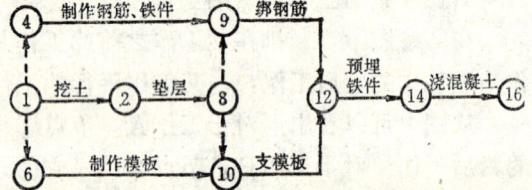

网络图的逻辑关系是指网络图中工作之间的先后顺序关系（包括工艺关系和组织关系）。正确地处理好这种逻辑关系是绘制一幅正确的网络图的关键。

1.工艺关系

工艺关系是指由生产工艺或工作程序所决定的各项工作之间的先后顺序关系。这种关系是客观存在的。对一个具体的分部工程来说，当施工方案确定后，工艺关系一般是固定的，有的甚至是绝对不能颠倒的。例如砌筑砖基础之前必须先做好垫层，屋面工程必须在主体结构完成后进行等等。

但不同结构、不同性质的工程项目，由于自身客观存在的规律，其工艺关系不一定相同。例如，混合结构与框架结构、大板结构的施工工艺则各不相同。所以，深谙工艺关系是设计切实可行的网络计划的一个重要的知识基础。

2.组织关系

组织关系是指由于组织方法或人力、物资等资源约束而决定的各项工作之间的先后顺序关系。它是人为安排的。

组织关系不是一成不变的，许多组织关系是可以相互颠倒的。例如装修工程某些工作的施工顺序、施工流向，某些建筑物（构筑物）基础工程和主体工程的施工流向等。可以根据工程的结构特点、施工条件，依赖于工程技术人员运筹帷幄，合理安排。

例如，某基础工程双代号网络图如图10-13所示。其中"1、2"表示施工段。

挖土$_1$的完成为垫层$_1$创造了工作面，这是工艺关系，挖土$_1$完成后劳动力转移到挖土$_2$，这是组织关系；同理，垫层₁的完成为墙基₁创造了工作面，这是工艺关系，垫层₁完成后劳动力转移到垫层₂，这是组织关系。以此类推，墙基、回填土也存在同样的逻辑关系。

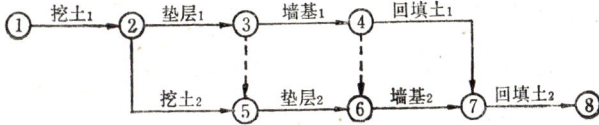

图 10-13　某基础工程双代号网络图

（五）虚工作及其应用

虚工作不是一项具体的工作，是虚拟的一项工作，它既不占用时间(持续时间为零)，也不消耗资源，它在网络图中的主要作用是正确表达网络计划中有关工作间的逻辑关系。虚工作表示法是在两节点间用虚箭线来表示。如图10-14所示。

在双代号网络图中，虚工作主要有如下应用：

1.逻辑联接

虚工作不仅能表达工作间的逻辑联接关系，而且能表示不同幢号的房屋之间的相互联系。例如，工作A、B、C、D之间的逻辑关系为：工作A完成后可同时进行B、D两项工作，工作C完成后进行工作D。不难看出，A完成后其紧后工作为B，C完成后其紧后工作为D，但D又是A的紧后工作，为了把A和D联接起来，这时引入了虚工作②→⑤，如图10-15所示。这样逻辑关系得到了正确的表达。

图 10-14　虚工作表示法

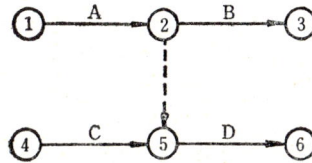

图 10-15　虚工作的应用

2.逻辑断路

虚工作能截断逻辑上毫无关系的工作之间的联系。下面以某基础工程施工网络图为例加以说明。

某基础工程分挖基槽（A）、垫层（B）、墙基（C）、回填土（D）四个施工过程，组织三段流水施工，其施工横道图进度计划如图10-16所示。

在横道图的基础上加节点直接绘制网络图，则会出现逻辑关系错误的网络图，如图10-17所示。

图 10-16　某基础工程横道图进度计划

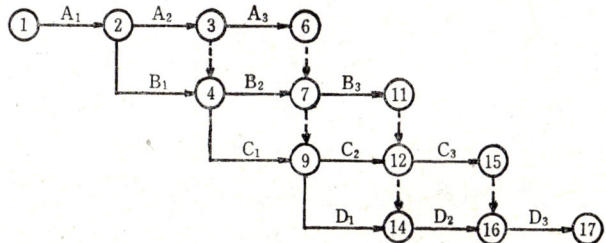

图 10-17　逻辑关系错误的网络图

逻辑关系的错误主要出现在中间节点处，因此必须重点检查中间节点处的逻辑关系。从图10-17中可以看出，节点①为起点节点，节点⑰为终点节点，不会发生逻辑错误，其它节点为中间节点，应检查其逻辑关系。节点②说明A_1完成后同时进行A_2、B_1，正确；节点③说明A_2完成后同时进行A_3、B_2、C_1，这里出现A_2与C_1的逻辑错误（多余联系）；节点④与A_2、B_1两个紧前工作和B_2、C_1两个紧后工作，同样出现A_2与C_1的逻辑错误。以此类推，在15个中间节点中有8个出现逻辑错误。

为了正确反映各工作之间的逻辑关系，必须引入虚工作，去切断产生逻辑关系错误的工作之间的联系。其方法是在出现逻辑关系错误的圆圈（节点）之间增设新节点，切断毫无关系的工作之间的联系，这种方法称为破圈法。如图10-18中，增设节点⑤，虚工作④→⑤切断了A_2与C_1之间的联系；同理，增设节点⑧、⑩、⑬，虚工作⑦→⑧、⑨→⑩、⑫→⑬也都起到了相同的作用。在此基础上将图10-18左右拉平，取消不必要的虚工作（只要两个代号代表一项工作即可），经调整后得正确的网络图如图10-19所示。

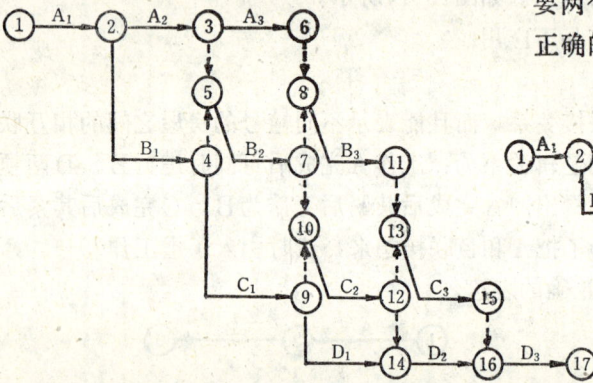

图 10-18 破圈法切断多余联系

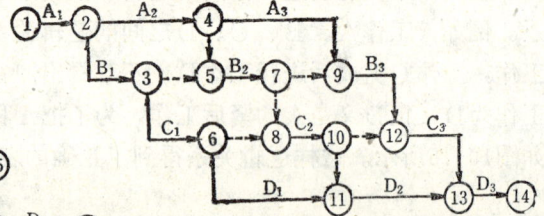

图 10-19 正确的网络图

3.避免出现代号相同的工作

虚工作的另一用途是当若干个工作平行施工时，可以避免出现相同代号的工作。如图10-20(a)中，A、B两项工作平行施工而共用了①、②两个节点，1~2代号既表示工作A又表示工作B，这就会在施工中造成混乱。而引入虚工作后，如图10-20(b)中，则1~2表示工作A，1~3表示工作B，且同样反映工作A、B的平行施工，这样更清楚了。

由此可见，网络图中虚工作是非常重要的，但在应用时要恰如其分，不能滥用。因为增加一个虚工作，一般就要相应地增加节点，因此以必不可少为限。另外，增加虚工作后要进行全面检查，不要顾此失彼。

（六）网络图的识读

从上述知识可知，两个节点一条箭线代表一项工作，若干项工作根据施工顺序及其逻辑关系联接而成的网状图称为网络图。图10-21所示是一个具有八项工作的网络计划图，下面结合所学的概念进行网络图的识读。

1.起点节点 网络图的第一个节点。其特点是编码最小，没有紧前工作。该网络图的起点节点是节点①。

2.终点节点 网络图的最后一个节点。其特点是编码最大，没有紧后工作。该网络图的终点节点是节点⑥。

3.中间节点 网络图中除起点节点和终点节点外的所有节点。其特点是编码介于起点节点和终点节点之间，每个中间节点既有内向工作又有外向工作，既是其内向工作的箭头节点又是其外向工作的箭尾节点。它们均反映了紧前工作的结束和紧后工作的开始的瞬时时间概念。该网络图的中间节点是节点②、③、④、⑤。

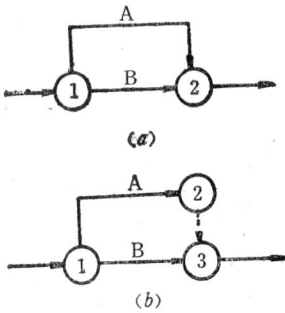

图 10-20　虚工作的应用
(a)错误；(b)正确

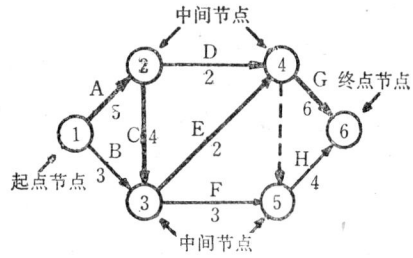

图 10-21　双代号网络图

何谓瞬时时间呢？例如中间节点②，工作A的持续时间为5d，说明工作A第5d结束（即第5d24时结束），工作C、D第5d同时开始（即第6d零时开始）。

4.紧前工作　如工作B和工作C都是工作E和工作F的紧前工作。

5.紧后工作　如工作G是工作D和工作E的紧后工作。

6.虚工作　如工作④→⑤为虚工作，它反映了工作H的紧前工作有工作D、工作E和工作F三项。在识读时应把节点④和⑤合在一起看待。

7.线路　网络图中自起点节点沿箭头方向顺序通过一系列箭线与节点，最后到达终点节点的通路叫线路。每条不同的线路所需的时间之和往往各不相等，其中时间之和最长的线路称为关键线路。其余的线路为非关键线路。位于关键线路上的工作叫关键工作，关键工作完成的快慢直接影响整个网络计划的工期。有时，一个网络图中也可能出现几条关键线路，即这几条线路的工作持续时间之和相等。在单色绘制的网络图中，宜用粗线或双线标注关键线路，在彩色绘制的网络图中，宜用醒目的颜色标注关键线路。

该网络图共有八条线路：

（1）① → ② → ③ → ④ → ⑤ → ⑥　　$l = 15\text{d}$
　　　　5　　4　　2　　0　　4

（2）① → ② → ③ → ④ → ⑥　　$l = 17\text{d}$
　　　　5　　4　　2　　6

（3）① → ② → ③ → ⑤ → ⑥　　$l = 16\text{d}$
　　　　5　　4　　3　　4

（4）① → ② → ④ → ⑤ → ⑥　　$l = 11\text{d}$
　　　　5　　2　　0　　4

（5）① → ② → ④ → ⑥　　$l = 13\text{d}$
　　　　5　　2　　6

（6）① → ③ → ④ → ⑤ → ⑥　　$l = 9\text{d}$
　　　　3　　2　　0　　4

（7）① → ③ → ④ → ⑥　　$l = 11\text{d}$
　　　　3　　2　　6

（8）① → ③ → ⑤ → ⑥　　$l = 10\text{d}$
　　　　3　　3　　4

其中第二条线路时间之和最长（$l = 17\text{d}$），为关键线路，其余线路为非关键线路。

247

二、常用逻辑关系模型

逻辑关系模型，即逻辑关系表达图的绘制方法一般是：根据工作间的逻辑关系大量引入虚工作进行表达，检查逻辑关系是否正确，并去掉多余的虚工作，调整网络图。

例如，已知工作间的逻辑关系为：H的紧前工作为A、B；F的紧前工作为B、C；G的紧前工作为C、D。

绘制时，首先根据工作间的逻辑关系，引入虚工作绘制成如图10-22(a)所示的草图。经过调整后，去掉多余的虚工作成为如图10-22(b)所示的模型图。

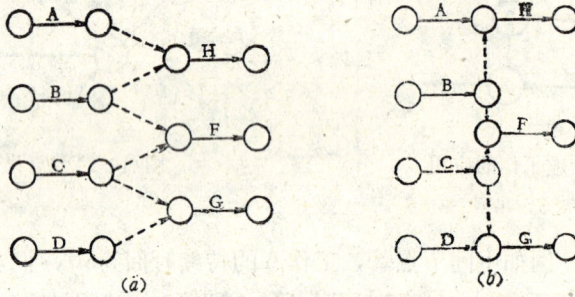

图 10-22 逻辑关系模型
(a)草图；(b)正图

双代号与单代号网络图常用的逻辑关系模型见表10-1。

三、双代号网络图的绘制规则

1.网络图必须正确地反映诸工作之间的逻辑关系，不能犯逻辑错误，这是最基本的规则。

2.网络图中不允许出现循环回路，如图10-23所示。图10-23(a)中出现了①→②→③→①、②→③→⑥→⑤→②的循环回路。正确的应为图10-23(b)所示。

3.双代号网络图中不允许出现一个代号代表一项工作，如图10-24所示。

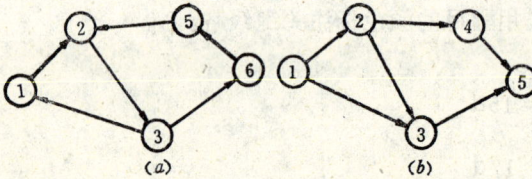

图 10-23 双代号网络图的表达
(a)错误 (b)正确

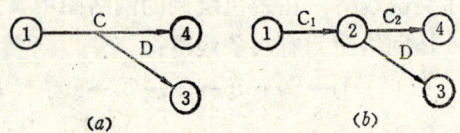

图 10-24 双代号网络图的表达
(a)错误 (b)正确

4.网络图中不允许出现"双同代号"的箭线，如图10-25所示。

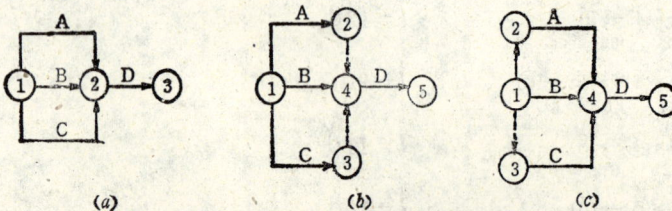

图 10-25 双代号网络图的表达
(a)错误，(b)、(c)正确

双代号与单代号网络逻辑关系表达示例　　表 10-1

序号	工作间的逻辑关系	网络图上的表示方法		说明
		双代号	单代号	
1	A、B 两项工作,依次进行施工	○—A—○—B—○	Ⓐ→Ⓑ	B 依赖 A,A 约束 B
2	A、B、C 三项工作,同时开始施工	(A、B、C 三项工作从同一节点出发)	开始○→Ⓐ、Ⓑ、Ⓒ	A、B、C 三项工作为平行施工方式
3	A、B、C 三项工作,同时结束施工	(A、B、C 三项工作汇入同一节点)	Ⓐ、Ⓑ、Ⓒ→结束○	A、B、C 三项工作为平行施工方式
4	A、B、C 三项工作,只有 A 完成之后,B、C 才能开始	○—A—○分出 B、C	Ⓐ→Ⓑ,Ⓐ→Ⓒ	A 工作制约 B、C 工作的开始;B、C 工作为平行施工方式
5	A、B、C 三项工作,C 工作只能在 A、B 完成之后开始	A、B 汇入一点再出 C	Ⓐ、Ⓑ→Ⓒ	C 工作依赖于 A、B 工作;A、B 工作为平行施工方式
6	A、B、C、D 四项工作,当 A、B 完成之后,C、D 才能开始	A、B 汇入中间事件①,再分出 C、D	Ⓐ、Ⓑ→Ⓒ、Ⓓ	双代号表示法是以中间事件①把四项工作间的逻辑关系表达出来
7	A、B、C、D 四项工作;A 完成以后,C 才能开始,A、B 完成之后,D 才能开始	A→C,B→D,A、D 之间引入虚工作	Ⓐ→Ⓒ,Ⓐ→Ⓓ,Ⓑ→Ⓓ	A 制约 C、D 的开始,B 只制约 D 的开始;A、D 之间引入了虚工作
8	A、B、C、D、E 五项工作;A、B 完成之后,D 才能开始;B、C 完成之后,E 才能开始	A→D,B→D,B→E(虚工作),C→E	Ⓐ→Ⓓ,Ⓑ→Ⓓ,Ⓑ→Ⓔ,Ⓒ→Ⓔ	D 依赖 A、B 的完成,E 依赖 B、C 的完成;双代号表示法以虚工作表达 B、D 和 B、E 之间的逻辑关系
9	A、B、C、D、E 五项工作;A、B、C 完成之后,D 才能开始;B、C 完成之后,E 才能开始	A→D,B→D,B→E,C→D,C→E(以虚工作表达)	Ⓐ→Ⓓ,Ⓑ→Ⓓ,Ⓑ→Ⓔ,Ⓒ→Ⓓ,Ⓒ→Ⓔ	A、B、C 制约 D 的开始;B、C 制约 E 的开始;双代号表示法以虚工作表达上述逻辑关系
10	A、B 两项工作;按三个施工段进行流水施工	A_1—A_2—A_3,B_1—B_2—B_3(以虚工作连接)	Ⓐ$_1$→Ⓐ$_2$→Ⓐ$_3$,Ⓑ$_1$→Ⓑ$_2$→Ⓑ$_3$	按工种建立两个专业工作队;分别在三个施工段上进行流水作业;双代号表示法以虚工作表达工种间的关系

243

5.网络图中只允许有一个起点节点和一个终点节点。如图10-26所示，图10-26(a)中出现了①、②两个起点节点和⑥、⑧两个终点节点，正确的应为图10-26(b)所示。当出现多头多尾时，也可用虚工作联接面灭头灭尾，如图10-27所示。

6.网络图中的箭线通常画直线或折线，不宜画曲线，如图10-28所示。

7.网络图中不允许有双向箭线和无箭头箭线，如图10-29所示。

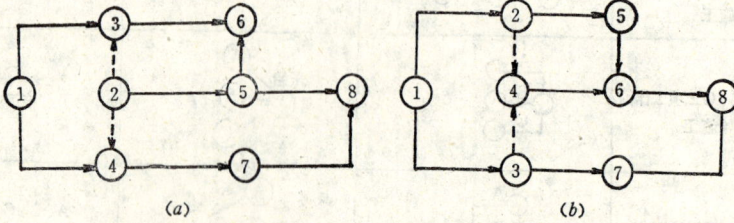

图 10-26 双代号网络图的表达
(a)错误；(b)正确

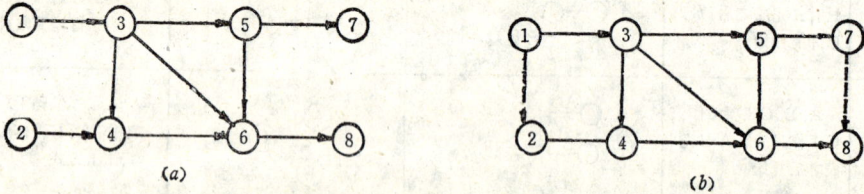

图 10-27 双代号网络图的表达
(a)错误；(b)正确

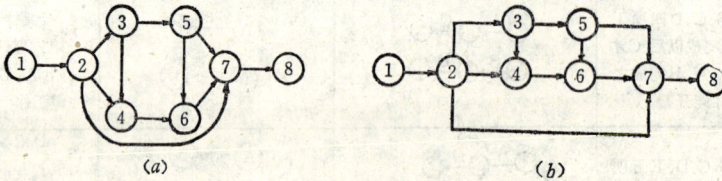

图 10-28 双代号网络图的表达
(a)较差；(b)较好

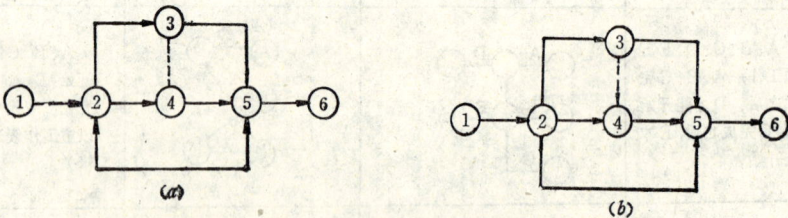

图 10-29 双代号网络图的表达
(a)错误；(b)正确

8.网络图中尽量避免反向箭线，如图10-30所示。

9.网络图中出现交叉箭线，但又不可避免时，可按10-31所示进行处理。

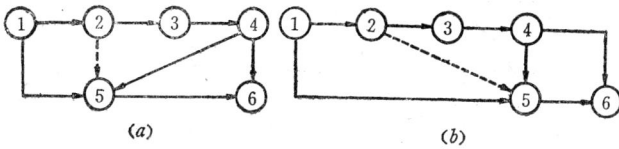

图 10-30　双代号网络图的表达
(a)较差；(b)较好

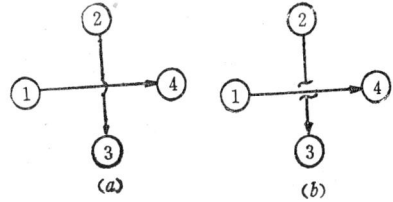

图 10-31　双代号网络图的表达
(a)暗桥法；(b)断线法

四、网络图的绘制步骤与技巧

绘制网络图的核心是强调逻辑关系的正确，遵守绘图规则，一般并不要求图形的格式。但从使用网络图的角度来说，则不仅要求逻辑关系正确，而且要求图面布局合理，条理清楚，重点突出，层次分明，便于时间参数的计算等。绘制网络图的方法一般有两种：由前向后画和由后向前画。下面仅以由后向前画为例说明网络图的绘制步骤与技巧。

1.编制逻辑关系表

根据工程对象及施工顺序，正确地列出各工作之间的逻辑关系表，作为绘制网络图的依据。例如某分部工程分A、B、C、D、E、F、G、H、I、J等十项工作，根据施工顺序确定其逻辑关系如下表：

工 作 逻 辑 关 系 表 　　　　　　表 10-2

工 作 名 称	A	B	C	D	E	F	G	H	I	J
紧前工作					A	B	B	C	B D E	H F

2.绘制草图

根据逻辑关系表绘制草图，此时只强调工作间逻辑关系正确，不强调图面布局是否合理。具体绘制时可采用如下方法：

（1）绘制非紧前工作的连结点图　在逻辑关系表中"紧前工作"栏内没有的工作叫非紧前工作，如表10-2中有J、I、G三个。把它们用节点连接起来，并标上工作名称，如图10-32所示。

画图时工作间距离的大小和方向位置均可任意，但要求有一个公共的节点，此节点即是该网络图的终点节点。

（2）按逻辑关系表扩大连结图　在图10-32的基础上，按逻辑关系表由后向前把相应工作的紧前工作画出来。

如表中J有H、F两个紧前工作，画在图中J的前面；表中I有B、D、E三个紧前作，画在图中I的前面；表中G的紧前工作是B，则I与B用虚工作联接。如图10-33所示。

在图10-33的基础上继续扩展，H前加画C，F前是B（可同G与B的联接节点合并），E前加画A，其他工作前均无紧前工作，就此为止。如图10-34所示。

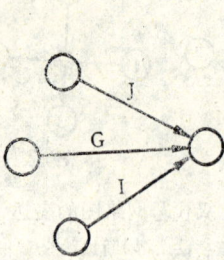

图 10-32

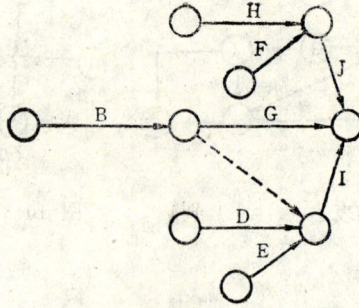

图 10-33

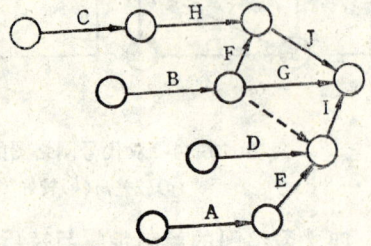

图 10-34

3.整理成正规的网络图

完成草图后，复核逻辑关系是否正确，确认无误后，按绘图规则进行整理，画出清晰正规的网络图，如图10-35所示。

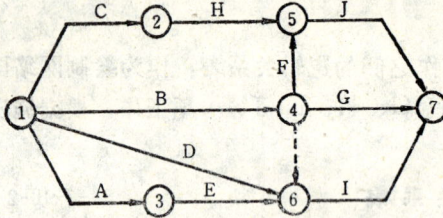

图 10-35 某双代号网络图

五、网络图的并图

（一）网络图的合并

将较详细的相对独立的局部网络图变为较概括的少箭线的网络图的过程，称为网络图的合并。一般在编制群体工程施工控制网络图，施工单位季度、年度控制网络图时常常用到。

网络图合并的方法是：保留局部网络图中与外部工作相联系的节点，合并后的箭线所表示的工作持续时间为合并前网络图中相应最长线路的时间之和。如图10-36(a)图形，合并后如图10-36(b)所示，其中合并后的箭线⑥→⑨的持续时间应为图10-36(a)中最长的线路时间之和（⑥→⑦→⑧→⑨）。又如图10-37(a)中，节点⑦、⑪是两个与外部工作相联系的节点，在合并中必须保留。其合并后各箭线所表示的持续时间均应等于图10-37(a)中相应最长线路的时间之和，如图10-37(b)所示。

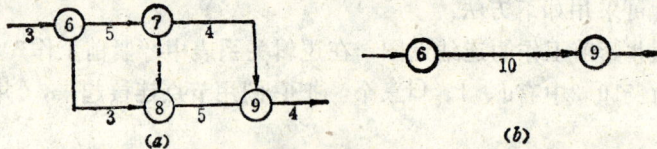

图 10-36 网络图的合并（一）

(a)合并前；(b)合并后

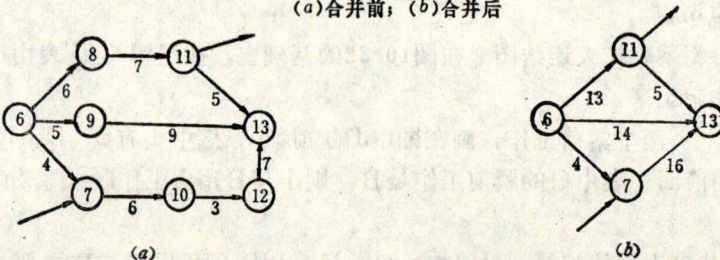

图 10-37 网络图的合并（二）

(a)合并前；(b)合并后

246

（二）网络图的连接

在编制工程规模较大，或者是群体工程网络计划时，一般是先分别编制各分部工程的子网络图，然后按照一定的逻辑关系连接起来，成为一个总体网络图。在连接过程中，要注意必须有统一的构图和排列形式，节点编号要协调，工作的粗细程度要一致，另外还应预留连接的节点。如图10-38所示。

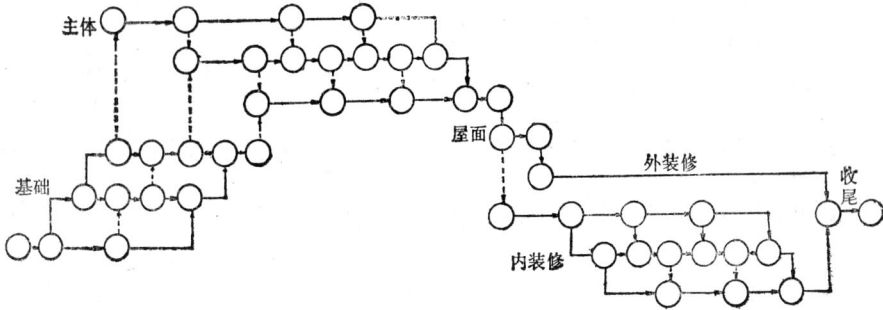

图 10-38　网络图的连接

（三）网络图的详略组合

在网络图的绘制中，为了简化网络图图面和突出网络计划的重点，常常采取"局部详细，整体简略"的绘制方式。这种方法叫做网络图的详略组合。

详略组合方法一般适用于编制多、高层的住宅或公寓工程施工网络计划。因为这些工程中往往有若干层是统一的

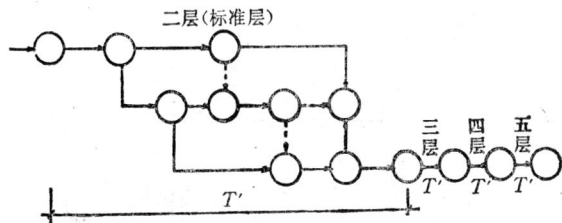

图 10-39　网络图的详略组合

标准层，施工工艺和工程量均相同，所以只需详细编制一层楼施工的网络计划，其他层可以从略。如图10-39所示为网络图详略组合方法的示意图。标准层施工持续时间为T'。

六、网络图的应用

网络图在建筑施工中具有广泛的应用，尤其在表示流水施工中有重要的意义。在绘制建筑工程施工网络计划时，为了使逻辑关系准确清晰，形象直观，便于计算与调整，在构图上有多种形式。常用的有混合排列，按流水段排列，按工作排列，按楼层排列和按工程栋号排列等。下面叙述网络图在混合结构施工中应用。

（一）分部工程施工网络计划

在编绘各分部工程流水施工的网络计划图时，主要的问题是如何正确地表达各项工作之间的工艺关系和各流水段之间的组织关系。只有认真准确地解决了这个问题，才能正确构成施工网络计划。

1.基础工程施工网络计划

砖砌基础一般包括挖槽、垫层、墙基、回填土等四项工作。当分两个施工段组织流水施工时，可有两种排列形式。

（1）按流水段排列（图10-40）；

（2）按工作排列（图10-41）。

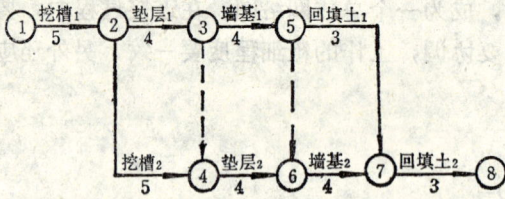

图 10-40　两段施工按流水段排列

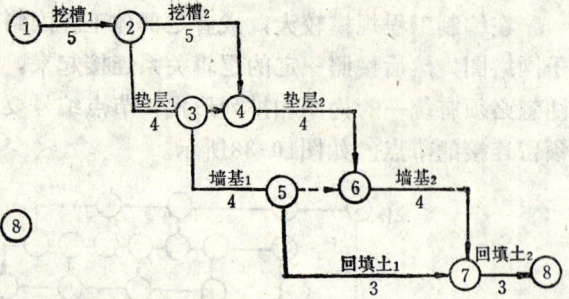

图 10-41　两段施工按工作排列

若在绘制网络图时，忽视工作间的逻辑关系，就会发生 图10-42、图10-43所示 的 错误。

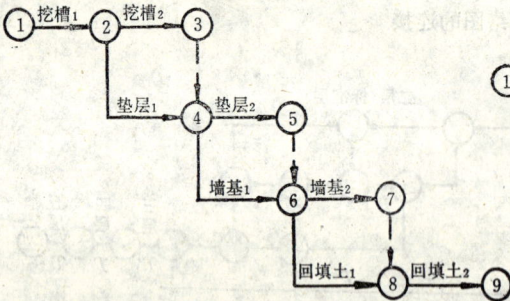

图 10-42　两段流水施工错误画法（一）

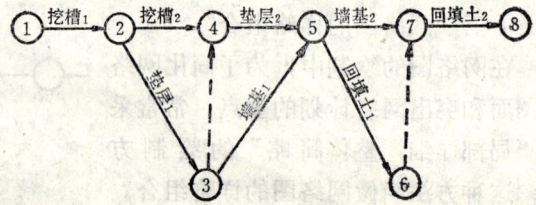

图 10-43　两段流水施工错误画法（二）

现浇钢筋混凝土条形基础，工作分为挖土、垫层、扎钢筋、浇捣混凝土、砌墙基、浇捣防水带、回填土等七项。当分两个施工段施工时，其流水施工 网 络 计 划 如 图10-44所示。

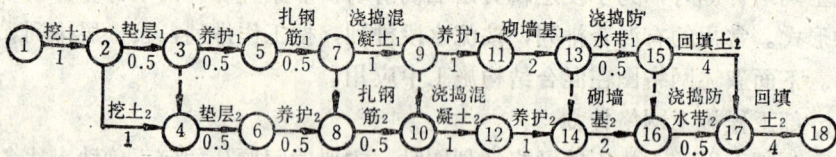

图 10-44　基础工程两段施工网络图

2.主体工程施工网络计划

当主体工程划分为砌砖墙、楼盖两项工作时，每层楼分两个施工段组织楼层施工，若楼层为两层，则流水施工网络计划如图10-45所示

当主体工程分为砌砖墙、现浇圈梁、安装楼板三项工作时，可采取详略组合的方法绘制网络图。其标准层施工网络图如图10-46所示。

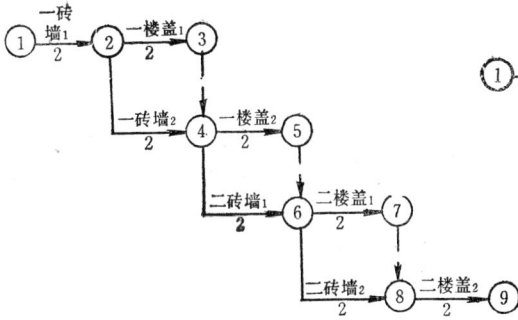

图 10-45　主体结构每层分两段施工网络图　图 10-46　主体结构标准层三段施工网络图

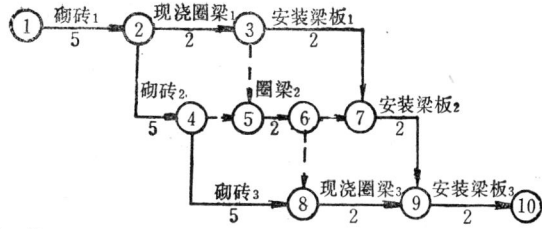

一、二——楼层；1、2——施工段

3.装修工程施工网络计划

图10-47所示为某五层楼房，划分五项工作（包括养护）五个流水段 施工，按工作排列的内装修施工网络计划。

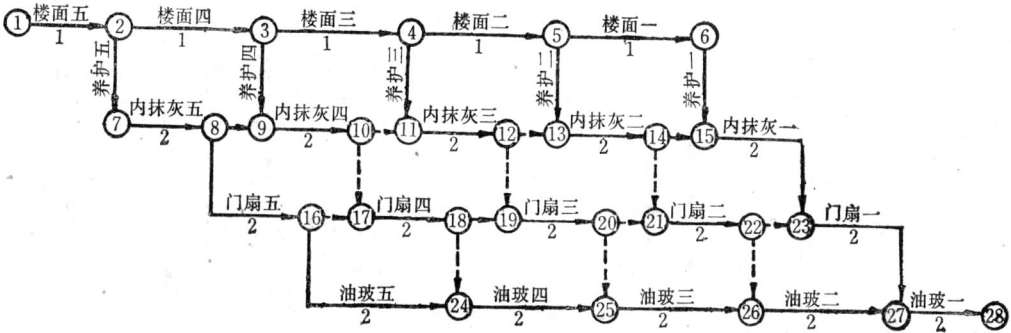

图 10-47　装修工程分五段施工网络图

（二）单位工程施工网络计划

编制单位工程施工网络计划时，首先应分别编绘各分部工程的施工网络计划，然后将各分部工程网络计划图连接起来，并采用详略组合的方法加以简化，最后成为一个单位工程施工网络计划图。

图10-48所示为某砖混结构宿舍工程，从开工到竣工验收的双代号网络计 划 图。该工程为四层楼，建筑面积1850m²；砖砌基础，砖墙承重，预制空心楼板；屋面为一 般 柔性防水屋面；内外墙为普通抹灰。施工中，基础工程分两个施工段组织全等节拍流水施工；主体工程以结构层为施工层，每层分两个施工段，三项工作组织流水施工；装修工程与水电安装分 7 项工作，以结构层一层为一个流水段组织流水施工，且在主体结构完成后自上而下进行；屋面工程与装修工程平行进行施工。在该工程网络图中，对底层主体结构的各工作进行较详细的安排，二～四层结构型式、施工方法与底层相同，采用一根箭线编制，这样详细组合，既突出重点，又图面清晰，更有利于时间参数的计算。如图10-48所示。

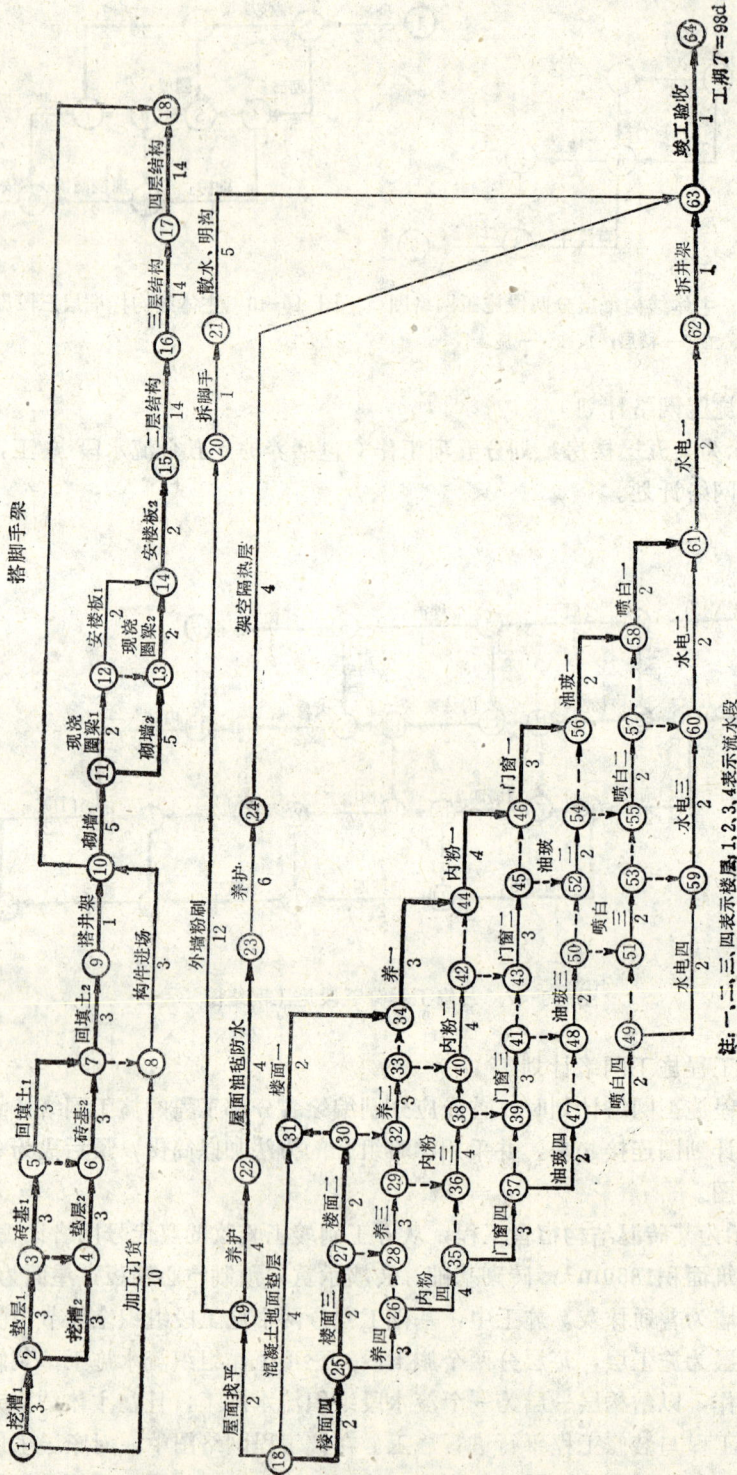

图 10-48 某宿舍工程施工网络计划

注：一，二，三，四表示楼层，1，2，3，4表示流水段

第二节　网络图时间参数的计算

绘制网络图是根据工程对象的各项工作按其逻辑关系和绘图规则编成计划，是一种定性的过程，网络图时间参数的计算则是对编制计划的定量过程，使网络图具有实际的应用价值。

一、时间参数计算的目的

通过网络图时间参数的计算和分析，可以明确每项工作从 开始到 完成 之间的时间界限，分析出每项工作对完成整个工程施工计划工期的影响 程度， 找到关键 线路和关键工作，便于施工中抓住重点，突破难点。同时，明确非关键工作及其在施工中时间上有多大的机动性，便于挖掘潜力，统筹全局部署力量。通过计算可以使网络计划不断地调整与修改，从而选择最优的方案付诸实施，并且在执行过程中进行有效的控制和监督，保证以最小的消耗取得最大的经济效果。

二、时间参数及其计算程序

网络计划在执行过程中，其中任何一项工作可以利用的时间，应该是在其紧前工作完成以后允许的最早开始时间起至不影响其紧后工作按期完成的最迟完成时间止的范围内。例如工作$i \to j$分析如图10-49所示。

从以上分析可知，网络计划中每项工作的时间参数 基本上 分成 三类， 即最早时间参数、最迟时间参数和时差。

1.最早时间参数

包括最早开始时间和最早完成时间，是指某项工作在具备了一定施工条件和资源的情况下，可以开始工作的最早时间及完成的最早时间。这类时间参数的实质是提出了紧后工作与紧前工作

图 10-49　时间参数分析

的关系，即紧后工作若提前开始也不能提前到其紧前工作未完成之前。它是属于限制紧后工作提前进行的时间参数，就整个网络图而言，它受到起点节点的控制。因此，其计算程序为：从网络图的起点节点开始，顺着箭线方向依次逐个地进行计算，直至网络图的终点节点为止。整个计算过程用加法。

2.最迟时间参数

包括最迟开始时间和最迟完成时间，是指某工作在不影响总工期的前提下，最迟必须开始工作的时间及完成的时间。这类时间参数实质上提出了紧前工作与紧后工作的关系，即紧前工作要推迟开始，不能影响其紧后工作的按期完成。它是属于限制紧前工作推迟工作的时间参数，就整个网络图而言，它受到终点节点的控制，即总工期的控制。因此，其计算程序为：从终点节点开始，逆着箭线方向依次逐个地进行计算，直至网络图的起点节点为止。整个计算过程用减法。

3.时差

包括总时差和自由时差，是指某工作在不影响总工期或者不影响其紧后工作最早开始时间的前提下，所拥有的工作机动时间。这类时间参数实质上提出了某工作可以利用的时间

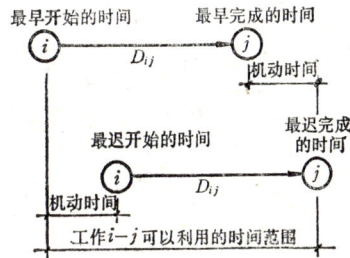

范围。总时差和自由时差的具体概念及其计算，将在下面详细叙述。

三、时间参数的符号、计算步骤及其图例

（一）常用符号

设有线路 $(h)→(i)→(j)→(k)$（$h<i<j<k$），则：

D_{i-j}——工作 $i-j$ 的持续时间；

D_{h-i}——工作 $i-j$ 的紧前工作的持续时间；

D_{j-k}——工作 $i-j$ 的紧后工作的持续时间；

ES_{i-j}——工作 $i-j$ 的最早开始时间；

EF_{i-j}——工作 $i-j$ 的最早完成时间；

LS_{i-j}——工作 $i-j$ 的最迟开始时间；

LF_{i-j}——工作 $i-j$ 的最迟完成时间；

TF_{i-j}——工作 $i-j$ 的总时差；

FF_{i-j}——工作 $i-j$ 的自由时差；

T——总工期。

（二）计算步骤

在已知网络图中各项工作的持续时间之后，便可着手计算最早时间参数、最迟时间参数及时差。根据各类时间参数的意义，其计算步骤如下：

$$ES→EF→T→LF→LS→TF→FF。$$

（三）计算图例

网络计划中各项工作的时间参数应按以下规定标注。在双代号网络图中，工作 $i-j$ 的各个时间参数标注的形式和位置如图10-50所示。

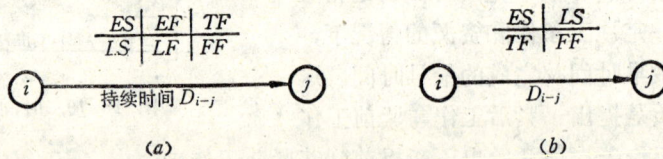

图 10-50 双代号网络图时间参数标注形式

四、时间参数的计算方法

网络图时间参数的计算方法有：分析法、图上计算法、表上计算法、矩阵法、坐标法等。简单的、工作项目不多的网络图可用手工计算；复杂的、工作项目有成百上千个的庞大的网络图可用计算机计算。下面仅举例叙述双代号网络图用分析法和图上计算法计算时间参数的方法，其他各种方法从略。

（一）分析法

分析法是通过对网络图中各项工作之间逻辑关系及其工作持续时间的分析，建立时间参数有关的计算式的一种方法。它是其他计算方法的理论基础。

例如，某双代号网络计划如图10-51所示，计算各项时间参数（计算时，直接将计算结果标注在图上）。

1.工作最早时间参数的计算

252

工作最早时间参数包括最早开始时间和最早完成时间，它们之间存在如下关系式：

$$EF_{i-j} = ES_{i-j} + D_{i-j} \qquad (10\text{-}1)$$

式中 EF_{i-j}——工作 $i-j$ 的最早完成时间；

ES_{i-j}——工作 $i-j$ 的最早开始时间；

D_{i-j}——工作 $i-j$ 的持续时间。

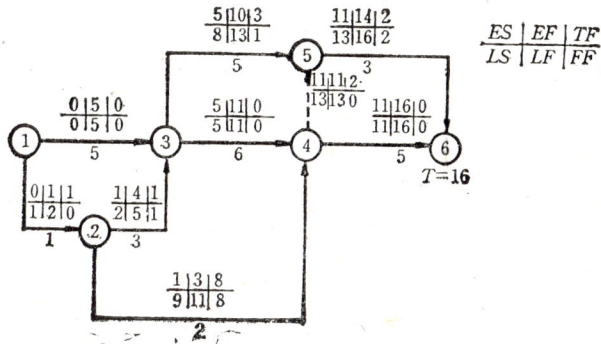

图 10-51 某双代号网络图的计算

工作最早时间参数计算时，一般有以下三种情况：

如果某工作是起点节点的外向工作，其最早开始时间一般记为"0"（即第1d开始），或者按计划指定的时间记。

$$ES_{i-j} = 0 \qquad (10\text{-}2a)$$

如图10-51中，节点①为起点节点，外向工作有工作①→②和①→③。则：

$$ES_{1-2} = ES_{1-3} = 0$$
$$EF_{1-2} = ES_{1-2} + D_{1-2} = 0 + 1 = 1$$
$$EF_{1-3} = ES_{1-3} + D_{1-3} = 0 + 5 = 5$$

如果某工作只有一项紧前工作，那么该工作的最早开始时间即为其紧前工作的最早完成时间。

$$ES_{i-j} = EF_{h-i} = ES_{h-i} + D_{h-i} \qquad (10\text{-}2b)$$

式中 EF_{h-i}——工作 $i-j$ 的紧前工作 $h-i$ 的最早完成时间；

ES_{h-i}——工作 $i-j$ 的紧前工作 $h-i$ 的最早开始时间；

D_{h-i}——工作 $i-j$ 的紧前工作 $h-i$ 的持续时间。

如图10-51中，节点②的外向工作只有一项紧前工作①→②，所以：

$$ES_{2-3} = ES_{2-4} = EF_{1-2} = 1$$
$$EF_{2-3} = ES_{2-3} + D_{2-3} = 1 + 3 = 4$$
$$EF_{2-4} = ES_{2-4} + D_{2-4} = 1 + 2 = 3$$

如果某工作有多项紧前工作，其逻辑关系说明各项紧前工作都完成后，才能进行该项工作，所以该工作的最早开始时间便等于其所有紧前工作最早完成时间中的最大值。

$$ES_{i-j} = \max\{EF_{h-i}\} = \max\{ES_{h-i} + D_{h-i}\} \qquad (10\text{-}2c)$$

如图10-51中，节点③的外向工作有两项紧前工作①→③和②→③，因此：

$$ES_{3-4} = ES_{3-5} = \max\left\{\begin{matrix} EF_{1-3} \\ EF_{2-3} \end{matrix}\right\} = \max\left\{\begin{matrix} 5 \\ 4 \end{matrix}\right\} = 5$$

$$EF_{3-4} = ES_{3-4} + D_{3-4} = 5 + 6 = 11$$
$$EF_{3-5} = ES_{3-5} + D_{3-5} = 5 + 5 = 10$$

同理，节点④的外向工作也有两项紧前工作②→④和③→④，因此：

$$ES_{4-5} = ES_{4-6} = \max \left\{ \begin{matrix} EF_{2-4} \\ EF_{3-4} \end{matrix} \right\}$$

$$= \max \left\{ \begin{matrix} 3 \\ 11 \end{matrix} \right\} = 11$$

$$EF_{4-5} = ES_{4-5} + D_{4-5} = 11 + 0 = 11$$
$$EF_{4-6} = ES_{4-6} + D_{4-6} = 11 + 5 = 16$$

节点⑤的外向工作也有两项紧前工作③→⑤和④→⑤，因此：

$$ES_{5-6} = \max \left\{ \begin{matrix} EF_{3-5} \\ EF_{4-5} \end{matrix} \right\} = \max \left\{ \begin{matrix} 10 \\ 11 \end{matrix} \right\} = 11$$

$$EF_{5-6} = ES_{5-6} + D_{5-6} = 11 + 3 = 14$$

上述计算可以看出，工作的最早时间计算时应特别注意以下两点：第一是计算程序，即从起点节点开始顺着箭线方向，按节点次序逐项工作计算；第二是弄清该工作的紧前工作是哪几项，以便准确计算。

2.确定网络图的总工期

当网络计划已规定总工期为[T]时，网络图的总工期即等于规定工期。

$$T = [T] \qquad\qquad (10\text{-}3a)$$

式中　T——网络图的总工期；

　　　$[T]$——网络计划的规定工期。

当网络计划未规定总工期时，网络图的总工期为终点节点所有内向工作最早完成时间的最大值。

$$T = \max\{EF_{i-n}\} \qquad\qquad (10\text{-}3b)$$

式中　EF_{i-n}——终点节点的内向工作$i-n$的最早完成时间。

如图10-51中，节点⑥为终点节点，它有④→⑥、⑤→⑥两项内向工作，则：

$$T = \max\{EF_{i-n}\} = \max \left\{ \begin{matrix} 16 \\ 14 \end{matrix} \right\} = 16$$

3.工作最迟时间参数的计算

工作最迟时间参数包括最迟完成和最迟开始时间，它们之间存在如下关系式：

$$LS_{i-j} = LF_{i-j} - D_{i-j} \qquad\qquad (10\text{-}4)$$

式中　LF_{i-j}——工作$i-j$的最迟完成时间；

　　　LS_{i-j}——工作$i-j$的最迟开始时间。

工作最迟时间参数计算时，同样有以下三种情况：

如果某工作是终点节点（$j=n$）的内向工作，其最迟完成时间受到规定的总工期或者网络图的计算总工期的制约。

$$LF_{i-n} = T \qquad\qquad (10\text{-}5a)$$

式中　LF_{i-n}——终点节点的内向工作$i-n$的最迟完成时间。

如图10-51中，节点⑥为终点节点，其内向工作有④→⑥和⑤→⑥。则：

$$LF_{4-6} = LF_{5-6} = T = 16$$

$$LS_{4-6} = LF_{4-6} - D_{4-6} = 16 - 5 = 11$$

$$LS_{5-6} = LF_{5-6} - D_{5-6} = 16 - 3 = 13$$

如果某工作只有一项紧后工作，那么该工作的最迟完成时间便是紧后工作的最迟开始时间，也就是说已知紧后工作的最迟开始时间，逼迫其紧前工作必须完成（中间节点的时间双重性）。

$$LF_{i-j} = LS_{j-k} = LF_{j-k} - D_{j-k} \qquad (10-5b)$$

式中　LS_{j-k}——工作$i-j$的紧后工作$j-k$的最迟开始时间；

LF_{j-k}——工作$i-j$的紧后工作$j-k$的最迟完成时间；

D_{j-k}——工作$j-k$的持续时间。

如图10-51中，节点⑤的内向工作③→⑤和④→⑤只有一个紧后工作⑤→⑥，所以：

$$LF_{3-5} = LF_{4-5} = LS_{5-6} = 13$$

$$LS_{3-5} = LF_{3-5} - D_{3-5} = 13 - 5 = 8$$

$$LS_{4-5} = LF_{4-5} - D_{4-5} = 13 - 0 = 13$$

如果某工作有多项紧后工作，那么该工作的最迟完成时间便等于多项紧后工作最迟开始时间的最小值。

$$LF_{i-j} = \min\{LS_{j-k}\} = \min\{LF_{j-k} - D_{j-k}\} \qquad (10-5c)$$

如图10-51中，节点④的内向工作②→④和③→④有两项紧后工作④→⑤和④→⑥，所以：

$$LF_{2-4} = LF_{3-4} = \min\begin{Bmatrix} LS_{4-5} \\ LS_{4-6} \end{Bmatrix}$$

$$= \min\begin{Bmatrix} 13 \\ 11 \end{Bmatrix} = 11$$

$$LS_{2-4} = LF_{2-4} - D_{2-4} = 11 - 2 = 9$$

$$LS_{3-4} = LF_{3-4} - D_{3-4} = 11 - 6 = 5$$

同理，节点③的内向工作①→③和②→③有两项紧后工作③→④和③→⑤，所以：

$$LF_{1-3} = LF_{2-3} = \min\begin{Bmatrix} LS_{3-4} \\ LS_{3-5} \end{Bmatrix}$$

$$= \min\begin{Bmatrix} 5 \\ 8 \end{Bmatrix} = 5$$

$$LS_{1-3} = LF_{1-3} - D_{1-3} = 5 - 5 = 0$$

$$LS_{2-3} = LF_{2-3} - D_{2-3} = 5 - 3 = 2$$

节点②的内向工作①→②有两项紧后工作②→③和②→④，所以：

$$LF_{1-2} = \min\begin{Bmatrix} LS_{2-3} \\ LS_{2-4} \end{Bmatrix} = \min\begin{Bmatrix} 2 \\ 9 \end{Bmatrix} = 2$$

$$LS_{1-2} = LF_{1-2} - D_{1-2} = 2 - 1 = 1$$

上述计算可以看出，工作的最迟时间计算时应特别注意以下两点：第一是掌握自终点节点开始逆着箭线方向至起点节点的计算程序；第二是弄清该工作紧后工作有哪几项，以便正确计算。

4.总时差的计算与分析

（1）总时差的计算

通过以上计算，网络图中每项工作都有了ES、EF、LS和LF四个时间参数，如图10-51所示。这里有两种情况；第一种情况是$ES_{i-j}=LS_{i-j}$（$EF_{i-j}=LF_{i-j}$），说明该项工作没有机动时间，如图10-51中的①→③、③→④、④→⑥三项工作。第二种情况是$ES_{i-j}<LS_{i-j}$（$EF_{i-j}<LF_{i-j}$），说明该项工作存在着机动时间，如图10-51中除上述三项工作以外的全部工作均属此类。

如图10-52所示，若节点⑦为终点节点，则$LF_{i-j}=T$，即总时差受到总工期的制约。因此，总时差是指某项工作在不影响总工期的前提下，所拥有的机动时间的极限值。

从图10-52中可知，工作$i-j$可以利用的时间范围为：

$$LF_{i-j}-ES_{i-j}=(LS_{i-j}+D_{i-j})-ES_{i-j}=LS_{i-j}-ES_{i-j}+D_{i-j}$$

或　$LF_{i-j}-(EF_{i-j}-D_{i-j})=LF_{i-j}-EF_{i-j}+D_{i-j}$

工作$i-j$在此时间范围内，必须工作D_{i-j}的时间，因此其工作机动时间，即总时差为：

$$TF_{i-j}=(LS_{i-j}-ES_{i-j}+D_{i-j})-D_{i-j}=LS_{i-j}-ES_{i-j} \qquad （10-6a）$$

或　$TF_{i-j}=(LF_{i-j}-EF_{i-j}+D_{i-j})-D_{i-j}=LF_{i-j}-EF_{i-j} \qquad （10-6b）$

式中　TF_{i-j}——工作$i-j$的总时差。

如图10-51中各项工作的总时差计算见图中数值。

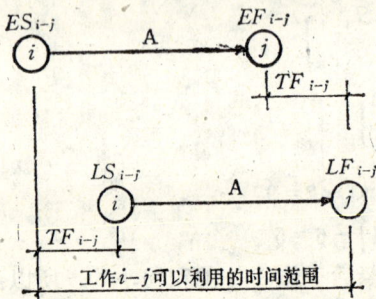

图 10-52　总时差计算简图

（2）总时差的特性

当某项工作的总时差为零，即该工作的最早开始时间等于最迟开始时间，这说明它没有机动时间。因此TF值为零的工作称为关键工作，由关键工作联接构成的线路为关键线路。关键线路的长度即为总工期。如图10-51中，工作①→③、③→④和④→⑥为关键工作，由它们联接成的线路①→③→④→⑥为关键线路。关键线路的长度 = 5 + 6 + 5 = 16，即总工期为16。

当某项工作的总时差大于零，即该工作的最迟开始时间大于最早开始时间，说明它存在机动时间，因此TF值大于零的工作称为非关键工作。凡是具有非关键工作的线路，都被称为非关键线路。非关键线路与关键线路相交（或相重）时的相关节点把非关键线路划分成若干个非关键线路段。各段都有它们各自的总时差，并且相互之间没有关系。例如图10-51中被相关节点③和④划分成的线路段各有两条，即①→②→③中的总时差仅为该线路段所有；③→⑤→⑥中的总时差仅为该线路段所有。①→②→④中的总时差仅为该线路段所有；④→⑤→⑥中的总时差仅为该线路段所有。

总时差的使用具有双重性，它既可以被该工作使用，但又属于某非关键线路所共有。当某项工作使用全部或部分总时差时，则将影响通过该工作线路上所有非关键工作总时差的重新分配。当该线路上各非关键工作的总时差均减少为零时，则它们就转化为关键工作了。例如图10-51中，非关键线路③→⑤→⑥上，$TF_{3-5}=3$、$TF_{5-6}=2$。如果工作③→⑤使用了3d时差，则工作⑤→⑥就没有时差可利用；反之，若工作⑤→⑥使用了2d时差，则工作③→⑤只有1d时差可被利用了。同理，其他非关键线路上的总时差亦是如此。

由于总时差的双重性，因此非关键线路上可供利用的总时差为该线路上各总时差值中的最大值，而不能把总时差值相加而加以利用。

5. 自由时差的计算与分析

（1）自由时差的计算

自由时差，又称局部时差，是指某项工作在不影响其紧后工作最早开始时间的条件下的工作机动时间。在这个时间范围内，延长本工作的持续时间，或推迟本工作的开始时间，都不会影响其紧后工作的最早开始时间。

如图10-53所示，设有紧前工作$i-j$和紧后工作$j-k$。当中间节点⑦有若干项内向工作时，即紧后工作$j-k$有若干项紧前工作，此时紧后工作的最早开始时间就等于其若干项紧前工作最早完成时间的最大值。这样，必然形成有些紧前工作的完成不等于紧后工作的开始，也就是某工作的最早完成时间有时早于紧后工作最早开始时间，因此就产生了自由时差。

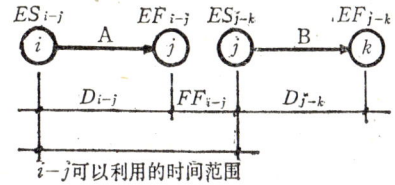

图 10-53 自由时差的计算简图

由此可见，自由时差存在于有若干项内向工作的中间节点部位。只有一项内向工作的中间节点，其内向工作的自由时差必为零（即紧前工作的完成等于紧后工作的开始）。某工作自由时差的大小等于紧后工作的最早开始时间与该工作的最早完成时间之差。即

$$FF_{i-j}=ES_{j-k}-EF_{i-j}=ES_{j-k}-ES_{i-j}-D_{i-j} \qquad （10-7）$$

式中　FF_{i-j}——工作$i-j$的自由时差。

如图10-51中各项工作的自由时差计算如下：

$$FF_{1-2}=ES_{2-3}-ES_{1-2}-D_{1-2}=1-0-1=0$$
$$FF_{1-3}=ES_{3-4}-ES_{1-3}-D_{1-3}=5-0-5=0$$
$$FF_{2-3}=ES_{3-4}-ES_{2-3}-D_{2-3}=5-1-3=1$$
$$\cdots\cdots\cdots$$
$$FF_{4-6}=T-ES_{4-6}-D_{4-6}=16-11-5=0$$
$$FF_{5-6}=T-ES_{5-6}-D_{5-6}=16-11-3=2$$

（2）自由时差的特性

自由时差仅为某些非关键工作各自单独占有的机动时间，不论某项工作利用自由时差与否，都不会影响其紧后工作的最早开始时间。例如图10-51中，工作③→⑤有1d自由时差，如果使用了这1d自由时差，也不影响紧后工作⑤→⑥的最早开始时间。

从图10-51中还可以看出，关键工作的自由时差必等于零。非关键工作的自由时差必小于或等于其总时差。在一般情况下非关键线路上诸工作的自由时差之总和等于该线路上可供利用的总时差值。

（二）图上计算法

图上计算法是利用分析法的基本理论，直接在网络图上进行加减运算的方法。这种计算方法简单直观，应用广泛。

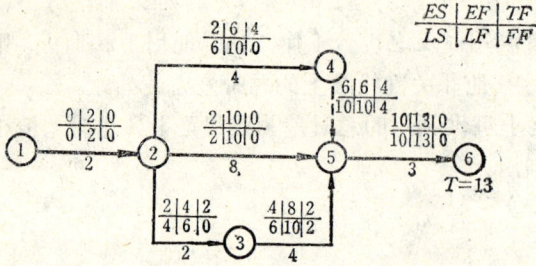

图 10-54 双代号网络图的计算

为了简化运算，便于记忆，其计算方法可以归纳为以下三句话：

顺线累加，逢圈取大得最早；

逆线累减，逢圈取小得最迟；

迟早相减，所得之差找关键。

下面通过一个计算实例来加以说明。

例如图10-54所示为一六项工作的双代号网络图的时间参数计算（计算时直接将计算结果标注在图上）。

1.顺线累加，逢圈取大得最早，即顺着箭线的方向，在各条线路上累加工作的持续时间，并且遇到节点取其大值，求出各项工作的最早开始时间（ES）和最早完成时间（EF）。

如图10-54中，各项工作的最早开始时间计算如下：

$$ES_{1-2} = 0$$

$$ES_{2-3} = ES_{2-4} = ES_{2-5} = 0 + 2 = 2$$

$$ES_{3-5} = 0 + 2 + 2 = 4$$

$$ES_{4-5} = 0 + 2 + 4 = 6$$

$$ES_{5-6} = \max \left\{ \begin{array}{l} 0+2+2+4 \\ 0+2+8 \\ 0+2+4+0 \end{array} \right\} = \max \left\{ \begin{array}{l} 8 \\ 10 \\ 6 \end{array} \right\} = 10$$

同理，可在图上计算出各项工作的最早完成时间。在计算方法掌握以后，可以通过心算将结果直接填在图上。

2.逆线累减，逢圈取小得最迟。它是逆着箭线方向，在各条线路上累减工作的持续时间，并且遇到节点取其小值，求出各项工作的最迟开始时间（LS）和最迟完成时间（LF）。

如图10-54中，各项工作的最迟完成时间计算如下：

$$LF_{5-6} = T = 13$$

$$LF_{4-5} = LF_{3-5} = LF_{2-5} = 13 - 3 = 10$$

$$LF_{2-4} = 13 - 3 - 0 = 10$$

$$LF_{2-3} = 13 - 3 - 4 = 6$$

$$LF_{1-2} = \min \left\{ \begin{array}{l} 13-3-4-2 \\ 13-3-8 \\ 13-3-4-2 \end{array} \right\} = \min \left\{ \begin{array}{l} 4 \\ 2 \\ 4 \end{array} \right\} = 2$$

同理，可在图上计算出各项工作的最迟开始时间。

3.迟早相减，所得之差找关键。即将工作的最迟时间与相应的最早时间相减，就是该工作的总时差。如果两者相减的差值为零，则该工作为关键工作。由关键工作组成的线路即为关键线路。如图10-54中，线路①→②→⑤→⑥为关键线路。各工作的总时差值如图。

另外，某工作的自由时差等于其紧后工作的最早开始时间减本工作的最早完成时间。

也可在图上通过"心算"的方法得到，如图10-54所示。

五、关键线路的确定方法

（一）线路计算法

网络图中，把各条线路的工作时间累加起来，其中总时间最长的那条线路，就是关键线路。

如图10-55所示，该网络图共有四条线路，每条线路的工作持续时间之和为：

（1）①→③→⑥→⑧→⑨ = 3 + 4 + 3 + 5 = 15

（2）①→④→⑦→⑧→⑨ = 4 + 2 + 6 + 5 = 17

（3）①→②→⑦→⑧→⑨ = 2 + 3 + 6 + 5 = 16

（4）①→②→⑤→⑨ = 2 + 4 + 7 = 13

其中第（2）条线路工作持续时间之和最大，因此为关键线路，用双箭线表示。

（二）时差计算法

通过计算网络计划各项工作的总时差，将其中总时差为零的各工作联接起来组成的线路，即为关键线路。如图10-54中，总时差为"0"的工作有①→②、②→⑤、⑤→⑥，这三项工作联接成的线路①→②→⑤→⑥就是关键线路。

（三）分段比较法

对于节点较多，线路又较长的网络图，则采取分段比较的方法较为简便。具体做法是：首先将网络图划分成一个个单独的区段；再分别找出每个区段中占时间最长的线段，最后将各区段最长时间的线段连接起来，就是关键线路。

如图10-56所示，将其分为四个单独的区段。第一个小段中只有一项工作①→②，它就是时间最长的线段；第二个小段中有②$\overrightarrow{2}$④$\overrightarrow{2}$⑤（$l'=4$）、②$\overrightarrow{3}$③$\overrightarrow{0}$④$\overrightarrow{2}$⑤（$l'=5$）和②$\overrightarrow{3}$③$\overrightarrow{1}$⑤（$l'=4$）三条线段，其中②→③→④→⑤是时间最长的线段；第三个小段中有⑤$\overrightarrow{1}$⑥$\overrightarrow{4}$⑦（$l'=5$）和⑤$\overrightarrow{2}$⑦（$l'=2$）两条线段，其中⑤→⑥→⑦是时间最长的线段；第四小段中只有一项工作⑦→⑧，它就是时间最长的线段。把这几个小段中时间最长的各线段连接起来，即①→②→③→④→⑤→⑥→⑦→⑧就是该网络图的关键线路。

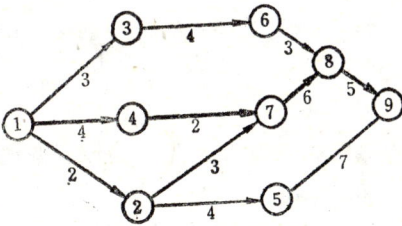

图 10-55　关键线路的确定　　图 10-56　分段比较法确定关键线路

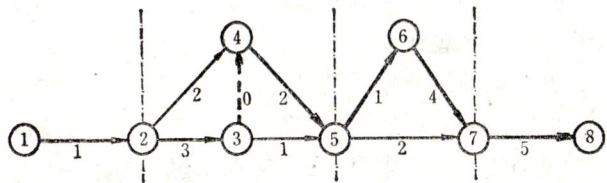

（四）标号法

工程实际中，对于施工项目很多的庞大的网络图，往往不需要知道各项工作的所有时间参数，而只要找到关键工作及关键线路。通过线路计算或时差计算方法显然很麻繁，而分段比较又没有明显的区段，这时用标号法确定关键线路较为理想。

所谓标号法就是利用最早时间参数计算的原理，赋于网络图中每个节点的标号值，用方括号[ET_i, b]标在节点上，其中"ET_i"值是从起点节点到该节点的工作持续时间之和的最大值，"b"是确定ET_i值相应的紧前工作的箭尾节点号。各节点的标号值确定后，由终点节点开始逆着箭线，根据节点号b跟踪至起点节点，即得关键线路。

例如图10-57所示，节点①为起点节点，标号值为[0]；从起点节点到节点②的工作持续时间之和的最大值为5（即$ET_2=5$），确定ET_2相应的紧前工作的箭尾节点是①（即$b=$①），所以节点②的标号值为[5，①]；从起点节点到节点③的工作持续时间之和的最大值为8（即$ET_3=8$），确定ET_3相应的紧前工作的箭尾节点是②（即$b=$②），所以

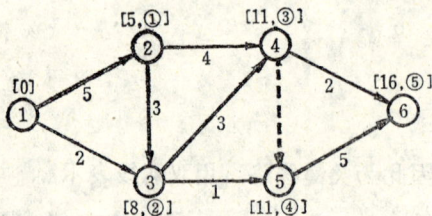

图 10-57 标号法确定关键线路

节点③的标号值为[8，②]；同理可得节点④的标号值为[11，③]；节点⑤的标号值为[11，④]；直至终点节点⑥的标号值为[16，⑤]。最后自⑥节点开始逆着箭线，根据标号值跟踪节点号⑤—④—③—②—①至起点节点，得线路①→②→③→④→⑤→⑥即为关键线路。且由终点节点的标号值可知，该网络计划的总工期$T=16$。

第三节　时标网络计划的绘制

前面所述的网络图的绘制和计算中，首先箭线的长短不代表时间的长短，只要求网络图布局合理即可，有可能出现先施工的工作画到后面去，而后施工的工作画到前面去的弊端，给施工生产带来不便；其次由于网络计划中各项工作在时间上不直观，因此不便于按天统计资源，而这又正是横道图的优点所在；第三时间参数计算有待于简化。能否通过绘图简化计算便于推广应用，能否将横道图与网络图结合起来，取横道图之长来补网络图之短呢？回答是肯定的。这样就形成了带时间座标的网络计划，或称横道图式的网络计划，即时标网络计划。

时标网络计划是网络图与横道图的有机结合，采取横道图基础上引进网络图中各项工作之间的逻辑关系的表达方法。这样既解决了横道图中各项工作关系表达不明确，又解决了网络图时间表达不直观的问题。它的特点是：

1.时标网络计划中工作箭线的长度与工作持续时间一致。标明了计划的时间进程，便于网络计划的使用。

2.时标网络计划可以直接显示各工作的时间参数和关键线路。

3.时标网络计划便于在图上统计劳动力、材料、机具等资源需要量，便于绘制资源消耗动态曲线，并能在图上调整时差，进行网络计划的工期和资源的优化。

4.由于工作箭线的长度和位置受时间座标的限制，因而调整时标网络计划的工作较繁。

一、计算工作最早开始时间绘制时标网络计划的方法

时标网络计划的绘制步骤如下：

1.根据最早时间参数计算原理，计算各工作的最早开始时间ES_{i-j}。

2.确定座标线所代表的时间单位，箭线所代表的工作持续时间单位要与此时间单位一致。

3.在进度表上，根据网络计划各工作的最早开始时间确定各节点的位置（某工作最早

开始时间的位置即为该工作箭尾节点的位置）。在构图时，应考虑各箭线位置的合理安排与布置，尽量不发生交叉，做到图形线条整齐、直观。

4. 根据各工作的持续时间 D_{i-j}，在节点之间绘制箭线，箭线长短由进度表中的时间座标来定。箭线最好画成水平实线，若画成斜线或折线时，则以其水平投影长度代表持续时间。

5. 节点之间的座标长短等于 D_{i-j}，即箭线直接达到了节点，说明该工作没有自由时差；若节点之间的座标大于 D_{i-j}，即箭线达不到节点，则补波形线（两线连接处加一圆点标明），波形线的水平投影长度就是该工作的自由时差值。

6. 用虚工作连接有关工作之间的逻辑关系，不占用时间的用垂直虚线连接，占用时间的部分可用波形线来表示。

7. 关键线路的确定方法：自终点节点开始逆着箭线方向到起点节点寻找。自由时差等于零且是起点节点到终点节点的连线（两者缺一不可）即为关键线路。

例如，某施工网络计划及每天资源需要量如图10-58所示，其按工作最早开始时间绘制的时标网络计划，如图10-59所示。

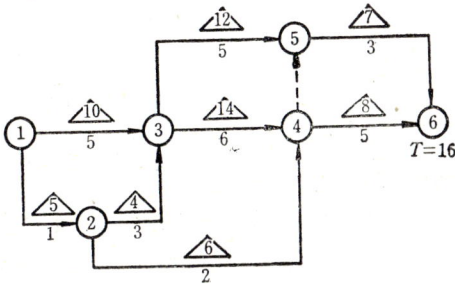

图 10-58　某工程网络计划

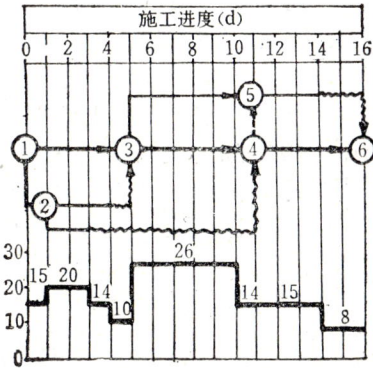

图 10-59　按工作最早时间绘制的时标网络图

二、由网络图直接绘制时标网络计划的方法

由一般双代号网络图直接绘制时标网络计划时，可以归纳为以下四句绘图口诀：

时间长短座标限，

曲直斜平利相联；

箭线到齐画节点，

节点画完补波线。

1. 时间长短座标限　即箭线的长度由时间座标来控制，也就是说箭线的长短代表工作持续时间的长短。如图10-59中各项工作的箭线长度均为其持续时间的长短。

2. 曲直斜平利相联　说明箭线的联接方式可以多种形式，但应保证时标网络计划清晰美观。如图10-59所示，箭线有水平直线，也有折线，联接形式层次分明，直观清晰。

3. 箭线到齐画节点　说明绘制方法是：由起点节点（位于"0"）开始先画箭线，由节点所有内向箭线到达的最长时间决定该节点位置。如图10-59中的节点③的位置，就是由内向箭线①→③和②→③所到达的最长时间（第5d）来决定的，其他各箭线、节点的画法也一样。

4. 节点画完补波线　箭线、节点画完后，对于箭线没有到达箭头节点的则需要补上波形线才能抵达节点位置。波形线的水平投影长度为该工作的自由时差。如图10-59中,节点③的位置是由箭线①→③到达的时间确定的,而箭线②→③则没有抵达箭头节点③,此时补上1 d时间的波形线。这1 d时间就是工作②→③的自由时差值。同理工作②→④、③→⑤、⑤→⑥分别要补上的波形线长度(自由时差)为$FF_{2-4} = 8d$、$FF_{3-5} = 1d$、$FF_{5-6} = 2d$。

复 习 思 考 题

1. 什么叫网络计划法?

2. 比较网络图与横道图的优缺点。

3. 什么叫双代号网络图? 什么叫单代号网络图?

4. 组成双代号网络图的要素是什么? 试述各要素的含义和特性。

5. 什么叫虚工作? 它在双代号网络图中起什么作用?

6. 什么叫逻辑关系? 网络计划有哪两种逻辑关系?

7. 试述工作的总时差与自由时差的含义及区别?

8. 绘制双代号网络图有哪些规则和要求?

9. 何谓关键线路? 如何确定?

10. 时标网络计划有什么优点? 试述其绘图步骤。

11. 试指出如图10-60所示网络图的错误。

12. 将图10-61所示的单代号网络图改为双代号网络图。

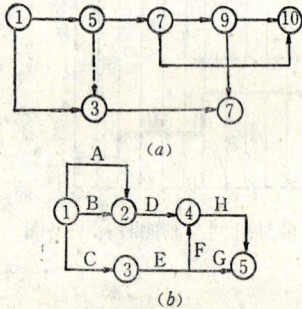

图 10-60

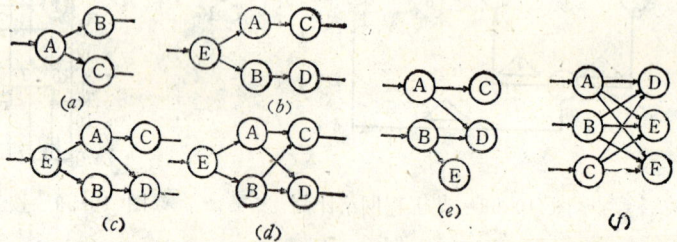

图 10-61

13. 根据表10-3的条件,绘制双代号网络图,并进行节点编号。

14. 根据表10-4的数据,绘制双代号网络图,计算各时间参数,并绘制时标网络图。

表 10-3

工作名称	A	B	C	D	E	F	G	H
紧前工作	—	A	B	B	B	C D	C E	F G

表 10-4

工作代号	1~2	1~3	1~4	2~4	2~5	3~4	3~6	4~5	4~7	5~7	5~9	6~7	6~8	7~8	7~9	7~10	8~10	9~10
持续时间(d)	5	10	12	0	14	16	13	7	11	17	9	0	8	5	13	8	14	6

第十一章　单位工程施工组织设计

单位工程施工组织设计，是以单位工程为对象，根据组织施工的原则和实际条件，选择最有效的施工方案，拟定最合理的平面和空间布置，确定分部分项工程的搭接与配合，以最少的资源消耗和最优的质量，在规定的工期内圆满完成施工任务。

单位工程施工组织设计，是施工企业组织和指导施工的重要技术经济文件，也是施工准备工作的重要内容；同时，它是施工单位编制月（季）度施工作业计划及劳动力、材料、机具设备供应计划的主要依据之一。另外，它也是施工企业加强生产管理，提高企业信誉的重要保证。比较完整的单位工程施工组织设计应包括：工程概况及其特点分析、施工方案、施工进度计划、施工平面图及技术经济指标。本章主要介绍单位工程施工组织设计的编制方法。

第一节　概　　述

一、单位工程施工组织设计的编制依据

根据拟建工程的类型和性质、建设地区的各种自然条件和技术经济条件、工程项目的施工条件以及施工单位的施工力量配备，向各有关部门搜集和调查设计资料。不足之处可以通过实地勘测或调查取得，作为编制单位工程施工组织设计的依据。主要资料包括如下内容：

1.上级主管部门和建设单位对该工程的要求：如建设工期，用地范围，质量等级和技术要求、验收标准，施工合同中其他有关规定等。

2.设计单位的施工图和编制的概（预）算文件。

3.施工组织总设计。当单位工程为建筑群的一个组成部分时，则该工程的施工组织设计必须按照总设计的有关规定和要求进行编制。

4.劳动力配备、主要施工机械和设备配备情况。

5.施工企业年度施工计划中对该工程安排和规定的各项指标。

6.施工现场的具体情况。如地形、地貌、气象、工程与水文地质、交通运输道路、水电供应条件等。

7.建设单位有关土地征用、施工执照的办理、拆迁及资金等的落实情况。水电、运输和临时设施可提供的条件。

8.设备安装进场的时间和对土建的要求。

9.国家的有关规定、规程和定额。

二、单位工程施工组织设计的编制程序

所谓编制程序，是指单位工程施工组织设计编制过程中必须遵循的先后顺序以及各种组成部分之间相互依存的制约关系。一般来说，单位工程施工组织设计的编制程序见图

11-1所示。

由于单位工程施工组织设计是施工基层控制和指导施工的文件，必须切合实际，在编制前应会同各有关部门共同讨论和研究主要的技术措施和组织问题。

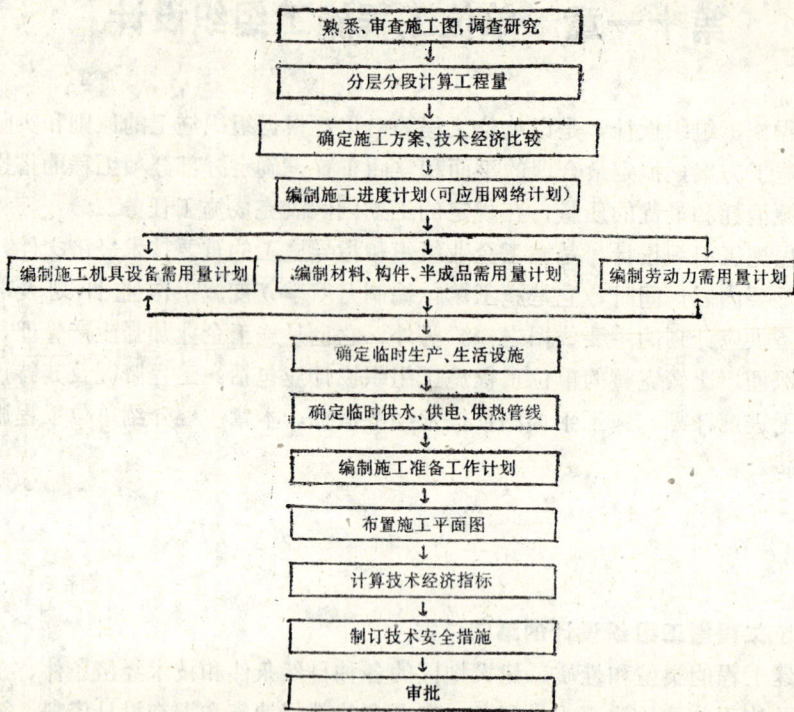

```
┌─────────────────────────────┐
│  熟悉、审查施工图,调查研究  │
└──────────────┬──────────────┘
               ↓
┌─────────────────────────────┐
│      分层分段计算工程量      │
└──────────────┬──────────────┘
               ↓
┌─────────────────────────────┐
│  确定施工方案、技术经济比较  │
└──────────────┬──────────────┘
               ↓
┌─────────────────────────────────┐
│ 编制施工进度计划(可应用网络计划) │
└──────────────┬──────────────────┘
       ┌───────┼───────────────────────┐
       ↓       ↓                       ↓
┌──────────────┐ ┌─────────────────────┐ ┌──────────────┐
│编制施工机具设备│ │编制材料、构件、半成品│ │编制劳动力需用量│
│   需用量计划  │ │      需用量计划      │ │     计划     │
└──────┬───────┘ └──────────┬──────────┘ └──────┬───────┘
       └────────────────────┼───────────────────┘
                            ↓
              ┌─────────────────────────┐
              │   确定临时生产、生活设施  │
              └────────────┬────────────┘
                           ↓
              ┌─────────────────────────┐
              │ 确定临时供水、供电、供热管线│
              └────────────┬────────────┘
                           ↓
              ┌─────────────────────────┐
              │     编制施工准备工作计划   │
              └────────────┬────────────┘
                           ↓
              ┌─────────────────────────┐
              │        布置施工平面图      │
              └────────────┬────────────┘
                           ↓
              ┌─────────────────────────┐
              │      计算技术经济指标      │
              └────────────┬────────────┘
                           ↓
              ┌─────────────────────────┐
              │       制订技术安全措施     │
              └────────────┬────────────┘
                           ↓
              ┌─────────────────────────┐
              │           审批           │
              └─────────────────────────┘
```

图 11-1　单位工程施工组织设计编制程序

三、工程概况及施工特点分析

在对工程项目原始资料调查研究的基础上，对工程概况及施工特点进行综合分析，是选择施工方案、编制施工进度计划、资源计划、布置施工平面图的前提。其综合分析的内容有：

1.建设概况

拟建工程的建设单位，工程性质、名称、用途、造价、工程量，开竣工日期，设计单位、施工单位，以及其他有关情况。

2.建筑设计

拟建工程的建筑面积及平面组合情况，层数、层高、总高、总宽、总长等尺寸及平面形状和立面特征，室内外装修情况等。

3.结构特点

基础类型及埋置深度，主体结构形式，墙、柱、梁、板的材料及截面尺寸，预制构件的类型、重量及安装位置，楼梯的构造形式，抗震设防程度等。

4.建设地点特征

拟建工程所在位置、地形，工程及水文地质条件，土壤结构分析，地下水位、水质，气温、风力、风向，冬雨期起止日期等。

5.施工条件

现场"三通一平"情况，施工场地四周的环境，材料、构件、机具设备的供应来源和加工能力，劳动力的素质和供应情况，施工单位的施工技术和管理水平等。

通过以上几方面的综合分析，便可以掌握单位工程的特点和施工关键，从而有的放矢合理地拟定施工方案。

第二节　施工方案的选择

施工方案的选择是单位工程施工组织设计中带决策性的重要环节，是决定整个工程全局的关键，它直接影响到单位工程的施工效率、施工质量和施工工期。

一般来说，施工方案的选择主要包括：拟建的单位工程的施工流向和施工程序；各施工过程的施工顺序；主要分部分项工程的施工方法及施工机械；单位工程施工的流水组织；主要的技术组织措施。这些问题解决的好坏，将关系到整个单位工程施工组织设计的成败，应加以高度重视。

一、确定施工流向和施工程序

（一）施工流向

施工流向是指一个单位工程（或施工过程）在平面上或空间上开始工作的部位及其施工走向。它主要是解决单个建筑物（或构筑物）在空间上的合理施工顺序问题。

对于单层建筑物应分段地确定出在平面上的施工流向，如单层厂房，按其车间、工段或节间来确定施工流向；对于多层建筑物除确定每一层平面上的流向外，还须确定竖向流向，如多层房屋的抹灰工程施工，是自上而下还是自下而上地进行等。施工流向涉及一系列施工活动的展开和进程，是组织施工的重要环节。

确定施工流向时，一般应考虑以下因素：

1.满足生产工艺或用户使用上的要求，这是确定施工流向的关键。例如车间的试生产工段、宾馆（或饭店）要求边施工边营业时的底下几层楼等应当先施工。

2.单位工程各部分施工的繁简程度。对施工技术复杂且对工期有影响的关键部位应先施工。

3.施工技术和施工组织的要求。当有高低层或高低跨并列时应先从并列处开始；屋面防水层的施工中，若有高低层（跨）时，应按先高后低的方向施工；当屋面结构整体现浇时，则由檐口到屋脊方向施工；当基础埋深不一致时，应按先深后浅的顺序施工。

4.分部工程或施工阶段的特点。如一般多层民用房屋施工中，基础工程由施工机械和施工方法决定平面的施工流向；主体工程从平面上看，哪一边先开始都可以，但竖向一般自下而上施工；装修工程的施工流向较复杂，可以自上而下、自下而上和自中到下再自上到中的流向。

（二）单位工程的施工程序

单位工程的施工程序是指单位工程中各分部工程或施工阶段的先后次序及其制约关系。一般来说，它是不容颠倒的客观规律。

1.施工准备工作

对于一个单位工程来说，在其正式开工之前，必须做好一系列施工准备工作，尤其是施工现场的准备工作。在具备开工条件以后，应写出开工报告，经上级审批后才能开工。这种开工报告的审批制度，是多年来我国施工经验和客观规律的科学总结。

2．单位工程施工程序

单位工程开工以后，各个施工阶段必须遵守"先地下后地上"，"先土建后设备"，"先主体后围护"，"先结构后装修"的施工程序。

当然，随着科学技术的日新月异，随着建筑材料的改革，加上工程的性质、结构、施工特点的不同，特别是工业厂房类型多，结构复杂，设备差异很大，所以每个单位工程的施工程序也并不是一成不变的，影响的因素也很多，某些施工次序也会发生变化。例如大板结构房屋施工，由于工厂化程度的提高，某些装修工程可以在工厂内同时与大板一起完成。

3．土建施工与设备安装的施工程序

在工业厂房的施工中，除了完成一般工程外，还要同时完成工艺设备和工业管道的安装工程。在施工中，为了给安装工程创造更多的工作面，必须有一个合理的施工程序，并力求土建与安装同时进行，达到早日投产的目的。一般来说，有以下三种施工程序：

（1）封闭式施工　即土建主体结构完成后，再进行设备安装的施工程序。它主要适用于设备重量较轻，体积较小的轻工业厂房施工。

1）封闭式施工优点：

a）由于土建工作面大，因而加快了主体施工进度，有利于预制和吊装方案的合理选择；

b）由于主体工程及早完工，所以设备基础施工不受气候的影响；

c）可利用厂房吊车梁为设备基础施工服务。

2）封闭式施工缺点：

a）出现工作重复，如挖基槽、回填土等施工过程；

b）设备基础施工条件差，而且拥挤；

c）不能考虑基础深度不同的施工要求；

d）不能提前为设备安装提供工作面，工期较长。

（2）敞开式施工　即先进行设备基础的施工与安装，然后建设厂房的施工程序。它主要适用于设备大而重的冶金、电力等重工业厂房施工。

敞开式施工的优缺点与封闭式施工的正好相反。

（3）同时施工　即土建施工与设备安装同时进行的施工程序。它主要适用于建造水泥工厂的施工。

二、确定施工顺序

施工顺序是指各施工过程项目施工的先后次序的排列。它既要满足施工的客观规律，又要合理解决好工种之间在时间上的搭接问题。

下面主要介绍砖混结构住宅建筑的施工顺序。

砖混结构建筑的施工，一般可划分为基础、主体结构、屋面与装修及房屋设备安装等施工阶段。各个施工阶段及其主要施工过程的施工顺序见图11-2所示。

1．基础工程的施工顺序

这个阶段的施工过程与施工顺序一般是：挖土（基槽、基坑）→垫层→基础→防潮层→回填土（槽、坑、室内）。如有地下室，则在基础全部做完后，砌筑地下室的墙身，再

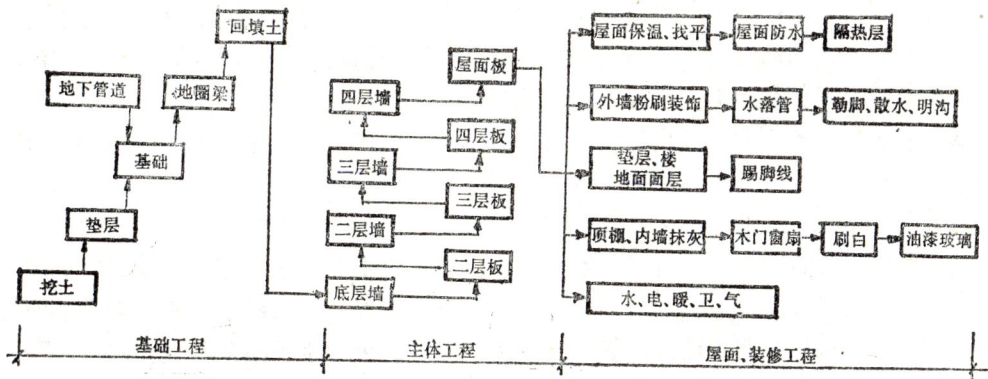

图 11-2 砖混结构住宅建筑施工顺序示意图

做防水层，安装地下室顶板，最后回填土。如有桩基础，则应另列桩基工程。

在组织施工时，应特别注意挖土和垫层的施工搭接要紧凑，时间不宜隔得过长，以防止基槽（坑）灌水，影响地基的承载力，有时可以合并为一个施工过程。还应注意垫层施工后需要有一定的技术间歇时间，使其达到一定强度后进行下一道施工过程的施工。各种管沟的挖土、铺设管道应尽可能在砌基础到回填土施工过程之间平行配合进行。基槽（坑）回填土，一般在基础工程完成之后一次夯填完毕，这样既避免了基槽遇雨水浸泡，又可以为后续工作创造良好的工作条件。对于±0.00以下的室内的回填土，若工期不紧，最好与基槽回填同时进行，若工期较紧，也可留在装修工程之前，与主体结构施工交叉进行。

2.主体结构工程的施工顺序

主体结构工程的施工，包括搭脚手架、墙体砌筑、安门窗框、安预制过梁、安装预制楼板、现浇盥洗厕所间楼盖、雨棚和圈梁、安装楼梯或现浇楼梯、安装预制屋面板等施工过程。如果组织连续流水施工，其施工过程划分数目（n）与一层楼的施工段数目（m_0）要符合流水施工基本原理的要求，即必须$n \leqslant m_0$。主体结构施工时，施工段一般划分为二段或三段。因此，当划分二个施工过程时，则可以分为：砌砖墙（包括搭设脚手架、安装门窗过梁、木门窗框、悬臂楼梯踏步板等）和安装楼盖（包括吊装大梁、梯梁、楼板、楼梯踏步板、现浇圈梁、雨棚等）；当划分三个施工过程时，则可将现浇钢筋混凝土的各施工内容分离出来，即砌砖墙、现浇钢筋混凝土及安装楼板。

主体结构阶段的各施工过程中，砌筑砖墙和安装楼板为主导施工过程，流水节拍的长短（或者该分部工程工期的长短）由它控制决定，而其它施工过程则应配合砌砖墙和安装楼板进行流水和搭接施工。如脚手架的搭设应配合砌墙进度逐段逐层进行；现浇盥洗厕所间楼盖的支模、扎筋可安排在该施工段砌砖墙的最后阶段插入，混凝土与现浇圈梁同时进行；各层预制楼梯段的安装必须与墙体砌筑和安装楼板紧密配合，与之同时或相继完成；若现浇楼梯，更应与楼层紧密配合，否则由于混凝土养护的需要，后道施工过程不能如期进行而影响工期。

3.装修、屋面工程的施工顺序

装修工程阶段的主要工作，可以分为室内装修和室外装修两部分，其中室内装修包括：天棚、墙面、地面抹灰、门窗扇（框）安装及其五金零件、木板条墙、各种木装修、楼梯踏步抹灰、玻璃、油漆、喷白浆等施工过程。室外装修包括：外墙抹灰、勾缝、勒脚、散水、台阶、明沟、水落管及道路等施工过程。其中抹灰工程为主导施工过程。由于其施工内容多，繁而杂，因而进行施工项目的适当合并，正确拟定装修工程的施工顺序和流向，组织好立体交叉搭接流水施工，显得十分重要。

根据装修工程的工期、质量和安全的要求以及施工条件，其施工流向（空间施工顺序）一般分为：

室外装修工程自上而下的流水施工方案；

室内装修工程自上而下、自下而上和自中到下再自上到中三种流水施工方案。

自上而下的流水施工方案，是指主体结构封顶或屋面防水层做完后，室内或室外装修从顶层到底层依次逐层向下进行。它们的施工流向可以分为水平向下和垂直向下两种形式，如图11-3所示。一般采用水平向下的方式。

这种流水施工方案的优点是：主体结构完成后，建筑物经过了一段时间沉降，其沉降已趋于稳定，因此能保证施工质量；减少与主体工程交叉施工，有利于安全；同时，便于自上而下进行清理。其缺点是不能与主体结构搭接施工，工期较长。

自下而上的流水施工方案，是指主体结构工程第三层楼板安装并浇筑板缝后，室内装修插入，由底层开始逐层向上进行。它的流向一般为水平向上，如图11-4所示。

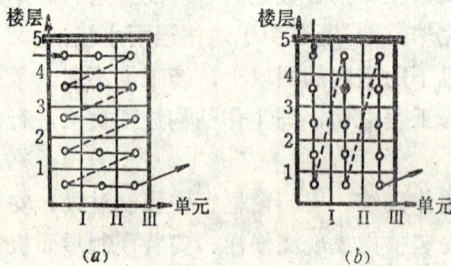

图 11-3　室内装修工程自上而下的流水施
工方案示意图
（a）水平向下；（b）垂直向下

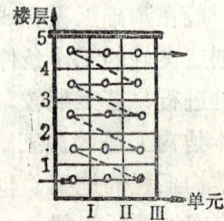

图 11-4　室内装修工程自下而上的流
水施工方案示意图

这种流水施工方案的优点是：装修工程可以与主体结构平行搭接进行施工，从而缩短了工期。它的缺点是：施工过程之间交叉太多，需要很好组织安排并采取安全措施；材料供应相应紧张，机械负担较重；现场组织和管理复杂；当采用预制楼板时，板缝往往填灌不实易渗漏施工用水，且板靠墙的一边易渗漏雨水和施工用水，因而不易保证施工质量，为此在上下两相邻楼层中，应采取抹好上层地面，再做下层天棚抹灰的施工顺序。

室内装修工程自中到下再自上到中的流水施工方案，是综合了上述两者的优点，克服了不足之处，主要适用于高层建筑装修。

室内与室外之间的装修先后顺序可以灵活安排。其基本原则是在保证施工质量和安全的前提下，互不干扰。通常有"先内后外"、"先外后内"和"内外同时"三种施工顺序。当楼面采用水磨石时，为防止楼面施工时渗漏水对外墙面装修的影响；或者考虑到室内装修施工项目多，工程量大，工期长（而室外装修工作面大，项目单一，容易突击），为给后续工作安排创造条件，可采取"先内后外"的施工顺序。当脚手架周转较紧或者要赶在冬期来临之前完成外装修，则应采取"先外后内"的施工顺序。当抹灰工人较多，工期又较紧，则可以采取"内外同时"的施工顺序。此外，当采用单排外脚手砌墙时，由于砌墙时留有脚手眼，故内墙抹灰需待同一层外装修完成，脚手架拆除，洞眼补好后才能进行。对一般工程来说，采用先外后内的顺序较为理想。

室外装修工程流水施工顺序一般是：外墙粉刷装饰→落水管→拆脚手架→勒脚、散水、明沟、台阶等。

室内墙面、天棚抹灰与楼地面施工的先后顺序有两种：一种是先做地面后做天棚、墙面；另一种是先做天棚、墙面，后做地面。前者的优点是下层天棚、墙面抹灰不因楼面渗水而污染；且易于保证地面面层与基层的结合，保证质量；同时便于收集墙面和天棚抹灰的落地灰，节约材料。但由于楼地面施工后需要一段养护时间后，该层天棚和墙面抹灰才能进行，因而工期较长。后者的优点是避免了楼地面养护，因此可以缩短工期，但楼地面清洗困难，且有时由于板缝浇筑不密实容易渗水，使下层天棚和墙面受污染。

底层地坪装修一般是在各层装修做好后施工。为保证质量，楼梯间和踏步抹灰往往在整个装修工程完成以后，自上而下进行；若工程量不大，也可以将其并入每层的地面和墙面抹灰中同时进行。门窗扇的安装，以及油漆、装玻璃等宜在抹灰前后进行，且遵守先油漆门窗后安装玻璃的原则。

屋面工程在主体结构完成后即可开始进行，并尽快完成防水层，为顺利进行室内装修创造条件。一般它可以和装修工程平行施工，不影响总工期。屋面工程的施工顺序为：依次进行屋面设备（水箱房、烟囱等）、铺保温层、抹找平层、刷冷底子油、铺卷材等，注意各施工过程之间应有足够的技术间歇时间，以保证每个施工过程的工程质量。

4.设备安装工程的施工顺序

设备安装工程与土建施工相互密切配合，进行交叉作业。基础工程施工时，应先将上下水管沟和暖气管沟做好，然后回填土。主体结构施工时，应在砌砖墙或现浇钢筋混凝土的同时，预留上下水管和暖气立管的孔洞、电线孔槽，预留木砖及铁件等；装修工程的内抹灰之前，室内水电安装应穿插施工完毕，室外给排水管道等工程的施工可以安排在土建工程之前或与土建工程同时进行。

综上所述为普通民用房屋施工顺序的一般规律。建筑施工是一个综合性的复杂的生产过程，建筑结构、建筑材料、现场条件、施工环境的不同，均对施工过程的划分和施工顺序安排有不同的影响。因此，对于每一个单位工程，必须根据施工对象的具体情况，合理地、科学地确定施工顺序。

三、选择施工方法与施工机械

合理地拟定施工方法和选择施工机械是施工组织设计的关键，它直接关系到施工进度，工程成本、质量和安全。

单位工程各个主要施工过程的施工，一般有几种不同的施工方法和施工机械可供选择。这时，应根据建筑物（或构筑物）的结构特征，工程量的大小，工期长短，物质及劳动力供应条件，场地四周的环境，施工单位的技术、管理水平和施工习惯等，进行综合分析，选择最优的切实可行的方案。

（一）施工方法的拟定

1.选择施工方法的基本要求

（1）着重考虑主导施工过程的施工方法　所谓主导施工过程一般指：工程量大的在施工中占重要地位的施工过程，如砖混结构中的砌筑砖墙、抹灰工程；施工技术复杂或者采用新技术、新工艺、新结构（特殊结构）以及对工程质量起关键作用的施工过程，如预应力框架结构，地下室防水工程、悬索结构和薄壳结构等。在考虑施工方法时，应从单位工程的全局出发，重点抓住对本工程有影响的几个主导施工过程，而对常规做法和工人熟悉的一般施工过程，则不必详细拟定，只提出具体施工要求即可。

（2）符合施工组织总体规划的要求　如果是建设项目或建筑群中的一个单位工程，则拟定的施工方法应符合施工组织总体规划中的有关要求。

（3）应满足施工技术的要求　如预应力张拉方法、机具、施加预应力的要求等，必须满足施工技术的要求。又如吊装机械的型号、数量的选择应满足构件吊装技术和施工进度的要求。

（4）应保证工程工期、质量和安全，并降低成本　所拟定的施工方法应尽量满足缩短工期、提高质量、降低成本、保证安全的要求。

2.主要分部分项工程施工方法的选择

施工过程的施工方法是指完成某一施工过程的操作过程和操作方法以及技术措施等。下面简要介绍主要分部分项工程施工方法的选择要点：

（1）基础工程

确定基槽开挖方式及挖土机具的选择，确定地面水及地下水的排除方法；砖砌基础、钢筋混凝土基础的技术要求，如宽度、标高的控制等。

（2）砌筑工程

砖墙的组砌方法及质量要求，弹线及皮数杆的控制要求；确定脚手架搭设方法及安全网的挂设方法。

（3）钢筋混凝土工程

选择模板类型及支模方法；选择钢筋加工、绑扎、连接方法；选择混凝土的搅拌、运输、浇筑顺序和方法。

（4）结构吊装工程

构件的运输及堆放要求；选择吊装机械，确定吊装方法。

（5）屋面工程

屋面工程施工材料的运输方式；各道施工工序的操作要求。

（6）装修工程

材料的运输方式，各种装修工序的操作要求及方法。

（二）施工机械的选择

施工机械的拟定与选择同施工方法密切相关。随着建筑工业的发展，施工机械的选择又往往是拟定施工方法的中心环节，在选择时应注意以下几点：

1.首先选择主导施工过程的施工机械　根据工程的特点，决定其最适宜的机械类型。例如，基础工程的挖土机械，可根据工程量的大小和工作面的宽度选择不同的挖土机械；主体结构工程的垂直、水平运输机械，可根据运输量的大小、建筑物的高度和平面形状及施工条件，选择搭吊、井架、龙门架和拔杆等不同机械。

2.选择与主导施工过程施工机械配套的各种辅助机械和运输机具　为了充分发挥主导施工机械的效率，在选择配套机械时，应使它们的生产能力相互协调一致，并且能够保证有效地利用主导施工机械。例如，在结构安装中，运输机械应保证起重机械连续工作；土方工程中，汽车运土应保证挖土机械连续工作等。

3.应充分利用施工企业现有的机械，并在同一工地贯彻一机多用的原则　在选择施工机械时，应尽量向内挖潜，提高机械利用率。若工程量大，适宜专业化大生产的情况下，应采用专业机械；若工程量小而且分散，则尽量采用多用途的机械。

4.提高机械化和自动化程度，尽量减少手工操作　充分利用先进的科学技术和机械设备，努力发挥机械效率，逐步减轻繁重的手工操作劳动，以求提高工作效率。

（三）砖混结构房屋的施工方法和施工机械的选择

这种房屋以砖墙为竖向承重构件，以预制板、梁为水平构件。通常采用常规施工方法，只需着重解决垂直运输及脚手架搭设等问题即可。一般应根据结构特点，构件重量、数量及现场条件等因素，综合考虑吊装机械的技术性能参数，选择预制构件的吊装方案；从运输、材料堆放及工作面的要求出发，选择钢管脚手架或竹、木脚手架等。

四、确定施工的流水组织

单位工程施工的流水组织，是施工组织设计的重要内容，是影响施工方案优劣程度的基本因素，在确定施工的流水组织时，主要解决流水段的划分和流水施工的组织方式两个方面的问题。其中绝大部分内容在第九章中已详细阐述过，这里只简单说明一下确定方法及考虑因素。

（一）流水段的划分

正确合理地划分施工流水段，是组织流水施工的关键，它直接影响到流水施工的方式、工程进度、劳动力及物质的供应等。下面主要介绍一般砖混结构住宅流水段划分的方法。

根据单位工程的规模、平面形状及施工条件等因素，来分析考虑各分部工程流水段的划分。目前大多数住宅为单元组合式设计，平面形状一般以"一"字形和"点"式较为多见。因此，基础工程可以考虑2~3个单元为一段，这样工作面较为合适。主体结构工程，平面上至少应分两个施工段，空间上可以按结构层或一定高度来划分施工层。装修工程中的外装修以每层楼为一个流水段或两个流水段划分，也可以按单元或墙面为界划分流水段，还可以不分段；内装修以垂直单元为界划分流水段，也可以每层楼划分1~3个施工段，再按结构层划分施工层。屋面工程从整体性考虑一般不分段，若有高低层或伸缩缝，则应在高低层或伸缩缝处划分流水段。设备安装以垂直单元（或一个楼层）为一个流水段划分。对于规模较小且属于群体建筑中的一个单位工程，则可以组织幢号流水，一幢为一个流水段。

（二）流水施工的组织方式

建筑物（或构筑物）在组织流水施工时，应根据工程特点、性质和施工条件组织全等节拍、成倍节拍和分别流水等施工方式。

若流水组中各施工过程的流水节拍大致相等，或者各主要施工过程的流水节拍相等，在施工工艺允许的情况下，尽量组织流水组的全等节拍专业流水施工，以达到缩短工期的目的。

若流水组中各施工过程的流水节拍存在整数倍关系（或者存在公约数），在施工条件和劳动力允许的情况下，可以组织流水组的成倍节拍专业流水施工。

若不符合上述两种情况，则可以组织流水组的分别流水施工，这是常见的一种组织流水施工的方法。

将拟建工程对象，划分为若干个分部工程（或流水组），各分部工程组织独立的流水施工，然后将各分部工程流水按施工组织和工艺关系搭接起来，组成单位工程的流水施工。

五、主要技术组织措施

技术组织措施是指建筑施工中，针对工程特点和施工现场情况，为保证工程质量、施工安全、降低成本及文明施工，在技术上和组织上所采取的措施和方法。

主要技术组织措施，除了严格执行国家有关验收规范、检验标准和操作规程外，还应从以下几个方面制定措施。

（一）质量措施

保证工程施工质量，可以从以下几点考虑：

1.有关的建筑材料、构件、成品和半成品的质量标准、检验制度、装卸、堆放、保管和使用要求等；

2.地基与基础及各种地下结构的施工质量措施；

3.主体结构中关键部位的施工质量措施；

4.屋面防水、抹灰工程的施工质量措施；

5.对新结构、新工艺、新材料、新技术的施工操作，提出质量措施和要求；

6.冬雨期施工质量措施；

7.其他容易产生的质量事故及其预防措施。

（二）安全措施

保证施工安全，可从以下几点考虑：

1.露天作业，高空作业及主体交叉作业中的安全措施；

2.机械、设备、脚手架的稳定措施和安全检查；

3.防火、防洪、防冻及防坠塌等措施；

4.安全用电及电器设备的管理措施；

5.施工现场周围道路及居民保护隔离措施；

6.安全宣传与教育措施。

（三）降低成本措施

降低工程成本，包括以下几方面的内容：

1.进行合理的土方调配，以节约土方工程费用；

2.综合利用各种机械（具），减少台班费；

3.尽量提高工厂化程度，减少人工费；

4.采用整装整拆高精度模板，加速周转次数，以节约木材或钢材；

5.尽量采用先进施工技术，以节约人力和物力；

6.尽可能利用地方材料，以减少运输费用。

（四）文明施工措施

现场文明施工或场容管理措施，一般有以下几点内容：

1.施工现场的围栏与标牌、安全与消防措施齐全，道路畅通；

2.各种必须的临时设施的规划与搭设，环境卫生保护措施；

3.现场的平面布置有序合理；

4.成品保护及施工机械的保养措施。

议订的各种技术组织措施，要简单、明确、具体、切实可行，并应有专人负责检查。

第三节　施工进度计划与资源计划

单位工程施工进度计划是在选择和确定施工方案后，根据工期要求，资源情况及技术措施，用图表形式表达的各施工过程逻辑关系及开竣工时间的计划安排。编制进度计划的目的是为了达到以最少的人力、财力，保证在规定的工期内完成合格的单位建筑产品。

施工进度计划的作用是控制单位工程的施工进度；确定工程项目并且反映其施工顺序；确定各施工过程的持续时间及其相互间的逻辑关系；确定施工所需的资源及技术物质的需要量；同时，它也是施工准备工作的依据，是施工企业编制月、旬作业计划的基础。

根据施工项目划分的粗细程度，单位工程施工进度计划按其性质的不同，一般可分为两类：一类为控制性施工进度计划，另一类为指导性施工进度计划。前者是按分部工程来划分施工项目，控制各分部工程的施工持续时间，以及它们之间相互配合、相互搭接关系的进度计划，它主要适用于工程结构较复杂、规模较大、工期较长而且需要跨年度施工的情况（如火车站、剧院等公共建筑），还适用于规模不大或结构不复杂，但各种资源不落实的工程，或者工程的建筑设计、结构形式等可能发生变化的情况。后者是按分项工程或施工过程来划分施工项目，具体确定各施工过程的施工持续时间及其相互搭接、配合关系的进度计划，它主要适用于任务具体明确、施工条件基本落实、各项资源供应正常、施工工期不太长的工程。编制控制性施工进度计划的单位工程，当各分部工程的施工条件基本落实后，在施工之前还应编制指导性的分部工程施工进度计划。

单位工程施工进度计划图表形式及组成见表11-1。

单位工程施工进度计划　　　　　　　　　　表 11-1

序号	施工项目	工程量		定额	劳动量		需要的机械		每天工作班	每班工人数	工作天	施 工 进 度 （d）									
		单位	数量		工种	工日数	机械名称	台班数				月					月				
												5	10	15	20	25	30	35	40	45	50

编制单位工程施工进度计划的依据主要包括：单位工程的全部施工图纸；有关部门或建设单位要求的开工、竣工时间；施工方案和建设地区的资源及施工条件；单位工程施工图预算和采用的定额以及其他有关的技术资料等。

一、施工项目的划分

编制施工进度计划时，首先按照施工图和施工顺序将单位工程的各施工过程列出，并结合施工方法、施工条件、劳动力组织等因素，加以适当整理，使其成为编制施工进度计划的施工项目。一般来说，项目包括从准备工作直到交付使用的所有土建、设备安装工程内容。在划分施工项目时，须注意以下几点：

1. 施工项目划分的粗细程度

对于不同的施工组织要求，施工项目划分的粗细程度也不相同。对控制性施工进度计划，项目可以划分粗一些，只需列出分部工程即可。例如混合结构住宅工程的控制性施工进度计划中，只要列出准备工作、基础工程、主体结构工程、屋面工程、装修工程、水电安装工程等分部工程项目。对指导性施工进度计划，项目可以划分细一些，特别是对主导施工过程和主要的分部工程，要求更详细具体，以提高计划的精确性，便于指导施工。例如上述混合结构住宅工程，除列出各分部工程项目外，还要把各分项工程都列出来。如主体结构工程可先分为砌砖墙、现浇钢筋混凝土及梁板安装等项目，再根据需要还应将现浇钢筋混凝土划分为支模板、扎钢筋、浇筑混凝土、养护、拆模等项目。

2. 施工项目划分要密切结合施工方案

由于施工程序或施工方法的不同，不仅会影响施工项目的名称、数量和内容的确定，而且还影响施工顺序的安排。如厂房基础工程采用敞开式施工程序时，柱基础和设备基础可合并为一个施工过程；而采取封闭式施工程序时，则应分别列出柱基础和设备基础两项。

由于施工条件和流水施工组织方式的不同，施工项目划分亦不同。如在组织楼层结构流水施工时，相应的施工过程数目应小于或等于每层的施工段数目。因此，若砖混结构房屋主体工程每层分两个施工段组织流水施工时，施工过程应分为砌砖墙与楼盖两项；若每层分三个施工段组织流水施工时，施工过程可以分为两项或者分为砌砖墙、现浇钢筋混凝土和安装楼板等三项。

3. 适当合并项目，注意分合结合

为了使进度计划简明清晰、突出重点，要进行施工项目的适当合并，而且注意该分的则分，该合的应合。一些次要的或工程量不大的施工过程应合并到相邻的主要施工过程中去，如基础防潮层可合并到砌砖基础内，又如根据施工要求及劳动班组的组织形式，必要时基槽挖土与垫层可合并为一项。同一时期内可由同一工种施工的施工过程可合并，如各种油漆、玻璃可合并为油漆玻璃一项，散水、勒脚和明沟可合并为一项。对次要的零星项目，可合并为"其他工程"，其劳动量可按总劳动量的10％～20％计算。抹灰工程应注意分、合结合，如室外抹灰一般为一项，若有瓷砖贴面等装饰，宜分别列项；室内的各种抹灰应分别列项。

4. 区分直接施工与间接施工

直接在建筑物（或构筑物）上进行施工的施工过程，或者占有工期并对其他施工过程有影响的运输制作过程，经过适当合并后应列出；在拟建工程工作面之外完成的施工项目，而且不占工期（如各种构件在场外预制及其运输过程），可不列入施工进度计划之内，只要求在使用前运入施工现场。

5. 设备安装应单独列项

一些与土建有关的水暖电卫气及工艺设备的安装等专业施工项目也应列上，只需表明其与土建施工的配合关系，不必细分。

二、计算工程量

工程量的计算应根据施工图和工程量计算的规则进行。若已有预算文件且采用的定额和施工项目又与施工进度计划一致，可直接利用预算工程量；若有某些项目不一致，则应结合施工项目栏的施工内容计算。计算时应注意以下几个问题：

1.各个施工项目内容的工程量计算单位，应与所采用的定额单位一致。施工定额中某些项目的工程量计量单位与预算定额有所不同，因此，计算时要进行必要的单位换算，以便劳动量、材料、机械台班数的计算可直接套用定额；

2.要结合施工方法和安全技术的要求计算工程量，如土方开挖应考虑是否放坡，是否加工作面，是单独开挖、条形开挖还是整片开挖等；

3.要按照施工组织的分区、分段、分层计算工程量，若每层、每段的工程量相等或出入不大时，可计算一层、一段的工程量；或者根据总工程量分别除以层数、段数，可得每层、每段的工程量。

4."其他项目"及水暖电卫气安装可不计算工程量。

三、确定劳动量和机械台班数

根据各分部分项工程的工程量、施工方法和当地实际采用的劳动定额及机械台班定额，并参照施工企业的具体情况，其劳动量或机械台班数的计算式如下：

$$P_i = \frac{Q_i}{S_i} \qquad (11-1)$$

或

$$P_i = Q_i H_i \qquad (11-2)$$

式中　P_i——某施工项目所需的劳动量（工日）或机械台班数（台班）；

Q_i——该施工项目的工程量（m³、m²、m、t等）；

S_i——该施工项目采用的产量定额（m³/工日、m²/工日、m/工日、t/工日、等或 m³/台班、m²/台班、m/台班、t/台班等）；

H_i——该施工项目采用的时间定额（工日/m³、工日/m²、工日/m、工日/t等或台班/m³、台班/m²、台班/m、台班/t等）。

在使用定额的过程中，有时会遇到定额中所列项目的工作内容，与施工进度计划中所确定项目的工作内容不一致的情形，主要有：

1.当施工项目由两个或两个以上的施工过程或施工内容合并而成时，则该施工项目的劳动量可按下式计算：

$$P = \Sigma P_i = P_1 + P_2 + \cdots\cdots + P_n \qquad (11-3)$$

【例】　某厂房柱基施工，其支模板、扎钢筋、浇筑混凝土三个施工过程的工程量分别为719.6m²、6.284t、287.3m³。经过研究确定各自的时间定额分别为0.253工日/m²、5.28工日/t、0.8332工日/m³。试计算完成柱基所需总的劳动量。

【解】

$$P_{模} = 719.4 \times 0.253 \approx 182 （工日）$$

$$P_{筋} = 6.284 \times 5.28 \approx 33 （工日）$$

$$P_{混} = 287.3 \times 0.833 \approx 239 （工日）$$

∴

$$P = P_{模} + P_{筋} + P_{混} = 182 + 33 + 239 = 254 （工日）$$

以混凝土的工程量为基数，除以总工日数（P），可得该施工项目的综合产量定额。

2.当施工项目由若干个具有同一性质不同类型（做法、材料等不同）的分项工程合并时，应根据各个不同类型的分项工程的产量定额和工程量，计算其扩大后的综合产量定额：

$$S_i = \frac{\Sigma Q_i}{\Sigma P_i} = \frac{Q_1 + Q_2 + \cdots\cdots + Q_n}{P_1 + P_2 + \cdots\cdots + P_n} = \frac{Q_1 + Q_2 + \cdots\cdots Q_n}{\dfrac{Q_1}{S_2} + \dfrac{Q_2}{S_2} + \cdots\cdots + \dfrac{Q_n}{S_n}} \tag{11-4}$$

式中　　　　　　　S_i——某施工项目的综合产量定额；

ΣQ_i——总的工程量（计量单位要统一）；

ΣP_i——总的劳动量（工日）；

Q_1、Q_2、Q_3……Q_n——各个同一性质不同类型分项工程的工程量；

S_1、S_2、S_3……S_n——各个同一性质不同类型分项工程的产量定额。

【例】 某办公大楼外墙面装饰分为水刷石、贴饰面砖、贴马赛克和干粘石四种做法，其工程量分别为524.5m²、323.8m²、308.5m²、153m²；采用的产量定额分别为3.6m²/工日、2.53m²/工日、2.45m²/工日、4.25m²/工日。试求其综合产量定额。

【解】 按式（11-4）得

$$S_i = \frac{524.5 + 323.8 + 308.5 + 153}{\dfrac{524.5}{3.6} + \dfrac{323.8}{2.53} + \dfrac{308.5}{2.45} + \dfrac{153}{4.25}} = 3.01（\text{m}^2/\text{工日}）$$

3.某些新材料、新工艺、新技术或特殊的施工方法，其定额尚未列入手册中，应从实际情况出发，参考类似项目的定额来加以确定。

四、确定各施工过程的作业天数

单位工程各施工过程的作业天数的确定，一般有三种方法：

1.经验估计法

对于无定额可循的施工过程，为提高其准确程度，可采用"三时估计法"，即用最乐观时间（A），最悲观时间（B），最可能时间（C）来确定其数学期望值为作业天数。

$$T_i = \frac{A + 4C + B}{6} \tag{11-5}$$

式中　T_i——完成某施工过程施工任务的作业天数。

【例】 某工程外墙抹灰采用某新材料新工艺施工，工程量为500m²，每班出勤人数为25人，无定额可循，根据经验估计，最乐观的施工时间为6d，最悲观的施工时间为12d，最可能的施工时间为8d，试求该施工过程的作业天数。

【解】 根据公式（11-5）得

$$T_{抹} = \frac{6 + 4 \times 8 + 12}{6} = 8.3(\text{d})，取8\text{d}$$

2.实际计算法

根据施工过程所需的劳动量或机械台班数，以及施工单位计划配备的劳动人数或机械台数来计算确定。其计算式如下：

$$T_i = \frac{P_i}{R_i b} \tag{11-6}$$

式中　R_i——某施工过程施工每班所配备的劳动力人数或机械台数；

b——每天作业班数。

按式（11-6）进行计算时，特别要注意施工班组人数、机械台数及作业班制的选定。

（1）施工班组人数的选定应考虑的因素有最少劳动力组合、最小工作面和施工企业可能供应的劳动力人数等三个方面。

所谓最少劳动力组合，是指某一施工过程进行正常施工所必需的最低限度的班组人数及其组合。即该施工过程的施工最少应安排多少工人进行。如混凝土浇筑工程，就需要合理的安排最低限制的技工和普工人数以及他们之间的比例，否则将影响劳动生产率和工程质量。

最小工作面，是指施工班组保证安全生产和有效地操作所必需的工作面。即某施工过程施工最多可安排多少工人进行，否则，将造成窝工，甚至安全事故。

施工企业可能供应的劳动力人数，是指施工单位在某施工过程施工期间，有多少相应的技工和普工配备给施工现场。

在选定施工班组人数时，综合以上三点即可。

（2）机械台数的选定要根据机械的生产效率，机械施工的工作面，以及可能安排的机械台数，并考虑其维修保养时间等因素合理确定。

（3）工作班制应根据施工的具体要求合理确定。一般情况下，即工期、劳动力、机械、材料等均不紧张，且施工也没有要求连续作业，采用一班制；若采用流水施工时，某些施工准备工作或某些施工过程可考虑在夜班进行，即采用二班制；当工期紧，机械周转紧张、或者某些工序必需连续作业（如浇捣混凝土）时，某些施工项目可采用二班甚至三班制。

【例】 某工程砌墙需要劳动量654个工日，施工班组人数为23人（技工10人、普工13人，比例为1∶1.3），采用一班制施工。如果分为工程量相等的四个施工段，试求该施工过程的作业天数和流水节拍。

【解】 按式（11-6）得

$$T_{砌} = \frac{654}{23 \times 1} = 28.43(d)，取28d$$

$$t_{砌} = \frac{28}{4} = 7(d)$$

上例计划安排劳动量为28×23＝644工日，比定额劳动量减少10工日，两者相差不大，一般来说，通过提高工效是能够完成任务的。如果必须有机械配合施工，则在确定施工时间或者流水节拍时，还应考虑机械效率，即机械是否能配合完成施工任务。

3.倒排计划法

根据单位工程总工期的要求和流水施工的原理，倒排施工进度，或者通过网络计划时间参数的计算，可以确定各施工过程的作业天数。

由施工过程的作业天数，选定作业班制，便可以确定班组人数或机械台数。其计算式如下：

$$R_i = \frac{P_i}{T_i b} \tag{11-7}$$

【例】 某工程内墙抹灰需劳动量785个工日，要求在24d内完成，采用一班制施工，试求每天施工人数。

【解】 根据公式（11-7）得

$$R_{抹} = \frac{785}{24 \times 1} = 32.7（人），取33人$$

上例施工班组人数为33人，若配备技工15人，普工18人，其比例为1∶1.2。是否有这些劳动人数,是否有15个技工,工作面是否满足,都需要经过分析研究才可确定。该施工过程实际采用劳动量为33×24＝792个工日,比计划劳动量785个工日多7个工日,相差不大。

五、施工进度计划的编排

（一）初排施工进度计划

各分部分项工程的施工顺序和施工天数确定后,应按照流水施工的基本原理或网络技术方法,力求主导施工过程的施工班组连续作业,并在满足工艺和工期要求的前提下,尽量最大限度地利用有效工作面,充分发挥施工机械的效率,使各施工过程尽可能地搭接起来,组成施工进度计划的初步方案。根据经验,安排施工进度计划的一般步骤如下:

1.首先找出并安排控制工期的主导分部工程,然后安排其余分部工程,并使其与主导分部工程最大可能平行进行或最大限度搭接施工。

2.在各分部工程中,先安排主导施工过程的进度,并使其连续,再将其余施工过程与之配合搭接、平行安排。如砖混结构房屋施工中,主体结构工程是主导分部工程,而其中砌砖墙、安楼板又是该分部工程的主导施工过程,装修工程中的内墙抹灰,基础工程中的砌墙基等都是其分部工程中的主导施工过程,应首先保证施工进度并力争连续。

3.所有分部工程都按要求初步安排后,按工艺关系将其搭接起来,即得单位工程的施工进度计划。

以砖混结构房屋为例,一般划分为基础工程、主体工程、屋面工程和装修工程四个分部工程,其中主体工程为主导分部工程,屋面工程与装修工程平行施工,不占工期。安排单位工程进度计划时,若按横道图方法,则按流水施工原理,安排基础工程进度求得工期 T_1,安排主体工程进度（确保砌砖墙连续施工）求得工期 T_2,安排装修工程进度求得工期 T_3。因此单位工程的工期 $T = T_1 + T_2 + T_3$,要求其小于或等于规定工期 $[T]$。经计算满足工期要求后,把各分部工程的进度计划有机地搭接起来,即得单位工程进度计划。若按网络计划方法,先独立编制基础工程、主体工程、装修工程的网络图（或时标网络图）,并经时间参数计算,找出网络图的关键线路或分部工程工期,最后按网络图的拼接方法,拼接成单位工程网络计划图,即可获得单位工程进度计划的初步方案。初排单位工程进度计划的要求:工期满足规定工期,工序搭接合理,主导施工过程连续施工。

（二）施工进度计划的检查与调整

施工进度计划初步排定后,应根据单位工程的规定工期、施工期间劳动力和材料均衡程度、机械负荷情况、施工顺序等进行全面的检查与合理的调整。

1.检查与调整的一般内容

（1）施工进度计划安排的施工顺序是否符合建筑施工的客观规律。应从施工工艺上、技术上、组织上、质量及安全施工的要求上检查各施工过程的安排是否正确合理。如砖混结构楼层施工中,二层砖墙必须在二层楼板安装后进行;混凝土浇筑后的技术间歇时间;水泥砂浆地面或屋面找平层施工以后,下一个施工过程开始之前的技术间歇和养护时间等。

（2）施工进度计划安排的工期是否满足上级规定或施工合同的要求,是否有较好的经济效果。若不符合要求且相差较大时,应进行全面的检查和调整,甚至于修改施工方案。检查时,主要看各施工过程的持续时间,起止时间是否合理,尤其是各主导施工过程,应首先调整这些施工过程的作业时间,并注意施工人数、机械台数的相应调整。

（3）施工进度计划安排中劳动力、材料、机械等供应是否均衡。应避免过分集中,在工期能满足的前提下，使劳动力、材料需要趋于均衡，主要施工机械利用率比较合理。资源（劳动力、材料和机械）均衡是单位工程进度计划编制优劣的评定标准之一，要求在满足工期要求，工序搭接合理，主导施工过程连续施工的前提下，资源应相对比较均衡。主要方法是在不影响施工顺序的前提下，适当调整或移动次要施工过程的前后次序，以达到资源的相对均衡。例如初排施工进度计划后，可按天统计劳动力而获得劳动力动态曲线。

其最高峰的出勤人数（P_a）与每天平均出勤人数（P_b）$\left(\text{其中} P_b = \dfrac{\text{劳动力总量}}{\text{工期}}\right)$之比，即为劳动力出勤的不均衡系数 $K = \dfrac{P_a}{P_b}$。单位工程施工进度计划中，一般要求 K 值为1.6左右，比较均衡。

2.调整施工进度计划的基本要求及有关注意事项。

（1）调整和修改施工进度计划应从全局出发，避免片面性。否则，将出现顾此失彼的现象，不能满足整个单位工程施工进度计划的要求。

（2）整个单位工程进度计划，在调整后要求工期合理（不是越短越好），资源尽量均衡，并且满足施工方案与工艺技术的要求。

（3）调整施工进度计划应满足流水施工基本原理的要求。注意流水节拍、流水步距、流水段和施工过程数等主要参数的考虑与确定。

（4）编排的施工进度计划要做到积极可靠，并留有余地。建筑施工是一个复杂的生产过程，每个施工过程的安排不是孤立的，它们必然互相影响、互相联系、互相依赖。虽然我们在编排施工进度时，作了周密的安排和精心的设计，但是建筑施工受客观条件变化的影响很大，所以修改与调整后的施工进度计划是一个相对平衡的安排。在实际施工执行过程中，由于不同阶段资源供应及自然条件等因素的影响，作出若干调整是正常的，也是必要的。

六、施工准备工作计划

我们知道，施工准备工作是完成单位工程施工任务的重要环节和基本条件，是土建施工和设备安装顺利进行的基本保证。施工准备工作的任务和内容已在第八章作过详细叙述。施工准备工作计划主要反映开工前以及施工中必须做的有关准备工作，并且应按照施工进度计划安排分阶段进行，直至工程交付使用为止。

施工准备工作计划表格形式见表11-2所示。

施 工 准 备 工 作 计 划 表   表 11-2

序号	施工准备 工作项目	工程量		负责队 组或人	进 度												
		单位	数量		× × 月						× × 月						
					1	2	3	4	5	6	……	1	2	3	4	5	6	……

七、各项资源需要量计划

根据单位工程施工进度计划编制的劳动力、材料、构件、施工机具等各项资源需要量计划，是确定施工工地临时设施工程量并作为有关职能部门按计划采购、运输供应、调配落实资源的依据。

（一）劳动力需要量计划

劳动力需要量计划是将单位工程施工进度计划表内所列各施工过程每天（或每旬、每月）所需工人人数按工种进行汇总而成。用于劳动力的调配和工地生活设施的安排。计划表格形式参见表11-3所示。

劳 动 力 需 要 量 计 划 表 11-3

序号	工种名称	需用总工日数	需 用 人 数 及 时 间																备注
			×月			×月			×月			×月			×月				
			上	中	下	上	中	下	上	中	下	上	中	下	上	中	下		

（二）主要材料需要量计划

主要材料需要量计划是将单位工程的各施工过程的工程量，按组成材料的名称、规格和使用时间，根据预算定额、贮备定额，分别进行材料分析与计算，最后汇总而成。用于掌握材料的使用、贮备动态，确定仓库及堆场面积，组织材料供应与运输。计划表格形式参见表11-4所示。

主 要 材 料 需 要 量 计 划 表 11-4

序 号	材料名称	规 格	需 要 量		供应时间	备 注
			单 位	数 量		

（三）构件需要量计划

构件主要包括钢构件、木构件、钢筋混凝土制品等，其需要量计划是根据施工图和施工进度计划进行编制的。主要是为了与构件制作单位签订供货合同，确定堆场和组织运输。其计划表格形式参见表11-5所示。

（四）施工机具需要量计划

施工机具包括施工机械和施工器具等，其需要量计划是根据施工方案和施工进度计划所确定的机型、数量及使用时间，将其汇总而成。主要用于设备部门调配和现场道路及其他平面布置之用。计划表格形式参见表11-6所示。

（五）运输计划

各种材料、构件的运输计划，是根据施工进度计划及上述资源需要量计划进行编制的。这种计划可作为施工单位或者其他运输单位组织运输力量，保证资源按时进场的依据。其计划表格形式参见表11-7所示。

构 件 需 要 量 计 划   表 11-5

序 号	品 名	规 格	图 号	需 要 量		使用部位	加工单位	供应日期	备 注
				单 位	数 量				

施工机械、主要机具需要量计划表   表 11-6

序 号	机械及机具名称	规格型号	需 要 量		机 械 来源	使用起止日期		备 注
			单 位	数 量		月/日	月/日	

工 程 运 输 计 划   表 11-7

序 号	需运项目	单 位	数 量	货源	运距 (km)	运输量 (t·km)	所需运输工具			需用起止时间
							名 称	吨 位	台 班	

第四节　施 工 平 面 图

一、施工平面图设计的一般概念

施工平面图是在拟建工程的建筑总平面图上（包括周围环境），按照一定的设计原则，布置为施工服务的施工机械、施工道路、材料及构件堆场、各种临时设施、水电管网等的现场布置图。

单位工程施工平面图是单位工程施工组织设计的重要内容，是施工方案在施工现场的空间体现，反映了已有建筑和拟建工程、临时设施及施工机械、道路等之间的相互空间关系。它布置的是否恰当合理，执行管理的好坏，对现场文明施工，以及对施工进度、工程成本、工程质量和施工安全都将产生直接影响。因此，搞好单位工程施工平面图设计，具有重要的意义。

（一）施工平面图设计的内容

单位工程施工平面图设计的内容，一般包括：

1.拟建单位工程在建筑总平面图上的位置、尺寸及其与相邻建筑物或构筑物的关系；

2.拟建工程施工所需的起重与垂直运输机械、卷扬机、搅拌机等布置位置及其主要尺寸，起重机械的开行线路和方向等；

3.各种预制构件和预制场地的规划及面积、堆放位置，各种主要大宗材料的堆场面积及位置；

4.施工运输道路的布置及宽度尺寸，现场出入口，铁路及港口位置等；

5.各种生产性和生活性临时建筑、临时设施的布置及面积；

6.临时给水排水管线，供电线路，热源气源等管道布置和通讯线路等；

7.挖土工程的弃土及回填土的取土地点，有关问题说明；

8.安全和防火设施的位置。

以上各项内容，根据拟建工程的要求及现场条件，具体布置时可多可少，应合理规划和掌握。

（二）施工平面图设计的依据

布置施工平面图之前，应对施工现场及周围环境和条件作深入细致地调查研究，必须熟悉拟建工程的工程概况、施工方案、施工进度及其他有关要求，使设计与施工现场的实际情况相一致。只有这样，才能使施工平面图起到指导施工现场布置和安排的作用，而且还能收到良好的经济效益。

施工平面图设计的主要依据有下列三方面的资料：

1.建设地区的原始资料

（1）自然条件调查资料，如气象、地形、水文及工程地质资料等，主要用于布置地面水和地下水的排水沟，确定易燃、易爆、沥青灶、化灰池等有碍人体健康的设施布置位置，安排冬、雨期施工期间所需设施的布置地点；

（2）技术经济条件调查资料，如交通运输、水源、电源、物资资源、生产和生活基地状况等，用以布置水、电管线和道路等；

（3）建设单位及工地附近可供租用的房屋、场地、加工设备及生活设施，用以决定临时设施需要量及其空间位置。

2.设计资料

（1）建筑总平面图，用以决定临时房屋和其他设施的位置，以及修建工地运输道路和解决给水排水等；

（2）一切已有和拟建的地上、地下的管道位置及技术参数，用以决定原有管道的利用或拆除，以及新管线的敷设与其他工程的关系；

（3）建筑工程区域的竖向设计资料和土方平衡图，用以布置水、电管线，安排土方的挖填及确定取土、弃土地点；

（4）拟建房屋或构筑物的有关施工图设计资料。

3.施工组织设计资料

施工组织设计资料包括施工方案、施工进度计划及资源计划等，用以决定各种施工机械的位置；分阶段布置平面的内容；各种临时设施的形式、面积尺寸及相互关系。

（三）施工平面图设计的原则

设计施工平面图时，应遵循以下基本原则：

1.在满足施工的条件下，平面布置要力求紧凑，尽可能地减少施工用地，不占或少占农田。

2.最大限度地缩短场内运距，尽可能避免场内二次搬运。各种材料、构件、半成品应按施工进度计划的需要分期分批进场，并尽量布置在使用点附近，或随运随吊。这样，既节约劳动力，又减少了材料在多次转运中的损耗。

3.在保证施工顺利进行的条件下，使临时设施的工程量最小，且使其布置便利施工管理和工人生产与生活。能利用的原有建筑物和管线、道路或拟建房屋的完工部分应尽量利用。必须建造的临时房屋尽可能采用装卸式或临时固定式。

4.符合劳动保护、技术安全、防火的要求。施工现场的一切设施都要有利于生产，保证安全施工，使国家财产免受损失。

根据以上基本原则并结合现场实际，施工平面图可设计若干个不同的方案。按照施工占地面积、场地利用率、场内运距、临时设施的工程量、临时道路和临时管线的长短等技术经济指标进行分析比较，从中选出技术先进，安全可靠，经济合理、可行的最优方案。

二、施工平面图的设计

单位工程施工平面图设计的一般步骤是：决定施工机械的位置→布置材料及构件的堆场→布置运输道路→布置各种临时设施→布置水电管网→布置安全消防设施→调整优化。

在实际设计中，以上步骤往往互相牵连和影响。因此，要从平面布置上和空间条件上多次反复地进行研究与分析，特别要注意安全问题，做到可行、合理、经济。

（一）决定施工机械位置

1.起重机械的位置

建筑产品是由各种材料、构件、半成品构成的空间结构物，必须解决好垂直、水平运输问题。起重机械的位置直接影响仓库、堆场、砂浆和混凝土搅拌站的位置，以及道路和水电线路的布置，所以要首先予以考虑。

井架、龙门架和桅杆等固定式垂直运送设备的布置，主要是根据机械性能，建筑物的平面形状和大小，施工段的划分位置，材料的来向和已有道路及每班运送的材料数量等而定。布置时应注意以下几点：

（1）尽量考虑到材料运输的方便，并使高空水平运输量为最小；

（2）当建筑物各部位高度相同时，则布置在施工段分界点附近；当高度不一时，宜布置在高低层并列处，这样可以缩短各施工段上的水平运距；

（3）为减少砌墙留搓和拆架后的修补工作，井架、门架最好布置在门窗洞口处；

（4）卷扬机的位置不能离起重架太近，一般在10m以上，以便操作观察；

（5）井架、龙门架和桅杆离开建筑物外墙的距离，视屋面檐口挑出尺寸或双排脚手架搭设要求决定；

（6）摇头把杆与井架的夹角以45°为佳，也可在30°～60°之间变幅，把杆长度 与其回转半径的关系为（如图11-5）：

$$r = L\cos\alpha \qquad\qquad (11-8)$$

式中　r——把杆回转半径（m），一般为4.5～11m；

　　　L——把杆长度（m），一般为6～15m；

　　　α——把杆与水平线的夹角。

（7）井架高度可由下式计算（图11-5）：

$$H = h_1 + h_2 + h_3 \qquad\qquad (11-9)$$

式中　H——井架高度（m）；

　　　h_1——室内、外地面的高差（m）；

　　　h_2——屋面至室内地面的高度（m）；

　　　h_3——屋面至井架顶端的高度（m），

当只设吊篮时，取$h_3 = 3～5$m；当加设摇头把杆时，取$\alpha = 45°$，则$h_3 = 2r = \sqrt{2}\,L$。

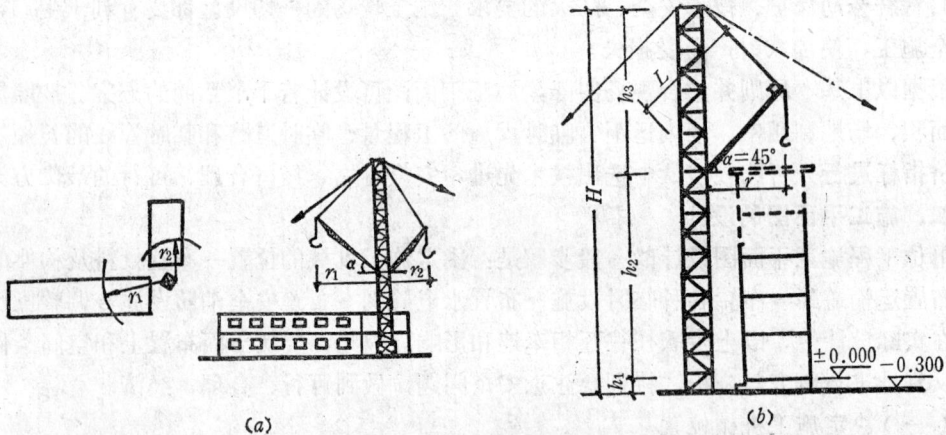

图 11-5　井架的布置

（a）一个井架装两根把杆示意　（b）井架高度计算简图

（8）井架四周要用缆风绳拉紧锚固牢靠。

自行杆式起重机开行线路的布置，主要取决于拟建工程的平面形状、构件的重量、堆放场地、安装高度及吊装顺序和吊装方法等。

塔式起重机有沿建筑物一侧或双侧布置两种情况。主要取决于建筑物的平面形状、尺寸、场地条件及起重机的起重半径。应使建筑物平面和构件、成品、半成品等的堆场，道路等尽量处于塔臂回转半径之内，尽量避免出现"死角"；轨道和拟建工程应有最小安全距离，使其行驶方便，司机视线不受阻碍，同时要求塔基坚实可靠。

2．搅拌站的布置要求

搅拌站主要指混凝土及砂浆搅拌站两种，是否设置搅拌站，以及采用的型号、规格、数量等，一般由选择的施工方案来确定。搅拌站的布置要求如下：

（1）搅拌站的位置应尽量靠近垂直运输设备。以减少混凝土及砂浆的水平运距。当采用塔吊进行垂直运输时，搅拌站的出料口应位于塔吊的有效起重半径之内；当采用固定式垂直运输设备时，搅拌站应尽可能靠近起重机；当采用自行杆式起重设备时，搅拌站可布置在开行路线旁，且位置应在起重臂的最大外伸长度范围内。

（2）搅拌站应有后台上料场地。尤其是混凝土搅拌机。要与砂石堆场、水泥库（罐）一起考虑布置，既要尽量相互靠近，又要便于这些大宗材料的运输和堆放。

（3）搅拌站的位置应尽量靠近使用地点。有时浇筑大型混凝土基础时，可将混凝土搅拌站直接设在基础边缘，待基础混凝土浇好后再行转移。

（4）搅拌站的附近应有施工道路。以便砂石进场及拌合物的运输。

（5）搅拌站四周应设置排水沟。以利于清洗机械和排除污水，避免造成现场积水。

（6）混凝土搅拌台所需面积约25m²，砂浆搅拌台约15m²。冬期施工还应考虑保温与供热设施等，要相应增加面积。

（二）布置材料和构件的堆场

1.各种材料和构件堆场布置的原则

（1）预制构件应尽可能靠近垂直运输机械，以减少二次搬运的工程量。在布置时应遵循大（重）构件靠近起重机，小（轻）构件远离起重机的原则。

（2）各种钢、木门窗及钢、木构件，一般不宜露天堆放，其堆放场地可视现场具体情况，放在已建主体结构底层室内或搭棚存放。

（3）砂石应尽量靠近搅拌站，并注意运输与卸料方便。

（4）钢模板、脚手支杆应布置在靠近拟建工程的地方，并要求装卸方便。

（5）基础及底层所需的砖应布置在拟建工程四周，并距基坑、槽边不小于0.5m，以防止塌方，底层以上的用砖，采用井架运输时应布置在其附近，采用塔吊运输可布置在其服务半径内。

（6）石灰及淋灰池可布置在砂浆搅拌站附近；沥青灶应布置在下风向远离易燃品的地方。

2.堆放面积的计算

对用量较大，使用期长，供应运输比较方便的材料，在保证施工进度和连续施工的前提下，可分期分批进场，其堆场或仓库面积可根据以下条件确定：

（1）各种材料的堆放面积

$$F = \frac{Q}{n \cdot q \cdot k}$$ （11-10）

式中　　F——材料堆场或仓库所需面积（m²）；

　　　　Q——某种材料现场总用量（m²、t、块、m³）；

　　　　n——某种材料分批进场次数；

　　　　q——某种材料每平方米的储存定额，见表11-8；

　　　　k——堆场、仓库的面积利用系数，见表11-8。

【例】　某砖混结构民房，共需砌砖586m³，总用砖量约307650块，若分5批进场，问需多大的堆场面积。

【解】　查表11-8得：

$$q = 0.8千块 = 800块，k = 0.6$$

序　号	材料名称	单　　位	每m²的数量	堆放高度	面积利用系数	保管型式
1	砂、石	m³	1.2	1.2~1.5	0.7	露　天
2	石　灰	t	1.5	1.2	0.7	密　闭
3	砖	千块	0.6	1.5	0.6	露　天
4	瓦	千块	0.4	1	0.6	露　天
5	块　石	m³	0.8	1	0.6	露　天
6	水　泥	t	2.0	1.5~2.0	0.65	密　闭
7	型钢钢板	t	2~2.4	0.8~2.0	0.4	露　天
8	钢　筋	t	1.2~2.0	0.6~0.7	0.4	露　天
9	圆　木	m³	0.9~1.0	2~3	0.4	露　天
10	成　材	m³	1.4	2.5	0.45	露　天
11	卷　材	卷	3.0	1.8	0.8	库　棚
12	耐火砖	t	2.2	1.5	0.6	露　天
13	水泥管	t	0.6	1.0~1.2	0.6	露　天
14	钢门窗	t	1.2	2	0.6	露　天
15	木门窗	m³	4.5	2~2.5	0.6	库　棚
16	钢结构	t	0.4	2	0.6	露　天
17	混凝土板	m³	0.4	2~2.5	0.4	露　天
18	混凝土梁	m³	0.3	1.0~1.2	0.4	露　天

根据公式（11-9）

$$F = \frac{Q}{n \cdot q \cdot k} = \frac{307650}{5 \times 800 \times 0.6} = 128（\text{m}^2）$$

以上计算出来的堆场或仓库面积，根据施工用地的大小，可作适当调整，并根据场地情况确定其长与宽的尺寸、仓库的结构、使用材料、搭建要求等。

（2）预制空心板的堆放面积

$$F = \frac{k_1 f}{n} \tag{11-11}$$

式中　F——堆放预制空心板所需面积（m²）；

　　　k_1——堆放楼板的场地通道系数，取1.2~1.5；

　　　f——各批进场楼板中铺设楼面需要的最大面积；

　　　n——空心楼板叠堆层数，取4~6。

【例】　某砖混住宅，楼板按分层需要配套进场，最大一次需要铺设面积为400m²，楼板进场按6块叠堆，通道系数取1.4。估算楼板堆放面积。

【解】　根据公式（11-10）得

$$F = \frac{k_1 f}{n} = \frac{1.4 \times 400}{6} = 93（\text{m}^2）$$

（三）布置运输道路

单位工程施工现场必须有临时运输道路，其布置的适当与否，对工程施工影响很大。它直接关系着各种材料、构件、机具、设备的进场及场内运输，同时也关系着堆场的布置，临时设施的安排，施工机械的位置等等。因而布置好施工运输道路十分重要。

运输道路的布置原则和要求简述如下：

1.现场主要道路尽可能利用已有道路，或规划的永久性道路的路基。根据建筑总平面图上久永性道路位置，先修筑路基，作为临时道路，工程结束后再修筑路面。这样可节约道路的施工费用和施工时间。

2.现场道路最好是环形布置，并与场外运输道路相接，保证车辆行驶畅通；如不可能设置环形道路，应在路端设置倒车场地。

3.道路布置应满足材料、构件等的运输要求，使道路通到各堆场和仓库所在位置，且距离其装卸区越近越好。

4.道路布置应满足施工机械的要求。搅拌站的出料口处，固定式垂直运输机械旁，塔吊的服务范围内均应考虑运输道路的布置，以便于施工运输。

5.运输道路的布置应避开下期拟建工程和地下管道等地方。否则，这些工程若与在建工程同时施工时，将切断临时道路，给施工带来困难。

6.道路的布置应与全场性施工运输道路的布置相配合。

7.道路路面应高出施工现场地面标高0.1～0.2m，两旁应有排水沟，一般沟深与底宽均不小于0.4m，以便排除路面积水，保证运输。

8.架空线及架空管道下面的道路，其通行空间宽度应比道路宽度大0.5m，空间高度应大于4.5m。一般道路的最小宽度和转弯半径见表11-9、表11-10所示。

施工现场道路最小宽度　　　　　　　　　　表 11-9

序　　号	车 辆 类 别 及 要 求	道路 宽度（m）
1	汽车单行道	不小于3.0
2	汽车双行道	不小于6.0
3	平板拖车单行道	不小于4.0
4	平板拖车双行道	不小于8.0

施工现场道路最小转弯半径　　　　　　　　　表 11-10

车 辆 类 型	路面内侧的最小曲线半径（m）		
	无拖车	有一辆拖车	有二辆拖车
小客车、三轮汽车	6		
一般二轴载重汽车	单车道9 双车道7	12	15
三轴载重汽车 重型载重汽车	12	15	18
起重型载重汽车	15	18	21

（四）布置各种临时设施

1.临时设施的分类

施工现场的临时设施可分为生产性和生活性两大类。

生产性临时设施主要包括：各种料具仓库，如水泥库、油料库、卷材库、沥青棚、石灰棚等；现场加工作业棚，如木材加工棚、钢筋加工棚、水电加工棚等；各种机械操作棚，如搅拌机棚、卷扬机棚等；各种生产性用房，如锅炉房、机修房、水泵房等；其他设施，如变压器架等。

生活性临时设施主要包括：办公室、会议室、文娱室、医务室、宿舍、食堂、浴室、开水房、传达室、厕所等。

2.各种临时设施的需要量

施工现场各种临时设施，应满足生产和生活的需要，并力求节省临时设施的施工费用。

单位工程临时设施的需要量，应根据工程的性质、规模、工期、施工现场条件及建设区域的文化生活等因素全面考虑设置。但在某些工厂或企事业单位施工时，许多临时设施可与建设单位协商，租用解决。

各种临时设施需要量的面积参考指标见表11-11和表11-12所示。

作业棚面积参考表　　　　　　　　　　　表 11-11

项次	名　　称	单　位	面积定额	备　　注
1	木工作业棚	m²/人	2	占地为前数3~4倍
2	电锯房	m²	80	1台863.6~914.4mm圆锯
3	电锯房	m²	40	小圆锯1台
4	修锯间	m²	40	
5	钢筋作业棚	m²/人	3	占地为前数3~4倍
6	混凝土搅拌棚	m²/台	10~18	400L搅拌机
7	烘炉房	m²	30~40	铁　工
8	卷扬机棚	m²/台	6~10	100t
9	焊工房	m²	20~40	
10	电工房	m²	15	
11	白铁工房	m²	20	
12	油漆工房	m²	20	
13	机、钳修理房	m²	20	
14	立式锅炉房	m²/台	5~10	
15	发电机房	m²/kW	0.2~0.3	
16	水　泵	m²/台	3~8	
17	移动式空压机	m²/台	18~30	以6m³/min或9m³/min为例
18	固定式空压机	m²/台	9~15	以10m³/min或20m³/min为例

临时宿舍、文化福利及行政管理房屋面积定额参考表　　　　表 11-12

序　号	行政生活福利建筑物名称	单　　位	面积定额	备　　注
1	办公室	m²/人	3.5	办公室使用人数按干部人数的70%计算
2	单身宿舍			
	(1)单房统铺	m²/人	2.6~2.8	
	(2)双房床	m²/人	2.1~2.3	
	(3)单房床	m²/人	3.2~3.5	
3	家属宿舍	m²/户	2.5	
4	食堂兼礼堂	m²/人	0.9	
5	医务室	m²/人	0.06(不小于30m²)	
6	理发室	m²/人	0.03	
7	浴　室	m²/人	0.10	
8	俱乐部	m²/人	0.10	
9	商　店	m²/人	0.03(不小于40m²)	

3.临时设施的布置

临时设施的布置应遵循以下原则：生产性与生活性临时设施的布置应有所区分，以避免互相干扰；临时设施的布置力求使用方便，有利施工，且保证安全；搭设时应尽量合并搭建，并可采用活动式、装拆式结构，或者就地取材设置。

1.加工作业棚的布置　木材、钢筋、水电等加工棚宜设置在建筑物的四周稍远处，并有相应的材料及成品堆场。

2.仓库的布置　水泥仓库应选择地势较高、排水方便、靠近搅拌机的地方布置；易爆、易燃品仓库的布置应符合防火、防爆安全距离的要求；木材、钢筋及水电器材等仓库，应布置在其加工棚附近。

3.其他生活性设施的布置　工人休息室应设在工作地点附近；工人食堂和宿舍应布置在距拟建工程较远的地方；生产管理办公室和会议室应靠近施工现场布置；门卫、收发室等应设在现场出入口处。

（五）布置水电管网

1.工地临时供水

建筑工程施工中，必须解决施工现场临时供水，以满足施工、生活、消防三方面用水的需要。

单位工程施工用的临时给水管，一般由建设单位的干管和城市给水干管接到用水地点。管径大小和龙头数目以及管网长度须经计算确定。

（1）用水量的计算

施工现场用水包括施工、生活、消防三方面用水。

1）施工用水量（q_1）：指施工最高峰时期的某一天（或高峰时期内平均每天）需要的最大用水量，包括施工现场工程直接用水、各种施工运输机械设备用水、现场附属加工厂用水等。施工用水量按下式计算确定：

$$q_1 = K_1 \Sigma Q_1 N_1 \frac{K_2}{8 \times 3600} \tag{11-12}$$

式中　q_1——施工用水量（L/s）；

K_1——未预见的施工用水系数，取1.05～1.15；

K_2——施工用水不均衡系数（现场用水取1.50；附属加工厂取1.25；施工机械及运输机具取2.00；动力设备取1.1）；

N_1——用水定额，见表11-13、表11-14；

Q_1——最大用水日完成的工程量、附属加工厂产量或机械台数。

2）生活用水量（q_2）：指施工现场人数最多时期职工生活用水。生活用水量按下式计算确定：

$$q_2 = \frac{Q_2 N_2 K_3}{8 \times 3600} + \frac{Q_3 N_3 K_4}{24 \times 3600} \tag{11-13}$$

式中　q_2——生活用水量（L/s）；

Q_2——现场最高峰施工人数；

N_2——现场生活用水定额，每人每班用水量主要视当地气侯而定，一般取20～60 L/人·班；

K_3——现场生活用水不均衡系数，取1.30~1.50；

Q_3——居住区最高峰职工及家属居民人数；

N_3——居住区昼夜生活用水定额，每人每昼夜平均用水量随地区和有无室内卫生设备而变化，一般取100~120L/人·昼夜；

K_4——居住区生活用水不均衡系数（2.00~2.50）。

现场或附属生产企业施工(生产)用水参考定额　　　　　　　表 11-13

序号	用水对象	单位	耗水量（L）	备注
1	浇注混凝土全部用水	m³	1700~2400	
2	搅拌混凝土	m³	250	
3	混凝土养护（自然养护）	m³	200~400	
4	混凝土养护（蒸汽养护）	m³	500~700	
5	冲洗模板	m²	5	
6	冲洗石子	m³	600~1000	当含泥量大于2%小于3%时
7	清洗搅拌机	台班	600	
8	洗　砂	m³	1000	
9	浇　砖	千块	200~250	
10	抹　面	m²	4~6	不包括调制用水
11	楼地面	m²	190	主要是找平层
12	搅拌砂浆	m³	300	
13	消化石灰	t	3000	

机　械　用　水　参　考　定　额　　　　　　　表 11-14

序号	用途	单位	耗水量（L）	备注
1	内燃挖土机	m³·台班	200~300	以斗容量m³计
2	内燃起重机	t·台班	15~18	以起重吨数计
3	内燃压路机	t·台班	12~15	以压路机吨数计
4	拖拉机	台·d	200~300	
5	汽　车	台·d	400~700	
6	空压机	(m³/min)·台班	40~80	以压缩空气m³/min计
7	内燃机动力装置（直流水）	马力·台班	120~300	
8	内燃机动力装置（循环水）	马力·台班	25~40	
9	锅　炉	t·h	1000	以小时蒸发量计

注：1电工马力＝746W。

3）消防用水量（q_3）：指施工与生活区内需考虑的消防用水量。可根据现场的大小、建筑物、构筑物等结构性质及人数多少等因素，考虑确定需要设置几个消防栓。需水量按下式计算确定：

$$q_3 = mq'$$ （11-14）

式中　q_3——消防用水量（L/s）；

　　　m——设置消防栓（龙头）个数（个）；

　　　q'——每个消防栓供水定额。可按5L/s·个计算。

在按以上各式计算用水量后，即可计算总用水量（Q）。

当 $q_1 + q_2 \leqslant q_3$ 时，则：

$$Q = \frac{1}{2}(q_1 + q_2) + q_3 \qquad (11\text{-}15)$$

当 $q_1 + q_2 > q_3$ 时，则：

$$Q = q_1 + q_2 + q_3 \qquad (11\text{-}16)$$

当 $q_1 + q_2 < q_3$，且工地面积小于 5 公顷时，则：

$$Q = q_3 \qquad (11\text{-}17)$$

上述确定的总用水量，另外增加10％的管网可能产生的漏水损失，即：

$$Q_{\text{总}} = 1.1Q \qquad (11\text{-}18)$$

为实际计算所用的总用水量。

（2）临时供水水源及供水系统

临时供水水源的选择，应优先考虑利用城镇的供水系统；其次是地面上的江河、湖泊抽水；再次是利用地下水。水源均应满足最大总需水量的要求；同时应满足质量、卫生和技术要求。

临时供水系统的确定，分两种不同的情况，若利用城镇供水系统时，则只需根据总用水量计算供水管径、选择供水管材和布置供水管网；若抽水时，则还需解决取水设施，净水设备及储水构筑物等问题。

（3）临时供水管径与管网布置

单位工程的供水管径可通过计算或查表选用。

给 水 铸 铁 管 计 算 表　　　　表 11-15

序 号	管径D (mm) 流量Q (L/s)	75		100		150		200		250	
		i	v	i	v	i	v	i	v	i	v
1	2	7.93	0.46	1.94	0.26						
2	4	28.4	0.93	6.69	0.52						
3	6	61.5	1.39	14	0.78	1.87	0.34				
4	8	109	1.86	23.9	1.04	3.14	0.46	0.765	0.26		
5	10	171	2.33	36.5	1.30	4.69	0.57	1.13	0.32		
6	12	246	2.76	52.6	1.56	6.55	0.69	1.58	0.39	0.529	0.25
7	14			71.6	1.82	8.71	0.80	2.08	0.45	0.692	0.29
8	16			93.5	2.08	11.1	0.92	2.64	0.51	0.886	0.33
9	18			118	2.34	13.9	1.03	3.28	0.58	1.09	0.37
10	20			146	2.60	16.9	1.15	3.97	0.64	1.32	0.41
11	22			177	2.86	20.2	1.26	4.73	0.71	1.57	0.45
12	24					24.1	1.38	5.56	0.77	1.83	0.49
13	26					28.3	1.49	6.64	0.84	2.12	0.53
14	28					32.8	1.61	7.38	0.90	2.42	0.57
15	30					37.7	1.72	8.4	0.96	2.72	0.62
16	32					42.8	1.84	9.46	1.03	3.09	0.66
17	34					84.4	1.95	10.6	1.09	3.45	0.70
18	36					54.2	2.06	11.8	1.16	3.83	0.74
19	38					60.4	2.18	13.0	1.22	4.23	0.78

注：v——流速(m/s)；i——压力损失(m/km或mm/m)，埋入地下一般用给水铸铁管。

临时供水管径的计算式如下：

$$D_i = \sqrt{\frac{4000Q_i}{\pi v}}$$ (11-19)

式中　D_i——某段供水管径（mm）；

　　Q_i——某段用水量（L/s），供水总管段按$Q_{总}$计算；环状管网均以同一Q_i；枝状管网按各段最大用水量计算；

　　v——管网中水的流速（m/s），取1.5～2.0。

临时供水管径也可以查表适当选择。D_i的大小参见表11-15、表11-16所示。

给 水 钢 管 计 算 表　　　　表 11-16

项次	管径D_i（mm）	25		40		50		70		80	
	流量Q_i（L/s）	i	v	i	v	i	v	i	v	i	v
1	0.1										
2	0.2	21.3	0.38								
3	0.4	74.8	0.75	8.98	0.32						
4	0.6	159	1.13	18.4	0.48						
5	0.8	279	1.51	31.4	0.64						
6	1.0	437	1.88	47.3	0.80	12.9	0.47	3.76	0.28	1.61	0.20
7	1.2	629	2.26	66.3	0.95	18.0	0.56	5.18	0.34	2.27	0.24
8	1.4	859	2.64	88.4	1.11	23.7	0.66	6.83	0.40	2.97	0.28
9	1.6	1118	3.01	114	1.27	30.4	0.75	8.70	0.45	3.79	0.32
10	1.8			144	1.43	37.8	0.85	10.70	0.51	4.66	0.36
11	2.0			178	1.59	46.0	0.94	13.00	0.57	5.62	0.40
12	2.6			301	2.07	74.9	1.22	21.00	0.74	9.03	0.52
13	3.0			400	2.39	99.8	1.41	27.40	0.85	11.70	0.60
14	3.6			577	2.86	144.0	1.69	38.40	1.02	16.30	0.72
15	4.0					177.0	1.88	46.80	1.13	19.80	0.81
16	4.6					235.0	2.17	61.20	1.30	25.70	0.93
17	5.0					277.0	2.35	72.30	1.42	30.00	1.01
18	5.6					348.0	2.64	90.70	1.59	37.00	1.13
19	6.0					399.0	2.82	104.00	1.70	42.10	1.21

注：地面上一般选用钢管。

一般来说，建筑面积为5000～10000m²的建筑物，其施工用水主管直径为50mm，支管直径为15～25mm。

临时供水管管材的选择，应根据管内水的压力大小，管网使用的时间来确定。一般情况下，主管为铸铁管和钢管；支管为钢管、普通上水合金管及工程塑料管等。

供水管网一般有三种布置方式，即环状管网、枝状管网和混合管网，如图11-6所示。单位工程管网以枝状方式布置为最多。

环状管网能够保证供水的可靠性，但管线长、造价高，它适用于要求供水可靠的建设项目

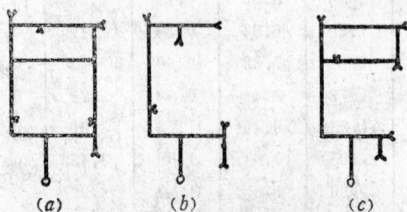

图 11-6　供水管网布置方式示意图
(a)环状式；(b)枝状式；(c)混合式

或建筑群工程；枝状管网由干管与支管组成，管线短、造价低，但供水可靠性差，故适用于一般中小型工程；混合管网兼有以上两者之优点，不但供水可靠，而且造价较低，一般适用于大型工程。

管网铺设方式有明铺（地面上）及暗铺（地面下）两种。为了不影响交通，一般以暗铺为好，但要增加铺设费用。在冬期或寒冷地区，水管宜埋置在冰冻线以下或采取防冻措施。

供水管网的布置，应在保证供水的前提下，管线越短越好；同时，考虑在施工期间支管具有一定的移动性；布置时应尽量利用原有的供水管网和提前铺设永久性管网；管网的位置应避开拟建工程的地方，且铺设时要与土方平整规划协调。

2. 工地临时供电

在工程建设中，施工现场应解决临时供电，以满足施工中各种机械和动力设备用电、室内外照明用电的需要。建筑工地临时供电设计一般包括：计算用电量，选择电源，确定变压器；决定导线截面和布置配电线路等项工作。

（1）用电量计算

施工现场用电量包括动力用电和照明用电两类。可用下式计算：

$$P = 1.05 \sim 1.10 \left(K_1 \frac{\Sigma P_1}{\cos\varphi} + K_2 \Sigma P_2 + K_3 \Sigma P_3 + \Sigma P_4 \right) \qquad (11-20)$$

式中
P——供电设备总需要容量（kVA）；

P_1——电动机额定功率（kW）（见表11-17）；

P_2——电焊机额定功率（kVA）；

P_3——室内照明容量（kVA）；

P_4——室外照明容量（kVA）；

$\cos\varphi$——电动机的平均功率因数（在施工现场最高为0.75~0.78，一般为0.65~0.75）；

K_1、K_2、K_3、K_4——分别为电动机、电焊机、室内照明、室外照明等设备的同期使用系数，K_1、K_2见表11-18，K_3一般取0.8，K_4一般取1。

各种机械设备电动机的功率　　　　　　　　表 11-17

序　号	机　械　名　称	单　位	功　率
1	国产2~6t塔式起重机	kW	34.5
2	40t塔式起重机	kW	71
3	W-505履带式起重机（苏）	kW	48
4	W-1004履带式起重机	kW	80
5	W-2001履带式起重机（苏）	kW	140
6	II型少先式起重机（0.5t）	kW	3.7
7	0.5t单筒式卷扬机	kW	3.72
8	3t单筒式卷扬机	kW	7.5
9	400g鼓形混凝土搅拌机（上海）	kW	11.1
10	200L灰浆搅拌机	kW	2.2
11	蛙式打夯机	kW	2.8
12	软轴插入式震动器	kW	0.55

用 电 名 称	数 量	需 要 系 数	
		K	数 值
电 机 动	3～10台 11～30台 30台以上	K_1	0.7 0.6 0.5
电 焊 机	3～10台 10台以上	K_2	0.6 0.5

　　施工现场的照明用电量所占的比重很少，所以在估算总用电量时可在动力用电量之外再加上动力用电量的10％作为总的用电量。

　　（2）选择电源和变压器

　　选择电源最经济的方案是利用施工现场附近已有的高压线或发电站及变电所，但事先必须将施工中需要的用电量向供电部门申请；如果在新辟的地区施工，不可能利用已有的正式供电系统，则自行解决发电设施；若能从正式供电系统中获得一部分电力，但高峰时能力又不足时，则自行解决一部分。

　　变电所的有效供电半径为400～500m。变压器的容量可按下式计算：

$$P = K\left(\frac{\Sigma P_{\max}}{\cos\varphi}\right) \qquad (11-21)$$

式中　P——变压器的容量（kW）；

　　　　K——功率损失系数，取1.05；

　　$\Sigma P_{\max}$——各施工区的最大计算负荷（kW）；

　　$\cos\varphi$——功率因数，取0.75。

　　根据计算所得的容量值，可从常用变压器产品目录表（见表11-19）中选用合适型号的变压器，且使选定的变压器的额定电容量稍大于（或等于）计算的变压器需要的容量值。如果选用的变压器容量过大，就不能充分发挥它的能力，造成浪费；如果选用的变压器容量小于计算值，则易烧毁变压器。

常用电力变压器性能表　　　　　　　　　表 11-19

型　　　号	额定容量 (kVA)	额定电压(kV)		损　耗（W）		总 重 (kg)
		高 压	低压	空载	短 路	
SJL₁-50/10(6.3、6)	50	10、6.3、6	0.4	222	1128、1098、1120	340
SJL₁-63/10(6.3、6)	63	10、6.3、6	0.4	255	1390、1342、1380	425
SJL₁-80/10(6.3、6)	80	10、6.3、6	0.4	305	1730、1670、1715	475
SJL₁-100/10(6.3、6)	100	10、6.3、6	0.4	349	2060、1985、2040	565
SJL₁-125/10(6.3、6)	125	10、6.3、6	0.4	419	2430、2325、2370	680
SJL₁-160/10(6.3、6)	160	10、6.3、6	0.4	479	2855、2860、2925	810
SJL₁-200/10(6.3、6)	200	10、6.3、6	0.4	577	3660、3530、3610	940
SJL₁-250/10(6.3、6)	250	10、6.3、6	0.4	676	4075、4060、4150	1080

　　（3）配电导线截面的选择

　　在确定配电导线截面大小时，应满足以下三方面的要求。第一，导线在正常温度下，能持续通过最大的负荷电流而本身温度不超过规定值；第二，电压损失应在规定的范围内，能保证机械设备正常工作；第三，导线应有足够的力学强度，不发生断线现象。

导线截面的大小一般按允许电流要求计算选择，以电压损失和力学强度要求加以复核，取三者中的大值作为导线截面面积。

1）按允许电流选择，可按下式计算：

$$I = \frac{1000 P_{总}}{\sqrt{3}\ U\cos\varphi} = 2 P_{总} \tag{11-22}$$

式中　　I——某配电线路上负荷工作电流（A）；

　　　　U——某配电线路上的工作电压（V），在三相四线制低压时取380V；

　　　　$P_{总}$——某配电线路上总用电量（kW）。

根据以上计算出的某配电线路上的电流值以后，即可查表11-20得所选导线的截面面积。

25℃时，导线持续允许电流（A）　　　　表 11-20

序　号	导线标称截面 (mm²)	裸　线		橡皮或塑料绝缘线（单芯500V）			
		TJ型	LJ型	BX型	BLX型	BV型	BLV型
1	6	—	—	58	45	55	42
2	10	—	—	85	65	75	59
3	16	130	105	110	85	105	80
4	25	180	135	145	110	138	105
5	35	220	170	180	138	170	130
6	50	270	215	230	175	215	165
7	70	340	265	285	220	265	205
8	95	415	325	345	265	325	250
9	120	485	375	400	310	375	285
10	150	570	440	470	360	430	325
11	185	645	500	540	420	490	380

2）按允许电压损失选择或复核　配电导线上引起的电压损失必须控制在一定限度之内。否则距电源远的机械设备，会造成使用上的困难，要么电压损失过大，造成电动机不能起动，要么长期低下运转，造成电机电流过大，升温过高而很快损坏。

按允许电压损失选择导线截面大小，可由下式计算：

$$S = \frac{\Sigma(P_{总}L)}{C\cdot[\varepsilon]} = \frac{\Sigma M}{C\cdot[\varepsilon]} \tag{11-23}$$

式中　　S——配电导线截面面积（mm²）；

　　　　L——用电负荷至电源的配电线路长度（m）；

　　　　C——系数，三相四线制中，铜线取77，铝线取46.3；

　　　　ΣM——配电线路上负荷矩总和（kW·m），即等于配电线路上每个用电负荷的计算用电量$P_{总}$与该负荷至电源的线路长度的乘积之总和；

　　　　$[\varepsilon]$——配电线路上允许的电压损失值，动力负荷线路取10%，照明负荷线路取6%，混合线路取8%。

当已知导线截面大小，可按下式复核其允许电压损失值：

$$\varepsilon = \frac{\varSigma M}{C \cdot S} \leqslant [\varepsilon]$$ （11-24）

式中 ε ——配电线路上计算的电压损失（％）。

3）按力学强度复核截面　所选导线截面面积应大于或等于力学强度允许的最小导线截面。当室外配电线架空敷设在电杆上，电杆间距为20～40m时，导线要求的最小截面积见表11-21。

导线按力学强度要求最小截面面积(mm) 表 11-21

电　压	裸　导　线		绝　缘　导　线	
	铜	铝	铜	铝
低　压	6	16	4	10
高　压	10	25	—	—

（4）变压器及配电线路的布置

单位工程的临时供电线路，一般采用枝状布置，其要求如下：

1）尽量利用已有的配电线路和已有变压器。

2）若只设一台变压器，线路枝状布置，变压器一般设置在引入电源的安全区；若设多台变压器，各变压器作环状连接布置，每个变压器与用电点作枝状布置。

3）变压器宜设在用电集中的地方，或者布置在现场边缘变压线接入处，离地面应大于3m，四周设有高度大于1.7m的护栏，并有明显的标志；不要把变压器布置在交通道口处。

4）线路宜在路边布置，距建筑物应大于1.5m，电杆间距25～40m，高度 4～6m，跨铁道时高度为7.5m。

5）线路不应妨碍交通和机械施工、进场、装拆、吊装等。

6）线路应避开堆场、临时设施、基槽及后期工程的地方。

7）注意接线和使用上的安全性。

三、施工平面图的绘制

单位工程施工平面图设计，是施工组织设计的重要内容。因此，要求精心设计，认真绘制。其绘制步骤及要求简述如下：

1.绘制单位工程施工平面图时，应把拟建单位工程放在图的中心位置；图幅一般采用2～3号图纸，比例为1：200～1：500，常用的比例是1：200。

2.合理规划和设计图面，除了反映现场布置的内容外，还应反映周围环境和面貌，尤其是已有建筑物和场内外交通出入口，并注意文字说明和图例及风玫瑰图的布置。

3.绘制施工平面图的内容，应根据工程特点、工期长短、场地情况等确定，一般中小型工程只要绘制主体结构施工阶段的平面布置即可，工期较长或受场地限制的大中型工程，则应分阶段绘制施工平面图，如高层建筑可分别绘制基础、结构、装修等阶段的施工平面图，又如单层工业厂房则可分别绘制基础、预制、吊装等阶段的施工平面图。

4.施工平面图的绘制，要求比例准确，图例规范，标注主要尺寸，线条粗细分明，字迹端正，图面整洁美观。

第五节　主要技术经济指标

技术经济指标是从技术和经济的角度，进行定性和定量分析，评价单位工程施工组织设计的优劣，从而选取技术先进可行，质量可靠，经济合理的最优方案。

主要技术经济指标一般包括下列内容：

一、工期

工期是从单位工程施工准备工作开始到产品交付使用所经历的时间。它反映国家一定时期和当地的生产力水平。应将该单位工程计划完成的工期与国家规定的工期或建设地区同类型建筑物的平均工期进行比较。表11-22选自城乡建设环境保护部1985年颁发的《建

住　宅　工　程　工　期　　　　　　　　　表 11-22

序号	结　构	层　数	建筑面积 (m²)	地　区　分　类			备　注
				Ⅰ	Ⅱ	Ⅲ	
1	混　合	5	2000以内	185	195	225	
			3000以内	205	215	245	
			5000以内	225	235	265	
			7000以内	245	255	290	
		6	2000以内	205	215	250	
			3000以内	225	235	270	
			5000以内	245	255	295	
			7000以内	266	275	320	
2	砌　块	5	2000以内	180	190	215	
			3000以内	200	210	235	
			5000以内	220	230	255	
			7000以内	240	250	280	
		6	2000以内	200	210	240	
			3000以内	220	230	260	
			5000以内	240	250	280	
			7000以内	260	270	305	
3	现浇框架	8层以下	5000以内	355	370	415	包括电梯
			7000以内	380	395	445	
			10000以内	405	420	475	
			15000以内	430	450	505	
		10层以下	7000以内	405	425	480	
			10000以内	430	450	510	
			15000以内	455	480	540	
			20000以内	485	510	570	
		12层以下	10000以内	460	485	545	
			15000以内	485	515	575	
			20000以内	515	545	605	

注：Ⅰ类地区：上海、江苏、浙江、安徽、福建、江西、湖北、湖南、广东、广西、四川、贵州、云南。
　　Ⅱ类地区：北京、天津、河北、山西、山东、河南、陕西、甘肃、宁夏。
　　Ⅲ类地区：内蒙、辽宁、吉林、黑龙江、西藏、青海、新疆。

筑安装工程工期定额》中住宅工程的一部分。

二、劳动生产率

劳动生产率标志着一个单位在一定的时间内平均每人所完成的产品数量或价值的能力。其高低反映一个单位（行业、地区、国家等）的生产技术水平和管理水平。它分实物数量法和货币价值法两种表达形式：

1.实物数量法

$$全员劳动生产率 = \frac{折合全年自行完成建筑面积总数}{折合全年在职人员平均人数}（m^2/人年均）$$

2.货币价值法

$$全员劳动生产率 = \frac{折合全年自行完成建安投资总数}{折合全年在职人员平均人数}（元/人年均）$$

三、施工机械化程度

施工机械化程度是单位工程全部实物工程量中机械施工完成的比重。其程度的高低是衡量施工方案优劣的重要指标之一。

$$施工机械化程度 = \frac{机械完成实物量}{全部实物量} \times 100\%$$

四、降低成本率

$$降低成本率 = \frac{预算成本 - 计划成本}{预算成本} \times 100\%$$

其中预算成本是指根据施工图按预算价格计算的成本；计划成本是按采用的施工方案所确定的施工成本。降低成本率的高低可反映采用不同的施工方案产生的不同经济效果。

五、单位面积劳动消耗量

单位面积劳动消耗量是指完成单位合格产品所消耗的劳动力数量的多少。它从一个方面反映出施工企业的生产效率和管理水平，以及采用不同的施工方案对劳动量的需求。可由下式计算：

$$单位面积劳动消耗量 = \frac{完成该工程的全部工日数}{该工程建筑面积}（工日/m^2）$$

其中劳动工日数应包括主要工程用工、辅助用工和准备工作用工等。

不同的施工组织设计进行比较时，往往会出现某一方案这些指标较好而另一方案那些指标较好的现象。所以应根据单位工程的实际情况进行综合评价。

第六节　单位工程施工组织设计实例

为了便于大家对施工组织设计有一个直观的、完整的认识，本节选录了一个砖混结构民用房屋的施工组织设计。通过实例系统地了解其内容、要求、格式、编制步骤和方法。

某砖混结构临街住宅建筑施工组织设计。

一、工程概况

（一）建筑与结构概况

本工程位于某市镇主要街道上，为拆旧新建临街商业和居住混合用房。底层是框架结构的营业大厅；2~6层是由四个标准单元组成的砖混住宅。

本工程建筑面积为2722.7m²，平面呈一字形，长53.04m，宽8.7m，零标高以上共6层，檐高19.5m。其平、剖面简图及单元组合见图11-7所示。

装修方面，内粉刷为石灰砂浆抹灰，106胶涂料刷面；外粉刷为淡黄色干粘石。地面为水磨石，楼面为水泥砂浆107胶面层。厕所、厨房墙面均设90cm高水泥砂浆墙裙。门窗除底面临街面设商业用铝合金卷闸门3000×3300×16，其余均为木门窗。各种门窗刷调合漆两遍。屋面板上用炉碴找坡，1:3水泥砂浆抹面，再作二毡三油防水层。

工程结构为混合结构，现浇钢筋混凝土条形基础，240mm厚砖墙混合砂浆砌筑，2层以上为砖墙承重，在3、6层设有现浇钢筋混凝土圈梁。

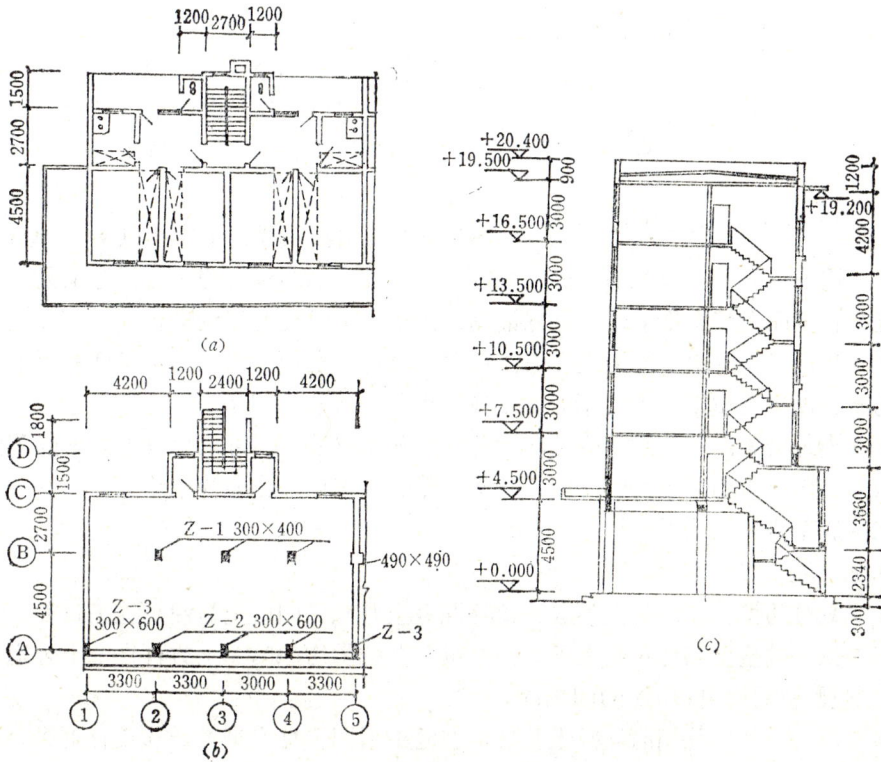

图 11-7 某混合结构临街住宅建筑附图
(a)2~6层平面；(b)底层平面；(c)剖面

（二）施工条件

施工期限：2月1日进场开始施工准备工作，8月初竣工。除一个月的施工前准备工作，计划工期控制在125d左右。

自然条件：施工期间月平均气温23~30℃，最高气温35℃，月平均降雨量200~300mm。主导风向为南风。

水文地质条件：二类土，地下水位-4.0m。

技术经济条件：全部预制构件、加工件、门窗、钢筋加工、模板都由公司加工厂、预制厂制作，按计划可直接运抵现场安装；水泥、钢材及砖、灰、砂、石都由材料供应部门按需用量计划按时运抵施工现场。工程施工用水、用电可就近接通，水量、水压和电量、电压都可以满足施工需要，城镇消防设施可以利用，排水可就近引入下水道。本工程所用的劳动力及专业技术人员可满足施工的正常开展。由于该工程离公司不远，现场不设置临时住房和职工食堂，其他所需的临时设施详见施工平面布置图。

二、施工方案

（一）施工顺序、流水段与施工流向

1.分部工程的划分及顺序

根据建筑施工的程序和施工组织的原则，本工程各分部工程的划分及其施工顺序为：基础工程→主体结构工程→屋面工程→室内外装修工程→水暖电卫安装工程。为了保证按期竣工，在主体结构工程完成后，各个装修施工过程组织平行搭接流水施工。各分部分项工程严格按照施工工艺顺序依次进行。

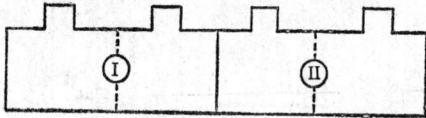

图 11-8 施工段划分

2.流水段的划分及施工流向

（1）基础工程：以两个单元为一个流水段，共划分为两个流水段，自南至北的方向组织流水施工。

（2）主体工程：每层楼以两个单元为一段，分两个施工段，6层楼共划分12(2×6)个流水段（如图11-8为一层楼施工段划分）；自南至北、自下而上流水施工，并且保证砌筑砖墙施工过程的连续进行。

（3）屋面工程：由于本工程没有高低层，也不存在伸缩缝，为了保证屋面工程的整体性和防水层的施工质量，因此不分施工段，整体一次施工完毕。

（4）内外装修：外装修不分段，女儿墙压顶完成后，即可采用自上而下的流向进行施工；内装修每层楼为一段，共6段，自上而下、由南向北方向流水施工。

（二）施工方法及施工机械

1.基础工程

（1）划分为挖土、混凝土垫层、钢筋混凝土基础、回填土等四个施工过程。

（2）挖土按垫层宽度直壁人工开挖基槽；开挖量约240m³土方可作余土外运，弃土地点在工程现场西面约80m处的凹坑内。

（3）混凝土垫层及钢筋混凝土基础，在验槽后即可马上进行；选用自落式混凝土搅拌机一台，配4辆胶轮手推车作水平运输。

（4）回填土采用蛙式打夯机夯实。

2.主体结构工程

（1）主体结构工程包括底层部分框架的柱、梁及雨棚钢筋混凝土，砌墙，安楼板以及圈梁、挑檐、楼梯钢筋混凝土等施工过程；其中底层的柱梁浇筑及二层以上的砌墙、安板为主导施工过程；

（2）底层框架浇筑是控制工期的关键，为使后续工作提前进入，故在混凝土中加入早强剂，要求3d强度不少于10MPa，14d达到强度设计值；

（3）砌墙和安板工程量（劳动量）大，施工中外墙采用双排钢管扣件脚手架，配合墙体砌筑逐层搭设，每层楼分两个施工段砌筑，垂直运输设备为两台固定式井架，安装楼板时，楼面选用杠杆小车铺板；

（4）圈梁采用定型模板，混凝土中加入早强剂，要求浇灌后8h即可安板，现浇楼梯与主体结构配合进行。

3. 屋面工程

（1）屋面工程用二毡三油防水层，上设架空隔热层；

（2）女儿墙完成后，在屋面板上做2％坡度的焦渣找坡层，上铺保温层，再抹砂浆找平层；待找平层含水率降至15％以下再做防水层；

（3）油毡采用浇油法铺贴，雨水口等部位先贴附加层，沥青胶厚度控制在1～2mm为宜。

4. 装修工程

（1）采用两台井架作垂直运输工具，水平运输采用双轮手推车；

（2）外墙装修在女儿墙完成后即可自上而下的流向进行，在拆除外脚手以后进行勒脚和散水的施工；

（3）室内装修在屋面找平后即可与外装修平行自上而下的流向进行，其工序顺序为：楼地面→天棚→墙面和踢脚线→门窗扇安装→各种油漆玻璃；

（4）楼地面抹平压光后，铺湿锯末养护4～7昼夜；

（5）地面107胶面层待做完踢脚线之后进行；

（6）水暖电卫工程在土建工程展开的相关施工过程中穿插进行。

（三）质量安全措施

1. 保证与提高工程质量措施

（1）认真学习和会审施工图纸，并做好逐级的技术交底工作。

（2）严格执行国家施工验收规范和有关操作规程，加强分部分项工程质量评定工作。

（3）坚持专业检查与群众检查相结合，贯彻班组自检与互检交接班制度，做好质量评比工作。

（4）及时填写各项工程验收报表、施工日志、尤其是隐蔽工程验收记录等，收集技术档案，保存原始资料。

（5）做好原材料、半成品的进场检验；水泥、钢材等要有出厂证明。

（6）混凝土、砂浆、沥青胶等要有配合比资料，试配合格后，严格掌握配合比拌合；石灰应在使用前两周淋化，防止未化颗粒石灰混入拌合料内。

（7）各种放线、测量等工作应认真复合检查，防止轴线偏移，尺寸错误等。

（8）水暖电卫等工程与土建的配合要协调，不允许事后凿洞和重复工作。

（9）做好雨期施工准备工作，确保雨期施工时混凝土及砂浆的质量，以免影响工程进度。

2. 安全生产措施

（1）下达施工任务的同时必须做好安全交底，各种操作人员必须严格执行安全操作规程。

（2）建筑物外墙四周设安全网，进入现场的人员一律戴安全帽。

（3）经常检查井架、卷扬机等施工机械；脚手架板要铺设稳妥，经检查后才准使用；二层以上设安全网。

（4）各种机电防护设施要完善，严禁非专门人员操作机械，

（5）消防栓应设明显标记，周围不准堆物；明火作业应经主管消防部门批准，并设专人看管。

（6）加强雨期施工的各项安全措施。

三、施工进度计划

根据拟定的施工方案、施工条件及工期的要求，各分部工程尽量采用流水施工，主要分部分项工程工期计算如下：

1. 基础工程

基础工程包括土方开挖、混凝土垫层、钢筋混凝土基础、回填土等四个施工过程。其中钢筋混凝土基础为主导施工过程，需劳动量537工日，每天安排45人，则每段施工持续天数为：

$$t_{\text{基}} = \frac{537}{45 \times 2 \times 1} = 5.96(\text{d})，取6d$$

根据劳动量的大小和最少劳动力组合，确定其他施工过程的流水节拍均为2d。组织两段四个施工过程流水施工，则基础工程的工期为：

$$T_{\text{基}} = \varSigma K_{i,i+1} + T_n$$
$$= 2 + 2 + 10 + 2 \times 2 = 18(\text{d})$$

在实际施工中，可以将回填土间断施工，以保证第一施工段基础及时回填。

2. 主体工程

主体工程包括框架柱、梁、雨棚，砌砖墙，现浇圈梁、挑檐、楼梯及安预制楼板三个施工过程。其中框架现浇分段施工不组入流水组，每段施工持续时间为8d。主导施工过程为砌砖墙，需要劳动量1347工日，每班37人工作，则每段施工持续天数为：

$$t_{\text{砌}} = \frac{1347}{37 \times 12 \times 1} \approx 3(\text{d})$$

为保证砌砖墙连续施工，其他施工过程与之配合进行。楼板安装每段也安排3d。这样主体工程的工期为：

$$T_{\text{主}} = \varSigma K_{i,i+1} + T_n$$
$$= 16 + 3 + 3 \times 12 = 55(\text{d})$$

3. 屋面工程

屋面工程包括屋面板二次灌缝、铺炉渣及抄平、防水层、隔热层等四个施工过程。屋面工程与装修工程平行进行，不占工期，但灌缝和屋面抄平层应及早完成，以利于室内装修的开展，因此各安排2d施工时间。

4. 装修工程

装修工程施工过程较多，待屋面抄平层完成以后即可自上而下进行。外墙抹灰封顶后即可开始；室内各装修施工过程楼面、天棚、内墙面抹灰、门窗安装和油漆玻璃等，按楼层划分流水段，流水节拍为4d，组织全等节拍流水施工。楼面完成后安排4d的技术间歇，内墙抹灰后安排4d组织间歇，则工期为：

$$T_{\text{装}} = (m + n - 1)K + \varSigma t_{\text{技}}$$

$$= (5+6-1) \times 4 + 8 = 48(\text{d})$$

所以，总工期为：

$$T = T_{\text{基}} + T_{\text{主}} + T_{\text{屋}} + T_{\text{装}} - \Sigma t_{\text{d}}$$
$$= 18 + 55 + 4 + 48 - 2 - 1$$
$$= 122(\text{d}) < [T] = 125\text{d}$$

符合工期要求。

进度表中没有计入的施工项目按总工日的12%列入"其它"一项。水电安装工程随土建工程的进展而逐渐展开。

施工进度计划见图11-9所示。

四、施工准备及资源计划

施工准备工作计划见表11-23，主要建筑材料计划见表11-24，劳动力需要量计划见表11-25，主要机具计划见表11-26，门窗、构件需要量计划见表11-27。

施 工 准 备 工 作 计 划   表 11-23

序号	项 目	内 容 简 要	负责单位	负责人	起止 日/月	日 期 日/月
一	技术 准备	1.图纸复核、图纸会审 2.调查研究自然和技术经济条件 3.编制单位工程施工组织设计	技 术 科	×××		1月25
二	人力 准备	1.确定与签订栋号承包合同 2.组织进场：按劳动力需要量计划见表12-5	经理办公室 承包人	× × ×××		1月25 2月初
三	物质 准备	1.预制件加工 2.材料计划 3.机具计划	加 工 厂 材 料 科 机 动 科	× × × × × ×		1月底
四	现场 准备	1.测量放线 2.三通一平 3.圈围墙及提升机具就位 4.工地看守及办公用房确定	测 量 组 施工承包组	× × × × × × × ×		1月底

主 要 建 筑 材 料 计 划   表 11-24

序 号	材料名称	规 格	单 位	数 量	供 应 日 期
1	水 泥	325# ~ 425#	t	420	2月底陆续进场
2	钢 筋	另 详	t	96.7	2月底陆续进场
3	木 材	$\phi12 \sim \phi18$	m³	410	2月中旬进场
4	砂	中 粗	m³	989	2月底进场
5	石 子	1.5~2.5cm	m³	760	2月底陆续进场
6	红 砖	75#	千块	506	3月初陆续进场
7	石 灰		t	95	3月初陆续进场

序 号	材料名称	规　　　格	单 位	数　量	供 应 日 期
8	白豆石		t	33.8	5 月 初
9	木 门		m²	434	6 月 初
10	木 窗		m²	472	6 月 初
11	卷闸门	3000×3300	樘	16	6 月 初
12	油 漆	万能调和漆	kg	320	6 月中旬
13	玻 璃	2mm	m²	460	6 月中旬
14	防水油膏		kg	2540	5 月 初

劳 动 力 需 要 量 计 划 表　　　　　　　表 11-25

序 号	工种名称	最高人数	日　　　　　　　　期				
			3 月	4 月	5 月	6 月	7 月
1	木 工	18	18	15	15	16	16
2	瓦 工	37		37	37	16	
3	混凝土工	35	35	35	23	10	5
4	抹灰工	108			30	108	45
5	钢筋工	12	12	10	10		
6	架子工	16	16	16	16	7	7
7	吊装工	11		11	11		
8	焊 工	3	3	2	2		
9	油漆工	10				10	10
10	普 工	20	13	20	20	20	11
11	电 工	12	4	4	4	4	12
12	管道工	4	2	2	2	4	2
13	玻璃工	4				2	4

主 要 机 具 计 划　　　　　　　表 11-26

序 号	机具名称	规　　格	单 位	数　量	进 退 场 时 间
1	升降机	高程28m	台	2	3 月 1 日～8 月 10 日
2	卷扬机	1.0t	台	2	3 月 1 日～8 月 10 日
3	搅拌机	250L；移动式	台	1	3 月 1 日～6 月 10 日
4	砂浆搅拌机	200L；移动式	台	1	3 月 1 日～8 月 10 日
5	装载机	0.5m³	台	1	3 月 1 日～3 月 2 日

序号	机具名称	规 格	单位	数量	进退场日期
6	振捣器	φ50	台	8	3月1日～6月10日
7	平板振捣器		台	2	3月1日～8月10日
8	手推胶轮车		台	20	3月1日～8月10日
9	钢丝绳	1/2″	m	800	3月1日～8月10日
10	照明灯具电缆		套	8	3月1日～8月10日

门窗、构件需要量计划　　　　　　　　表 11-27

序号	品名	代号	需要量 单位	需要量 数量	层次 1	2	3	4	5	6	屋面	加工预制单位	备注
					数量/供货时间								
1	卷闸门	M2—3033	樘	16	16							专业工厂	订购
2	木门	M9—07.1	樘	48	8	8	8	8	8	8		木工厂	
……			樘										
6	门连窗	PMC3—1824	樘	40		8	8	8	8	8		木工厂	
7	钢窗	GCJ58—0615	樘	48	8	8	8	8	8	8		专业工厂	订购
……													
9	钢窗	GC372—1218	樘	144	4	28	28	28	28	28		专业工厂	订购
10	门窗数合计		樘	568	48	84	84	84	84	84			
11	过梁	GL3—106	根	22	$\frac{8}{6.20}$	$\frac{8}{6.24}$	0	$\frac{8}{7.70}$	$\frac{8}{7.10}$	0		预制品厂	
……													
19	过梁	GL3—324	根	4	$\frac{4}{6.20}$							预制品厂	
20	空心板	YKB1—224	块	80	$\frac{8}{6.12}$	$\frac{16}{6.21}$	$\frac{16}{7.1}$	$\frac{16}{7.5}$	$\frac{8}{7.19}$	$\frac{8}{7.14}$		预制品厂	
21	空心板	YKB1—321	块	32							$\frac{32}{7.18}$	预制品厂	
……													
28			块										

五、施工平面图

本工程由于地处闹市中心，系拆旧新建，施工场地较为狭窄，临街面镇区杆线较多，绿化林木封闭街道上空。针对这些条件，施工平面布置如图11-10所示。

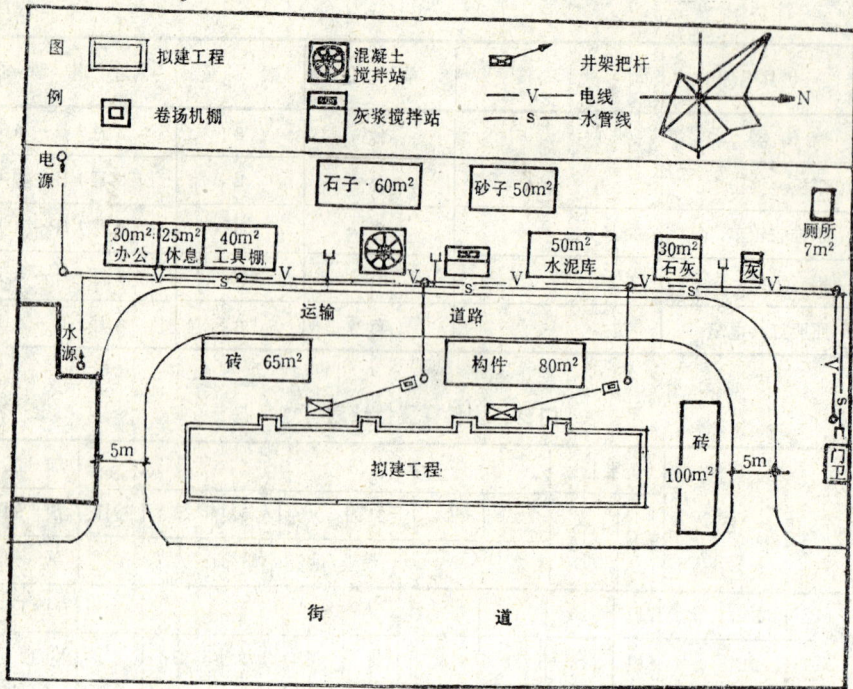

图 11-10　施工平面布置图

图例： 拟建工程　混凝土搅拌站　井架把杆
卷扬机棚　灰浆搅拌站　―V― 电线　―s― 水管线

电源　石子·60m²　砂子 50m²
30m² 办公　25m² 休息　40m² 工具棚　水泥库 50m²　石灰 30m²　灰　厕所 7m²
水源
运输　道路
砖　65m²　构件　80m²
5m　拟建工程　砖 100m²　5m　门卫
街　　道

复习思考题

1. 单位工程施工组织设计包括哪些内容？

2. 单位工程施工方案的选择主要解决哪几方面的问题？

3. 单位工程的施工程序是什么？

4. 什么叫单位工程的施工流向？室内外装修各有哪些施工流向？

5. 确定施工顺序应遵守哪些基本原则？

6. 什么叫技术组织措施？主要有哪些？

7. 单位工程施工进度计划的作用是什么？它分为哪两类？

8. 施工项目划分的要求有哪些？

9. 单位工程施工平面图的设计内容和设计原则是什么？

10. 搅拌站的布置要求有哪些？垂直运输机械如何选择和布置？

11. 预制构件及材料堆场的布置应注意哪些问题？

12. 现场临时设施如何确定和布置？

13. 试述现场运输道路的布置要求？

14. 临时供水、供电有哪些布置要求？

15. 结合工程实际设计施工平面布置图。

本教材是普通中等专业学校村镇建设专业试用教材，是根据建设部颁发的普通中等专业学校村镇建设专业教学大纲编写的。

全书共十一章，分为施工技术和施工组织两部分。主要包括：土方工程、砖石工程、钢筋混凝土工程、预应力混凝土工程、屋面防水工程、装修工程、建筑施工组织概论、建筑施工流水作业、网络计划技术、单位工程施工组织设计。

本教材也可作为村镇建设管理干部自学及培训教材。

中等专业学校试用教材

村 镇 建 筑 施 工

邓正英　主编

詹亚明
危道军　编

*

中国建筑工业出版社出版（北京西郊百万庄）

新华书店总店科技发行所发行

北京市兴顺印刷厂印刷

*

开本：787×1092毫米 1/16　印张：19¹/₂　插页：1　字数：473千字

1993年11月第一版　　2000年3月第三次印刷

印数：7,201—8,700册　　定价：**20.00**元

ISBN 7-112-01986-9

G·181　（7009）

ISBN 7-112-01986-9

9 787112 019861 >